高等职业教育水利类新形态系列教材

建 筑 材 料

主　编　鲁俊蓉　危加阳　罗　柱
副主编　刘秀珍　张从联　张　刚

中国水利水电出版社
www.waterpub.com.cn
·北京·

内 容 提 要

"建筑材料"是土木、水利专业实践性和应用性非常强的一门专业基础课程。为进一步提升教材实用性、适用性，校企合作共同开发了本教材。

教材体系完整，以建筑材料的技术要求、试验方法、检验规则及应用为主线，系统介绍了气硬性胶凝材料、水泥、混凝土、建筑砂浆、建筑钢材、防水材料、墙体材料等，充分体现了新规范、新材料、新技术，满足质检员、施工员、造价员等岗位对建筑材料知识的需求。

教材资源丰富，视频、微课、PPT、技术规范等数字化资源大大提高学生学习积极性和效率，试验视频均在广东省建筑科学研究院集团股份有限公司现场录制，突出了实践性和可操作性，培养学生解决实际问题的能力。

教材融入德育，引导学生在学习知识、掌握技能的同时，提升职业素养，培养德智体美劳全面发展的生产一线的社会主义建设者和接班人。

图书在版编目（ＣＩＰ）数据

建筑材料 / 鲁俊蓉，危加阳，罗柱主编. -- 北京：
中国水利水电出版社，2023.12
高等职业教育水利类新形态系列教材
ISBN 978-7-5226-2033-6

Ⅰ．①建… Ⅱ．①鲁… ②危… ③罗… Ⅲ．①建筑材
料－高等职业教育－教材 Ⅳ．①TU5

中国国家版本馆CIP数据核字(2024)第005891号

书 名	高等职业教育水利类新形态系列教材 **建筑材料** JIANZHU CAILIAO	
作 者	主 编 鲁俊蓉 危加阳 罗 柱 副主编 刘秀珍 张从联 张 刚	
出版发行	中国水利水电出版社 （北京市海淀区玉渊潭南路 1 号 D 座　100038） 网址：www.waterpub.com.cn E-mail：sales@mwr.gov.cn 电话：（010）68545888（营销中心）	
经 售	北京科水图书销售有限公司 电话：（010）68545874、63202643 全国各地新华书店和相关出版物销售网点	
排 版	中国水利水电出版社微机排版中心	
印 刷	天津嘉恒印务有限公司	
规 格	184mm×260mm　16 开本　19.5 印张　475 千字	
版 次	2023 年 12 月第 1 版　2023 年 12 月第 1 次印刷	
印 数	0001—3000 册	
定 价	**59.50 元**	

前　言

　　建筑材料是人类建造活动所使用的一切材料的总称，是土木工程的物质基础，直接影响工程质量和造价、规模和形式、美观和耐久性，正确选用建筑材料，对于保证工程安全，控制工程造价，提高工程耐久性，推进工业、建筑、交通等领域清洁低碳转型具有十分重要的意义。建筑材料是水利、土木各专业非常重要的一门专业基础课程，也是一门实践性和应用性很强的专业课程。

　　校企合作、协同育人是职业教育培养高素质技术技能人才的有效途径。本教材由广东水利电力职业技术学院与广东省建筑科学研究院集团股份有限公司校企合作共同开发。校企共同制定人才培养方案和课程标准，实现课程内容与企业需求对接、教学过程与生产过程对接。企业真实工作环境就是教学场景，培养学生劳动精神和工匠精神。为贯彻《国家职业教育改革实施方案》，经水利部批准，广东水利电力职业技术学院与中国水利水电第八工程局有限公司联合开发"土木工程混凝土材料检测"职业技能等级证书，教材内容与职业技能等级证书标准、考核目标、竞赛大纲有机融合，实现岗课赛证融通，提升综合育人水平，增强职业教育适应性。

　　教材体系完整。教材以建筑材料的技术要求、试验方法、检验规则及应用为主要内容，以水泥、混凝土、砂浆、钢材、墙体材料等的强度为主线，系统介绍了气硬性胶凝材料、水泥、混凝土、建筑砂浆、建筑钢材、防水材料、墙体材料、建筑装饰材料、绝热材料和吸声材料等，充分体现了新规范、新材料、新技术，满足了质检员、施工员、造价员、安全员等岗位对建筑材料知识的需求，突出了其专业基础教材的特性，较好地与"钢筋混凝土结构""水工建筑物"等专业课程进行了衔接。

　　教材资源丰富。视频、微课、动画、PPT、测试题、习题集、试验指导书、报告书、技术规范等数字化教学资源，满足线上线下混合式教学要求。通过二维码链接内容立体呈现学习资源，大大提高学生学习积极性和学习效率，借助平台增强教学互动频率，提高学习交互性，及时反馈学生的学习动态。教材紧扣质检员、施工员、造价员、安全员等岗位要求，设计了例题与技能训练题，进一步突出了实践性和可操作性，培养学生解决实际问题的能力。

教材融入德育。教材结合行业特点和教学内容，将党的二十大精神融入数字化资源，实事求是、科学严谨、吃苦耐劳、精益求精、工匠精神等元素融入教材，引导学生在学习知识、掌握技能的同时，提升职业素养，培养德智体美劳全面发展的生产一线的社会主义建设者和接班人。

本教材由鲁俊蓉（广东水利电力职业技术学院）、危加阳（广东水利电力职业技术学院）、罗柱（广东省建筑科学研究院集团股份有限公司教授级高级工程师）任主编，刘秀珍（广东水利电力职业技术学院）、张从联（广东省水利水电科学研究院教授级高级工程师）、张刚（广东省建筑科学研究院集团股份有限公司高级工程师）任副主编。广东省建筑科学研究院集团股份有限公司郑永钊、黎承维、吴子洁、王秀梅，广东水利电力职业技术学院温文峰、李景坚、夏可参与了部分内容的编写工作。

由于水平所限，教材中不足之处敬请批评指正。

电子邮箱：6516773@qq.com。

编者

2023 年 5 月

"行水云课" 数字教材使用说明

　　"行水云课" 水利职业教育服务平台是中国水利水电出版社立足水电、整合行业优质资源全力打造的 "内容" ＋ "平台" 的一体化数字教学产品。平台包含高等教育、职业教育、职工教育、专题培训、行水讲堂五大版块,旨在提供一套与传统教学紧密衔接、可扩展、智能化的学习教育解决方案。

　　本套教材是整合传统纸质教材内容和富媒体数字资源的新型教材,它将大量图片、音频、视频、3D 动画等教学素材与纸质教材内容相结合,用以辅助教学。读者可通过扫描纸质教材二维码查看与纸质内容相对应的知识点多媒体资源,完整数字教材及其配套数字资源可通过移动终端 App "行水云课" 微信公众号或中国水利水电出版社 "行水云课" 平台查看。

　　扫描下列二维码可获取本书技术标准、试验视频、试验指导书、试验报告、技能训练。

技术标准
科学严谨

试验视频
吃苦耐劳

试验指导书
有条不紊

试验报告
实事求是

技能训练
一丝不苟

多媒体知识点索引

序　号	资　源　名　称	页　码
26	"石子的所有试验"试验视频、试验指导书、试验报告	98
27	"混凝土的所有试验"试验视频、试验指导书、试验报告	105
28	高强混凝土简介	160
29	抗渗混凝土简介	161
30	抗冻混凝土简介	161
31	大体积混凝土简介	162
32	泵送混凝土简介	162
33	自密实混凝土简介	163
34	纤维混凝土简介	164
35	公路水泥混凝土简介	165
36	碾压混凝土简介	166
37	其他混凝土简介	168
38	项目5混凝土习题	168
39	项目5混凝土习题答案	173
40	项目6课件	174
41	"砂浆的所有试验"试验视频、试验指导书、试验报告	176
42	项目6建筑砂浆习题	188
43	项目6建筑砂浆习题答案	189
44	项目7课件	190
45	"钢筋的所有试验"试验视频、试验指导书、试验报告	192
46	项目7建筑钢材习题	214
47	项目7建筑钢材习题答案	216
48	项目8课件	217
49	项目8防水材料习题	238
50	项目8防水材料习题答案	239
51	项目9课件	240
52	建材趣知识5你搬得动吗?	251
53	项目9墙体材料习题	253
54	项目9墙体材料习题答案	254

序　号	资　源　名　称	页　码
55	项目 10 课件	255
56	建材趣知识 6 可怕的 VOC	257
57	项目 10 建筑装饰材料习题	277
58	项目 10 建筑装饰材料习题答案	279
59	项目 11 课件	280
60	建材趣知识 7 有趣的孔隙	281
61	项目 11 绝热材料和吸声材料习题	285
62	项目 11 绝热材料和吸声材料习题答案	286
63	项目 12 课件	287
64	项目 12 试验数据整理分析习题	294
65	项目 12 试验数据整理分析习题答案	294

目 录

项目 1

绪　论

1　项目 1
课件

【教学目标】

理解建筑材料的分类；理解建筑材料在土木工程中的作用；掌握建筑材料的技术标准；理解本课程的性质、任务及学习方法。

【教学要求】

知识要点	能　力　目　标	权重
建筑材料的分类	理解按不同方法分类的意义	10%
建筑材料在土木工程中的作用	(1) 理解建筑材料是土木工程的物质基础。 (2) 理解建筑材料的性能决定建筑物的规模、结构形式与施工方法	25%
建筑材料的技术标准	(1) 掌握制定建筑材料技术标准的意义。 (2) 掌握建筑材料技术标准的分级及其主要内容	40%
课程的性质、任务及学习方法	(1) 理解本课程是土木工程类专业的专业基础课。 (2) 理解理论联系实际与加强实训是学好本课程的重要方法	25%

【基本知识学习】

1.1　建筑材料的定义与分类

建筑材料的定义有广义与狭义两种。广义的建筑材料是指建造建筑物和构筑物的所有材料，如黏土、铁矿石、石灰石、生石膏等，是使用的各种原材料、半成品、成品等的总称。狭义的建筑材料是指直接构成建筑物和构筑物实体的材料，如混凝土、水泥、石灰、钢筋、黏土砖等。

建筑材料的品种繁多，组分各异，分类方法也不尽相同，常见的是按材料的化学成分和使用功能进行分类。

1. 按化学成分分类

建筑材料按化学成分可分为无机材料、有机材料和复合材料三大类，见表 1.1。

表 1.1　　　　　　　　　　　　建筑材料按化学成分分类

类　别		代表性材料
无机材料	金属材料	黑色金属：钢、铁
		有色金属：铝、铜等及其合金
	非金属材料	天然石材：砂、石、各种岩石制成的块材和板材等 烧土制品：黏土砖、瓦、陶瓷、玻璃等 胶凝材料及其制品：石灰、石膏、水玻璃、水泥、混凝土、砂浆、硅酸盐制品等
有机材料	植物质材料	木材、竹材等
	沥青材料	石油沥青、煤沥青、沥青制品等
	高分子材料	塑料、涂料、胶黏剂等
复合材料	无机非金属材料与金属材料复合	钢筋混凝土、预应力钢筋混凝土、钢纤维混凝土等
	无机非金属材料与有机材料复合	沥青混凝土、聚合物混凝土等

2. 按使用功能分类

建筑材料按使用功能可分为结构材料、功能材料和墙体材料三大类。

（1）结构材料。用作承重构件的材料，如梁、板、柱所用材料。

（2）功能材料。在建筑上具有某些特殊功能（如防水、装饰、隔热等）的材料。

（3）墙体材料。建筑物内、外及分隔墙体所用的材料，如砌墙砖、砌块、板材等。

1.2　建筑材料在土木工程中的作用

建筑材料是土木工程的物质基础，它在土木工程中的作用如下：

（1）建筑材料决定工程造价。在土木工程（建筑工程、水利水电工程等，下同）中材料的用量很大，用于材料的费用往往占工程总造价比例较大，一般房屋建筑工程材料的费用占 50%～60%，水利工程材料的费用占 30%～40%。因此，合理地使用材料，对降低工程造价，提高工程的经济效益有着相当重要的作用。

（2）建筑材料的质量直接影响着工程的质量。在土木工程中，尤其是在水利水电工程中的材料，经常受到水流冲刷、冻融与干湿循环的作用，极易遭受破坏。因此，对工程中使用的材料要加强质量管理，严格执行材料的检验制度，以保证工程安全可靠。

（3）建筑材料的发展在一定程度上决定和影响着建筑物的规模、结构形式和施工方法。在古代没有水泥和钢材，就不可能修建三峡大坝以及跨越黄河、长江的大桥，也不可能修建现代化的高速公路。新材料的不断出现和发展，必然带来工程设计与施工技术的不断革新。建筑材料直接影响建筑工程的使用、坚固、美观、经济耐久性与节能。因此，建筑材料的生产和应用技术的发展，对国家建设事业无疑具有重要作用。

当前，轻质、高性能、多功能、美观、高效能的新型建筑材料，特别是新型复合材料的研究与生产，使建筑材料品种大增、质量和配套水平显著提高；充分利用工农业废料及再生资源的建筑材料不断出现；节能环保的材料和现代化生产工艺不断开发；建筑材料的理论研究及试验技术、测试方法正逐步现代化，并朝着按指定性能设计、生产新建筑材料的方向不断前进；制品形式不断朝着大型化、预制化、构件化、规范化方向发展。建筑材料行业正沿着科技创新和可持续发展的道路前进。

1.3　建筑材料的技术标准

建筑材料具有一定的技术性质，这些性质由国家标准或有关的技术规范规定一些技术指标。在工程设计、施工监理、检测等过程中，必须依据规范、一丝不苟、科学严谨、实事求是来选用或评价建筑材料。

建筑材料标准，一般包括产品规格、分类、技术要求、试验方法、检验规则、包装、标志、运输、储存等方面。

产品标准化是现代社会化大生产的产物，是组织现代化大生产的重要手段，也是科学管理的重要组成部分。建筑材料标准，是企业生产的产品质量是否合格的技术依据，也是供需双方对产品质量进行验收的依据。土木工程中按标准合理地选用材料，能使结构设计、施工工艺相应标准化，可加快施工进度，使材料在工程实践中具有最佳的经济效益。

国际范围内，有国际标准化组织标准（ISO）等，属于国际性标准化组织的标准。

世界各国都制定了适合国情的标准，如德国工业标准（DIN）、欧洲标准（EN）等，属于区域性国家标准。

国家市场监督管理总局及国家标准化管理委员会是我国标准化管理的最高机构。目前我国常用的标准有以下 4 级。

1. 国家标准

国家标准是由国务院标准化行政部门制定的标准，可分为强制性标准［代号为 GB，如《通用硅酸盐水泥》（GB 175—2023）］和推荐性标准［代号为 GB/T，如《碳素结构钢》（GB/T 700—2006）］。

2. 行业标准

对没有国家标准而又需要在全国某行业范围内统一的技术标准，可以制定行业标准。行业标准由国务院有关行政部门制定，报国务院标准化行政主管部门备案。如建筑工程行业标准（代号为 JGJ）、水利行业标准（代号为 SL）、建筑材料行业标准（代号为 JC）、冶金工业行业标准（代号为 YB）、交通行业标准（代号为 JT）、林业行业标准（代号为 LY）等。

　　3. 地方标准

　　对没有国家和行业标准，又需要在省、自治区、直辖市范围内统一要求的，可以制定地方标准（代号为 DB）。

　　4. 企业标准

　　对没有国家和行业标准，又没有地方标准的，企业应当制定其产品标准（代号为 QB）。

　　标准的表示方法为：标准名称、部门代号、编号和发布年份。举例如下：

　　国家标准（强制性）《塑性体改性沥青防水卷材》（GB 18243—2008）。

　　国家标准（推荐性）《低合金高强度结构钢》（GB/T 1591—2018）。

　　建筑工程行业标准《普通混凝土配合比设计规程》（JGJ 55—2011）。

　　对强制性国家标准，任何技术（或产品）不得低于其中规定的要求；对推荐性国家标准，表示也可执行其他标准的要求，但是推荐性标准一旦被强制性标准采纳，就认为是强制性标准；地方标准或企业标准所制定的技术要求应高于国家标准。

　　随着建筑材料科研及生产的发展，建筑材料技术标准也不断变化，根据需要国家每年都发布一批新的技术标准，修订或废止一些旧标准，并逐步与国际接轨。对于建筑材料使用者，熟悉和运用建筑材料技术标准，有着十分重要的意义。除了在选用材料时必须严格执行技术标准外，使用代用材料时，必须按标准进行试验与论证。

1.4　本课程的性质、任务及学习方法

　　建筑材料是土木工程类专业的专业基础课，兼有专业课的性质。

　　本教材的任务是使学生获得有关建筑材料性质与应用的基本知识和必要的基本理论，并获得主要建筑材料试验的基本技能训练。

　　土木工程类专业培养研究与应用型工程技术人才，故本教材着重介绍建筑材料的基本原理、技术性能、质量检验及合理选用，同时为后续课程（如钢筋混凝土结构设计、建筑工程施工或水利工程施工等专业课）提供必备的基本知识。

　　建筑材料试验是建筑材料课的重要组成部分，是重要的实践环节。通过试验、实训操作及对试验现象与试验结果的分析，使学生提高工程意识，学习基本的试验技能，提高动手操作能力和分析、解决实际问题的能力，同时培养学生严谨的试验态度。

　　建筑材料种类繁多，而且各种材料需要研究的内容很广，涉及原料、工艺、组成、结构与构造、性质、应用、检验、运输、验收、储存等各个方面。在学习过程中，首先要着重学习好主要内容——材料的技术性质和合理应用。其他内容都围绕这个中心来学习。其次，建筑材料是实践性和应用性很强的课程，学习中应理论联系实际。第三，用类比的方法学习。对同一类不同品种的材料，不但要学习它们的共性，更重要的是掌握它们各自的特性。例如，6 大通用水泥有许多共性，也有许多特性，

工程中恰恰是根据各自的特性将其应用到适宜的环境中。

【拓展思考】

　　党的二十大报告提出"推动绿色发展，促进人与自然和谐共生""推进工业，建筑，交通等领域清洁低碳转型"。在碳达峰、碳中和目标下，开发绿色建筑材料的意义是什么？你知道哪些绿色建筑材料？

2　项目1
绪论习题

3　项目1
绪论习题
答案

项目 2

建筑材料的基本性质

【教学目标】

　　理解材料组成、结构和构造对其性质的影响；掌握材料与质量有关的性质、材料与水有关的性质；理解材料与热有关的性质；掌握材料基本的力学性质及其表示方法；理解材料的耐久性。理解本项目内容是学习课程后续项目内容的基础。

4　项目 2
课件

【教学要求】

知识要点	能　力　目　标	权重
材料组成、结构和构造	理解材料组成、结构和构造对其性质的影响；理解改变或优化材料组成、结构和构造是改善材料性能的途径	10%
材料的物理性质	（1）掌握材料的密度、表观密度、堆积密度、孔隙率、空隙率等的概念及表示方法；掌握常用材料的密度、表观密度、堆积密度、孔隙率、空隙率的测定方法。 （2）掌握材料的亲水性与憎水性、耐水性、抗渗性、抗冻性、吸水率、含水率的概念及表示方法；理解提高材料耐水性、抗渗性、抗冻性等的方法	40%
材料的力学性质	（1）掌握材料抗压强度、抗拉强度、抗弯强度、抗剪强度的表示方法；掌握材料强度等级的意义。 （2）理解材料弹性和塑性、硬度和耐磨性等概念	40%
材料的耐久性	理解材料耐久性的内涵	10%

【基本知识学习】

　　建筑材料在土木工程中，发挥着各种不同的作用，因而要求材料具有相应的性质。例如，结构材料应具有良好的力学性能；防水材料应具有抗渗防水性能；墙体材料应具有隔热保温、吸声隔音性能。另外，建筑材料还经常受到风吹、日晒、雨淋、冰冻、侵蚀性物质的侵蚀等各种外界因素的影响，故建筑材料还应具有良好的耐久性。

建筑材料的基本性质包括物理性质、化学性质、力学性质、耐久性质、装饰性质等。测定材料的性质，可评定材料的质量；掌握材料的性质，可将其合理使用。本项目介绍材料基本的共性，材料的特性在有关项目中介绍。

2.1 材料组成、结构和构造对其性质的影响

2.1.1 材料的组成

材料的组成包括化学组成和矿物组成，它是决定材料性质的重要因素。

1. 化学组成

化学组成是指构成材料的化学成分。不同化学组成的材料其性质不同，如碳素钢随含碳量的增加其强度、硬度、冲击韧性将发生变化；碳素钢容易生锈，在钢中加入铬、镍等成分可生产出不锈钢。

2. 矿物组成

许多无机非金属材料是由各种矿物组成的，矿物是具有一定化学成分和结构特征的单体或化合物。相同的化学组成，不同的矿物成分，材料的性质不同。例如硅酸盐水泥熟料中，硅酸三钙凝结硬化快、强度高，硅酸二钙凝结硬化慢、早期强度低等。

2.1.2 材料的结构和构造

材料的结构可分为宏观结构、细观结构和微观结构，它直接决定材料的性能。

1. 宏观结构（构造）

用肉眼或放大镜能够分辨的毫米级以上的粗大组织称为宏观结构。材料的宏观结构可分为下列几种类型：

5 建材趣知识1"孪生兄弟"：钻石与石墨

（1）致密结构：材料内部基本上无孔隙的结构。这类材料的特点是强度和硬度较高，吸水性差，抗渗和抗冻性较好，如钢材、金属、玻璃、塑料、致密的石材等。

（2）多孔结构：材料内部具有粗大孔隙的结构。这类材料的特点是强度较低，吸水性好，抗渗和抗冻性较差，绝热性较好，如加气混凝土、泡沫塑料等。

（3）微孔结构：材料内部具有微细孔隙的结构。这种微细孔隙是加入大量的拌和水而形成的，其特点与多孔结构材料的特点相同，如烧结普通砖、石膏制品等。

（4）纤维结构：材料内部组织具有方向性的结构。这类材料的特点是平行纤维方向与垂直纤维方向的各种性质具有明显差异，如木材、竹材、玻璃纤维增强塑料、石棉制品等。

（5）片状或层状结构：材料具有叠合的结构。这类材料是用胶黏剂或其他方法将不同的片材或具有各向异性的片材黏合而成的层状结构，其特点是平面各向同性，同时提高了材料的强度、硬度等，综合性能好。如胶合板、纸面石膏板、各种夹心板等。

（6）散粒结构：材料呈松散颗粒状的结构。这类材料的特点是颗粒之间存在大量空隙，其空隙率的大小主要取决于颗粒级配、颗粒形状及大小等，如砂、石子、膨胀珍珠岩等。

2．细观结构

用光学显微镜所观察到的微米级组织结构称为细观结构，又称为亚微观结构或显微观结构。该结构研究材料内部的晶粒、颗粒等的大小和形态、境界或界面，孔隙与微裂纹的大小、形状及分布等。例如，可分析金属材料晶粒的粗细及其金相组织；可分辨混凝土的过渡区、水泥石以及其孔隙组织；可观察木材的木纤维、导管、髓线、树脂道等组织。

材料的细观结构对其力学性质、耐久性等影响很大。钢材中加入钛、钒、铌等合金元素，能细化晶粒，显著提高强度；改善混凝土过渡区的结构，可大幅改善混凝土性能。

3．微观结构

用电子显微镜、X 射线衍射仪等仪器来研究的材料原子、分子级的微观组织称为微观结构。该结构可分为晶体与非晶体。

（1）晶体。材料的质点（原子、分子或离子）按一定规律在空间重复排列的固体称为晶体。其特点是具有固定几何外形，且各向异性。晶体材料的各种物理、力学性质与质点的排列方式以及质点间的结合力（化学键）有关。晶体按化学键可分为以下几种：

1）原子晶体：由中性原子构成的晶体。原子间以共价键联结，结合力大。原子晶体的强度、硬度、熔点都高，密度较小，如金刚石、石英、碳化硅等。

2）离子晶体：由正、负离子构成的晶体。离子间靠静电引力（库仑引力）联结，比较稳定。离子晶体的强度、硬度、熔点都较高，但波动较大；部分可溶，密度中等，如氯化钙、石膏、石灰岩等。

3）分子晶体：由分子构成的晶体。分子间以分子力（范德华力）联结，结合力较弱。分子晶体的强度、硬度、熔点均较低，密度较小，如蜡及部分有机化合物。

4）金属晶体：由金属阳离子构成的金属晶体。金属离子间靠金属键（库仑引力）联结。金属晶体的强度、硬度变化大，密度也大。由于金属晶体内具有自由运动的电子，故金属材料具有良好的导热性和导电性，如铁、钢、铝、铜及其合金。

（2）非晶体。将熔融物迅速冷却，质点来不及按一定规律排列而凝固成的固体，称为非晶体，也称玻璃体或无定形体。非晶体的特点是没有固定的几何外形，且各向同性，由于急速冷却，大量的化学能未释放出来，所以非晶体材料具有化学不稳定性，容易与其他物质起化学反应，如粒化高炉矿渣、火山灰、粉煤灰等。将熔融物慢慢冷却，可凝固成晶体。

2.2　材料的物理性质

2.2.1　材料与质量有关的性质

1．密度

密度是指材料在绝对密实状态下，单位体积的干质量。按式（2.1）计算，即

$$\rho = \frac{m}{V} \tag{2.1}$$

式中　ρ——材料的密度，g/cm^3；

　　　m——材料在干燥状态下的质量，g；

　　　V——材料在绝对密实状态下的体积，cm^3。

材料在绝对密实状态下的体积，是指不包含材料内部孔隙的实体积。除钢材、玻璃等少数材料孔隙可不计外，绝大多数材料在自然状态下含有一些孔隙。在测定有孔隙材料的密度时，先将其磨成粒径小于 0.2mm 的颗粒，以消除孔隙，烘干至恒质量，然后用李氏瓶测得其实体积，用式（2.1）计算密度。颗粒磨得越细，测得的体积越真实，得到的密度也越精确。

测定材料密度，可判断材料种类，评定材料性能（如材料密度越大，通常强度越高；水泥受潮，密度减小），指导材料应用（如混凝土设计时需各组成材料的密度）。

【例 2.1】　某致密不规则材料在空气中称重为 m_0（kg），浸入水中称重为 m_1（kg）。求该材料的密度 ρ（水的密度为 $\rho_{水}$）为多大？

解　设材料的体积为 V。

有
$$F_{浮}=(m_0-m_1)g=\rho_{水}\,gV$$

得
$$V=\frac{m_0-m_1}{\rho_{水}}$$

则有
$$\rho=\frac{m_0}{m_0-m_1}\times\rho_{水}$$

【例 2.2】　在水泥密度试验要求的温度下，无水煤油液面在李氏密度瓶瓶颈的读数 $V_0=0.25mL$，倒入 60g 水泥后瓶颈煤油液面的读数 $V_1=19.60mL$。求水泥的密度。

解
$$\rho=\frac{m}{V_1-V_0}=\frac{60g}{(19.60-0.25)cm^3}=3.10g/cm^3$$

2. 表观密度

表观密度是指材料在自然状态下，单位体积的干质量。按式（2.2）计算，即

$$\rho_0=\frac{m}{V_0} \tag{2.2}$$

式中　ρ_0——材料的表观密度，g/cm^3 或 kg/m^3；

　　　m——材料在干燥状态下的质量，g 或 kg；

　　　V_0——材料在自然状态下的体积（表观体积），cm^3 或 m^3。

材料在自然状态下的体积，是指包括实体积和孔隙体积在内的体积。对于规则形状的材料，直接量测其表观体积；对于非规则形状的材料，可用蜡封法封闭材料表面，然后再用排水法量测体积；对于混凝土用的砂石骨料，直接用排水法量测体积，此时的体积是实体积与内部封闭孔隙体积之和，即不包括与外界连通的开口孔隙体积。由于砂石比较密实，孔隙很少，开口孔隙体积更少，所以直接用排水法测得的密度也称为表观密度，过去称为视密度（因其与砂石的密度近似）。显然，排水法测得的砂石表观密度用于混凝土配合比设计已能满足混凝土的填充包裹要求。

测定材料表观密度，可用来评定材料性能（如砂石表观密度越大，通常其强度越

高、坚固性越好；加气混凝土砌块表观密度越小，其绝热性、吸声性等越好），也常作为材料性能的控制指标（如控制建筑砂浆、碾压混凝土的表观密度，以确保其性能）。

材料的含水状态变化时，其质量和体积均发生变化。通常表观密度是指材料在干燥状态下的表观密度，其他含水情况应注明。

【例 2.3】　一普通砖，尺寸为 240mm×115mm×53mm，重 2.5kg。求砖的表观密度 ρ_0。

解　　　　$$\rho_0 = \frac{m}{V_0} = \frac{2.5 \times 1000 \text{g}}{24.0 \text{cm} \times 11.5 \text{cm} \times 5.3 \text{cm}} = 1.71 \text{g/cm}^3$$

注明：该砖为自然状态，非干燥状态。

【例 2.4】　称取烘干砂 m_0（g），装入盛有半瓶水的容量瓶中，摇动容量瓶，使砂在水中充分搅动以排除气泡，静置 24h。然后加水至瓶颈刻线处，称瓶、砂、水质量为 m_1（g）。倒出瓶中的水和砂，再往瓶内注入水至瓶颈刻线处，称瓶、水质量为 m_2（g）。水的密度已知为 $\rho_水$。试求砂的表观密度（视密度）ρ_{0S}。

解　设容量瓶的质量为 $m_瓶$，瓶颈刻线处的容积为 V，砂的表观体积为 V_{0S}。

$$m_1 = m_瓶 + m_0 + (V - V_{0S})\rho_水 \tag{1}$$

$$m_2 = m_瓶 + V\rho_水 \tag{2}$$

由式（1）、式（2）得　　$m_1 - m_2 = m_0 - V_{0S}\rho_水$

即　　　　　　　　$$V_{0S} = \frac{m_0 + m_2 - m_1}{\rho_水}$$

得　　　　　　　　$$\rho_{0S} = \frac{m_0}{m_0 + m_2 - m_1} \times \rho_水$$

3. 堆积密度

堆积密度是指散粒材料（粒状或粉状材料）在堆积状态下，单位体积（包含了颗粒内部的孔隙与颗粒之间的空隙）的质量。按式（2.3）计算，即

$$\rho_0' = \frac{m}{V_0'} \tag{2.3}$$

式中　ρ_0'——散粒材料的堆积密度，kg/m³；

　　　m——散粒材料的质量，kg；

　　　V_0'——散粒材料在堆积状态下的体积，m³。

材料在堆积状态下的体积，通常用材料所充满的容量筒容积表示。堆积密度用容量筒来测定。容量筒的大小视颗粒的大小而定，例如，砂用 1L 的容量筒，石子根据最大公称粒径的大小用 10L、20L、30L 的容量筒。

测定散粒材料堆积密度，可用来评定其性能（如堆积密度越大，则散粒材料的空隙率越小、级配越好），也可用来计算散粒材料的堆场体积。

堆积密度通常指材料在气干状态下的堆积密度，其他含水情况应注明。

常用建筑材料的密度、表观密度和堆积密度见表 2.1。

【例 2.5】　容积为 10L 的铁质容量筒重 2.8kg，装满气干石子后石子与筒共重

17.9kg，求石子的堆积密度 ρ'_{0g}。

解 $$\rho'_{0g}=\frac{m}{V'_0}=\frac{(17.9-2.8)\text{kg}}{10\text{L}}=1.51\text{kg/L}=1510\text{kg/m}^3$$

4．密实度与孔隙率

（1）密实度。密实度是指块状材料体积内被固体物质充实的程度，也就是固体实体积占总体积（表观体积）的百分率。用 D 来表示，按式（2.4）计算，即

$$D=\frac{V}{V_0}\times100\%=\frac{\rho_0}{\rho}\times100\% \tag{2.4}$$

（2）孔隙率。孔隙率是指块状材料体积内孔隙体积占总体积（表观体积）的百分率。用 P 来表示，按式（2.5）计算，即

$$P=\frac{V_0-V}{V_0}\times100\%=\left(1-\frac{V}{V_0}\right)\times100\%=\left(1-\frac{\rho_0}{\rho}\right)\times100\% \tag{2.5}$$

密实度与孔隙率的关系，可用下式来表示，即
$$D+P=1$$

密实度与孔隙率均反映了块状材料的致密程度。孔隙率的大小及孔隙特征（包括孔隙大小、是否开口、是否连通、分布情况等）对材料的性质影响很大。一般而言，同一种材料，孔隙率越小，开口连通孔隙越少，其强度越高，吸水性越差，抗渗性和抗冻性越好。几种常用材料的孔隙率见表2.1。

表 2.1 　　　　**常用建筑材料的密度、表观密度、堆积密度和孔隙率**

材料名称	密度/(g/cm³)	表观密度/(kg/m³)	堆积密度/(kg/m³)	孔隙率/%
钢材	7.85	7850	—	0
花岗岩	2.6~2.9	2500~2850		0~0.3
石灰岩	2.6~2.8	2000~2600		0.5~3.0
碎石或卵石	2.6~2.9	—	1400~1700	
普通砂	2.6~2.8	—	1450~1700	
烧结黏土砖	2.5~2.7	1500~1800		20~40
水泥	3.0~3.2		1300~1700	
普通混凝土	—	2000~2800		1~20
沥青混凝土	—	2300~2400		2~4
木材	1.55	400~800		55~75

【例 2.6】 某材料的密度为 2.61g/cm^3，表观密度为 2550kg/m^3，则其孔隙率为多大？

解 $$P=\left(1-\frac{\rho_0}{\rho}\right)\times100\%=\left(1-\frac{2550}{2.61\times1000}\right)\times100\%=2.3\%$$

【例 2.7】 某引气混凝土的湿表观密度为 2290kg/m^3，该混凝土配合比为水泥：砂：石子：水 $=1:2.0:3.53:0.52$，水泥密度为 3.10g/cm^3，砂、石子表观密度分别为 2.62g/cm^3、2.70g/cm^3，引气剂的量可忽略不计。求引气混凝土的含气量（以

11

气体体积占混凝土表观体积的百分率表示）。

解 近似认为混凝土中的孔隙完全被空气占据，引气混凝土的含气量，其实质可近似为混凝土的孔隙率 P。设水泥用量为 m，则砂、石子、水的用量分别为 $2.0m$、$3.53m$、$0.52m$，混凝土加权平均密度为 ρ，即

$$\rho=\frac{m+2.0m+3.53m+0.52m}{\dfrac{m}{3.10}+\dfrac{2.0m}{2.62}+\dfrac{3.53m}{2.70}+\dfrac{0.52m}{1.00}}=2.420(\text{g/cm}^3)=2420(\text{kg/m}^3)$$

混凝土含气量：$P=\left(1-\dfrac{\rho_0}{\rho}\right)\times100\%=\left(1-\dfrac{2290}{2420}\right)\times100\%=5.4\%$

5. 填充率与空隙率

（1）填充率。填充率是指散粒材料在堆积体积中被其颗粒填充的程度，用 D' 表示，按式（2.6）计算，即

$$D'=\frac{V_0}{V_0'}\times100\%=\frac{\rho_0'}{\rho_0}\times100\% \tag{2.6}$$

（2）空隙率。空隙率是指散粒材料在堆积体积中，颗粒之间空隙体积占堆积体积的百分率，用 P' 来表示，按式（2.7）计算，即

$$P'=\frac{V_0'-V_0}{V_0'}\times100\%=\left(1-\frac{\rho_0'}{\rho_0}\right)\times100\% \tag{2.7}$$

空隙率的大小反映了散粒材料的颗粒之间相互填充的致密程度。空隙率越小，散粒材料的小颗粒越能较好地填充大颗粒形成的空隙，则级配越好。

填充率与空隙率的关系，可用下式表示，即

$$D'+P'=1$$

【例 2.8】 碎石的表观密度为 2.70g/cm^3，堆积密度为 1600kg/m^3。求石子的空隙率。

解 $$P'=\left(1-\frac{\rho_0'}{\rho_0}\right)\times100\%=\left(1-\frac{1600}{2700}\right)\times100\%=40.7\%$$

【例 2.9】 "填充包裹原理"是普通混凝土应遵循的原理，其基本含义是：石子的空隙由砂填充，并使石子的表面包裹一定厚度的砂层，砂的空隙由水泥浆（灰浆）填充并使砂的表面包裹一定厚度的水泥浆（灰浆）层（水泥浆也填充砂石的开口孔隙）。普通混凝土中定义砂率 $\beta_s=\dfrac{m_s}{m_s+m_g}\times100\%$。已知砂的堆积密度为 ρ_{0s}'，石子的表观密度（视密度）为 ρ_{0g}，石子堆积密度为 ρ_{0g}'，砂填充石子空隙并使石子的表面包裹一定厚度的砂层用砂的拨开系数 K（$K>1$，一般取 $K=1.1\sim1.4$）表示。求混凝土的砂率 β_s。

解 设满足混凝土填充包裹要求的砂用量为 m_s，石子用量为 m_g，由混凝土"填充包裹原理"可得

$$\frac{m_s}{\rho_{0s}'}=K\times\frac{m_g}{\rho_{0g}'}\times P' \tag{1}$$

其中，P' 为石子的空隙率，$P' = \left(1 - \dfrac{\rho'_{0g}}{\rho_{0g}}\right) \times 100\%$

由式（1）得

$$\frac{m_g}{m_s} = \frac{\rho'_{0g}}{KP'\rho'_{0s}} \tag{2}$$

将式（2）两边同时加 1 得

$$\frac{m_g + m_s}{m_s} = \frac{\rho'_{0g} + KP'\rho'_{0s}}{KP'\rho'_{0s}} \tag{3}$$

即

$$\beta_s = \frac{m_s}{m_s + m_g} \times 100\% = \frac{KP'\rho'_{0s}}{\rho'_{0g} + KP'\rho'_{0s}} \times 100\% \tag{4}$$

【例 2.10】　混凝土配合比设计时，水泥密度为 3.10g/cm^3，砂、石子表观密度分别为 2.62g/cm^3、2.70g/cm^3，砂、石子堆积密度分别为 1450kg/m^3、1600kg/m^3。已算得 1m^3 混凝土需水泥 342kg，需水 178kg。按［例 2.9］算得混凝土的砂率为 34.0%（拨开系数 K 取 1.4）。求 1m^3 混凝土中砂、石子的用量（不计混凝土的含气量）。

解　由填充包裹原理得

$$\begin{cases} \dfrac{m_c}{\rho_c} + \dfrac{m_s}{\rho_s} + \dfrac{m_g}{\rho_g} + \dfrac{m_w}{\rho_w} = 1 \\[2mm] \beta_s = \dfrac{m_s}{m_s + m_g} \times 100\% \end{cases}$$

$$\begin{cases} \dfrac{342}{3100} + \dfrac{m_s}{2620} + \dfrac{m_g}{2700} + \dfrac{178}{1000} = 1 \\[2mm] 34.0\% = \dfrac{m_s}{m_s + m_g} \times 100\% \end{cases}$$

得

$$\begin{cases} m_s = 646\text{kg} \\ m_g = 1255\text{kg} \end{cases}$$

【例 2.11】　施工现场有 $5\sim20\text{mm}$ 小石与 $20\sim40\text{mm}$ 中石，现需将小石与中石掺配使用。按不同比例掺配 8 次试验得到的混合料堆积密度见表 2.2，试确定小石与中石的最佳掺配比例。

表 2.2　　　　　混合堆积密度

试验次数	1	2	3	4	5	6	7	8
$5\sim20\text{mm}$ 小石掺配比例	50%	45%	42%	40%	36%	32%	25%	20%
$20\sim40\text{mm}$ 中石掺配比例	50%	55%	58%	60%	64%	68%	75%	80%
堆积密度/（kg/m³）	1440	1480	1490	1510	1530	1520	1490	1470

解　从表 2.2 中堆积密度试验结果看，选小石 36%、中石 64% 的掺配比例较好。因为该比例的混合料堆积密度最大，空隙率最小，级配最好。若用该比例混合料拌制混凝土，填充混合料空隙所需的砂浆量最少，混凝土性能也较好。通常做法是，在该比例附近再选几组比例，进行混凝土和易性试验，选取满足混凝土和易性要求且水泥用量又较小的掺配比例。

【例 2.12】　建立模型：边长为 a 的立方体容器，最大限度地填充直径为 d（$d=$

a/n，n 为正整数）的实心球 ［图 2.1 (a)、(b)、(c)］。

（1）求体系的空隙率 P'，并说明 P' 与 d 的关系。

（2）怎样才能降低体系的空隙率 P'？由该模型启示，为降低砂、石的空隙率，其颗粒大小该如何搭配？

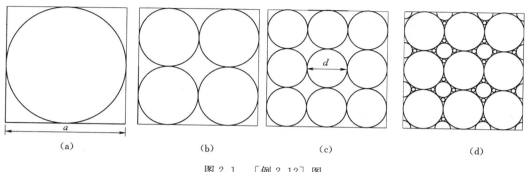

(a)　　　　　(b)　　　　　(c)　　　　　(d)

图 2.1　［例 2.12］图

解　（1）依题意，体系最多可填充 n^3 个球。填充 n^3 个球时，体系的空隙率 P' 为

$$P' = \frac{a^3 - \frac{4}{3}\pi\left(\frac{d}{2}\right)^3 \times n^3}{a^3} = \frac{a^3 - \frac{4}{3}\pi\left(\frac{a}{2n}\right)^3 \times n^3}{a^3} \times 100\% = 47.6\%$$

显然，若球一样大，体系的空隙率 P' 是一定值，与球的直径 d（球的大小）无关 ［图 2.1 (a)、(b)、(c)］。

（2）若球一样大，增大球的直径（减少球的数量）或减小球的直径（增加球的数量），均不能降低体系的空隙率 P'。欲降低 P' 值，一是将更小的球去填充大球形成的空隙 ［图 2.1 (d)］，二是体系中球的大小本身不一样，小球去填充中等球形成的空隙，中等球去填充大球形成的空隙。砂、石骨料，若颗粒的粒径一样大或差不多大（单一粒径或单粒级），其空隙率大，性能差，用其配制的混凝土性能也差且多耗水泥。因此，要求骨料中不同大小的颗粒均占适当比例（连续粒级），相互填充，以获得较小的空隙率，如 ［例 2.11］。理想的颗粒搭配比例（级配）是：数量上（指体积量），有较多的大颗粒，适当的中颗粒，较少的小颗粒，相互填充以降低空隙率；大小上，各级颗粒的粒径之比为 $1/6 \sim 1/8$ 可快速地降低空隙率（即间断级配，小粒级颗粒直接填充大粒级颗粒形成的空隙，无过渡的中等粒级颗粒），但实践中，降低骨料的空隙率与混凝土的抗离析性应兼顾，使得工程上通常采用各粒级均占一定比例的连续粒级，此时，相邻粒级的粒径之比远大于 $1/6 \sim 1/8$。最后顺便指出，一些技术标准规定砂、石的空隙率必须小于 47%，似乎与该模型有异曲同工之妙。

2.2.2 材料与水有关的性质

1. 亲水性与憎水性

材料与水接触，根据其能否被水湿润表现出亲水性和憎水性。材料与水接触时，能被水湿润的性质称为亲水性（路面现象），具有亲水性的材料称为亲水性材料；材料与水接触时，不能被水湿润的性质称为憎水性（荷叶现象），具有憎水性的材料称为憎水性材料。

当水滴与材料接触时，会出现两种情况，如图 2.2 所示。在材料、水和空气三相的交点处，沿水滴表面作切线，此切线与材料和水接触面的夹角 θ，称为湿润角。

当 $\theta \leqslant 90°$ 时，材料表现为亲水性，如木材、砖、水泥制品、石、钢材等。材料亲水的原因是材料分子与水分子间的吸引力大于水分子之间的内聚力。

当 $\theta > 90°$ 时，材料表现为憎水性，如沥青、石蜡、塑料等。材料憎水的原因是材料分子与水分子间的吸引力小于水分子之间的内聚力。憎水材料具有较好的防水性，常用作防水材料，也可用于亲水性材料的表面处理，以减少吸水率，提高抗渗性。

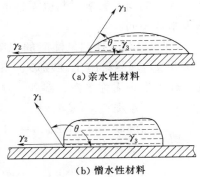

(a)亲水性材料

(b)憎水性材料

图 2.2　材料湿润示意图

2. 吸水性与吸湿性

（1）吸水性。吸水性是指材料在水中吸收水分的能力，吸水性以吸水率表示。

吸水率是指材料在吸水饱和状态下，所吸水的质量占材料干质量的百分率，即材料吸水饱和时的含水率（ω_m）。按式（2.8）计算，即

$$\omega_m = \frac{m_b - m}{m} \times 100\% \tag{2.8}$$

式中　ω_m——材料的吸水率，%；

m_b——材料吸水饱和状态下的质量，g；

m——材料在干燥状态下的质量，g。

材料的吸水性，不仅取决于材料是亲水与憎水，还与其孔隙率的大小及孔隙特征有关。通常，材料孔隙率越大，吸水性越强；开口而连通的细小孔隙越多，吸水性越强；闭口孔隙，水分不易进入；开口的粗大孔隙，水分易进入，但不能存留，故吸水性较差。各种材料的吸水率差别很大，如花岗岩等致密岩石的吸水率为 0.2%～0.7%，普通混凝土的吸水率为 2%～3%，烧结普通黏土砖的吸水率为 8%～20%，而木材或其他轻质材料的吸水率常大于 100%。

材料的吸水性会对其性质产生不利影响。如材料吸水后，使其质量增加，体积膨胀，导热性增强，强度和耐久性下降。

（2）吸湿性。吸湿性是指材料在空气中吸收水分的性质。吸湿性以含水率表示。

含水率是指材料中所含水的质量占其干质量的百分率，用 ω 表示，按式（2.9）计算，即

$$\omega = \frac{m_1 - m}{m} \times 100\% \tag{2.9}$$

式中　ω——材料的含水率，%；

m_1——材料含水状态下的质量，g；

m——材料干燥状态下的质量，g。

材料的吸湿作用是可逆的，干燥的材料可吸收空气中的水分，潮湿的材料可向空

气中释放水分。材料中所含水分与空气湿度达到平衡时的含水率，称为平衡含水率。

材料的吸湿性与空气的温度和湿度有关，空气的湿度大、温度低，材料的吸湿性强；反之则弱。影响材料吸湿性的因素，以及材料吸湿后对其性质的影响，均与材料的吸水性相同。

【例 2.13】　拌制某性能的混凝土，需水泥 350kg、干砂 660kg、干石子 1200kg、水 175kg。现测得施工现场砂、石子的含水率分别为 3%、1%，为使混凝土性能不变，施工现场需称水泥、湿砂、湿石子、水各多少来拌制混凝土？

解
$$\begin{cases} 水泥 = 350\text{kg} \\ 湿砂 = m_s(1+\omega_1) = 660 \times (1+3\%) = 680(\text{kg}) \\ 湿石子 = m_g(1+\omega_2) = 1200 \times (1+1\%) = 1212(\text{kg}) \\ 水 = 175 - m_s\omega_1 - m_g\omega_2 = 175 - 660 \times 3\% - 1200 \times 1\% = 143(\text{kg}) \end{cases}$$

3. 耐水性

耐水性是指材料长期在水的作用下，保持其原有性质的能力。

不同材料的耐水性表示方法不同。如结构材料的耐水性主要指强度变化，用软化系数 K_p 表示，按式（2.10）计算；装饰材料主要用颜色变化、是否起泡起层等评定。

$$K_p = \frac{f_{sw}}{f_d} \tag{2.10}$$

式中　K_p——材料的软化系数；

f_{sw}——材料吸水饱和状态下的抗压强度，MPa；

f_d——材料干燥状态下的抗压强度，MPa。

材料软化系数 K_p 在 0（黏土）~1（钢材）之间变化。K_p 的大小，说明材料吸水饱和（最不利状态）后其强度下降的程度。K_p 越大，表明材料吸水饱和后其强度下降得越少，其耐水性越强；反之则耐水性越差。一般将 $K_p \geqslant 0.85$ 的材料称为耐水性材料。K_p 是选用材料的重要依据，经常位于水中或受潮严重的重要结构物，应选用 $K_p \geqslant 0.85$ 的材料；受潮较轻的或次要结构物，应选用 $K_p \geqslant 0.75$ 的材料。

【例 2.14】　某石材在气干状态（在空气中干燥亦即风干状态）、绝干状态（绝对干燥状态）、水饱和状态（吸水饱和状态）情况下测得的抗压强度分别为 172MPa、175MPa、160MPa，求该石材的软化系数，并判断该石材可否用于水下工程。

解
$$K_p = \frac{f_{sw}}{f_d} = \frac{160}{175} = 0.91$$

由于该石材的软化系数 $K_p = 0.91 \geqslant 0.85$，故该石材可用于水下工程。

4. 抗渗性

抗渗性是指材料抵抗压力水或其他液体渗透的性能。抗渗性可用渗透系数 K 表示，可按式（2.11）计算，即

$$K = \frac{Qd}{AtH} \tag{2.11}$$

式中　K——渗透系数，$\text{cm}^3/(\text{cm}^2 \cdot \text{s})$ 或 cm/s；

Q——渗水量，cm^3；

d——试件厚度，cm；

A——渗水面积，cm^2；

t——渗水时间，s；

H——水头，cm。

渗透系数 K 越大，表明水在材料中流动的速度越快，材料的抗渗性越差。

混凝土、砂浆等的抗渗性可用抗渗等级表示，抗渗等级用材料（试件）不被水透过而能抵抗的最大水压力表示。如 W2、W4、W6、W8、W10、W12 等，分别表示材料（试件）在一定试验条件下可抵抗 0.2MPa、0.4MPa、0.6MPa、0.8MPa、1.0MPa、1.2MPa 的水压力而不渗水。

材料的抗渗性不仅与材料本身的亲水性和憎水性有关，还与材料的孔隙率和孔隙特征有关。材料的孔隙率越小且多为封闭孔隙，其抗渗性越强。经常受压力水作用的地下工程及水利工程等，应选用具有一定抗渗性的材料。防水材料应具有不透水性。

5. 抗冻性

抗冻性是指材料在吸水饱和状态下，能经受多次冻融循环作用而不破坏，其强度也不严重降低的性质。材料的抗冻性用抗冻等级表示。

抗冻等级以试件在吸水饱和状态下，经冻融循环作用，质量损失和强度下降均不超过规定数值的最大冻融循环次数来表示，如 F25、F50、F100、F150、F200、F250、F300 等。

材料冻结破坏，是由于其内部孔隙中的水结冰产生体积膨胀（大约 9%）而造成的。当材料的孔隙中充满水，水结冰后体积膨胀，巨大的水压力对孔壁产生很大的膨胀拉应力，如果该应力超过材料的抗拉强度，孔壁会开裂，强度会下降。冻融循环次数越多，对材料的破坏越严重，甚至造成材料的完全破坏。

影响材料抗冻性的因素有内因和外因。内因是指材料的组成、结构、构造、孔隙率的大小和孔隙特征、强度、耐水性等。外因是指材料孔隙中充水的程度、冻结温度、冻结速度、冻融频率等。

2.2.3　材料的热工性质

1. 导热性

材料传递热量的性质称为材料的导热性。导热性用热导率 λ 来表示，可按式（2.12）计算，即

$$\lambda = \frac{Qd}{(T_2 - T_1)At} \tag{2.12}$$

式中　λ——热导率，$W/(m \cdot K)$；

Q——传导的热量，J；

d——材料的厚度，m；

A——材料的传热面积，m^2；

t——传热时间，s；

$T_2 - T_1$——材料两侧的温度差，K。

热导率 λ 越小，材料的隔热保温越好。

材料的导热性与材料的组成和结构、孔隙率大小和孔隙特征、含水率以及温度等有关。金属材料的热导率大于非金属材料的热导率。因密闭空气的热导率很小，故材料的孔隙率越大，其热导率越小。细小而封闭的孔隙，导热率较小；粗大、开口且连通的孔隙，容易形成对流传热，热导率较大。因水和冰的热导率比空气大很多，故材料含水或含冰时，其热导率会急剧增加。质轻、干燥、富密闭孔的泡沫塑料，是较好的隔热保温材料，常用于简易板房围护材料的芯板。

2. 热容量

材料受热时吸收热量、冷却时放出热量的大小，称为热容量。热容量用比热或比热容表示，可按式（2.13）计算，即

$$C=\frac{Q}{m(T_2-T_1)} \tag{2.13}$$

式中　C——材料的比热，J/(g·K)；

　　　Q——材料吸收或放出的热量，J；

　　　m——材料的质量，g；

　T_2-T_1——材料受热或冷却前后的温度差，K。

比热越大，对保证室内温度的相对稳定越有利。

当对建筑物进行热工计算时，需了解材料的热导率和比热。几种常用材料的热导率和比热参见表2.3。

表2.3　　　　　　　　　　　几种常用材料的热导率和比热

材料名称	热导率 λ /[W/(m·K)]	比热 C /[J/(g·K)]	材料名称	热导率 λ /[W/(m·K)]	比热 C /[J/(g·K)]
钢材	58	0.46	玻璃棉板	0.04	0.88
花岗岩	2.9	0.80	泡沫塑料	0.03	1.30
普通混凝土	1.8	0.88	密闭空气	0.023	1.00
普通黏土砖	0.55	0.84	水	0.58	4.186
松木（横纹）	0.15	1.63	冰	2.20	2.093

3. 热变形性

材料随温度的升降而产生热胀冷缩变形的性质，称为材料的热变形性，习惯上称为温度变形。热变形性用热膨胀系数 α 表示，可按式（2.14）计算，即

$$\alpha=\frac{\Delta L}{L\times\Delta t} \tag{2.14}$$

式中　α——材料的热膨胀系数，1/K；

　　ΔL——试件的膨胀或收缩值，mm；

　　　L——试件在升降温前的长度，mm；

　　Δt——温度差，K。

热膨胀系数 α 越大，表明材料的热变形性越大。

材料的热变形对于工程是不利的。如在大面积或大体积的混凝土工程中，当热变

形产生的膨胀拉应力超过混凝土的抗拉强度时，可引起温度裂缝。钢筋的热膨胀系数 α 为 $(10\sim12)\times10^{-6}/\mathrm{K}$，混凝土的热膨胀系数 α 为 $(5.8\sim12.6)\times10^{-6}/\mathrm{K}$，钢筋混凝土中的钢筋与混凝土之所以能共同工作，一个重要的原因是它们的热膨胀系数 α 基本相等。

【例 2.15】 测得某混凝土的热膨胀系数 α 为 $9.6\times10^{-6}/\mathrm{K}$，试计算 8m 长的混凝土在温度升高 12℃时混凝土的膨胀值 ΔL。

解 $\Delta L=\alpha L\Delta t=9.6\times10^{-6}\times8000\times12=0.92$（mm）

2.3 材料的力学性质

2.3.1 材料的强度与强度等级

1. 强度

材料在外力（荷载）作用下抵抗破坏的能力称为强度。材料在外力作用下，内部产生应力，随着外力增加，应力也相应增大，直到材料内部质点间的结合力不能抵抗这种应力时，材料即破坏，此时的极限应力即为材料的强度。

根据外力作用方式的不同，材料强度有抗拉强度、抗压强度、抗弯（抗折）强度、抗剪强度等。材料的这些强度是通过静力试验来测定的，因此称为静力强度。材料的静力强度是按照标准方法，进行破坏性试验测得的。

材料的受力状态如图 2.3 所示。

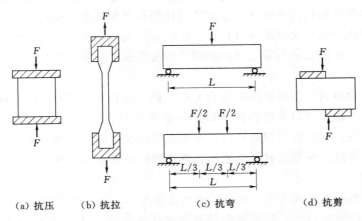

（a）抗压　（b）抗拉　（c）抗弯　（d）抗剪

图 2.3 材料的受力状态

材料的抗压强度、抗拉强度、抗剪强度 ［图 2.3（a）、（b）、（d）］，可按式（2.15）计算，即

$$f=\frac{F}{A} \tag{2.15}$$

式中 f——材料的强度，MPa；

$\quad$ F——试件破坏时的最大荷载，N；

$\quad$ A——试件受力面积，mm^2。

材料的抗弯强度与受力状态、截面形状等有关。对矩形截面的条形试件，在两端支承，中间作用一集中荷载时［图2.3（c）上图］，其抗弯强度可按式（2.16）计算，即

$$f = \frac{3FL}{2bh^2}$$ (2.16)

式中　f——材料的抗弯强度，MPa；

F——试件破坏时的最大荷载，N；

L——试件两支点间的距离，mm；

b——试件截面的宽度，mm；

h——试件截面的高度，mm。

当在三分点上加两个集中荷载时［图2.3（c）下图］，其抗弯强度可按式（2.17）计算，即

$$f = \frac{FL}{bh^2}$$ (2.17)

材料的强度与其组成、结构与构造有关。材料的组成相同，结构不同，强度也不相同。材料的孔隙率越大，则强度越小。材料的强度还与试验条件有关，如试件的尺寸、形状和表面状态、试件的含水率、加荷速度、试验环境的温湿度、试验设备的精度以及试验操作人员的技术水平等。一般情况下，同材料大试件测得的强度比小试件低，同材料同截面的棱柱体试件比立方体试件测得的强度低，加荷速度越快测得的强度越高。为使试验结果比较准确且具有可比性，规范或标准按材料特性规定了材料强度的试验方法。在测定材料强度时，必须严格按照规定的方法进行。

2. 强度等级

大多数建筑材料根据其极限强度的大小，划分成若干不同的等级，称为材料的强度等级或标号。脆性材料主要根据其抗压强度来划分强度等级，如烧结普通砖、石、水泥、混凝土等；塑性材料和韧性材料主要根据其抗拉强度来划分强度等级，如钢材等。划分强度等级，对掌握材料性能和合理选用材料具有重要意义。

3. 比强度

材料的强度与其表观密度的比值，称为比强度。它是衡量材料轻质高强性能的一项重要指标。比强度越大，则材料的轻质高强性能越好。如某状态下的普通混凝土、低碳钢、松木（顺纹）的比强度分别为0.012、0.053、0.069，相比较而言，松木为轻质高强材料，而普通混凝土为非轻质高强材料。目前大力发展铝合金材料、建筑塑料、轻钢材料等轻质高强材料。选用比强度大的材料或者提高材料的比强度，对增加建筑物高跨度、减轻结构自重、降低工程造价等具有重大意义。

【例2.16】　边长为150mm的混凝土立方体试件，抗压破坏荷载为828kN，求其抗压强度。

解　$$f = \frac{F}{A} = \frac{828 \times 1000\text{N}}{150\text{mm} \times 150\text{mm}} = 36.8\text{N/mm}^2 = 36.8\text{MPa}$$

2.3.2　材料的弹性和塑性

1. 弹性

材料在外力作用下产生变形，当去掉外力后，能完全恢复到原形状的性质，称为弹性。这种完全能恢复的变形，称为弹性变形。材料在弹性变形范围内，其应力（σ）与应变（ε）的比值（E）是一个常数，这个比值称为材料的弹性模量，即 $E=\sigma/\varepsilon$。弹性模量 E 是衡量材料抵抗变形能力的一个指标，E 越大，则材料越不易变形。低碳钢的弹性模量 $E\approx2.1\times10^{5}\,MPa$；混凝土的弹性模量是个变值，其强度等级由 C10 增加到 C80，弹性模量 E 由 $1.75\times10^{4}\,MPa$ 增加到 $3.80\times10^{4}\,MPa$。

2. 塑性

材料在外力作用下产生变形，当去掉外力后，仍保持变形后的形状和尺寸的性质，称为塑性。这种不能恢复的永久变形，称为塑性变形。

建筑材料多为弹塑性材料。一部分材料在受力不大的情况下，只产生弹性变形，当外力超过一定限度后，便产生塑性变形，如低碳钢。有的材料在受力时，弹性变形和塑性变形同时产生，当去掉外力后，弹性变形消失，而塑性变形不能消失，如混凝土。

2.3.3　材料的脆性和韧性

1. 脆性

材料在外力作用下，直到破坏前并无明显的塑性变形而发生突然破坏的性质，称为脆性。脆性材料的特点是塑性变形很小，抵抗冲击、振动荷载的能力差，抗压强度较高，抗拉强度低。大部分无机非金属材料属于脆性材料。

2. 韧性

材料在冲击或振动荷载作用下，能吸收较大能量，并产生较大变形而不发生破坏的性质，称为韧性，又称为冲击韧性。韧性材料的特点是塑性变形大，抗拉强度、抗压强度都较高。建筑钢材、木材、橡胶等属于韧性材料。对于承受冲击振动荷载的路面、桥梁、吊车梁等结构，应选用具有较高韧性的材料。

2.3.4　材料的硬度和耐磨性

1. 硬度

硬度是指材料表面抵抗较硬物体压入或刻画的能力。不同材料的硬度采用不同的测定方法。钢材、木材和混凝土等材料的硬度常采用压入法测定，如布氏硬度（HB）是以单位面积压痕上所受到的压力来表示。天然矿物的硬度常采用刻画法测定，矿物硬度分为 10 级，其硬度递增的顺序为滑石、石膏、方解石、萤石、磷灰石、正长石、石英、黄玉、刚玉、金刚石。材料的硬度越大，则其耐磨性越好，但加工越困难。

2. 耐磨性

耐磨性是指材料表面抵抗磨损的能力。材料的耐磨性用磨损率来表示，可按式（2.18）计算，即

$$N=\frac{m_1-m_2}{A} \tag{2.18}$$

式中　N——材料的磨损率，g/cm^2；

m_1——材料磨损前的质量，g；

m_2——材料磨损后的质量，g；

A——试件受磨面积，cm^2。

用于道路、地面、踏步、大坝溢流面等部位的材料，应考虑其硬度与耐磨性。通常，强度越高且密实、表面光滑的材料，其硬度越大，耐磨性越好。

【例 2.17】 试以混凝土试件抗压强度为例，分析影响试件测试强度的主要因素。

解 （1）"环箍效应"影响。混凝土试件受压时，沿加荷方向发生纵向变形时也按泊松比效应产生横向变形。但压力机上下承压板为刚度大的钢板，其弹性模量比混凝土的大 5～15 倍，而泊松比不大于混凝土的 2 倍。压力作用下，试件的横向变形大于承压板的横向变形，导致试件承压面与承压板之间产生摩擦阻力，称为环箍力 R。环箍力的特点：①与压力方向垂直，呈水平状态，指向试件中心；②因试件边缘点的变形约束比中心小，使得环箍力在边缘点最大，越往中心越小；③受力状态相同的试件，大试件边缘点环箍力比小试件大（大试件临近破坏时边缘点具有更大的相对移动趋势）；④环箍力由表及里逐渐减小，距离承压面约 $\sqrt{3}a/2$（a 为承压面边长）以外消失。因环箍力对试件横向变形的约束作用，使试件测试强度提高，称为"环箍效应"［图 2.4（a）、（b）、（c）］。"环箍效应"对混凝土抗压强度的提高，犹如混凝土柱沿高度方向设置的密排箍筋或钢管混凝土的钢管对混凝土的效应。

"环箍效应"提高试件测试强度的原因是，环箍力 R 使试件产生横向压应力，可抵消一部分在垂直压力 F 方向上产生的拉应力，而试件破坏是随后的拉应力超过试件的极限拉应力引起的。"环箍效应"的实质是，在测试条件下，相当于提高了试件局部的极限拉应力。试件的高宽比越小（如小于 $\sqrt{3}$），因"环箍效应"发生在试件的全部高度方向，甚至还有部分区域呈叠加状态，其测试强度越高［图 2.4（a）］。

试件受压力 F 作用时，试件承压面（面积为 A）上的任何一点 dA（dA 既是点号，又表示该点的无穷小面积）均受到环箍力 R 及竖直向下的压力 F' $\left(F'=\dfrac{F}{A}\times dA，且各点 F' 相同\right)$ 作用，试件的破坏由它们的合力造成。显然，边缘点的 R 最大，其合力也最大，成为试件最不利点。当压力 F 达到极限时，边缘点的合力也达到极限，此时，在垂直于合力方向产生的拉应力大于极限拉应力，试件从边缘点起沿合力方向像被剪刀剪切一样破坏，呈双倒棱锥体破坏［图 2.4（a）、（c）］。

试件承压面涂有润滑剂时，由于试件横向能自由变形，无环箍力作用或环箍力很小，试件出现直裂破坏［图 2.4（d）］。明显地，无"环箍效应"的直裂破坏强度比有"环箍效应"的双倒棱锥体破坏强度低得多。顺便指出，混凝土抗压强度试验，均采用不涂润滑剂的侧面受压，主要因为：①侧面的平整度、平行度高，能更真实地反映抗压强度，且试验结果重现性好；②不涂润滑剂，承压板对试件有"环箍效应"，这与工程中钢筋混凝土的钢筋（特别是箍筋）对混凝土的"环箍效应"相一致；③试验结果可比性高。

（2）试件尺寸。形状相同的试件，尺寸越大（大试件），测试强度越低。

1）大试件"环箍效应"相对小。大试件边缘点环箍力 R 比小试件大，但因形状、材质相同，破坏所需的合力是一样大的，导致破坏时边缘点所受的压力 F' （$F'=\dfrac{F}{A}\times dA$）减小，亦即强度 f（$f=\dfrac{F}{A}$）减小。大试件测试强度低，也可解释为：相比小试件，大试件边缘点的 R 增大、F' 减小，使得合力方向（剪切方向）偏向承压面，大试件的"环箍效应"影响区减少，亦即"环箍效应"在试件高度方向上的影响减少，破坏时成更扁平的双倒棱锥体。同配合比混凝土，边长 150mm 立方体试件抗压强度约为边长 100mm 立方体试件的 0.95 倍。

2）大试件出现缺陷的概率大。大试件的孔隙、裂缝、局部较差和内应力等缺陷概率大，也是导致测试强度低的原因。

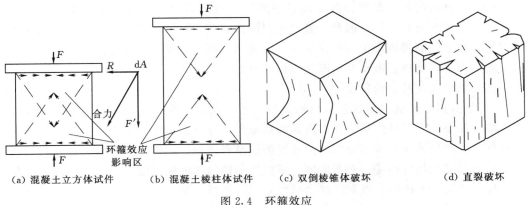

（a）混凝土立方体试件　　（b）混凝土棱柱体试件　　（c）双倒棱锥体破坏　　　　（d）直裂破坏

图 2.4　环箍效应

（3）试件的形状。当试件底面积相同而高度不同时，高宽比越大，测试强度越低。

1）试件的高宽比越大，"环箍效应"影响区在试件高度方向比重越小，对离承压面远的中部已无作用，中部及其附近呈直裂破坏，导致测试强度低［图 2.4（b）］。如 150mm×150mm×300mm 标准棱柱体抗压强度（轴心抗压强度）仅为边长 150mm 立方体抗压强度的约 0.76～0.82 倍。标准棱柱体中部无"环箍效应"影响，能真实反映混凝土抵抗压应力的能力，故以标准棱柱体抗压强度作为混凝土结构设计取值依据。

2）试件的高宽比越大，上下承压板的压力不同轴（偏心）或试件位置偏离支座中心、试件内部的局部较差、表面凹凸不平、表面不平行等因素导致压力对试件产生的弯矩、剪切力也越大，造成试件不仅受压还受弯、受剪，使试件抗压强度降低。

（4）试件表面状态。试件上下承压面的平整度、平行度，也影响测试强度。试件表面凹陷部分，使有效受力面积降低，导致测试强度偏低；试件表面凸出部分，易应力集中，会局部首先遭到破坏，也会导致测试强度降低。试件上下承压面不平行，会严重降低试件测试强度。

（5）试件的强度。

1）情形 1：试件的形状、尺寸相同，配合比（材质）不同。试件强度越大，刚度越大，其弹性模量与承压板的弹性模量差值有所缩小，"环箍效应"减弱，导致测试强度比直裂破坏强度超出值收窄；而试件强度越小，测试强度比直裂破坏强度富余得越多。

2）情形 2：试件的配合比（材质）相同，试件的形状、尺寸不同。定义标准棱柱体试件抗压强度/标准立方体试件抗压强度＝α，如前所述，$\alpha < 1$。由于立方体试件的"环箍效应"大于棱柱体试件，当试件本身强度（刚度）提高，立方体试件的"环箍效应"变化会比棱柱体试件更敏感而减弱得越多，使得 α 增大，且试件强度越高，α 增量也略大。试验表明，当混凝土强度等级小于 C50 时，α 约为 0.76；当强度等级由 C50 增大至 C80 时，α 由 0.76 增大至 0.82。当然，试件强度越高，内部的局部较差减弱等也是 α 增大的原因。

（6）试件的脆性、塑性。因塑性材料与承压板能较好地协同变形，其"环箍效应"小，而脆性材料相反。因此，脆性材料测试强度受试件形状、尺寸的影响大于塑性材料，比如，高强混凝土与泡沫混凝土（泡沫混凝土的弹性模量比高强混凝土低得多，相较而言，泡沫混凝土具有非常大的塑性）。

（7）加荷速度及加荷特征。

1）加荷速度对试件测试强度影响显著。加荷速度越快，试件应力增长速度快于应变增长速度，亦即试件吸收压力所做的功滞后，导致测试强度越大。规范根据材料特点规定了加荷速度，按规定的加荷速度测试材料强度，测试结果才有可比性与实用性。材料的强度与变形是一对矛盾体，试验机相同的送油阀开度，施加于不同强度材料的加荷速度是不同的。可制作多余试件，用其先行试验，为正式测试提供满足加荷速度的送油阀开度。

2）对试件加荷非平缓调整，而是忽大忽小交变或施以冲击荷载，试件测试强度会大为失真，已不能反映材料的力学特性，测试强度无可比性与实用性。

（8）实验室温湿度及材料含水情况。温湿度对混凝土测试强度有影响但不大。温湿度对沥青等材料的测试强度影响显著；木材含水变化，其强度将产生很大的变化。

（9）试验机的性能。试验机的性能对试件测试强度有直接影响。如试验机刚度越大，测试强度越大且越准确；上下承压板压力的同轴度越高，测试强度越大且越准确；试验机液压管路渗油，测试强度偏低；试验机精度越高，测试强度越准确。应定期对试验机进行校准，定期更换液压油。

（10）所选的量程。试件的极限荷载位于全量程的 20％～80％内，测试强度越准确。传统的度盘式试验机，是将砝的重力通过帕斯卡液压原理（千斤顶原理）或兼用杠杆原理放大加在试件上的（也有将弹簧拉力放大的），力值由度盘指针显示。试验机制造时，做了一些理想化，如砝被看作质点、弹簧完全符合胡克定律、液压油不可压缩、试验机刚度无限大、无摩擦阻力、无黏滞阻力等。但实际情况非理想化，要求试件的极限荷载位于全量程的 20％～80％内。数显式试验机由传感器显示液压油的液压，显然先进得多，却仍存在液压油可压缩、试验机刚度有限、摩擦阻力与黏滞阻力不能完全消除等难以克服的缺陷，因此，数显式试验机遵循这种做法，也是必要的。可用多余试件先行试验，为正式测试选择适宜的量程。

（11）归零或清零。试验前，应将活塞缓慢升降数次，然后关闭回油阀，适度打开送油阀，使活塞上升一小段，此时，将指针归零或清零，以减弱活塞质量及其与油缸壁摩擦力、黏滞力等对测试强度的影响。极限荷载小的试验更应注重清零。

2.4　材料的耐久性

材料在使用过程中，能抵抗周围各种介质的侵蚀而不破坏，也不失去其原有性能的性质，称为耐久性。材料在使用过程中，除受到各种外力作用外，还受到物理、化学和生物等自然因素的破坏作用。

物理作用包括材料的干湿交替、温度变化及冻融循环等。这些变化可引起材料的收缩和膨胀，长期而反复作用会使材料逐渐破坏。

化学作用包括酸、碱、盐等物质的水溶液及气体对材料的侵蚀作用，使材料的组成成分发生质的变化，而引起材料的破坏。如水泥石的化学侵蚀、钢材的锈蚀等。

生物作用包括菌类、昆虫等的侵害作用，导致材料发生腐朽、虫蛀等而破坏。如木材及植物纤维材料的腐烂等。

耐久性是材料的一项综合性质，而且因材料的组成和构造不同，其耐久性的内容也不相同。例如，钢材的锈蚀破坏；石材、混凝土、砂浆、烧结普通黏土砖等无机非金属材料，主要是冻融、风化、碳化、干湿交替等作用的破坏，当与水接触时，有可能因化学作用而破坏；沥青、塑料、橡胶等有机材料因老化现象而破坏。

【拓展思考】

党的二十大报告提出，必须坚持科技是第一生产力、人才是第一资源、创新是第一动力，深入实施科教兴国战略，人才强国战略、创新驱动发展战略。建筑材料也需要创新发展，为提高建筑材料的性能，可以从哪些方面入手？

【技能训练】

6　项目 2 建筑材料的基本性质习题

1. 填空题

（1）国际单位制中力的单位是_____；强度、应力的单位通常用_____表示。

（2）弹性模量是衡量材料_____能力的一个指标，E 越大，材料越_____变形。

（3）水的热导率_____密封空气的热导率，所以材料吸水后的绝热性能降低。

（4）材料随孔隙率的增加，其表观密度_____，强度_____，保温隔热性_____。

（5）材料的孔隙率越小，且多为微小封闭的孔隙，其抗渗性、抗冻性越_____。

（6）试件加荷速度越快，测得的强度值越_____；同材料试件，尺寸越大，测得的强度值越_____；同底面积的棱柱体试件抗压强度比立方体试件抗压强度_____。

（7）比强度是衡量材料_____的物理量；人们追求_____比强度的材料。

（8）某致密不规则材料在空气中称重为 120kg，浸入水中称重为 72kg。该材料的密度 ρ 为_____（水的密度 $\rho_水=1.0g/cm^3$）。

（9）称取烘干砂 300g，装入盛有半瓶水的容量瓶中，摇动容量瓶，使砂在水中充分搅动以排除气泡，静置 24h。然后用滴管加水至瓶颈刻线处，称其质量为 839g。倒出瓶中的水和砂，再往瓶内注入水至瓶颈刻线处，称其质量为 653g。则砂的表观密度（视密度）ρ_{0s} 为_____（水的密度 $\rho_水=1.0g/cm^3$）。

（10）某材料密度为 $2.78g/cm^3$，表观密度为 $2580kg/m^3$，则其孔隙率为_____。

（11）碎石表观密度为 $2.63g/cm^3$，堆积密度为 $1520kg/m^3$，则石子的空隙率为_____。

（12）测得某混凝土的热膨胀系数 α 为 9.5×10^{-6}/℃，则 12m 长的混凝土当温度升高 8℃时其膨胀值 ΔL 为_____。

（13）边长为 150mm 的混凝土立方体试件，抗压破坏荷载为 768kN，则抗压强度为_____。

（14）小石与中石掺混使用，通常选取堆积密度_____、空隙率_____的比例作为最佳比例。

（15）边长为 a 的立方体容器，最大限度地填充直径为 $d(d=a/n$，n 为正整数）的实心球，则体系的空隙率 P' 为_____；P' 与球的大小_____。

2. 选择题

（1）含水率为 4% 的湿砂 496g，将其干燥后的质量为（　　）。

  A. 476.9g   B. 476.2g   C. 494.0g   D. 484.8g

（2）材料的孔隙率增大时，其性质保持不变的是（　　）。

  A. 表观密度   B. 热导率   C. 密度   D. 强度

（3）材料吸水后，将使（　　）降低。

  A. 表观密度   B. 强度和保温性

  C. 表观密度和热导率   D. 强度和比热容

（4）下列材料属于韧性材料的是（　　）。

  A. 钢材   B. 建筑玻璃   C. 建筑陶瓷   D. 混凝土

（5）（　　）是评定脆性材料强度的鉴别指标。

  A. 抗剪强度   B. 抗拉强度   C. 抗弯强度   D. 抗压强度

（6）材料的耐水性可用（　　）表示。

  A. 渗透系数   B. 软化系数   C. 分项系数   D. 富余系数

（7）需购进 140t 表观密度（视密度）为 $2.72g/cm^3$、堆积密度为 $1590kg/m^3$ 的碎石，计划堆成上底直径为 4m、高 3m 的圆台形，则应准备的堆场面积约为（　　）。

  A. 50m²   B. 29m²   C. 22m²   D. 40m²

（8）选择保温隔热围护材料时，应选用（　　）的材料。

  A. 热导率大、比热容大   B. 热导率大、比热容小

  C. 热导率小、比热容小   D. 热导率小、比热容大

（9）关于材料的测试强度，以下说法不正确的是（   ）。

  A. 试件的强度、刚度影响其测试强度

  B. 试件形状、尺寸、表面状态、受力方式影响其测试强度

  C. 加荷速度、加荷特征、试验机性能对材料的测试强度影响大

  D. 环箍效应影响混凝土抗压强度测试值，而钢筋抗拉强度测试值无环箍效应影响

3. 问答题

（1）材料的强度与强度等级有什么关系？比强度的意义是什么？

（2）什么是材料的抗渗性和抗冻性？抗渗等级和抗冻等级是如何划分的？

（3）什么是材料的耐久性？怎样提高材料的耐久性？

（4）为什么新建房屋的墙体保暖性能差，尤其在冬季？

4. 计算题

（1）某一块状材料的干质量为 105g，自然状态下的体积为 $46cm^3$，绝对密实状态下的体积为 $39cm^3$，试计算其密度、表观密度、密实度和孔隙率。

（2）拌制某性能的混凝土，需水泥 380kg、干砂 650kg、干石子 1195kg、水 175kg。现测得施工现场砂、石子含水率分别为 3.2%、1.1%，为使混凝土性能不变，施工现场需称水泥、湿砂、湿石子、水各多少来拌制混凝土？

（3）配制普通混凝土砂的堆积密度为 $\rho'_{0s}=1530kg/m^3$，石子的表观密度（视密度）为 $\rho_{0g}=2.67g/cm^3$，石子的堆积密度为 $\rho'_{0g}=1440kg/m^3$，砂的拨开系数 $K=1.2$。求混凝土的砂率 β_s。

（4）混凝土配合比为水泥：砂：石子：水 =1：2.10：3.49：0.54，湿表观密度为 $2390kg/m^3$，水泥密度为 $3.15g/cm^3$，砂、石子表观密度分别为 $2.65g/cm^3$、$2.72g/cm^3$。求混凝土的含气量（以气体体积占混凝土表观体积的百分率表示）。

（5）用直径为 16mm 的热轧带肋钢筋做抗拉强度试验，测得拉断过程中的最大拉力（极限荷载）为 115.6kN，求此钢筋的抗拉强度（$\pi=3.14159$，本书均如此）。

7 项目 2
建筑材料
的基本性质
习题答案

气硬性胶凝材料

【教学目标】

理解石灰、石膏、水玻璃的生产、凝结硬化机理，掌握它们的技术性能及应用。

【教学要求】

8 项目3
课件

知识要点	能 力 目 标	权重
石灰、石膏、水玻璃的凝结硬化机理	理解石灰、石膏、水玻璃的凝结硬化机理；理解石灰、石膏、水玻璃的凝结硬化机理如何决定它们各自的技术性能	30%
石灰、石膏、水玻璃的技术性能	掌握石灰、石膏、水玻璃的技术性能	30%
石灰、石膏、水玻璃的应用	能在工程中合理应用石灰、石膏、水玻璃	40%

【基本知识学习】

胶凝材料是指经过一系列物理、化学作用，可使散粒材料（如砂、石子）或块状材料（如砖、石块）黏结成一个整体的材料。

胶凝材料按化学成分可分为无机胶凝材料和有机胶凝材料（表3.1）。无机胶凝材料如水泥、石灰、石膏、水玻璃等；有机胶凝材料如沥青、有机高分子聚合物等。

无机胶凝材料按凝结硬化条件可分为气硬性胶凝材料和水硬性胶凝材料（表3.1）。气硬性胶凝材料只能在空气中凝结硬化，保持和发展强度，已硬化的气硬性胶凝材料若遇到水或处于潮湿环境，强度会降低甚至结构溃散；水硬性胶凝材料不仅能在空气中而且能更好地在水中凝结硬化，保持和发展强度。石灰、石膏、水玻璃等属于气硬性胶凝材料，各类水泥均属于水硬性胶凝材料。石灰、石膏、水泥是传统的三大胶凝材料。

表 3.1　　　　胶凝材料的分类

胶凝材料	无机胶凝材料	气硬性胶凝材料	石灰、石膏、水玻璃等	胶凝反应需水参与，但耐水性差
		水硬性胶凝材料	各类水泥	胶凝反应需水参与，耐水性好
	有机胶凝材料		沥青、树脂、橡胶等	胶凝反应无需水参与，耐水性好

3.1 石灰

3.1.1 石灰生产简介

1. 石灰的原料

生产石灰的天然原料是石灰岩、白垩或白云质石灰岩等天然岩石，其成分主要是碳酸钙（$CaCO_3$）与少量的碳酸镁（$MgCO_3$）。

2. 石灰的生产

原料经 $900\sim1100℃$ 左右高温煅烧后得到的白色块状产品，称为生石灰，其主要成分为 CaO。煅烧反应式为

$$CaCO_3 \xrightarrow{900\sim1100℃} CaO + CO_2 \uparrow$$

$$MgCO_3 \xrightarrow{600℃} MgO + CO_2 \uparrow$$

由于窑内煅烧温度不均匀，产品中常含有少量的欠火石灰和过火石灰。温度太低，$CaCO_3$ 分解不完全，产生的是欠火石灰，降低了石灰的产量；温度太高，由于石灰岩中的 SiO_2 和 Al_2O_3 等杂质与 CaO 反应生成融结物质，包裹在石灰表面形成过火石灰，使石灰的熟化变慢。煅烧良好的石灰质轻（表观密度为 $800\sim1000kg/m^3$）、色匀（白色或灰白色），工程质量优良。MgO 的存在使石灰熟化稍慢、凝结硬化后强度较高。

3. 石灰的熟化

生石灰加水生成氢氧化钙 $[Ca(OH)_2]$ 的过程称为石灰的熟化。$Ca(OH)_2$ 俗称熟石灰或消石灰。

$$CaO + H_2O \longrightarrow Ca(OH)_2 + 64.83kJ$$

石灰熟化时放出大量的热，而且伴有体积膨胀 $1.0\sim2.5$ 倍。

生石灰熟化的方法有淋灰法和化灰法。淋灰法就是在生石灰中均匀加入 70% 左右的水（理论需水量为 32.1%），得到颗粒细小、分散的熟石灰粉。工地上调制熟石灰粉时，每堆放约 $50cm$ 高的生石灰块，淋 $60\%\sim80\%$ 的水。化灰法是在生石灰中加入适量的水（为生石灰质量的 $2.5\sim3$ 倍），得到的浆体称为石灰乳，石灰乳沉淀后除去表层多余水后得到的是石灰膏。调制石灰膏通常在化灰池和储灰池中完成。石灰膏的含水量约 50%，表观密度为 $1300\sim1400kg/m^3$。石灰膏的颗粒较石灰粉小，产浆量（$1kg$ 石灰按规定方法熟化所得的石灰浆的升数）和可塑性大。

过火石灰熟化速度极慢，待石灰硬化无塑性后过火石灰才缓慢水化，且体积膨胀，使墙面产生起泡、开裂、隆起现象。因此为了消除过火石灰在使用中造成的危害，通常将石灰膏在储灰池中存放 2 周以上，使过火石灰在这段时间内充分熟化，这一过程称为"陈伏"。陈伏期间，石灰膏表面应覆盖一层水以隔绝空气，防止石灰浆表面碳化。

3.1.2 石灰的硬化

石灰浆体在空气中硬化，是受到干燥、结晶和碳化等作用的结果。

9 建材
趣知识 2
生石灰与
自热饭

1. 干燥作用

石灰浆体中部分水分被砌体吸收及蒸发后，$Ca(OH)_2$ 形成胶粒，胶粒比表面积极大，在范德华力作用下紧密排列。

2. 结晶作用

随着干燥作用的推移，$Ca(OH)_2$ 从饱和溶液中结晶析出，形成 $Ca(OH)_2$ 结晶体。

3. 碳化作用

石灰浆表面的 $Ca(OH)_2$ 吸收空气中的 CO_2，发生碳化作用，生成 $CaCO_3$ 晶体。

$$Ca(OH)_2 + CO_2 + nH_2O \longrightarrow CaCO_3 + (n+1)H_2O$$

石灰浆体经过物理化学作用，生成 $Ca(OH)_2$ 胶体、$Ca(OH)_2$ 晶体、$CaCO_3$ 晶体，胶体、晶体相互共生形成空间网络结构，使石灰浆体凝结硬化，具有一定强度。

碳化作用主要发生在与空气接触的表面，随着干燥硬化和碳化硬化的不断进行，空间网络结构逐渐致密，阻止了水分的蒸发和 CO_2 的进入，导致石灰浆体硬化缓慢。

3.1.3　石灰的技术要求

（1）建筑生石灰的技术标准。《建筑生石灰》（JC/T 479—2013）规定，生石灰按（$CaO+MgO$）含量分为钙质生石灰（MgO 含量不大于 5%）和镁质生石灰（MgO 含量大于 5%）。钙质生石灰分为 CL90、CL85、CL75 三个等级，镁质生石灰分为 ML85、ML80 两个等级。生石灰块以 Q 表示、生石灰粉以 QP 表示。生石灰有统一的标记，例如符合 JC/T 479—2013 的钙质石灰粉 90 标记为：CL90 - QP JC/T 479—2013。建筑生石灰的技术指标见表 3.2。

表 3.2　　　　　　　　建筑生石灰的技术指标（JC/T 479—2013）

名称	CaO+MgO /%	MgO /%	CO₂ /%	SO₃ /%	产浆量 /(L/10kg)	细　　度	
						0.2mm 筛余量/%	90μm 筛余量/%
CL90 - Q CL90 - QP	≥90	≤5	≤4	≤2	≥26 —	— ≤2	— ≤7
CL85 - Q CL85 - QP	≥85	≤5	≤7	≤2	≥26 —	— ≤2	— ≤7
CL75 - Q CL75 - QP	≥75	≤5	≤12	≤2	≥26 —	— ≤2	— ≤7
ML85 - Q ML85 - QP	≥85	>5	≤7	≤2	— —	— ≤2	— ≤7
ML80 - Q ML80 - QP	≥80	>5	≤7	—	— —	— ≤2	— ≤7

（2）建筑消石灰的技术标准。《建筑消石灰》（JC/T 481—2013）规定，按扣除游离水与结合水后（$CaO+MgO$）含量分为钙质消石灰（MgO 含量不大于 5%）和镁质消石灰（MgO 含量大于 5%）。钙质消石灰分为 HCL90、HCL85、HCL75 三个等级，镁质消石灰分为 HML85、HML80 两个等级。消石灰有统一的标记，例如符合 JC/T 481—2013 的钙质消石灰 90 标记为：HCL90 JC/T 481—2013。建筑消石灰的

技术指标见表 3.3。

表 3.3　　　　　　建筑消石灰的技术指标（JC/T 481—2013）

名称	CaO+MgO /%	MgO /%	SO₃ /%	游离水 /%	细度		安定性
					0.2mm 筛余量/%	90μm 筛余量/%	
HCL90 HCL85 HCL75	≥90 ≥85 ≥75	≤5	≤2	≤2	≤2	≤7	合格
HML85 HML80	≥85 ≥80	>5	≤2	≤2			

3.1.4　石灰的特性与应用

1. 石灰的特性

（1）保水性和可塑性好。石灰熟化后的 $Ca(OH)_2$ 颗粒极细（粒径约为 $1\mu m$），比表面很大，表面吸附了一层很厚的水膜。水泥砂浆中掺入石灰膏，就是利用石灰膏的保水性和可塑性好的特性，以改善水泥砂浆的保水性和可塑性。

（2）硬化速度缓慢，强度低。石灰的凝结硬化十分缓慢，$Ca(OH)_2$、$CaCO_3$ 晶体胶结力较弱，硬化后的石灰强度较低，1∶3 的石灰砂浆 28d 抗压强度只有 0.2～0.5MPa，受潮后强度更低。

（3）硬化时体积收缩大。石灰浆体含水量大，硬化时脱去大量游离水使体积产生显著收缩，导致硬化浆体开裂。为抑制体积收缩，避免开裂，常在石灰中掺入砂、纸筋、麻刀等。

（4）耐水性差。由于 $Ca(OH)_2$ 易溶于水，所以石灰不能用于水中或潮湿环境中的建筑物。

（5）镁质石灰熟化稍慢、凝结硬化后强度较高。

2. 石灰的应用

（1）配制混合砂浆。用水泥、石灰膏、砂配制砌筑用的水泥石灰混合砂浆；用石灰膏和砂或麻刀或纸筋配制石灰砂浆、麻刀灰、纸筋灰，广泛用作内墙、顶棚的抹面。

（2）配制石灰乳。将石灰膏稀释成石灰乳（掺或不掺耐碱颜料），可用于墙面或顶棚的粉刷涂料。

（3）配制灰土和三合土。石灰和黏土按比例配合制成灰土；再加入砂、炉渣、石屑等可配成三合土。灰土或三合土经分层夯实，具有一定的强度（抗压强度一般 4～5MPa）和耐水性，它的强度和耐水性远远高出石灰或黏土。原因是，石灰改善了黏土的颗粒级配，在强夯之下，密实度提高；石灰与黏土中的活性 SiO_2、活性 Al_2O_3 反应，生成水硬性物质，使灰土或三合土强度和耐水性得到改善。因此，灰土或三合土多用于建筑物的基础或路面垫层。

（4）制作硅酸盐制品及碳化制品。以生石灰粉和硅质材料（如砂、粉煤灰、炉渣等）为基料，掺少量石膏、外加剂，加水拌和成型，经湿热处理得的制品，统称为硅酸盐制品，如蒸养粉煤灰砖、灰砂砖及砌块等。生石灰的水化物 $Ca(OH)_2$ 是碱性激发剂，能激发粉煤灰、炉渣等潜在的活性，能与粉煤灰、炉渣中活性 SiO_2、活性 Al_2O_3 反应，生成有胶凝性、耐水性的水化硅酸钙和水化铝酸钙，利用工业废渣来制造硅酸盐制品是这一原理的应用。

石灰碳化制品是将石灰粉、纤维料（或集料）和水按一定比例配合、搅拌成型，然后经人工碳化 12～14h 而制成，如碳化砖、瓦、管材及石灰碳化板等。

（5）配制无熟料水泥。将石灰与粒化高炉矿渣、粉煤灰、煤矸石等按适当比例混合，共同磨细，即为无熟料水泥。之所以称为无熟料水泥，是因为它无水泥熟料成分，而加水混合后可生成与水泥水化产物类似的胶凝物质。无熟料水泥具有水硬性。

（6）磨细生石灰粉。将块状生石灰磨细成 4900 孔筛余量小于 30% 的细粉并包装成袋，即是磨细生石灰粉。磨细生石灰粉，可以替代石灰膏与消石灰配制砂浆或灰土等。特点是：磨细生石灰粉具有很高的细度（石灰中的过火石灰也被磨得很细），表面积极大，水化反应速度快，不需陈伏（冬期施工措施）或陈伏 1～2d 即可，不仅提高了工效，也节约了场地，改善了环境；石灰中的欠火石灰被磨细，提高了石灰的利用率；将石灰的熟化过程与硬化过程合二为一，熟化放出的热量又可加速硬化过程。缺点是：成本高，不宜久存。

（7）加固软土地基。在桩孔内注入生石灰块，利用生石灰熟化体积膨胀来加固地基，形成石灰桩。

3. 石灰的保存和运输

生石灰在运输时应注意防雨防潮，且不得与易燃、易爆及液体物品混运。石灰应存放在封闭严密、干燥的仓库中。石灰存放太久，会吸收空气中的水分自行熟化，继而与空气中的 CO_2 反应生成 $CaCO_3$，失去胶结性。石灰最好的储存方法就是把运到的石灰即刻熟化为石灰浆，把储存期变为"陈伏"期。由于生石灰受潮熟化时放出大量的热，而且体积膨胀，所以，储存和运输生石灰时应注意安全。

【例 3.1】　一住宅的内墙使用石灰砂浆抹面。数月后，墙面上出现了许多不规则的网状裂纹，同时在个别部位还发现了部分凸出的放射状裂纹。试分析现象产生的原因。

解　出现不规则的网状裂纹，引发的原因很多，但主要原因是石灰在硬化过程中，游离水大量蒸发及被底面吸收引起体积收缩的结果。掺入一定量的麻刀、纸筋等纤维材料或加强保湿养护可防止或抑制该现象。

出现凸出的呈放射状裂纹，是由于石灰中有过火石灰。这部分过火石灰在消解、陈伏阶段中未完全熟化，导致砂浆硬化后，过火石灰吸收水分继续熟化，造成体积膨胀，从而出现上述现象。保证石灰足够的陈伏时间，选用熟化充分的石灰膏可防止该现象。

3.2　建筑石膏

3.2.1　建筑石膏生产简介

建筑石膏的主要原料是天然二水石膏（$CaSO_4 \cdot 2H_2O$）（或称生石膏），也可以是一些富含硫酸钙的化学工业副产品石膏，如磷石膏、氟石膏等。

生产石膏的主要工序是煅烧和磨细。煅烧是指二水石膏在非密闭状态下加热至 $107\sim170℃$ 时，部分结晶水脱出后生成 β 型半水石膏；磨细是指 β 型半水石膏磨成细粉，即得建筑石膏。石膏是一种低能耗的胶凝材料。石膏煅烧反应式为

$$CaSO_4 \cdot 2H_2O \xrightarrow{107\sim170℃} \beta-CaSO_4 \cdot 0.5H_2O+1.5H_2O$$

建筑石膏晶粒较细，调制浆体时需水量较大。其中杂质含量少、颜色洁白、磨得较细的产品可作模型石膏。建筑石膏的密度为 $2.50\sim2.80g/cm^3$，其紧密堆积密度为 $1000\sim1200kg/m^3$，疏松堆积密度为 $800\sim1000kg/m^3$。

3.2.2　建筑石膏的技术要求

根据《建筑石膏》（GB/T 9776—2022），建筑石膏按原材料种类分为 3 类：天然建筑石膏（N）、脱硫建筑石膏（S）和磷建筑石膏（P）；按 2h 湿抗折强度分为 4.0、3.0、2.0 三个等级。建筑石膏有统一的标记，如等级为 2.0 的天然建筑石膏标记为：建筑石膏 N2.0 GB/T 9776—2022。建筑石膏物理力学性能见表 3.4。

表 3.4　　　　　　　　建筑石膏物理力学性能（GB/T 9776—2022）

等级	2h 湿强度/MPa		干强度/MPa		凝结时间/min	
	抗折	抗压	抗折	抗压	初凝	终凝
4.0	≥4.0	≥8.0	≥7.0	≥15.0		
3.0	≥3.0	≥6.0	≥5.0	≥12.0	≥3	≤30
2.0	≥2.0	≥4.0	≥4.0	≥8.0		

3.2.3　建筑石膏的硬化机理

建筑石膏与适量水混合后，最初成为可塑的浆体，但很快就失去可塑性产生强度，并发展成为坚硬的固体。发生这种现象的实质，是由于浆体内部经历了一系列的物理化学变化。首先半水石膏溶解于水，很快成为不稳定的饱和溶液，接着溶液中的半水石膏与水反应形成二水石膏，这就是水化。其水化反应式为

$$CaSO_4 \cdot 0.5H_2O+1.5H_2O \longrightarrow CaSO_4 \cdot 2H_2O$$

由于二水石膏的溶解度比 β 型半水石膏小得多（仅为 β 型半水石膏的 1/5），β 型半水石膏的饱和溶液对二水石膏就成了过饱和溶液，逐渐形成晶核，当晶核大到某一临界值以后，二水石膏就结晶析出。这时溶液浓度降低，使新的一批半水石膏又可继续溶解和水化。如此循环进行，直到 β 型半水石膏完全耗尽。随着水化的进行，二水石膏生成量不断增加，水分逐渐减少，浆体开始失去可塑性，这称为初凝。以后浆体继续变稠，颗粒间的摩擦力、黏结力增加，并开始产生结构强度，表现为终凝。其间晶体颗粒也逐渐长大、连生和互相交错，使浆体强度不断增长，直至剩余水分完全蒸发后，强度才停止发展。因此，建筑石膏由浆体转变为具有强度的晶体结构，历经了水化、凝结、硬化 3 个阶段。

3.2.4　建筑石膏的特性

建筑石膏与其他胶凝材料相比，具有以下特性。

1. 凝结硬化快

建筑石膏浆体凝结极快，初凝一般只需几分钟，终凝也不超过半小时。在自然干燥的条件下，建筑石膏完全硬化约需一星期。

在施工过程中，若需降低凝结速度，可适量加入缓凝剂，如加入 0.1%～0.2% 的动物胶或 1% 的亚硫酸酒精废液。

2. 微膨胀性

建筑石膏在硬化初期能产生约 1% 的体积膨胀，这可使硬化体表面光滑饱满，干燥时不开裂，且能使制品造型棱角清晰，有利于制造复杂图案花纹的石膏装饰件。石膏可以不加填充料而单独使用。医用石膏绷带也利用了石膏的这一性质。

3. 孔隙率大

建筑石膏水化反应理论需水量约为 18.6%，为获得良好可塑性的石膏浆体，通常加水量达石膏质量的 60%～80%。石膏硬化后多余的水分蒸发掉，使石膏制品的孔隙率高达 40%～60%。因此，石膏制品具有表观密度小、隔热保温及吸声性能好的特点。

4. 耐水性差

由于建筑石膏硬化后的主要成分为二水硫酸钙，微溶于水，加之制品孔隙率大，使得石膏制品的强度较低，耐水性、抗渗性及抗冻性差。

5. 可塑性好

建筑石膏颗粒极细且表面吸附厚的水膜，使得建筑石膏浆体十分细腻，配制的灰浆具有很好的可塑性，可以人为地砌抹成任意形状，施工方便。

6. 抗火性好

建筑石膏硬化后的主要成分是带有两个结晶水的二水石膏，当其遇到火时，二水石膏脱出结晶水，结晶水吸收热量蒸发时，蒸发水能在火与石膏制品之间形成蒸汽雾，降低了石膏表面的温度，有效地阻止火的蔓延。制品厚度越大，防火性能越好。

3.2.5 建筑石膏的应用

建筑石膏及其制品具有轻质、隔热、吸声、美观及易于加工等优点，用途广泛。

1. 室内抹灰及粉刷

建筑石膏加水、砂拌和成石膏砂浆，可用于语音室内抹灰。这种抹灰墙面具有绝热、阻火、隔音、舒适、美观等特点。抹灰后的墙面和顶棚还可以直接涂刷及贴墙纸。

建筑石膏加水调成石膏浆体，还可以掺入部分石灰用于室内粉刷涂料，粉刷后的墙面光滑、细腻、洁白、美观。

2. 装饰制品

以石膏为主要原料，掺加少量的纤维增强材料和胶料，加水搅拌成石膏浆体，利用石膏硬化时体积微膨胀、质轻、多孔及防火的性能，制成各种石膏雕塑、建筑装饰及石膏板材，用于各种装饰品、建筑物的室内隔断及吊顶等。

3. 制作石膏板

石膏板主要有纸面石膏板、石膏空心条板、石膏装饰板和纤维石膏板等。

（1）纸面石膏板。纸面石膏板是以石膏作芯材，两面用纸作护面制成的，主要用于内墙、隔墙、天花板等处。

（2）石膏空心条板。石膏空心条板强度高，可用作内墙和隔墙等，安装时，不需要龙骨。

（3）石膏装饰板。石膏装饰板有平板、多孔板、花纹板、浮雕板等，它尺寸精确、线条清晰、颜色鲜艳、造型美观、品种多样、施工简单，可作为墙面和天花板等。

（4）纤维石膏板。以建筑石膏为主要原料掺加适量的纤维增强材料（玻璃纤维、纸筋或矿棉等）而制成。这种板的抗弯强度高，可用于内墙、隔墙和吊顶，也可用来替代木材制作家具。它的抗折强度和弹性模量都高于纸面石膏板。

此外，还有石膏蜂窝板、防潮石膏板、石膏矿棉复合板等品种，可分别用作绝热板、吸声板、内墙和隔墙板、天花板、地面基层板等。

建筑石膏的储存期为 3 个月，储存建筑石膏时应注意防雨防潮。超过存储期或受潮后，强度会有一定程度的降低。石膏制品表面如未做防潮处理则只能在干燥环境中使用，其存储期也不宜超过 3 个月。

【例 3.2】 为什么石膏制品适用于室内，而不宜用于室外？

解 因为石膏制品含有较多的开口孔隙，其质量轻、热导率小、比热容较大、具有较好的吸声及调节室内温、湿度的作用；石膏硬化时体积微膨胀，石膏制品花纹饱满、轮廓清晰、洁白细腻；石膏制品还可钉、锯、粘贴、裱糊，易加工，装饰性能好；石膏制品遇火后可脱出较多的结晶水，具有一定的防火性。因此，石膏制品适用于室内。

石膏制品的开口孔隙率大，吸水率大，耐水性差，抗冻、抗渗性均差，加之其抗污染性差，故不适用于室外。

3.3 水玻璃

水玻璃俗称泡花碱，是一种水溶性的硅酸盐，主要成分是硅酸钠（$Na_2O \cdot nSiO_2$）、硅酸钾（$K_2O \cdot nSiO_2$）等。

3.3.1 水玻璃生产简介

水玻璃的生产方法主要有干法生产和湿法生产。干法生产是将石英砂和碳酸钠磨细拌匀，在 $1300 \sim 1400℃$ 的玻璃熔炉内加热熔化，冷却后成为固体水玻璃，然后在高压蒸汽锅内加热溶解成液体水玻璃。反应式为

$$Na_2CO_3 + nSiO_2 \xrightarrow{1300 \sim 1400℃} Na_2O \cdot nSiO_2 + CO_2 \uparrow$$

湿法生产是以石英砂和氢氧化钠溶液为原料，在高压锅（$0.2 \sim 0.3MPa$）内用蒸汽加热，并搅拌，直接反应生成液体水玻璃。反应式为

$$nSiO_2 + 2NaOH \xrightarrow{0.2 \sim 0.3MPa 蒸汽} Na_2O \cdot nSiO_2 + H_2O$$

3.3.2 水玻璃的凝结硬化

水玻璃在空气中吸收 CO_2 形成无定型硅胶，硅胶脱水为空间网状结构 SiO_2 晶

体，并逐渐干燥而硬化。反应式为

$$Na_2O \cdot nSiO_2 + CO_2 + mH_2O \longrightarrow nSiO_2 \cdot mH_2O + Na_2CO_3$$

由于空气中的 CO_2 含量有限，水玻璃的凝结硬化十分缓慢，可加入 $12\% \sim 15\%$ 的氟硅酸钠进行调节，促使硅酸凝胶加速析出。反应式为

$$2(Na_2O \cdot nSiO_2) + Na_2SiF_6 + mH_2O \longrightarrow (2n+1)SiO_2 \cdot mH_2O + 6NaF$$

3.3.3　水玻璃的特性

水玻璃（$Na_2O \cdot nSiO_2$）组成中，SiO_2 和 Na_2O 的摩尔比 n 称为水玻璃模数，工程中常用的水玻璃 n 值一般为 $2.5 \sim 3.5$，它的大小决定着水玻璃的品质及其应用性能。模数低的固体水玻璃，晶体组分较多，易溶于水，但黏度小、黏结能力差；而模数越高，胶体组分相应增加，越难溶于水，但黏度大、黏结能力好。水玻璃 n 值的大小可根据要求配制。在水玻璃溶液中加入 Na_2O 可降低 n 值；溶入硅胶 $SiO_2 \cdot mH_2O$ 可提高 n 值。也可用 n 值较大及较小的两种水玻璃掺配使用。

水玻璃溶液可与水按任意比例混合，不同的用水量可使溶液具有不同的密度和黏度。同一模数的水玻璃溶液，其密度越大，黏度越大，黏结力越强。若在水玻璃溶液中加入尿素，可在不改变黏度的情况下，提高其黏结能力。

水玻璃对眼睛和皮肤有一定的灼伤作用，氟硅酸钠（Na_2SiF_6）有毒，使用时注意安全防护。

3.3.4　水玻璃的应用

水玻璃具有良好的黏结性和很强的耐酸性及耐热性，硬化后强度较高。在工程中常用作以下几种用途。

1. 作为灌浆材料，加固地基

用 $n = 2.7 \sim 3.0$ 的水玻璃及 $CaCl_2$ 溶液交替灌入土壤，析出硅胶，硅胶起胶结和填充土壤的作用，使地基的承载力和不透水性提高。反应式为

$$Na_2O \cdot nSiO_2 + CaCl_2 + mH_2O \longrightarrow nSiO_2 \cdot (m-1)H_2O + Ca(OH)_2 + 2NaCl$$

2. 作为涂料，可提高材料的密实性和抗风化能力

用 $n = 3.3 \sim 3.5$ 的水玻璃溶液涂刷砖石、混凝土及硅酸盐制品表面，由于水玻璃与材料中的 $Ca(OH)_2$ 反应生成硅酸钙胶体填充了孔隙，可提高材料表面的密实度、强度和抗风化能力。但不能涂刷石膏制品，因水玻璃与石膏反应生成体积膨胀的 $Na_2SO_4 \cdot 10H_2O$，使制品破坏。

3. 配制耐酸混凝土、耐热混凝土

水玻璃能抵抗大多数无机酸（氢氟酸、过热磷酸除外）的作用，用 $n = 2.6 \sim 2.8$ 的水玻璃可配制耐酸胶泥、耐酸砂浆及耐酸混凝土等。水玻璃具有良好的耐热性，可配制耐热砂浆和耐热混凝土，耐热温度可高达 $1200℃$。

4. 用于堵漏抢险工程

取蓝矾（硫酸铜）、明矾（硫酸铝钾）、红矾（重铬酸钾）和紫矾（铬矾）各 1 份，溶于 60 份沸水中，冷却至 $50℃$ 时投入 400 份水玻璃溶液中搅拌均匀，可制成四矾防水剂。四矾防水剂凝结极快，一般不超过 $1min$，可以用于封堵建筑物的漏洞及缝隙等抢险工程。四矾防水剂也可以与水泥浆调和，用于堵漏抢险工程。

5. 配制水玻璃矿渣砂浆，修补砖墙裂缝

将水玻璃、矿渣粉、砂、氟硅酸钠按一定比例配制成砂浆，直接压入砖墙缝隙，可起黏结与增强作用。掺入的矿渣粉不仅起填充和减少砂浆收缩的作用，还能与水玻璃反应，增强砂浆的强度。

6. 用作隔热保温材料

以水玻璃为胶凝材料，膨胀珍珠岩或膨胀蛭石为骨料，加入一定的赤泥或 Na_2SiF_6，经配料、搅拌、成型、干燥、焙烧而制成的制品，具有良好的保温隔热作用。

【例 3.3】 将模数为 n_1 的 $Na_2O \cdot n_1SiO_2$ 水玻璃与模数为 n_2 的 $Na_2O \cdot n_2SiO_2$ 水玻璃掺混配制成模数为 n 的 $Na_2O \cdot nSiO_2$ 水玻璃，求 $Na_2O \cdot n_1SiO_2$ 与 $Na_2O \cdot n_2SiO_2$ 的摩尔比（$n_1 > n > n_2$）。

解 （1）$a\,mol\ Na_2O \cdot n_1SiO_2$ 与 $b\,mol\ Na_2O \cdot n_2SiO_2$ 掺配，掺配后必得（$a+b$）$mol\ Na_2O$ 基团，而掺配后的水玻璃可用 $Na_2O \cdot nSiO_2$ 表示，明显地，$a\,mol\ Na_2O \cdot n_1SiO_2$ 与 $b\,mol\ Na_2O \cdot n_2SiO_2$ 混合可得（$a+b$）$mol\ Na_2O \cdot nSiO_2$。

（2）根据 SiO_2 基团掺配前后相等的原则，有 $an_1 + bn_2 = (a+b)n$，解得 $a = \dfrac{n-n_2}{n_1-n}b$。亦即将 $Na_2O \cdot n_1SiO_2$ 与 $Na_2O \cdot n_2SiO_2$ 按摩尔比为 $a:b = n-n_2:n_1-n$ 掺配后可得模数为 n 的 $Na_2O \cdot nSiO_2$。此时，因 $an_1 + bn_2 = (a+b)n$ 是线性关系，故可用"十字交叉法"简便地计算 $a:b$。

【例 3.4】 ［例 3.3］中按摩尔比掺配，使用不方便，工程上常按质量比进行掺配。请计算 ［例 3.3］中 $Na_2O \cdot n_1SiO_2$ 与 $Na_2O \cdot n_2SiO_2$ 的质量比 $m_1:m_2$（$n_1 > n > n_2$）（Na_2O、SiO_2 的分子量分别为 62、60）。

解
$$\frac{m_1}{m_2} = \frac{n-n_2}{n_1-n} \times \frac{62+60n_1}{62+60n_2}$$

因工程中一般 $n = 2.5 \sim 3.5$，波动范围较窄，故近似认为 $\dfrac{62+60n_1}{62+60n_2} = 1$，此时，$m_1:m_2 = (n-n_2):(n_1-n)$，即掺配质量比取掺配摩尔比。显然，近似处理后仍可用"十字交叉法"简便地计算掺配质量比。工程中常这样粗略掺配。

【技能训练】

1. 填空题

（1）石灰的特性有：熟化时放热量_____、体积_____、可塑性_____，硬化速度_____、硬化时体积_____和耐水性_____等。

（2）建筑石膏的特性有：凝结硬化_____、凝结硬化时体积_____、孔隙率_____、强度_____、耐水性_____和防火性能_____等。

（3）石灰膏陈伏的目的是_____。

（4）钠水玻璃的分子式可写成_____。

11 项目3
气硬性
胶凝材料
习题

（5）水玻璃模数 n 越大，_____溶于水，但_____大、_____好。水玻璃硬化后耐酸性能好，是因为其硬化后生成的_____具有耐酸性能。

2. 选择题

（1）建筑石膏的分子式是（　　）。

　　A. $CaSO_4 \cdot 2H_2O$　　B. $2CaSO_4 \cdot H_2O$　　C. $CaSO_4$　　D. $CaSO_4 \cdot H_2O$

（2）水玻璃中常掺入（　　）作为促凝剂。

　　A. $NaOH$　　　B. Na_2SO_4　　　C. $Na_2S_2O_3$　　　D. Na_2SiF_6

（3）建筑石膏的强度低，原因之一是其调制浆体时的需水量（　　）。

　　A. 大　　　　　B. 小　　　　　C. 中等　　　　　D. 可大可小

（4）（　　）不属于气硬性胶凝材料。

　　A. 石膏　　　　B. 石灰　　　　C. 水玻璃　　　　D. 低热水泥

（5）建筑石膏在使用时，通常掺入一定量的动物胶，其目的是（　　）。

　　A. 提高强度　　B. 缓凝　　　　C. 促凝　　　　D. 提高耐久性

（6）（　　）是 $Ca(OH)_2$ 吸收空气中的 CO_2 生成 $CaCO_3$ 晶体，释放水分并蒸发，提供强度以利石灰硬化，这个过程持续较长的时间。

　　A. 硬化作用　　B. 碳化作用　　C. 化合作用　　D. 结晶作用

（7）石灰可用来（　　）。

　　A. 制作灰砂砖　B. 配制三合土　C. 配制石灰砂浆　D. ABC

（8）水玻璃可用来（　　）。

　　A. 涂刷材料　　B. 加固地基　　C. 配制水玻璃混凝土　D. ABC

（9）在凝结硬化过程中收缩最大的是（　　）。

　　A. 白水泥　　　B. 石膏　　　　C. 石灰　　　　D. 粉煤灰水泥

（10）医疗上用石膏绷带，利用了石膏（　　）的技术性质。

　　A. 凝结硬化时体积膨胀　　　　　B. 凝结硬化快

　　C. 无毒、多孔透气　　　　　　　D. ABC

（11）（　　）不属传统的三大胶凝材料。

　　A. 水泥　　　　B. 石灰　　　　C. 水玻璃　　　　D. 石膏

3. 问答题

（1）为什么磨细生石灰粉在工程中的用量越来越大？

（2）使用石灰膏时，为何要陈伏后才能使用？

（3）石灰的硬化只是碳化硬化的结果，对吗？为什么？

（4）石灰的特性有哪些？在工程中用于哪些方面？

（5）建筑石膏的特性有哪些？在工程中用于哪些方面？

（6）水玻璃的特性有哪些？在工程中用于哪些方面？

4. 计算题

现有模数为 2.5 的硅酸钠水玻璃 5.6kg，若将其配成模数为 2.7 的水玻璃，需模数为 3.2 的水玻璃多少千克（精确计算）？粗略计算需模数为 3.2 的水玻璃多少千克？（Na_2O、SiO_2 的分子量分别为 62、60）。

水 泥

【教学目标】

　　了解水泥生产工艺；掌握硅酸盐水泥熟料的矿物组成及其特性；掌握硅酸盐水泥凝结与硬化及其影响因素；理解水泥石的腐蚀与防止；掌握掺混合材料的硅酸盐水泥制造机理；掌握通用硅酸盐水泥的技术性质及应用；理解其他品种水泥的技术性质及应用。

【教学要求】

知识要点	能 力 目 标	权重
硅酸盐水泥熟料的矿物组成及其特性	掌握硅酸盐水泥熟料的各矿物组分的水化特性及其对水泥性能的影响	20%
硅酸盐水泥技术性质	掌握硅酸盐水泥的技术性质，重点掌握水泥强度及强度等级	20%
掺混合材料的硅酸盐水泥	掌握掺混合材料的硅酸盐水泥制造机理；掌握通用硅酸盐水泥的技术性质	20%
其他品种水泥	理解改变水泥熟料成分比例或采用其他的熟料矿物可制成不同性能其他品种水泥的机理；理解其他品种水泥的技术性质	10%
水泥技术性质检测及其选用	能按现行标准或规范检测水泥的技术性质；能根据工程环境、混凝土设计强度等要求，合理地选择水泥的品种与强度等级	30%

【基本知识学习】

　　加水拌和后成为塑性浆体，既能在空气和水中硬化成坚硬的水泥石，又能胶结砂、石子等适宜材料的粉末状水硬性胶凝材料称为水泥。水泥不仅可以在空气中硬化，而且可以更好地在潮湿环境、水中硬化，保持并继续增长强度。

　　水泥是工程中应用极为广泛的无机胶凝材料，是三大建筑材料（水泥、钢材和木材）之一。随着我国经济的发展，水泥在国民经济中的地位日益提高。它不但大量应用于水利工程、工业与民用建筑工程，还广泛应用于农业、交通、海港和国防建设等工程。用水泥制品代替钢材、木材，也越来越显示出技术经济优越性。

自 1824 年英国的阿斯普丁发明水泥以来，特别是近几十年来，水泥工业迅猛发展。水泥按其主要水硬性矿物成分分为硅酸盐系列水泥、铝酸盐系列水泥、硫酸盐系列水泥、硫铝酸盐系列水泥和磷酸盐系列水泥等几大系列 100 多个品种，其中以硅酸盐系列水泥的应用最为广泛。水泥按用途及性能可分为通用水泥、专用水泥和特性水泥等 3 类。通用水泥是广泛应用于各类工程的水泥，指 6 大通用硅酸盐水泥（属硅酸盐系列水泥）；专用水泥是有专门用途的水泥，如道路水泥、砌筑水泥、油井水泥等；特性水泥是具有较突出性能的水泥，如膨胀水泥、低热硅酸盐水泥、白色硅酸盐水泥等。

本项目重点介绍通用硅酸盐水泥，其他品种水泥只做一般介绍。

《通用硅酸盐水泥》（GB 175—2023）规定，通用硅酸盐水泥是以硅酸盐水泥熟料和适量石膏，及规定的混合材料制成的水硬性胶凝材料。包括硅酸盐水泥、普通硅酸盐水泥、矿渣硅酸盐水泥、火山灰质硅酸盐水泥、粉煤灰硅酸盐水泥和复合硅酸盐水泥等 6 大通用硅酸盐水泥（简称通用水泥）。

4.1　硅酸盐水泥

硅酸盐水泥分为两种类型，不掺加混合材料的称为Ⅰ型硅酸盐水泥，代号 P·Ⅰ；在硅酸盐水泥熟料粉磨时掺加不超过水泥质量 5% 的石灰石或粒化高炉矿渣混合材料的称为Ⅱ型硅酸盐水泥，代号 P·Ⅱ。硅酸盐水泥是 6 大通用硅酸盐水泥的基础。

4.1.1　硅酸盐水泥的生产工艺

1. 硅酸盐水泥的原料及化学成分

生产硅酸盐水泥的原料主要是石灰质原料和黏土质原料两类。石灰质原料（如石灰石、白垩、石灰质凝灰岩等）提供 CaO；黏土质原料（如黏土、页岩、黄土等）提供 SiO_2、Al_2O_3 及少量 Fe_2O_3。当以上两种原料提供的化学组成不能满要求时，还要加入少量校正原料（黄铁矿渣、铁矾土废料及石英矿、硅藻土等）进行调整。

硅酸盐水泥生产原料的化学组成见表 4.1。

表 4.1　　　　　　　　　　　硅酸盐水泥生产原料的化学组成

氧化物名称	化学分子式	含量/%	氧化物名称	化学分子式	含量/%
氧化钙	CaO	64～68	氧化铝	Al_2O_3	4～7
二氧化硅	SiO_2	21～23	氧化铁	Fe_2O_3	3～5

2. 硅酸盐水泥的生产工艺

硅酸盐水泥生产过程可概括为"两磨一烧"，其工艺流程如图 4.1 所示。

水泥生料的配比不同，硅酸盐水泥熟料的矿物比例和技术性质也就不同。

水泥生产按生料制备方法可分为湿法生产、干法生产及半干法生产。湿法生产是将原料配好后，加水湿磨成含水约 35%～40% 的生料浆，经成分校正、搅拌均匀后入窑煅烧。其优点是生料成分均匀、控制准确、产品质量高，缺点是能耗大。干法生产是将原料烘干，配料后磨细成生料粉入窑煅烧。干法生产产量高、节约能源，是目前常用的方法；半干法生产正在推广。

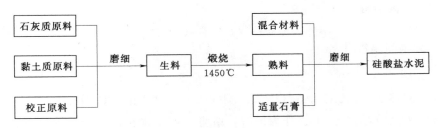

图 4.1　硅酸盐水泥生产工艺流程

煅烧水泥所用的窑分为回转窑（旋窑）和立窑。立窑已被淘汰。

硅酸盐水泥生产的关键环节是煅烧。生料的煅烧过程要经历干燥、预热、分解、熟料烧成以及冷却等几个阶段，获得以硅酸钙为主（含量不小于66%）、氧化钙和氧化硅质量比不小于2.0的硅酸盐水泥熟料。

水泥熟料所含的各种矿物是在高温并且不平衡的条件下形成的，它的晶体结构发育很不完善，对称性很低（短程有序，长程无序），结构不对称并有大量缺陷的高能熟料矿物是水泥具有水化活性、能迅速水化的原因。处于不稳定的高能态各种矿物与水反应（水是水泥熟料的激发剂），生成较稳定的低能态水化物。

4.1.2　硅酸盐水泥熟料的矿物组成及其特性

1. 硅酸盐水泥熟料的矿物组成

硅酸盐水泥熟料的主要矿物组成及其含量见表4.2。

表 4.2　　　　　　　　硅酸盐水泥熟料的主要矿物组成及其含量

序号	矿物名称	化学式	简写式	含量/%	
1	硅酸三钙	$3CaO \cdot SiO_2$	C_3S	37～60	75 以上
2	硅酸二钙	$2CaO \cdot SiO_2$	C_2S	15～37	
3	铝酸三钙	$3CaO \cdot Al_2O_3$	C_3A	7～15	25 以下
4	铁铝酸四钙	$4CaO \cdot Al_2O_3 \cdot Fe_2O_3$	C_4AF	10～18	

熟料中除上述4种主要矿物组成外，还有少量的游离氧化钙（f-CaO）、游离氧化镁（f-MgO）、三氧化硫（SO_3）和碱（K_2O、Na_2O）等，其总含量一般不超过水泥质量的10%，它们对水泥的性能都会产生不利影响。

生产水泥时，熟料中还掺入3%～5%石膏（$CaSO_4 \cdot 2H_2O$）共同磨细，目的是调节水泥的凝结时间。石膏也是水泥中三氧化硫（SO_3）的主要来源。

【例 4.1】　请将硅酸三钙 Ca_3SiO_5、石膏 $CaSO_4 \cdot 2H_2O$、氢氧化钙 $Ca(OH)_2$、氢氧化铝 $Al(OH)_3$ 简化。

解　以硅酸三钙 Ca_3SiO_5 简化为例。

（1）将物质的化学式写成氧化物基团的形式，且以间隔符号隔开各氧化物。

$$Ca_3SiO_5 \xrightarrow{①} 3CaO \cdot SiO_2$$

（2）以氧化物的第一个字母代表该氧化物（因 SiO_2、SO_3 的第一个字母均为 S，为了区分，以 S 表示 SiO_2，以 $\overline{S}$ 表示 SO_3），在该字母右下角标以数字代表该氧化物的个数（1 略去不写）。

$$3CaO \cdot SiO_2 \xrightarrow{②} C_3 \cdot S$$

（3）取消间隔符号。

$$C_3 \cdot S \xrightarrow{③} C_3S$$

同理，$CaSO_4 \cdot 2H_2O$、$Ca(OH)_2$、$Al(OH)_3$，可简化为 $C\overline{S}H_2$、CH、AH_3。

显然，H_2O 可简写为 H。作为练习，请将三硫型水化硫铝酸钙（钙矾石，通常写作 AFt）$3CaO \cdot Al_2O_3 \cdot 3CaSO_4 \cdot 31H_2O$ 简化。

2. 硅酸盐水泥熟料矿物的特性

硅酸盐水泥的性能是由其组成矿物的性能决定的，因此，要了解水泥的性质就必须了解每种矿物的特性。从应用角度考虑，对水泥性能的要求有水化硬化速度、强度、水化热、耐腐蚀性及干缩等。硅酸盐水泥熟料中各种矿物特性见表 4.3。

表 4.3　　　　　　　　　　硅酸盐水泥熟料中各种矿物特性

矿物名称	水化硬化速度	强度	水化热	干缩	耐腐蚀性
硅酸三钙	快	高	多	中	较差
硅酸二钙	慢	早期低，后期高	少	小	好
铝酸三钙	最快	最低	最多	最大	最差
铁铝酸四钙	较快	较低	中	较小	较好

表 4.3 可以看出，各种熟料矿物特性不同，改变矿物组成比例时，可制成不同性能的水泥。如适当提高 C_3S 的含量，可制成高强水泥，用于高强混凝土工程；提高 C_3S 和 C_3A 的含量，可制成快硬高强水泥，用于抢修工程；降低 C_3S 和 C_3A 的含量，适当提高 C_2S 的含量，可制成中热水泥、低热水泥，用于大坝等大体积混凝土工程；限制 C_3S 和 C_3A 的含量，可制成抗硫酸盐水泥，用于海港工程；道路水泥要求抗折强度高、耐磨性好、干缩较小，因而 C_4AF 含量较高而 C_3A 含量较少。

4.1.3　硅酸盐水泥的凝结与硬化及其影响因素

物质与水的化学反应，称为"水化"。水泥加入适量的水调成水泥浆后发生化学变化，水化成多种水化物。水泥加水拌和的初期是具有一定流动性和可塑性的浆体，经自身物理化学变化后，逐渐变稠失去塑性，但尚无强度，这一过程称为"凝结"。随着水化不断进行，产生强度，并逐渐发展成坚硬的水泥石，称为"硬化"。水泥的水化、凝结与硬化是一个连续的、复杂的物理化学过程。

1. 硅酸盐水泥的水化

硅酸盐水泥加水后，其熟料的各种矿物很快发生水化，生成各种水化物，并放出一定的热量。其反应式为

$$3CaO \cdot SiO_2 + nH_2O \longrightarrow xCaO \cdot SiO_2 \cdot yH_2O + (3-x)Ca(OH)_2$$

　　硅酸三钙　　　　　　　水化硅酸钙　　　　　氢氧化钙

可简写为：$C_3S + nH \longrightarrow CSH + (3-x)CH$

$$2CaO \cdot SiO_2 + mH_2O \longrightarrow xCaO \cdot SiO_2 \cdot yH_2O + (2-x)Ca(OH)_2$$

　　　硅酸二钙　　　　　　　水化硅酸钙　　　　　氢氧化钙

可简写为：$C_2S + mH \longrightarrow CSH + (2-x)CH$

C_3S 和 C_2S 水化生成的 CSH 其组成和形貌相差不大，均为组成可变、结晶程度差（胶凝性强）的凝胶状物质，可统称为水化硅酸钙凝胶（CSH 凝胶）。CSH 凝胶是水泥胶凝性的主要来源。

$$3CaO \cdot Al_2O_3 + 6H_2O \longrightarrow 3CaO \cdot Al_2O_3 \cdot 6H_2O$$

　　　　铝酸三钙　　　　　　　　　水化铝酸三钙

$$4CaO \cdot Al_2O_3 \cdot Fe_2O_3 + 7H_2O \longrightarrow 3CaO \cdot Al_2O_3 \cdot 6H_2O + CaO \cdot Fe_2O_3 \cdot H_2O$$

　　　铁铝酸四钙　　　　　　　　　　　　　　　水化铁酸钙

在水泥中掺少量石膏，与水化铝酸三钙化合，生成水化硫铝酸钙晶体（钙矾石）。

$$3CaO \cdot Al_2O_3 \cdot 6H_2O + 3(CaSO_4 \cdot 2H_2O) + 19H_2O \longrightarrow 3CaO \cdot Al_2O_3 \cdot 3CaSO_4 \cdot 31H_2O$$

　　　　　　　　　　　　　　　　　　　三硫型水化硫铝酸钙（AFt）

生成的 AFt 难溶于水，沉积在水泥颗粒表面，阻碍颗粒与水接触，使水泥水化延缓，以调节水泥凝结时间。随水化的进行，当石膏耗尽后，部分 AFt 与 $3CaO \cdot Al_2O_3 \cdot 6H_2O$ 反应，生成单硫型水化硫铝酸钙（$3CaO \cdot Al_2O_3 \cdot CaSO_4 \cdot 12H_2O$）（AFm）晶体。

硅酸盐水泥水化后，水化物有：水化硅酸钙和水化铁酸钙凝胶体，氢氧化钙、水化铝酸钙和水化硫铝酸钙晶体。水泥完全水化，水化硅酸钙约占 70%，氢氧化钙约占 20%。

2. 水泥的凝结和硬化

水泥的凝结硬化是一个连续复杂的物理化学过程，归纳简述如下：

（1）水泥与水拌和后，水泥颗粒表面开始水化，生成水化物，其中结晶体溶解于水中，胶体以极细小的质点悬浮于水中。同时由于水泥颗粒存在着微裂缝和缺陷，水分渗透到颗粒内部，产生物理分散作用，剥落成小块进入液相，暴露出新的表面，再继续水化。由于水化、溶解、再水化、再溶解，使溶液很快成为水化产物的过饱和溶液。

（2）溶液达到饱和后，水化硅酸钙从溶液中析出形成胶体，胶体质点凝聚成凝胶，积聚在水泥颗粒周围，水泥继续水化不通过溶解过程，而直接发生固相反应生成凝胶体。随水化的继续，水化物增多，自由水减少，凝胶体变稠，有凝胶体包裹的水泥颗粒，借助范德华力（表面吸附作用）凝结成多孔的空间网络，形成凝聚结构。这种结构在振动作用下可以破坏，具有触变复原性。凝聚结构形成时，水泥浆发生凝结，开始失去塑性，也就是水泥初凝，但此时还不能提供强度。

（3）随着以上过程的不断进行，固相不断增多，液相不断减少，结晶连生体不断增大，凝胶和结晶体互相贯穿，新生水化物不断填充凝聚结构的空隙，使结构逐渐紧密，最终达到水泥浆完全失去塑性，即水泥表现为终凝，开始硬化，这个阶段称为凝结期。

（4）继续水化形成的凝胶体，进一步填充凝聚结构的毛细孔，由于水化和蒸发，使自由水不断减少，浆体逐渐产生强度而进入硬化阶段。

水泥的水化、凝结与硬化过程如图 4.2 所示。

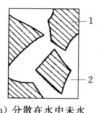 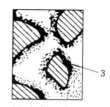  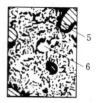

（a）分散在水中未水化的水泥颗粒　　（b）在水泥颗粒表面形成水化物膜层　　（c）膜层长大并互相连接（凝结）　　（d）水化物进一步发展，填充毛细孔（硬化）

图 4.2　水泥水化、凝结与硬化过程示意图

1—水泥颗粒；2—水分；3—凝胶；4—晶体；5—水泥颗粒的未水化内核；6—毛细孔

在水泥的水化、凝结与硬化过程中，各阶段是互相交错进行的，而且以水泥颗粒表面开始，逐渐向内核深入进行。开始时水化速度快，水泥强度增长快，但由于水泥水化不断进行，积聚在颗粒周围的水化物不断增多，阻碍水和颗粒未水化部分的接触，水化减慢，强度增长也逐渐减缓。但无论时间多长，水泥颗粒的内核很难完全水化。试验证明，只要保持环境潮湿，水泥石的强度在几十年以后仍能增长。

根据熟料矿物在水泥石强度发展过程中所起的作用，可以认为硅酸三钙在最初 4 周以内对水泥石强度起着决定作用；硅酸二钙在 4 周以后才发挥其强度作用，大约经过 1 年，与硅酸三钙对水泥石发挥相等的作用；铝酸三钙在 1～3 天或稍长的时间内，对水泥石强度起着有益作用，但以后可使水泥石强度降低；水化铁酸钙胶体在铁铝酸四钙周围析出形成薄膜，因而铁铝酸四钙延缓了水化进程。

3. 影响水泥凝结硬化的主要因素

水泥的凝结硬化过程，也是水泥强度发展的过程。为充分发挥水泥性能，必须了解影响水泥凝结硬化的因素。影响水泥凝结硬化的因素主要有以下 8 个。

（1）矿物组成。不同矿物成分和水反应时所表现出来的特点是不同的，如 C_3A 水化速率最快，放热量最大而强度不高；C_2S 水化速率最慢，放热量最少，早期强度低，后期强度增长迅速等。因此，水泥矿物组成比例，决定着水泥的凝结硬化性能。

（2）水灰比。水灰比是指水泥浆中水与水泥的质量之比。水泥完全水化需水量为 23% 左右。加水量增大（水灰比增大）时，水泥浆越稀，此时水泥初期水化得以充分进行，但水泥颗粒间被水隔开的距离较远，同时氢氧化钙的饱和溶液形成较慢，水化硅酸钙等凝胶体凝聚延缓，氢氧化钙及水化铝酸钙的结晶也将推迟，颗粒间相互连接形成凝聚结构所需的时间长，导致水泥浆凝结较慢。

（3）石膏掺量。石膏的形态与掺量影响着水泥的凝结硬化。不同形态的石膏对水泥的凝结硬化影响很大，掺量过少，起不到缓凝的作用；掺量过多，其自身凝结快，适得其反。

（4）细度。水泥磨得细，水泥颗粒平均粒径就小，比表面积大，水化时与水的接触面大，水化速度快，水泥凝结硬化速度就快，早期强度就高。

（5）环境温度和湿度。环境温度高，水化反应快，凝结硬化加速，水化热较多。相反，温度低，水化反应减慢，强度增长变缓。但高温养护会导致硅酸盐水泥后期强度增长缓慢，甚至下降。

水是水泥水化的必要条件。环境干燥时，水泥浆中的水分很快蒸发，以致水泥不能充分水化，硬化也将停止；环境湿度大，水泥水化得以充分进行，强度正常增长。

（6）龄期（时间）。水泥的凝结硬化是随时间延长而渐进的过程，只要温度、湿度适宜，水泥强度的增长可持续若干年。

（7）外加剂。外加剂能影响 C_3S 和 C_3A 的水化、凝结与硬化，从而影响水泥的水化、凝结与硬化。如掺缓凝剂会延缓水泥的水化、硬化，影响水泥早期强度的发展；如掺早强剂能促进水泥的水化、硬化，提高早期强度；如掺速凝剂，能使水泥中的石膏失去缓凝作用，使水泥在较短的时间内迅速凝结硬化，早期强度显著提高。

（8）储存条件。水泥在储存期间，在外界水分和 CO_2 作用下，水泥发生缓慢的水化和碳化而表面结块，导致水泥凝结延缓，强度降低。

4.1.4　硅酸盐水泥的技术指标

1. 细度

水泥细度是指水泥颗粒的粗细程度。同样矿物成分的水泥，颗粒越细，与水接触的表面积越大，水化反应越快，早期强度和后期强度都越高。但颗粒过细，硬化时收缩较大，易产生裂缝，容易吸收水分和二氧化碳而失去活性。另外，颗粒细则粉磨能耗大。一般认为，颗粒粒径大于 $45\mu m$，活性很小，主要起填料作用；小于 $1\mu m$ 的颗粒，与水接触很快就水化了，对水泥强度贡献小，反而造成较大的收缩。从水泥强度考虑，较理想的粒径是：小于 $3\mu m$ 的在 10% 以下，$3\sim32\mu m$ 的占 $65\%\sim70\%$，大于 $45\mu m$ 的占 $6\%\sim8\%$。

《通用硅酸盐水泥》（GB 175—2023）规定，硅酸盐水泥的细度用比表面积表示，其比表面积应不小于 $300m^2/kg$，且不高于 $400m^2/kg$，一般为 $317\sim350m^2/kg$。当买方有特殊要求时，由买卖双方协商确定。

14 "水泥细度"试验视频、试验指导书、试验报告

2. 标准稠度用水量

因水泥凝结硬化等性能受水泥浆稀稠（水灰比）影响，在检验水泥凝结时间和安定性等技术指标时，必须在统一规定的稠度下进行，所测得的结果才有可比性。这个规定的稠度称为标准稠度。水泥标准稠度净浆对恒质量试杆（或试锥）的沉入具有一定阻力，通过试验不同拌和水净浆的穿透性，以确定水泥达到标准稠度所需加入的水量。水泥浆达到标准稠度时，拌和水的质量占水泥质量的百分数，称为水泥标准稠度用水量。硅酸盐水泥标准稠度用水量一般为 $21\%\sim28\%$。

水泥的熟料成分、细度、混合材料的种类及掺量、水泥受潮程度等因素影响水泥标准稠度用水量。测定水泥标准稠度用水量，可间接评定水泥质量，更为重要的是为测定水泥凝结时间、安定性等提供标准的拌和用水量。

15 "水泥标准稠度用水量"试验视频、试验指导书、试验报告

3. 凝结时间

水泥凝结时间分初凝时间和终凝时间。初凝时间是指标准稠度的水泥浆自加水时

16 "水泥凝结时间"试验视频、试验指导书、试验报告

起至水泥浆开始失去塑性所经历的时间；终凝时间是指标准稠度的水泥浆自加水时起至水泥浆完全失去塑性所经历的时间。

水泥的凝结时间对施工有重大意义。为保证混凝土、砂浆有充分的时间进行搅拌、运输、浇捣或砌筑，水泥初凝时间不应过早。为使浇捣完毕的混凝土尽快硬化并具有一定的强度，以利于下一步施工，水泥的终凝时间又不宜太迟。

《通用硅酸盐水泥》（GB 175—2023）规定：硅酸盐水泥的初凝时间应不小于45min，终凝时间应不大于390min。实际上，硅酸盐水泥的初凝时间一般为1～3h，终凝时间一般为4～6h。

4. 安定性

安定性是指水泥硬化后体积变化是否均匀的性质。安定性不良的水泥，在硬化后体积膨胀而使水泥石开裂，降低构筑物质量，甚至引起严重事故。

引起安定性不良的原因，主要是由于水泥中游离氧化钙（f-CaO）或游离氧化镁（f-MgO）或三氧化硫（SO_3）过多造成的。f-CaO 和 f-MgO 都是过烧的，水化速度很慢，当水泥已硬化后才开始水化，产生体积膨胀，破坏已硬化水泥石的结构，出现裂缝、弯曲等不安定现象。石膏（$CaSO_4 \cdot 2H_2O$）是三氧化硫（SO_3）的主要来源，当石膏掺入量过多时，在水泥硬化后，多余的石膏与水化铝酸钙反应生成水化硫铝酸钙（$3CaO \cdot Al_2O_3 \cdot 3CaSO_4 \cdot 31H_2O$），体积增大约1.5倍，造成水泥石开裂。

用沸煮法检验 f-CaO 是否引起安定性不合格，按照《水泥标准稠度用水量、凝结时间、安定性检验方法》（GB/T 1346—2011）的规定，其方法是将标准稠度的水泥浆装入雷氏夹中沸煮后测其膨胀值（标准法）；另一种方法是将标准稠度的水泥浆制作成试饼沸煮后检验是否有裂缝、弯曲现象（代用法）。用压蒸法检验 f-MgO 对安定性的影响，用水浸法检验 SO_3 对安定性的影响。

《通用硅酸盐水泥》（GB 175—2023）规定：硅酸盐水泥的安定性，沸煮法、压蒸法须合格，而 SO_3 是否引起安定性不合格，用限定它的含量来控制。硅酸盐水泥中 f-MgO 含量不得超过5.0%（若压蒸试验合格，MgO 含量允许放宽至6%），SO_3 含量不得超过3.5%。

5. 强度与强度等级

水泥强度是评定水泥质量的重要指标。

（1）水泥强度检验原理。水泥强度是混凝土强度的来源，为密切水泥强度与混凝土强度的相关性，测定水泥强度采用的胶砂配合比应尽可能拟合普通混凝土配合比统计值，标准砂级配应尽可能拟合混凝土砂石整体级配（并延伸至部分水泥级配）；水泥胶砂养护条件、养护龄期与混凝土标准养护应相同；水泥胶砂抗折强度、抗压强度的试件形状及受力形式与混凝土强度应一致。目的是，最大限度实现水泥在胶砂中的强度行为模拟水泥在混凝土中的强度行为。ISO 法检验水泥强度的原理与方法，正是基于此目的提出的。ISO 法检验水泥强度，符合水泥强度发展规律、密切了水泥强度与混凝土强度的相关性、模拟了水泥在混凝土中的强度行为、统一了水泥强度检验方法、实现了水泥强度检验结果的可比性与实用性。

17 "水泥体积安定性"试验视频、试验指导书、试验报告

18 "水泥胶砂试件制作、水泥抗压、抗折强度"试验视频、试验指导书、试验报告

（2）水泥强度检验方法与强度等级划分。《水泥胶砂强度检验方法（ISO 法）》（GB/T 17671—2021）规定，水泥强度是按规定的配合比（水泥和标准砂的质量比为 1∶3，水灰比为 0.5），制成 40mm×40mm×160mm 胶砂棱柱体试件，在标准温度（20±1）℃的水中养护，分别测定其 3d 和 28d 龄期两组试件（3 个棱柱体为一组）的抗折强度和抗压强度，以表征水泥强度及划分强度等级（图 4.3）。

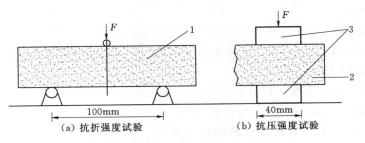

（a）抗折强度试验   （b）抗压强度试验

图 4.3 水泥强度试验示意图

1—棱柱体试件；2—半截试件；3—承压板（40mm×40mm）

抗折强度 $f_{ce,m}$ 可按下式计算，即

$$f_{ce,m}=\frac{3FL}{2bh^2}=\frac{3\times100}{2\times40\times40^2}\times F=0.00234F$$

式中 $f_{ce,m}$——水泥抗折强度，MPa；

F——抗折破坏荷载，N；

L——支撑圆柱中心距，100mm；

b、h——试件的宽与高，均为 40mm。

以一组 3 个棱柱体抗折强度测定值的平均值作为试验结果。当 3 个测定值中有 1 个超出平均值的±10%时，应剔除后再取平均值作为试验结果。当 3 个测定值中有 2 个超出平均值的±10%时，则以剩下 1 个的测定值作为试验结果。

一组 3 个棱柱体折断后得到 6 个半截试件，每个试件抗压强度 $f_{ce,c}$ 按下式计算，即

$$f_{ce,c}=\frac{F}{A}=\frac{F}{40\times40}=0.000625F$$

式中 $f_{ce,c}$——水泥抗压强度，MPa；

F——抗压破坏荷载，N；

A——受压面积，40mm×40mm。

以 6 个试件抗压强度测定值的平均值作为试验结果。若 6 个测定值中有 1 个超出 6 个平均值的±10%时，剔除这个测定值，以剩下 5 个的平均值作为试验结果。若 5 个测定值中再有超出它们平均值的±10%时，则此组结果作废。当 6 个测定值中同时有 2 个或 2 个以上超出平均值的±10%时，则此组结果作废。

$f_{ce,m,3}$、$f_{ce,c,3}$、$f_{ce,m,28}$、$f_{ce,c,28}$ 分别表示水泥胶砂 3d、28d 抗折强度、抗压强度（实测强度），水泥强度指的就是这 4 个值，可根据混凝土控制指标选用。因水

泥配制成的混凝土或砂浆属脆性材料，抗压强度最高，工程中主要承受压力，且水泥胶砂或混凝土等28d强度已较充分发展，故主要根据水泥胶砂28d抗压强度来划分水泥强度等级，其3d抗压强度及3d、28d抗折强度也不得低于规定的相应强度值。硅酸盐水泥分 42.5、42.5R、52.5、52.5R、62.5 和 62.5R 等 6 个强度等级（表 4.4），并将 42.5MPa、52.5MPa、62.5MPa 称为各强度等级的水泥强度等级值 $f_{ce,g}$。

依据水泥胶砂 3d 强度又分为普通型和早强型（R 型）两种类型。早强型水泥胶砂 3d 抗压强度可达到 28d 抗压强度的约 50%，同强度等级值的早强型水泥胶砂 3d 抗压强度较普通型的提高 10%～24%。

通常，水泥实测强度（简称水泥强度）主要指水泥胶砂 28d 抗压强度 $f_{ce,c,28}$，并将 $f_{ce,c,28}$ 写成 f_{ce}。显然，强度合格的水泥，必然有：$f_{ce} \geqslant f_{ce,g}$，即 $f_{ce} = \gamma_c f_{ce,g}$ 且 $\gamma_c \geqslant 1.0$。称 γ_c 为水泥强度等级值的富余系数。全国范围内水泥厂统计的 γ_c 见表 4.5，该 γ_c 适用于 6 大通用硅酸盐水泥。

表 4.4　　　　　　硅酸盐水泥不同龄期强度要求（GB 175—2023）

品种	强度等级	抗压强度/MPa		抗折强度/MPa	
		3d	28d	3d	28d
硅酸盐水泥	42.5	≥17.0	≥42.5	≥4.0	≥6.5
	42.5R	≥22.0		≥4.5	
	52.5	≥22.0	≥52.5	≥4.5	≥7.0
	52.5R	≥27.0		≥5.0	
	62.5	≥27.0	≥62.5	≥5.0	≥8.0
	62.5R	≥32.0		≥5.5	

表 4.5　　　　　　水泥强度等级值的富余系数 γ_c（JGJ 55—2011）

水泥强度等级值	32.5	42.5	52.5
富余系数 γ_c	1.12	1.16	1.10

【例 4.2】　现有 42.5R 级硅酸盐水泥，测得其水泥胶砂 3d 抗折强度 4.6MPa，3d 抗压强度 24.3MPa。28d 抗折破坏荷载分别为 2860N、2810N、3010N；28d 抗压破坏荷载分别为 68.2kN、73.4kN、77.5kN、78.6kN、80.1kN、81.2kN。试评定该水泥强度是否合格？

解　（1）求水泥 28d 抗折强度 $f_{ce,m,28}$。

$$f_{ce,m,28} = \frac{3FL}{2bh^2} = \frac{3 \times 100}{2 \times 40 \times 40^2} \times F = 0.00234F$$

将 28d 抗折破坏荷载 2860N、2810N、3010N 分别代入上式得一组 3 个试件 28d 抗折强度为 6.7MPa、6.6MPa、7.0MPa，平均值 6.8MPa。经验算，3 个抗折强度均未超出平均值的 ±10%，故水泥 28d 抗折强度 $f_{ce,m,28} = 6.8$MPa。

（2）求水泥 28d 抗压强度 $f_{ce,c,28}$（即 f_{ce}）。

$$f_{ce,c,28}=\frac{F}{A}=\frac{F}{40\times40}=0.000625F$$

将 28d 抗压破坏荷载 68.2kN、73.4kN、77.5kN、78.6kN、80.1kN、81.2kN 代入上式得一组 6 个半截试件 28d 抗压强度为 42.6MPa、45.9MPa、48.4MPa、49.1MPa、50.1MPa、50.8MPa，平均值 47.8MPa。因 $|42.6-47.8|/47.8=10.9\%$ $>10\%$，剔除 42.6MPa，取剩下 5 个的平均值 48.9MPa 作为 28d 抗压强度，即 $f_{ce}=f_{ce,c,28}=48.9$MPa。

（3）评定水泥强度是否合格。

因为
$$\begin{cases}4.5\text{MPa}\leqslant f_{ce,m,3}=4.6\text{MPa}\\22.0\text{MPa}\leqslant f_{ce,c,3}=24.3\text{MPa}\end{cases}$$

$$\begin{cases}6.5\text{MPa}\leqslant f_{ce,m,28}=6.8\text{MPa}\leqslant7.0\text{MPa}\\42.5\text{MPa}\leqslant f_{ce,c,28}=48.9\text{MPa}\leqslant52.5\text{MPa}\end{cases}$$

所以，由 GB 175—2023 评定水泥强度合格，且该水泥强度等级为 42.5R 级。

【例 4.3】 求 [例 4.2] 中的水泥强度等级值的富余系数 γ_c。

解 [例 4.2] 中，水泥强度 $f_{ce}=48.9$MPa，水泥强度等级值 $f_{ce,g}=42.5$MPa。水泥强度等级值的富余系数 γ_c 为
$$\gamma_c=f_{ce}/f_{ce,g}=48.9/42.5=1.15$$

$\gamma_c=1.15$，表明该水泥强度比水泥强度等级值高出 15%。

【例 4.4】 混凝土设计时，通常采用什么方法获得水泥强度 f_{ce}？

解 通常有两个方法：

方法 1（试验法）：水泥强度等级选定后，通过试验，测得水泥强度 f_{ce}，如 [例 4.2] 中测得水泥强度 $f_{ce}=48.9$MPa。

方法 2（查表法）：水泥强度等级选定后，无试验条件或在混凝土设计初算阶段，可查表 4.5，得水泥强度等级值的富余系数 γ_c，由 $f_{ce}=\gamma_c f_{ce,g}$ 算得 f_{ce}。如已选定用某水泥厂 42.5R 级硅酸盐水泥配制混凝土，水泥强度 $f_{ce}=1.16\times42.5=49.3$MPa。

6. 碱含量

碱含量是指水泥中氧化钠和氧化钾的含量。水泥中的碱和骨料中的活性二氧化硅反应，生成膨胀性的碱硅酸盐凝胶，导致混凝土开裂的现象，称为碱-骨料反应。《通用硅酸盐水泥》（GB 175—2023）规定，水泥中碱含量按 $Na_2O+0.658K_2O$ 计算值表示，当买方要求提供低碱水泥时，由买卖双方协商确定。

7. 不溶物

不溶物是指水泥经过酸（盐酸）和碱（氢氧化钠）处理后，不能被溶解的残余物。它反映了水泥中非活性组分，主要由生料、混合材料和石膏中的杂质产生。

《通用硅酸盐水泥》（GB 175—2023）规定，P·Ⅰ型硅酸盐水泥中不溶物不得超

过 0.75%，P·Ⅱ型硅酸盐水泥中不溶物不得超过 1.50%。

8. 烧失量

烧失量是指水泥经高温灼烧处理后的质量损失率。主要由水泥中未煅烧组分产生，如未烧透的生料、石膏带入的杂质等。

《通用硅酸盐水泥》（GB 175—2023）规定，P·Ⅰ型硅酸盐水泥烧失量不得超过 3.0%，P·Ⅱ型硅酸盐水泥烧失量不得超过 3.5%。

9. 氯离子

水泥中的氯离子来源于原料，氯离子会诱发钢筋锈蚀。《通用硅酸盐水泥》（GB 175—2023）规定，硅酸盐水泥中氯离子含量应不大于 0.06%，当买方有更低要求时，由买卖双方协商确定。

10. 水化热

水泥在凝结硬化过程中放出的热量，称为水泥水化热。水化放热量和放热速度不仅决定于水泥的矿物成分，还与细度、混合材料及外加剂的品种、数量等有关。水泥水化热大部分在水化初期（7d 内）放出，以后逐渐减少。

水化热对一般混凝土工程的冬季施工有利，但对大体积混凝土工程有害。大体积混凝土是指混凝土结构物实体最小几何尺寸不小于 1m 的混凝土，或预计会因混凝土中胶凝材料水化引起的温度变化和收缩而导致有害裂缝产生的混凝土。由于大体积混凝土水化热积聚在内部不易放出，使混凝土内外产生较大温差（可达 50～60℃），并由此产生较大的温度应力，使混凝土开裂。因此，大体积混凝土不宜用硅酸盐水泥，而应选用水化热低的水泥。技术标准未规定水泥水化热为选择性指标或强制性指标，可根据工程要求选择合适水化热的水泥或供需双方商定。

11. 密度与堆积密度

硅酸盐水泥密度主要取决于熟料的矿物组成，一般为 3.05～3.20g/cm³。硅酸盐水泥堆积密度除与矿物组成、细度、颗粒级配有关外，主要取决于堆积时的紧密程度，疏松堆积时堆积密度为 900～1200kg/m³，紧密状态下可达 1400～1700kg/m³。混凝土配合比设计时，通常取硅酸盐水泥密度为 3.10g/cm³，堆积密度为 1300kg/m³。

19 "水泥密度"试验视频、试验指导书、试验报告

4.1.5　水泥石的腐蚀与防止

水泥硬化后的水泥石，正常使用条件下具有较好的耐久性，但在某些腐蚀性液体或气体中，强度降低甚至整个结构遭到破坏，这种现象称为水泥石的腐蚀。

1. 水泥石腐蚀的主要方式

（1）溶出性腐蚀（软水腐蚀）。一般水中含有重碳酸盐，水泥石中的 $Ca(OH)_2$ 与其反应，生成 $CaCO_3$ 积聚在已硬化的水泥石孔隙内和覆盖在水泥石表面，形成密实的保护层阻止外界水的浸入和内部 $Ca(OH)_2$ 的析出，保护了水泥石，因此水泥不会被溶解。但不含或含极少重碳酸盐的软水，如雨水、雪水、工业冷凝水、蒸馏水等，能使 $Ca(OH)_2$ 溶解，若软水是流动的或有压力的，则溶解的 $Ca(OH)_2$ 就会被带走，使之继续溶出。由于水泥石中的 $Ca(OH)_2$ 浓度降低，其他水化物也会分解而溶出，如此循环，水泥石结构就会遭受破坏。

（2）盐类腐蚀。

1）硫酸盐腐蚀。在海水、湖水、盐沼水、地下水及某些污水中常含有钠、钾、铵等的硫酸盐，硫酸盐与水泥石中的 $Ca(OH)_2$ 反应生成石膏结晶，石膏进一步与水泥石中的水化铝酸钙反应，生成水化硫铝酸钙，即

$$3CaO \cdot Al_2O_3 \cdot 6H_2O + 3(CaSO_4 \cdot 2H_2O) + 19H_2O \xlongequal{\hspace{1cm}} 3CaO \cdot Al_2O_3 \cdot 3CaSO_4 \cdot 31H_2O$$

水化硫铝酸钙结晶水大，结晶时体积膨胀（膨胀 1.5 倍以上），对水泥石起极大的破坏作用。水化硫铝酸钙（钙矾石）的结晶呈针状，故通常称为"水泥杆菌"。

2）镁盐腐蚀。在海水及地下水中，常含有大量的镁盐，主要是硫酸镁和氯化镁，它们与水泥石中的 $Ca(OH)_2$ 起置换作用，即

$$MgSO_4 + Ca(OH)_2 + 2H_2O \xlongequal{\hspace{1cm}} CaSO_4 \cdot 2H_2O + Mg(OH)_2$$

$$MgCl_2 + Ca(OH)_2 \xlongequal{\hspace{1cm}} CaCl_2 + Mg(OH)_2$$

生成的氢氧化镁松软而无胶凝力，氯化钙易溶于水，二水石膏则引起硫酸盐破坏作用。因此，硫酸镁对水泥起着镁盐和硫酸盐的双重腐蚀作用。

（3）酸类腐蚀。

1）碳酸腐蚀。工业污水、地下水中溶解有 CO_2，对水泥石腐蚀作用为

$$Ca(OH)_2 + CO_2 + H_2O \xlongequal{\hspace{1cm}} CaCO_3 + 2H_2O$$

$$CaCO_3 + CO_2 + H_2O \xlongequal{\hspace{1cm}} Ca(HCO_3)_2$$

$Ca(HCO_3)_2$ 易溶于水，当水中含有超过平衡浓度的碳酸，反应向生成 $Ca(HCO_3)_2$ 的方向进行，造成水泥石中的 $Ca(OH)_2$ 浓度降低，导致水泥石结构破坏。

2）一般酸性腐蚀。在地下水或工业废水中，常含有有机酸和无机酸（如盐酸和硫酸），这些酸类与水泥石中的 $Ca(OH)_2$ 发生反应，即

$$2HCl + Ca(OH)_2 \xlongequal{\hspace{1cm}} CaCl_2 + 2H_2O$$

$$H_2SO_4 + Ca(OH)_2 \xlongequal{\hspace{1cm}} CaSO_4 \cdot 2H_2O$$

生成的 $CaCl_2$ 易溶于水，石膏（$CaSO_4 \cdot 2H_2O$）在水泥石孔隙内结晶，体积膨胀，使水泥石破坏，而且还会进一步造成硫酸盐侵蚀，对水泥石结构的破坏性更大。

2. 腐蚀的防止

水泥石腐蚀的原因有内因和外因。内因一是由于水泥石中的氢氧化钙及其他成分，能一定程度地溶于水（特别是软水）；氢氧化钙、水化铝酸钙等都是碱性物质，能与环境水中的酸类或某些盐类反应，生成的化合物或易溶于水、或无胶结能力、或结晶膨胀而引起内应力，导致水泥石结构破坏。二是水泥石不密实，使侵蚀性介质易进入内部。外因是侵蚀性介质的存在。因此，应采取相应的防止措施。

（1）根据腐蚀环境的特点，合理地选用水泥品种。采用水化产物中氢氧化钙含量较少的水泥，可提高抵抗软水等侵蚀作用的能力；采用铝酸三钙含量低于 3% 的高抗硫酸盐水泥，可提高抵抗硫酸盐腐蚀的能力。

（2）提高水泥石的密实度。水泥水化时实际用水量是理论需水量的 2～3 倍，多

余的水蒸发后形成腐蚀介质进入的毛细孔通道，造成水泥石的腐蚀。工程中，保证足够的胶凝材料用量、降低水胶比、选择适宜骨料、掺外加剂、改善施工方法等措施，可提高砂浆或混凝土的密实度。

（3）加做保护层。当环境腐蚀性较强时，可用耐酸石材、耐酸陶瓷、塑料、沥青、水玻璃等，在混凝土或砂浆表面做一层耐腐蚀性强而且不透水的保护层。

4.1.6　硅酸盐水泥的应用

硅酸盐水泥强度等级高，主要用于高强混凝土和预应力混凝土。硅酸盐水泥快硬早强，抗冻性和耐久性好，适用于冬季施工及严寒地区遭受反复冻融的工程。硅酸盐水泥抗渗性好，适用于抗渗要求高的工程。

硅酸盐水泥水化热高，不宜用于大体积混凝土。硅酸盐水泥不宜用于有耐热要求的工程。硅酸盐水泥水化后含有较多的氢氧化钙，因此不宜用于受流动的软水和有水压作用的工程，也不宜用于受海水和矿物水作用的工程。

4.2　掺混合材料的硅酸盐水泥

4.2.1　混合材料

为了改善水泥的某些性能，调节水泥强度等级，节约水泥熟料，提高水泥产量，降低成本，扩大水泥适用范围，在硅酸盐水泥熟料中掺入一定量的混合材料。凡在硅酸盐水泥熟料中，掺入一定量的混合材料和适量石膏共同磨细制成的水硬性胶凝材料，均属掺混合材料的硅酸盐水泥。按所掺混合材料的品种和数量，可分为普通硅酸盐水泥、矿渣硅酸盐水泥、火山灰质硅酸盐水泥、粉煤灰硅酸盐水泥及复合硅酸盐水泥。

混合材料是指在水泥生产过程中，掺入磨细的天然或人工矿物质材料。混合材料根据矿物材料的性质，可分为活性混合材料和非活性混合材料。

1. 活性混合材料

常温下，能与碱性激发剂（如氢氧化钙）或硫酸盐激发剂（如石膏）反应的混合材料，称为活性混合材料。活性混合材料本身没有水硬性或水硬性很弱，但在石灰或石膏激发作用下，具有较强的水硬性。水泥中有石膏，水泥熟料水化有氢氧化钙生成，具备激化活性混合材料的条件。

（1）粒化高炉矿渣。高炉炼铁时的熔渣经急冷处理而成的质地疏松、多孔的细小颗粒，称为粒化高炉矿渣。铁矿石中非金属矿物、助熔剂（如石灰石）和燃料是矿渣成分的主要来源。矿渣的主要化学成分是 CaO、SiO_2、Al_2O_3，含量在 90% 以上，还有少量的 MgO、FeO 和一些硫化物。矿渣的成分与水泥相近，仅 CaO 比水泥低，SiO_2 稍高。以 CaO、Al_2O_3 含量高而 SiO_2 含量低者活性较大，质量较好。矿渣的活性不仅取决于化学成分，而且在很大程度上取决于内部结构。矿渣熔体在淬冷成粒时，阻止了熔体向晶体结构转变而形成玻璃体结构，这种玻璃体结构不稳定，具有潜在水硬性。常温下矿渣活性很弱，只有在有碱或兼有硫酸盐激发剂时，其潜在活性才能较好地发挥。用于水泥混合材料的粒化高炉矿渣的性能指标应符合《用于水泥、砂浆和混凝土中的粒化高炉矿渣粉》（GB/T 18046—2017）（详见项目 5 的表 5.3）。

（2）火山灰质混合材料。火山灰质混合材料是指具有火山灰性质的物质，其本身没有水硬性，但将其磨细后，能与 Ca(OH)$_2$ 反应生成有胶凝性的水化产物而产生强度的材料。

火山灰质混合材料按化学成分与矿物结构可分为以下几类：

1）烧黏土质材料。如烧黏土、煤渣、煤矸石、页岩渣等，主要活性成分为 Al$_2$O$_3$。

2）火山灰玻璃质材料。以 SiO$_2$ 为主要成分，含有一定量的 Al$_2$O$_3$ 和少量的 K$_2$O、Na$_2$O。它是由高温熔体，经不同程度的急速冷却而成。其活性决定于化学成分和冷却速度，并与玻璃体含量有关。属于此类材料的有火山灰、凝灰岩、浮石。

3）含水硅酸质材料。此类材料的主要活性成分为无定形含水硅酸 SiO$_2$·12H$_2$O，如硅藻土、硅藻石、蛋白石及硅质渣等。

（3）粉煤灰。电厂煤粉炉烟道气体中收集的粉末称为粉煤灰。粉煤灰硅铝玻璃体的主要成分有 SiO$_2$、Al$_2$O$_3$ 及 Fe$_2$O$_3$，还含有 CaO、MgO、SO$_3$ 等，属火山灰质混合材料。其中 SiO$_2$、Al$_2$O$_3$ 二者含量之和常在 60% 以上，是决定粉煤灰活性的主要成分。粉煤灰呈实心或空心的微细球形颗粒，称为实心微珠或空心微珠。其中实心微珠颗粒最细，表面光滑，是粉煤灰中需水量最小、活性最高的有效成分。粉煤灰可直接掺入水泥熟料中与之共同磨细。《用于水泥和混凝土中的粉煤灰》（GB/T 1596—2017）规定，按燃煤品种分为 F 类粉煤灰（由无烟煤或烟煤煅烧收集）和 C 类粉煤灰（由褐煤或次烟煤煅烧收集的，CaO 含量一般大于 10%）。水泥活性混合材料用粉煤灰理化性能要求见表 4.6（强度活性指数除外）。

表 4.6　　　　水泥活性混合材料用粉煤灰理化性能要求（GB/T 1596—2017）

项　目		指标	项　目		指标
烧失量（Loss）/%	F 类粉煤灰	≤8.0	SiO$_2$、Al$_2$O$_3$、Fe$_2$O$_3$ 总质量分数/%	F 类粉煤灰	≥70.0
	C 类粉煤灰			C 类粉煤灰	≥50.0
含水量/%	F 类粉煤灰	≤1.0	密度/(g/cm^3)	F 类粉煤灰	≤2.6
	C 类粉煤灰			C 类粉煤灰	
SO$_3$ 质量分数/%	F 类粉煤灰	≤3.5	安定性（雷氏法）/mm	C 类粉煤灰	≤5.0
	C 类粉煤灰				
f-CaO 质量分数/%	F 类粉煤灰	≤1.0	强度活性指数/%	F 类粉煤灰	≥70.0
	C 类粉煤灰	≤4.0		C 类粉煤灰	

2. 非活性混合材料

常温下，不能与氢氧化钙或石膏反应的混合材料，称为非活性混合材料。这类材料本身不具有或只具有微弱的水硬性（或火山灰性），将其掺入硅酸盐水泥中，主要起调节水泥强度等级、增加水泥产量及降低水化热的作用，故又称为填充性混合材料。

常用的非活性混合材料有石灰石、砂岩、黏土、黄土等。活性指标低于技术要求的粒化高炉矿渣、粒化高炉矿渣粉、火山灰质混合材料及粉煤灰，也可作非活性混合材料。

4.2.2　掺混合材料的硅酸盐水泥

1. 普通硅酸盐水泥

普通硅酸盐水泥，简称普通水泥，代号 P·O。《通用硅酸盐水泥》（GB 175—2023）规定，普通硅酸盐水泥中活性混合材料掺加量为大于等于 6%，小于 20%，其中允许用不超过水泥质量 5% 的石灰石来代替。

（1）普通硅酸盐水泥的技术要求。

细度：45μm 方孔筛筛余不低于 5%。当买方有特殊要求时，由买卖双方协商确定。

凝结时间：初凝不小于 45min，终凝不大于 600min。

安定性：与硅酸盐水泥相同。

烧失量：烧失量不得超过 5.0%。

氯离子：同硅酸盐水泥。

强度等级：分 42.5、42.5R、52.5、52.5R、62.5、62.5R 六个等级，各强度等级不同龄期强度要求见表 4.7。

表 4.7　　普通硅酸盐水泥不同龄期强度要求（GB 175—2023）

品　种	强度等级	抗压强度/MPa		抗折强度/MPa	
		3d	28d	3d	28d
普通硅酸盐水泥	42.5	≥17.0	≥42.5	≥4.0	≥6.5
	42.5R	≥22.0		≥4.5	
	52.5	≥22.0	≥52.5	≥4.5	≥7.0
	52.5R	≥27.0		≥5.0	
	62.5	≥27.0	≥62.5	≥5.0	≥8.0
	62.5R	≥32.0		≥5.5	

（2）普通硅酸盐水泥的性质。普通水泥掺入的混合材料较少，故其性质与同强度等级的硅酸盐水泥基本一致。如早期强度高、水化热大、抗冻与耐磨性好、抗侵蚀性差、抗碳化强等。但由于掺入了少量混合材料，与同强度等级硅酸盐水泥相比，其性能有少许规律性的变化。如普通水泥早期硬化稍慢，水化热稍低，抗冻与耐磨性稍差，抗侵蚀性稍好等。

（3）普通硅酸盐水泥的应用。普通水泥的应用范围与硅酸盐水泥基本一致。普通水泥掺入了少量混合材料，使得普通水泥比硅酸盐水泥更广泛地适应各类工程，且普通水泥与外加剂的相容性、体积稳定性、抗侵蚀性、抑制碱-骨料反应、价格、储运等有一定的优势。因此，普通水泥的产量远大于硅酸盐水泥，是我国水泥的主要品种，占水泥总产量的 40% 以上。普通水泥配制目标混凝土时，可灵活掺入粉煤灰等掺合料来替代粉煤灰水泥等也是其产量高的原因。

2. 矿渣硅酸盐水泥

矿渣硅酸盐水泥，简称矿渣水泥，代号 P·S。按粒化高炉矿渣的掺量分为 P·S·A、P·S·B 两种，其组分应符合表 4.8 的规定。

表 4.8 通用硅酸盐水泥组分要求（GB 175—2023）

品 种	代号	组分（质量分数）/%					
		熟料＋石膏	粒化高炉矿渣/矿渣粉	粉煤灰	火山灰质混合材料	石灰石	替代混合材料
硅酸盐水泥	P·Ⅰ	100	—	—	—	—	—
	P·Ⅱ	95～100	0～<5	—	—	—	—
			—	—	—	0～<5	—
普通硅酸盐水泥	P·O	80～<94	6～<20①				0～<5②
矿渣硅酸盐水泥	P·S·A	50～<79	21～<50	—	—	0～<8③	
	P·S·B	30～<49	51～<70	—	—		
粉煤灰硅酸盐水泥	P·F	60～<79	—	21～<40	—	0～<5④	
火山灰质硅酸盐水泥	P·P	60～<79	—	—	21～<40		
复合硅酸盐水泥	P·C	50～<79	21～<50⑤				

① 主要混合材料由符合 GB 175—2023 规定的粒化高炉矿渣/矿渣粉、粉煤灰、火山灰质混合材料组成。
② 替代混合材料为符合 GB 175—2023 规定的石灰石。
③ 替代混合材料由符合 GB 175—2023 规定的粉煤灰或火山灰、石灰石。替代后 P·S·A 中粒化高炉矿渣/矿渣粉含量不少于水泥质量的 21%，替代后 P·S·B 中粒化高炉矿渣/矿渣粉含量不少于水泥质量的 51%。
④ 混合材料为符合 GB 175—2023 规定的石灰石。替代后粉煤灰硅酸盐水泥中粉煤灰含量不少于水泥质量的 21%，替代后火山灰质硅酸盐水泥中火山灰质混合材料含量不少于水泥质量的 21%。
⑤ 混合材料由符合 GB 175—2023 规定的粒化高炉矿渣/矿渣粉、粉煤灰、火山灰质混合材料、石灰石和砂岩中的三种（含）以上材料组成。其中石灰石含量不大于水泥质量的 15%。这里的替代混合材料为符合 GB 175—2023 规定的砂岩。

（1）矿渣硅酸盐水泥的技术要求。

细度：与普通水泥相同。

安定性：沸煮法、压蒸法合格；SO_3 含量不大于 4.0%；P·S·A 型 f-MgO 含量不大于 6.0%。

矿渣水泥的凝结时间、氯离子含量要求与普通水泥相同。

矿渣的潜在活性通常高于粉煤灰等混合材料，矿渣在水泥熟料中的掺量可高达 70%，因此，需要更多的激发剂来激发其活性。矿渣水泥加入的石膏，既可调节水泥的凝结时间，又是矿渣的激发剂，因此，石膏的掺量可比其他通用硅酸盐水泥稍多一些，但若掺量太多，也会降低水泥的质量，矿渣硅酸盐水泥中 SO_3 的含量不得超过 4.0%。

强度等级：分 32.5、32.5R、42.5、42.5R、52.5、52.5R 六个强度等级，各龄期强度要求见表 4.9。

表 4.9　　　　　矿渣水泥、火山灰水泥、粉煤灰水泥和复合水泥
不同龄期强度要求（GB 175—2023）

品　　种	强度等级	抗压强度/MPa		抗折强度/MPa	
		3d	28d	3d	28d
矿渣硅酸盐水泥 粉煤灰硅酸盐水泥 火山灰质硅酸盐水泥	32.5	≥12.0	≥32.5	≥3.0	≥5.5
	32.5R	≥17.0		≥4.0	
	42.5	≥17.0	≥42.5	≥4.0	≥6.5
	42.5R	≥22.0		≥4.5	
	52.5	≥22.0	≥52.5	≥4.5	≥7.0
	52.5R	≥27.0		≥5.0	
复合硅酸盐水泥	42.5	≥17.0	≥42.5	≥4.0	≥6.5
	42.5R	≥22.0		≥4.5	
	52.5	≥22.0	≥52.5	≥4.5	≥7.0
	52.5R	≥27.0		≥5.0	

（2）矿渣硅酸盐水泥的特性。矿渣硅酸盐水泥与硅酸盐水泥相比具有以下特性：

1）抗溶出性腐蚀及抗硫酸盐腐蚀能力强。矿渣水泥中掺入了较多的矿渣，熟料相对较少，C_3S 和 C_3A 含量也相对减少，且水化析出的 $Ca(OH)_2$ 与矿渣作用，生成稳定的水化硅酸钙与水化铝酸钙，使水泥石中的 $Ca(OH)_2$ 降低，提高了抗溶出性腐蚀的能力。另外，矿渣水泥中，容易受硫酸盐腐蚀的 C_3A 含量降低，故抗硫酸盐腐蚀的能力较强。因此，矿渣水泥适用于水下、地下工程及海港工程，也适用于流水中的工程。

2）水化热低。由于矿渣水泥熟料减少，水化时发热量较高的 C_3S 和 C_3A 含量也相对减少。因此，矿渣水泥的水化热低，可用于大体积混凝土工程。

3）早期强度较低，后期强度增长率大。矿渣水泥中凝结硬化快的 C_3S 和 C_3A 含量少，且矿渣中活性 SiO_2 与 Al_2O_3 和 $Ca(OH)_2$ 反应，常温下是比较缓慢的，故早期硬化慢、强度低（矿渣水泥 3d 强度低于同强度等级的硅酸盐水泥 3d 强度），但在硬化后期（28d 左右或以后），由于混合材料中大量活性氧化物与熟料水化时析出的 $Ca(OH)_2$ 产生二次反应，导致水化硅酸钙凝胶数量增多，使水泥石强度不断增长，最后甚至超过同强度等级硅酸盐水泥的强度。

4）环境温度对凝结硬化的影响大。矿渣水泥在低温下凝结硬化慢，冬季施工不宜采用矿渣水泥，如采用，须加强保温养护。矿渣水泥在湿热条件下，矿渣中的活性 SiO_2、Al_2O_3 与 $Ca(OH)_2$ 反应加快，强度增长超过硅酸盐水泥，故适用于蒸汽养护混凝土。

5）保水性差，易泌水。水泥浆能将一定量拌和水保留起来的性能，称为保水性。当水量超过保水能力时，多余水会析出来，这种析出水分的性质称为泌水性。

矿渣不易磨细，且亲水性差，故矿渣水泥保水性差，易泌水。这样在混凝土中容易造成渗水通道及水囊，水分蒸发后形成孔隙，降低混凝土密实性、均匀性。因此，矿渣水泥不宜用于有抗渗要求的混凝土工程。矿渣与熟料分磨可改善其保水性。

6）干缩较大。水泥浆在干燥空气中硬化时，因水分蒸发，体积有微小的收缩称

为干燥收缩，简称干缩。矿渣水泥由于保水性差，故干缩大，使用时应加强潮湿养护，特别是早期潮湿养护。

7）抗冻、耐磨性差。因矿渣水泥保水性差、干缩较大等原因，P·S·B抗冻性及耐磨性均较硅酸盐水泥差，不宜用于承受冻融交替作用的部位，特别是严寒地区水位变化区及高速挟砂水流冲刷部位。P·S·A的矿渣掺量较少，且矿渣活性通常较高，故P·S·A的性能与同强度等级的硅酸盐水泥基本相近，如耐磨性较好，42.5级或以上等级可用于中轻交通的路面混凝土；在用其配制混凝土时，也可外掺较多的掺合料等。

8）易碳化。矿渣水泥石中 $Ca(OH)_2$ 浓度较低因而碳化速度快。碳化后的混凝土碱度降低，钢筋易锈蚀，影响混凝土的耐久性。不过，在一般环境中，矿渣水泥对钢筋具有良好的保护作用。矿渣水泥不适用于 CO_2 浓度高的环境，但适合水下混凝土工程。

9）耐热性强。矿渣水泥硬化后，$Ca(OH)_2$ 含量低，且矿渣本身玻璃质结构耐高温，因此矿渣水泥具有较高的耐热性，可配制耐热混凝土，适用于锅炉房等工程（温度不高于200℃）。

另外，矿渣水泥与钢筋黏结力强也是其性能之一。矿渣来源广、量大，活性较高、磨得细，能为水泥贡献较大的强度，可获得较好的技术经济效益；矿渣水泥强度等级范围宽（32.5、32.5R级适用于用量大的建筑砂浆），某些性能优良，应用广。因此，矿渣水泥也是我国水泥的主要品种，产量约占水泥总产量的40%。

3. 火山灰质硅酸盐水泥

火山灰质硅酸盐水泥，简称火山灰水泥，代号P·P。其组分应符合表4.8规定。

火山灰水泥对细度、凝结时间、强度、氯离子含量等的要求与矿渣水泥相同。

安定性：沸煮法、压蒸法合格；SO_3 含量应不大于3.5%；f-MgO含量应不大于6.0%。

火山灰水泥的抗软水侵蚀能力、水化热、强度及其增长速度、环境温度对凝结硬化的影响、碳化性能等与矿渣水泥基本相同。其特点有：

（1）火山灰水泥的抗冻性和耐磨性比矿渣水泥更差，干缩比矿渣水泥更大，不宜用于路面或长期处于干燥环境中的混凝土工程。

（2）火山灰水泥泌水少，且水化产物有体积膨胀现象，故抗渗性能好。

4. 粉煤灰硅酸盐水泥

粉煤灰硅酸盐水泥，简称粉煤灰水泥，代号P·F。其组分应符合表4.8规定。

粉煤灰水泥对细度、凝结时间、强度、氯离子含量等要求与矿渣水泥相同。

安定性：沸煮法、压蒸法合格；SO_3 含量应不大于3.5%；f-MgO含量应不大于6.0%。

粉煤灰水泥的性质与火山灰水泥十分相似，但也有其特性：

（1）粉煤灰水泥中的粉煤灰，多为圆球形的玻璃体，较致密，吸附水的能力小，在混凝土中能起润滑作用，故拌制的混凝土和易性好，适合用于泵送混凝土。

（2）粉煤灰水泥的比表面积较小，因而该水泥干缩性较小，抗裂性较好。

（3）由于粉煤灰水泥具有水化热低，抗侵蚀性好，干缩小，抗裂性好等特点，所以特别适用于大体积混凝土工程。

（4）火山灰水泥、粉煤灰水泥这两种水泥的产量不大。

5. 复合硅酸盐水泥

复合硅酸盐水泥简称复合水泥，代号 P·C。其组分应符合表 4.8 规定。

复合水泥对细度、凝结时间、氯离子含量等要求与矿渣水泥相同。

安定性：沸煮法合格；SO_3 含量应不大于 3.5%；f-MgO 含量应不大于 6.0%。

强度等级：分 42.5、42.5R、52.5、52.5R 四个等级，各龄期强度要求见表 4.9。

复合水泥的性能取决于所掺混合材料的品种、数量及相对比例。当以矿渣为主要混合材料时，其性能与矿渣水泥相近；当以火山灰质混合材料为主要混合材料时，其性能则与火山灰水泥相近。复合水泥采用了两种或两种以上的混合材料，它们在水泥中的作用不是简单叠加，而是互相补充，产生"超叠效应"，使水泥性能得到较全面的改善，所以其综合性能比矿渣水泥等水泥好一些。《通用硅酸盐水泥》（GB 175—2023）取消了复合水泥 32.5、32.5R 两个低的强度等级，也体现其较好的综合性能。

用于复合水泥的混合材料种类多，除符合国家标准的粒化高炉矿渣、粉煤灰、火山灰质混合材料外，还可掺用符合标准的铬铁渣、增钙液态渣及新开辟的活性混合材料或非活性混合材料。复合水泥扩大了混合材料的范围，既充分利用了资源、缓解废渣污染，又节约了水泥生产成本。

显然，多种混合材料的"超叠效应"及可扩大混合材料的范围是复合水泥相比其他掺混合材料水泥的两个最明显优势。复合水泥耐腐蚀性强、水化热小、抗渗性好、强度高，用途广泛。近年来，复合水泥的产量在逐渐增加。

4.2.3 通用硅酸盐水泥合格性判定

《通用硅酸盐水泥》（GB 175—2023）为全文强制条款，6 大通用水泥的组分、化学指标、强度、水溶性铬、凝结时间、安定性、细度、碱、放射性核素限量（内照射指数 I_{Ra}、外照射指数 I_r 均应不大于 1.0）等均为强制指标，指标检验结果全部满足标准要求，判定水泥为合格；若有一项指标不满足标准要求，判定水泥为不合格。不合格水泥，不得用于工程中。6 大通用硅酸盐水泥的化学指标见表 4.10。

表 4.10　　　　　通用硅酸盐水泥化学指标（GB 175—2023）

品　种	代号	质量分数/%				
		不溶物	烧失量	三氧化硫	氧化镁	氯离子
硅酸盐水泥	P·Ⅰ	≤0.75	≤3.0	≤3.5	≤5.0①	≤0.06③
	P·Ⅱ	≤1.50	≤3.5			
普通硅酸盐水泥	P·O	—	≤5.0			
矿渣硅酸盐水泥	P·S·A	—	—	≤4.0	≤6.0②	
	P·S·B	—	—			
火山灰质硅酸盐水泥	P·P	—	—	≤3.5	≤6.0②	
粉煤灰硅酸盐水泥	P·F	—	—			
复合硅酸盐水泥	P·C	—	—			

① 若水泥压蒸试验合格，则水泥中氧化镁含量允许放宽至 6.0%。

② 若水泥中氧化镁大于 6.0% 时，需进行水泥压蒸安定性试验并合格。

③ 当有更低要求时，该指标由供需双方确定。

4.2.4　6大通用硅酸盐水泥的特性及应用

6大通用硅酸盐水泥的主要特性及适用范围见表4.11。

表4.11　　6大通用硅酸盐水泥的主要特性及适用范围

名称	硅酸盐水泥	普通水泥	矿渣水泥	火山灰水泥	粉煤灰水泥	复合水泥
主要特性	（1）快硬早强高强。 （2）水化热高。 （3）抗冻性好。 （4）抗渗性好。 （5）干缩较小。 （6）耐热性差。 （7）耐腐蚀性差。 （8）抗碳化能力强。 （9）耐磨性好	（1）硬化较快，早期强度较高。 （2）水化热较高。 （3）抗冻性较好。 （4）抗渗性较好。 （5）干缩较小。 （6）耐热性较差。 （7）耐腐蚀性较差。 （8）抗碳化能力强。 （9）耐磨性较好	早期强度低，后期强度增长快 （1）水化热低。 （2）对温度敏感，适合蒸汽养护。 （3）抗硫酸盐类侵蚀性能好。 （4）抗冻性差。 （5）抗碳化能力差 （1）耐热性好。 （2）干缩较大。 （3）泌水性大，抗渗性差	（1）抗渗性较好。 （2）干缩大。 （3）耐磨性差。 （4）耐热性差	（1）干缩较小，抗裂性较好。 （2）泌水性较大。 （3）耐磨性差。 （4）耐热性差	早期强度较高 干缩较大
适用范围	（1）地上、地下及水中的混凝土、钢筋混凝土及预应力混凝土结构，包括受冻融循环结构、有抗渗要求结构。 （2）早强、高强混凝土工程。 （3）有耐磨要求的混凝土工程	（1）地上、地下及水中的混凝土、钢筋混凝土及预应力混凝土结构，包括受冻融结构、有抗渗要求结构。 （2）早强、高强混凝土工程。 （3）配制建筑砂浆。 （4）有耐磨要求的混凝土工程	（1）大体积混凝土工程。 （2）蒸汽养护的构件。 （3）一般地上、地下的混凝土及钢筋混凝土工程，特别适用于水下混凝土工程。 （4）耐腐蚀性要求较高的混凝土。 （5）配制建筑砂浆 耐热混凝土工程	有抗渗要求的工程	（1）受荷较晚的混凝土。 （2）抗裂性要求较高的混凝土	—
不适用工程	（1）大体积混凝土工程。 （2）受化学及海水侵蚀的工程。 （3）流动水及压力水作用的结构。 （4）耐热要求高的工程		（1）早期强度要求高的混凝土工程。 （2）严寒地区水位升降范围内的混凝土工程。 （3）抗碳化要求高的工程。 （4）低温或冬季施工的混凝土工程 抗渗性要求高的工程	（1）耐磨性要求的工程。 （2）干燥环境的混凝土工程 —	（1）耐磨性要求的工程。 （2）干燥环境的混凝土工程 有抗渗要求的工程	—

【例4.5】　请分别为下列混凝土构件或工程选用合适的水泥品种（从6大通用水泥中选），并说明理由。

（1）一般房屋现浇混凝土梁、板、柱。

（2）采用蒸汽养护的混凝土预制构件。

（3）紧急抢修工程。

（4）大体积混凝土坝和大型基础工程。

（5）高温铸造车间的混凝土工程。

（6）海港盐雾区混凝土工程。

（7）水下混凝土工程。

（8）配制 C60 高强混凝土。

（9）预应力混凝土工程。

（10）掺大量掺合料的混凝土（掺量超过 40%）。

（11）公路路面混凝土。

（12）寒冷地区水电站尾水部位混凝土。

（13）配制 M15 及以下强度等级的砌筑砂浆。

（14）配制抗渗等级 W8 或以上的混凝土。

（15）位于流水中的混凝土。

（16）喷射混凝土。

解　（1）选 6 大通用水泥。理由：一般房屋现浇混凝土梁、板、柱是普通混凝土工程，6 大通用水泥均可选用，选用的水泥满足结构强度等要求即可。产量大的普通水泥、矿渣水泥、复合水泥可优先选用。

（2）选矿渣水泥、火山灰水泥、粉煤灰水泥、复合水泥。理由：蒸汽养护，能加快它们的强度增长速度及完善强度发展程度。

（3）选硅酸盐水泥。理由：它凝结硬化快，强度发展快，早期强度高。

（4）选矿渣水泥、火山灰水泥、粉煤灰水泥。理由：它们的水化热较小，用于大体积和大型基础工程，可有效地预防混凝土温度裂缝。

（5）选矿渣水泥。理由：它的耐热性好。

（6）选矿渣水泥、火山灰水泥、粉煤灰水泥、复合水泥。理由：它们的耐腐蚀性好。

（7）选 6 大通用水泥均可，但最适合选矿渣水泥、火山灰水泥、粉煤灰水泥、复合水泥。理由：①水中更利于这 4 种水泥强度发展；②这 4 种水泥抗碳化差，水中可有效地隔绝大气中的 CO_2；③这 4 种水泥抗溶出性侵蚀好、抗化学侵蚀强，相比于硅酸盐水泥或普通水泥，更适合用于水下；④水中或潮湿环境可避免或抑制这 4 种水泥的干缩。

（8）选硅酸盐水泥、普通水泥。理由：它们强度高，适合高强混凝土。

（9）选硅酸盐水泥、普通水泥。理由：它们快硬、早强、高强。

（10）选硅酸盐水泥、普通水泥。理由：这两种水泥不掺或掺很少的混合材料，水泥熟料水化能产生足够多的氢氧化钙来激化外掺的掺合料水化，以保证混凝土达到一定的强度与耐久性且水化热较低。矿渣水泥等本身内掺了大量的混合材料，配制混凝土时，再外掺大量的掺合料，混凝土的碱度低，不足以激化如此多的掺合料产生强度，且低碱度也难以维持水化物的长期稳定，导致长期强度与耐久性严重降低。

（11）选硅酸盐水泥、普通水泥、P·S·A 型矿渣水泥（42.5 级或以上）。理由：它们抗折强度高、强度高、耐磨性好、干缩小。

（12）选硅酸盐水泥、普通水泥。理由：它们强度高、抗冻性好、抗冲磨性好。

（13）选矿渣水泥、火山灰水泥、粉煤灰水泥。理由：M15 及以下砂浆强度低，要求配制砂浆的水泥强度也低，以保证砂浆的和易性。通用水泥中，只有这 3 种水泥有较低的强度等级（32.5 或 32.5R）。

（14）选硅酸盐水泥、普通水泥、火山灰水泥。理由：它们抗渗性好。

（15）选矿渣水泥、火山灰水泥、粉煤灰水泥、复合水泥。理由：它们抗溶出性侵蚀强。

（16）选硅酸盐水泥、普通水泥。理由：它们快硬早强，保水性好、黏聚性好。

4.3　其他品种水泥

4.3.1　膨胀水泥和自应力水泥

膨胀水泥由胶凝组分与膨胀组分构成。膨胀是由于水泥在硬化初期生成大量的膨胀性物质（如水化硫铝酸钙等）造成的。膨胀作用受到约束时，就会使混凝土密实甚至产生较大预压应力，因预压应力来自水泥本身的水化，所以称自应力。自应力大于等于 2.0MPa 的水泥称为自应力水泥；自应力小于 2.0MPa 的水泥称为膨胀水泥。

膨胀水泥主要有：硅酸盐膨胀水泥、铝酸盐膨胀水泥、硫铝酸盐膨胀水泥、铁铝酸盐膨胀水泥等。

以低热微膨胀水泥为例，介绍膨胀水泥的基本技术指标。

以粒化高炉矿渣为主要成分，加入适量硅酸盐水泥熟料和石膏，磨细制成的具有低水化热、微膨胀性能的水硬性胶凝材料，称为低热微膨胀水泥（LHEC）。

《低热微膨胀水泥》（GB 2938—2008）规定：SO_3 含量应为 $4.0\%\sim7.0\%$；比表面积不小于 $300m^2/kg$；初凝时间不得早于 45min，终凝时间不得迟于 12h；安定性沸煮法须合格。线膨胀率 1d 龄期时不小于 0.05%；7d 龄期时不小于 0.10%；28d 龄期时不大于 0.60%。水化热 3d 龄期时不大于 185kJ/kg；7d 龄期时不大于 220kJ/kg。

强度等级及各龄期强度见表 4.12。

表 4.12　　低热微膨胀水泥的强度等级及各龄期强度（GB 2938—2008）

品　　种	强度等级	抗折强度/MPa		抗压强度/MPa	
		7d	28d	7d	28d
低热微膨胀水泥	32.5	≥5.0	≥7.0	≥18.0	≥32.5

膨胀水泥可用于防水砂浆或防水混凝土、补偿收缩混凝土、构件的接缝及管道接头、结构加固及补强、固结机器底座与地脚螺栓；自应力水泥适用于自应力钢筋混凝土压力管等。

4.3.2　中热硅酸盐水泥和低热硅酸盐水泥

以适当成分的硅酸盐水泥熟料，加入适量石膏，磨细制成的具有中等水化热的水硬性胶凝材料，称为中热硅酸盐水泥，简称中热水泥，代号 P·MH。

以适当成分的硅酸盐水泥熟料，加入适量石膏，磨细制成的具有低水化热的水硬性胶凝材料，称为低热硅酸盐水泥，简称低热水泥，代号 P·LH。

为减少水泥的水化热及降低放热速率，限制中热水泥 C_3A 含量不得大于 6%，C_3S 含量不得大于 55%；低热水泥 C_3A 含量不得大于 6%，C_2S 含量不得小于 40.0%。

《中热硅酸盐水泥、低热硅酸盐水泥》（GB/T 200—2017）规定，中热水泥、低热水泥比表面积不小于 250m²/kg。初凝时间不得早于 60min，终凝时间不得迟于 720min。安定性沸煮法须合格。SO_3 含量不得超过 3.5%，MgO 含量不宜超过 5%（经压蒸安定性试验合格，允许放宽到 6%）。若使用活性骨料，用户要求提供低碱水泥时，水泥中碱含量（按 Na_2O%＋$0.658K_2O$% 计）应不大于 0.60% 或由供需双方商定。

中热水泥强度等级为 42.5 级，低热水泥强度等级为 32.5、42.5 级。各龄期强度要求见表 4.13。

表 4.13　中热硅酸盐水泥、低热硅酸盐水泥各龄期强度值（GB/T 200—2017）

品　　种	强度等级	抗压强度/MPa				抗折强度/MPa		
		3d	7d	28d	90d	3d	7d	28d
中热硅酸盐水泥	42.5	≥12.0	≥22.0	≥42.5	—	≥3.0	≥4.5	≥6.5
低热硅酸盐水泥	32.5	—	≥10.0	≥32.5	≥62.5	—	≥3.0	≥5.5
	42.5	—	≥13.0	≥42.5	≥62.5	—	≥3.5	≥6.5

中热水泥、低热水泥的水化热应满足表 4.14。

表 4.14　中热硅酸盐水泥、低热硅酸盐水泥各龄期水化热值（GB/T 200—2017）

品　　种	强度等级	水化热/(kJ/kg)		
		3d	7d	28d
中热硅酸盐水泥	42.5	≤251	≤293	—
低热硅酸盐水泥	32.5	≤197	≤230	≤290
	42.5	≤230	≤260	≤310

低热水泥水化热低，适用于大坝、大体积建筑物或厚大基础的内部及水下工程，可以克服因水化热引起的温度应力而导致混凝土开裂；中热水泥水化热较低、强度较高、抗渗性与抗冻性好、抗冲磨性好、抗溶出性侵蚀较好，适用于大坝溢流面、溢洪道、上下游面水位变动区、大型水闸的闸底板与闸墩等部位。因此，这两种水泥俗称大坝水泥。

4.3.3　白色硅酸盐水泥和彩色硅酸盐水泥

1. 白色硅酸盐水泥

凡以适当成分的生料烧至部分熔融，得到以硅酸钙为主要成分、氧化铁含量少的熟料即为白色硅酸盐水泥熟料。由白色硅酸盐水泥熟料，加入适量石膏和混合材料磨细制成的水硬性胶凝材料，称为白色硅酸盐水泥（白色水泥），代号 P·W。按白度分为：1 级白度（P·W-1）不小于 89；2 级白度（P·W-2）不小于 87。

《白色硅酸盐水泥》（GB 2015—2017）规定，白色水泥 45μm 方孔筛筛余不得超过 30.0%；初凝时间不早于 45min，终凝时间不迟于 10h；SO_3 含量应不超过 3.5%，安定性沸煮法须合格，水溶性六价铬不大于 10mg/kg，放射性内照指数 I_{Ra}、外照指数 I_t 均不大于 1.0。

白色水泥强度等级分为 32.5、42.5、52.5 三级，各强度值见表 4.15。

2. 彩色硅酸盐水泥

由硅酸盐水泥熟料（或白色硅酸盐水泥）及适量石膏、混合材料及着色剂磨细制成的带彩色的水硬性胶凝材料，称为彩色硅酸盐水泥（彩色水泥）。

表 4.15　　　　白色硅酸盐水泥强度值（GB 2015—2017）

品　种	强度等级	抗压强度/MPa		抗折强度/MPa	
		3d	28d	3d	28d
白色硅酸盐水泥	32.5	≥12.0	≥32.5	≥3.0	≥6.0
	42.5	≥17.0	≥42.5	≥3.5	≥6.5
	52.5	≥22.0	≥52.5	≥4.0	≥7.0

彩色水泥基本色有红色、黄色、蓝色、绿色、棕色、黑色等，其他颜色可由供需双方商定。彩色水泥的色差、颜色耐久性应满足规范要求。

《彩色硅酸盐水泥》（JC/T 870—2012）规定，彩色水泥强度等级分为 27.5、32.5、42.5 三级，各强度值见表 4.16。

表 4.16　　　彩色硅酸盐水泥各龄期的强度要求（JC/T 870—2012）

品　种	强度等级	抗压强度/MPa		抗折强度/MPa	
		3d	28d	3d	28d
彩色硅酸盐水泥	27.5	≥7.5	≥27.5	≥2.0	≥5.0
	32.5	≥10.0	≥32.5	≥2.5	≥5.5
	42.5	≥15.0	≥42.5	≥3.5	≥6.5

彩色水泥 80μm 方孔筛筛余不得超过 6.0%；初凝时间不早于 1h，终凝时间不迟于 10h；安定性沸煮法须合格，SO_3 含量不得超过 4.0%。

白色水泥和彩色水泥主要用于装饰工程。配制彩色水泥浆或彩色水泥砂浆，用于饰面或陶瓷铺贴勾缝；制造装饰混凝土、彩色水刷石、人造大理石及水磨石等。

4.3.4　道路硅酸盐水泥

由道路硅酸盐水泥熟料、适量石膏和混合材料（0~10%），磨细制成的水硬性胶凝材料，称为道路硅酸盐水泥，简称道路水泥，代号 P·R。

《道路硅酸盐水泥》（GB/T 13693—2017）规定，道路水泥熟料中 C_3A 含量不得大于 5.0%，C_4AF 含量不得小于 15.0%。

道路水泥中 f-CaO 含量不应大于 1.0%，MgO 含量不得超过 5.0%，SO_3 含量不得超过 3.5%；比表面积为 300~450m²/kg（选择性指标）；水泥初凝时间不得早于 90min，终凝时间不得迟于 12h。安定性沸煮法须合格。28d 干缩率不得大于 0.10%，28d 磨耗量不得大于 3.00kg/m²。

道路水泥按 28d 抗折强度分为 7.5、8.5 两级，各强度值见表 4.17。

表 4.17　道路硅酸盐水泥各龄期强度值（GB/T 13693—2017）

品　种	强度等级	抗折强度/MPa		抗压强度/MPa	
		3d	28d	3d	28d
道路硅酸盐水泥	7.5	≥4.0	≥7.5	≥21.0	≥42.5
	8.5	≥5.0	≥8.5	≥26.0	≥52.5

　　道路水泥抗折强度高，干缩小，耐磨性好，适用于道路路面、机场道面及对耐磨、抗干缩要求高的其他工程，也可用于一般土木工程。

4.3.5　铝酸盐水泥

　　凡以钙质和铝质材料为主要原料，经煅烧至完全或部分熔融得到的以铝酸钙为主的铝酸盐水泥熟料，磨细制成的水硬性胶凝材料，称为铝酸盐水泥，代号 CA。

　　《铝酸盐水泥》（GB/T 201—2015）规定，铝酸盐水泥按 Al_2O_3 含量分为 CA50、CA60、CA70、CA80 四个品种；CA50 按强度分为 CA50 - Ⅰ、CA50 - Ⅱ、CA50 - Ⅲ、CA50 - Ⅳ；CA60 按主要矿物成分分为 CA60 - Ⅰ（以 CA 为主）和 CA60 - Ⅱ（以 C_2A 为主）。铝酸盐水泥的强度要求见表 4.18。

表 4.18　铝酸盐水泥的品种及各龄期强度要求（GB/T 201—2015）

水泥类型		Al_2O_3 含量 /%	抗压强度/MPa				抗折强度/MPa			
			6h	1d	3d	28d	6h	1d	3d	28d
CA50	CA50 - Ⅰ	≥50，<60	20[①]	≥40	≥50	—	3[①]	≥5.5	≥6.5	—
	CA50 - Ⅱ			≥50	≥60	—		≥6.5	≥7.5	—
	CA50 - Ⅲ			≥60	≥70	—		≥7.5	≥8.5	—
	CA50 - Ⅳ			≥70	≥80	—		≥8.5	≥9.5	—
CA60	CA60 - Ⅰ	≥60，<68	—	≥65	≥85	—	—	≥7.0	≥10	—
	CA60 - Ⅱ		—	≥20	≥45	≥85	—	≥2.5	≥5.0	≥10
CA70		≥68，<77	—	≥30	≥40	—	—	—	≥5.0	≥6.0
CA80		≥77	—	≥25	≥30	—	—	—	≥4.0	≥5.0

　　① 用户要求时，厂家应提供试验结果。

　　铝酸盐水泥的比表面积不小于 $300m^2/kg$ 或 $45\mu m$ 筛余不大于 20%；凝结时间、SiO_2 含量、Fe_2O_3 含量、碱含量、S（全硫）含量、Cl^- 含量要求见表 4.19。

表 4.19　铝酸盐水泥的凝结时间及 SiO_2 含量、Fe_2O_3 含量等要求（GB/T 201—2015）

类　型		凝结时间/min		SiO_2 含量 /%	Fe_2O_3 含量 /%	碱含量 /%	S（全硫）含量/%	Cl^- 含量 /%
		初凝时间	终凝时间					
CA50		≥30	≤360	≤9.0	≤3.0	≤0.5	≤0.2	
CA60	CA60 - Ⅰ	≥30	≤360	≤5.0	≤2.0	≤0.4	≤0.1	≤0.06
	CA60 - Ⅱ	≥60	≤1080					
CA70		≥30	≤360	≤1.0	≤0.7			
CA80		≥30	≤360	≤0.5	≤0.5			

　　注　碱含量按 $Na_2O+0.658K_2O$ 计算值来表示。

铝酸盐水泥的性能与应用：

（1）铝酸盐水泥水化热大，1d 内即可放出水化热总量的 70%～80%，故适合于冬季施工，但不宜用于大体积混凝土工程。

（2）铝酸盐水泥早期强度增长很快，1d 即可达到极限强度的 80% 左右，故适用于紧急抢修、抢建工程、要求早期强度高的特殊工程，但不适用于自密实混凝土。

（3）铝酸盐水泥的水化物可与石膏等反应生成膨胀物质，故可配制膨胀水泥、自应力水泥、化学建材的添加剂。

（4）铝酸盐水泥后期强度增长不显著，有时可能会强度倒缩，尤其是在高于 30℃ 的湿热环境。这是因为高强度的亚稳相水化产物 CAH_{10} 和 C_2AH_8 会自发地转化为低强度的稳定相 C_3AH_6，并析出大量游离水（使结构孔隙增加），转化随温度提高而加速。一般情况下，铝酸盐水泥不适于湿热环境，甚至限制用于结构工程。基于铝酸盐水泥强度会倒缩，应按最低稳定强度设计，且经试验确定。

（5）铝酸盐水泥由于水化物中无氢氧化钙，且生成的氢氧化铝凝胶填充水泥石孔隙，水泥石密实，故抗硫酸盐侵蚀性良好，但抗碱性很差，适用于沿海工程。

（6）铝酸盐水泥在高温时，水化物产生固相反应，以烧结结合逐步代替水化结合，耐高温性好，可配制不定形耐火材料，也可用于高炉工程。

（7）铝酸盐水泥使用时，不得与硅酸盐水泥或石灰等能析出氢氧化钙的物质混合，以防止凝结时间失控；不得用于接触碱性溶液的工程；不得与未硬化的硅酸盐水泥混凝土接触使用，但可与具有脱模强度的硅酸盐水泥混凝土接触使用；由于其水化热集中在早期释放，从硬化开始应立即浇水养护。未经试验，不得加入任何外加物。

4.3.6 抗硫酸盐硅酸盐水泥

抗硫酸盐硅酸盐水泥，简称抗硫酸盐水泥，是以适当成分的生料，烧至部分熔融所得的以硅酸钙为主的特定矿物组成熟料，加入适量石膏，磨细制成的具有抵抗一定浓度硫酸根离子侵蚀的水硬性胶凝材料。

《抗硫酸盐硅酸盐水泥》（GB 748—2005）规定，按照抗硫酸盐的性能分为中抗硫酸盐水泥（$C_3A \leqslant 5.0\%$，$C_3S \leqslant 55.0\%$）（代号 P·MSR）及高抗硫酸盐水泥（$C_3A \leqslant 3.0\%$，$C_3S \leqslant 50.0\%$）（代号 P·HSR）两类。抗硫酸盐性：中抗硫酸盐水泥 14d 线膨胀率应不大于 0.060%，高抗硫酸盐水泥 14d 线膨胀率应不大于 0.040%。两类水泥均可分为 32.5、42.5 两个强度等级，各强度值见表 4.20。

表 4.20　　　抗硫酸盐硅酸盐水泥各龄期强度值（GB 748—2005）

品　种	强度等级	抗压强度/MPa		抗折强度/MPa	
		3d	28d	3d	28d
中抗硫酸盐水泥、	32.5	≥10.0	≥32.5	≥2.5	≥6.0
高抗硫酸盐水泥	42.5	≥15.0	≥42.5	≥3.0	≥6.5

抗硫酸盐水泥熟料中 C_3S 和 C_3A 含量较低，C_4AF 含量较高。因此，该水泥水化热较低，抗裂性好，抗渗性、抗冻性较好，抗硫酸盐侵蚀能力强。适用于一般受硫酸盐侵蚀的海港、水利、地下、隧涵、引水、道路和桥梁基础等工程。抗硫酸盐水泥一

般可抵抗硫酸根离子浓度不超过 $2500mg/L$ 的纯硫酸盐的腐蚀。但因其 C_3A 含量较低，抗氯盐侵蚀能力差。海水等含氯盐环境，不宜单独采用抗硫酸盐水泥配制混凝土，宜采用掺量大于 50% 的磨细矿渣粉或多元复合掺合料及低水胶比（掺高性能减水剂）的混凝土。

4.3.7　砌筑水泥

由硅酸盐水泥熟料加入规定的混合材料和适量石膏，磨细制成的保水性较好的水硬性胶凝材料，称为砌筑水泥，代号 M。

《砌筑水泥》（GB/T 3183—2017）规定：$80\mu m$ 方孔筛筛余不大于 10.0%；SO_3 含量不大于 3.5%；初凝时间不得早于 $60min$，终凝时间不得迟于 $12h$；安定性沸煮法须合格；水溶性铬（Ⅵ）不大于 $10mg/kg$；I_{Ra}、I_r 均不大于 1.0；保水率不低于 80%。强度等级分为 12.5、22.5、32.5 三级，各强度值见表 4.21。

表 4.21　　　　　　　　　砌筑水泥各龄期强度值（GB/T 3183—2017）

品种	强度等级	抗压强度/MPa			抗折强度/MPa		
		3d	7d	28d	3d	7d	28d
砌筑水泥	12.5	—	≥7.0	≥12.5	—	≥1.5	≥3.0
	22.5	—	≥10.0	≥22.5	—	≥2.0	≥4.0
	32.5	≥10.0	—	≥32.5	≥2.5	—	≥5.5

砌筑水泥强度较低、保水性好，主要用于工业与民用建筑的砌筑砂浆和内墙抹灰砂浆、垫层混凝土等，不能用于钢筋混凝土。

【例 4.6】　请分别为下列混凝土构件和工程选用合适的水泥品种（从除 6 大通用水泥以外的其他品种水泥中选），并说明理由。

（1）紧急抢修工程或紧急军事工程。

（2）混凝土坝的内部混凝土。

（3）大坝溢流面、溢洪道混凝土工程。

（4）配制耐火材料或用于高炉混凝土基础工程。

（5）受硫酸盐侵蚀的海港码头工程。

（6）机场道面混凝土或高速公路混凝土。

（7）配制彩色水刷石。

（8）配制砌筑砂浆或抹灰砂浆。

（9）混凝土结构的加固与补强。

（10）寒冷地区水位变化区混凝土。

（11）配制膨胀水泥。

（12）有抗渗要求的混凝土。

解　（1）选铝酸盐水泥。理由：它凝结硬化快，强度发展快，早期强度高。

（2）选低热水泥。理由：它水化热小，用于大体积混凝土内部，可以克服因水化热引起的温度应力而导致混凝土开裂。

（3）选中热水泥。理由：它水化热中等、抗冲磨性好、抗渗性好、抗溶出性侵蚀较好、强度较高。

（4）选铝酸盐水泥。理由：高温时，水化物发生固相反应，产生烧结结合。

（5）选抗硫酸盐水泥、铝酸盐水泥。理由：它们抗硫酸盐侵蚀能力强、抗渗性好。

（6）选道路水泥。理由：它抗折强度高、干缩小、耐磨性好、强度高。

（7）选白水泥、彩色水泥。理由：它们的装饰性好。

（8）选砌筑水泥。理由：它的强度与砂浆强度相适应，且保水性好。

（9）选膨胀水泥。理由：它硬化产生膨胀，使混凝土密实与产生预压应力。

（10）选中热水泥、抗硫酸盐水泥。理由：它们抗冻性好、抗溶出性侵蚀较好。

（11）选铝酸盐水泥。理由：它的水化物可与石膏等反应生成钙矾石等膨胀物质。

（12）选膨胀水泥、铝酸盐水泥、中热水泥、抗硫酸盐水泥。理由：它们抗渗性好。

4.4　水泥的应用与储运

4.4.1　水泥的应用

水泥是重要的建筑材料，广泛用于工业与民用建筑、水利、市政、交通等工程中的混凝土或钢筋混凝土，拌制水泥砂浆或水泥混合砂浆用于砌筑或抹灰工程。此外，还可以作灌浆材料来加固地基等。

应根据建筑物的特点、部位及环境条件，选择合适的水泥品种。例如，有早强要求的紧急工程、有抗冻抗渗要求的工程应优先选用硅酸盐水泥或普通水泥；大体积内部、水下、地下的混凝土应优先选用矿渣水泥、火山灰水泥、粉煤灰水泥、复合水泥及低热水泥；经常遭受水冲刷的混凝土、水位变化区混凝土、溢流面混凝土，应优先选用硅酸盐水泥、普通水泥或中热水泥；硫酸盐侵蚀环境，应选用抗硫酸盐水泥或硫铝酸盐水泥、铁铝酸盐水泥；需掺矿物掺合料的混凝土，宜选用硅酸盐水泥或普通水泥。

高强度等级水泥拌制高强度混凝土或早强混凝土，低强度等级水泥拌制低强度混凝土或砂浆。水泥强度等级越高，其强度增长越快，强度也越高，抗冻、耐磨性越强，所以重要的钢筋混凝土、预应力混凝土、水位变化区混凝土、大坝溢流面混凝土以及受冻融作用的混凝土均应采用不低于 42.5 级的水泥，配制建筑砂浆宜选用 42.5 级或以下的水泥。水泥强度等级越高，其水化热越大、抗侵蚀性越差，因此，42.5 或 42.5R 级以上的掺混合材料水泥也不宜单独用于大体积混凝土、蒸汽养护混凝土、侵蚀性环境。若水泥品种、强度等级值已选定，自密实混凝土、水下混凝土、大体积混凝土、蒸汽养护混凝土、抗侵蚀混凝土等宜选普通型水泥；冬季施工、抢修工程、预应力混凝土、喷射混凝土等宜选早强型（R 型）水泥。

4.4.2　水泥的储运

水泥储运时，会吸收空气中的水和二氧化碳，逐渐出现凝结结块现象，丧失胶凝性能，因此应防止受潮。水泥强度等级越高、细度越细，越易吸湿受潮，活性损失越快，强度下降越严重。正常储存，水泥 1d 强度损失约 0.2%～0.3%。储存 3 个月，强度降低 15%～25%；储存 6 个月，强度降低 25%～40%。因此，水泥不宜久存。

水泥储运时，不得混入杂质。不同品种和强度等级的水泥应分别运输和存放，不得混杂。散装水泥要分别存放，袋装水泥堆放高度不得超过 10 袋。

【技能训练】

20　项目 4
水泥习题

1. 填空题

（1）生产硅酸盐水泥的主要原料是_____和_____，为调整化学成分还需加入少量的_____。为调节凝结时间，熟料粉磨时需加入适量的_____。

（2）硅酸盐水泥熟料中，_____是决定水泥强度的组分但抗侵蚀性较差；_____是保证水泥后期强度的重要组分；道路水泥，应适当提高_____的含量和减少_____的含量。

（3）提高_____和_____含量，可制得快硬高强水泥；适当降低_____和_____含量，可制得抗侵蚀性好的水泥；低热水泥中_____和_____含量较低而_____含量较高。

（4）水泥安定性不良的原因，是由于熟料中所含的过烧_____或_____过多，或掺入_____过多。沸煮法可检验因_____引起的安定性不良。安定性不良的水泥属于_____，不得在工程中使用。

（5）水泥越细，水化反应越_____，水化热越_____，强度越_____；但干缩越_____。

（6）水泥受潮时，其密度_____，凝结硬化_____，强度_____。

（7）$CaSO_4 \cdot 2H_2O$、$Ca(OH)_2$、$Al(OH)_3$ 可分别简化为 _____、_____、_____。

（8）活性混合材料的激发剂主要指_____和_____。

（9）水泥的激发剂通常为_____；水泥浆凝结硬化成水泥石，_____热量。

（10）水泥在储运过程中，会吸收空气中的_____和_____，逐渐出现_____现象，使水泥丧失_____，因此储运水泥时应注意_____。

2. 选择题

（1）水泥熟料中水化速度最快、水化热最大的是（　　）。

　　A. C_3S　　　　　　B. C_2S　　　　　　C. C_3A　　　　　　D. C_4AF

（2）干燥环境中的工程，宜选用（　　）。

　　A. 火山灰水泥　　B. 普通水泥　　　C. 复合水泥　　　　D. 矿渣水泥

（3）预应力混凝土、高强混凝土宜选用（　　）。

　　A. 硅酸盐水泥　　B. 粉煤灰水泥　　C. 矿渣水泥　　　　D. 火山灰水泥

（4）硅酸盐水泥的技术性质是其应用的主要依据，以下说法正确的是（　　）。

　　A. 水泥的终凝时间指从加水拌和到水泥浆达到强度等级的时间

B. 水泥安定性是指水泥在硬化过程中体积不收缩的特性

C. 水泥浆硬化后的强度是评定水泥强度等级的依据

D. 水泥中的碱含量越低越好

(5) 关于水泥凝结硬化影响因素，不正确的是（　　　）。

　　A. 矿物组成、细度、石膏掺量、水灰比是影响水泥凝结硬化的关键因素

　　B. 温度与湿度是保证水泥正常凝结硬化的必要条件

　　C. 水泥浆在正常养护下，龄期越长硬化程度越大

　　D. 环境越干燥，水泥浆硬化速度越快

(6) 矿渣水泥早期强度低的主要原因是矿渣水泥的（　　　）普通水泥。

　　A. 细度低于　　　　　　　　　　　B. 水泥熟料含量少于

　　C. 石膏掺量多于　　　　　　　　　D. 需水量大于

(7) 关于铝酸盐水泥，以下说法错误的是（　　　）。

　　A. 水化热大　　　　　　　　　　　B. 耐高温

　　C. 耐碱腐蚀　　　　　　　　　　　D. 抗渗性高、抗硫酸盐腐蚀性强

(8) 抗冻要求高的混凝土，宜选用（　　　）。

　　A. 32.5 级矿渣水泥　　　　　　　　B. 22.5 级砌筑水泥

　　C. 42.5 级火山灰水泥　　　　　　　D. 42.5 级普通水泥

(9) （　　　）不属活性混合材料。

　　A. 粉煤灰　　　　　B. 慢冷矿渣　　　　C. 火山灰　　　　　D. 烧黏土

(10) 相同储存条件与时间的以下水泥，（　　　）受潮最轻。

　　A. 32.5 级 P·S·B　　B. 42.5 级 P·O　　C. 42.5R 级 P·O　　D. CA50 - Ⅳ

(11) 复合水泥相比其他掺混合材料水泥的明显优势是（　　　）。

　　A. 密度效应与提高混合材料的掺量

　　B. 形态效应与掺混合材料的多样性

　　C. 超叠效应与扩大混合材料的范围

　　D. 微骨料效应与允许掺非活性混合材料

(12) （　　　）不能提高水泥石的抗侵蚀能力。

　　A. 选用适宜水泥品种　　　　　　　B. 采用少的水泥用量

　　C. 提高水泥石密实度　　　　　　　D. 设置耐侵蚀防护层

(13) 结构类型与环境介质未知，若必须事先准备水泥，最好准备（　　　）。

　　A. 矿渣水泥　　　　　　　　　　　B. 普通水泥

　　C. 抗硫酸盐水泥　　　　　　　　　D. 铝酸盐水泥

(14) 未采取其他措施，大体积混凝土内部宜选用（　　　）。

　　A. 32.5 级粉煤灰水泥　　　　　　　B. 62.5 级硅酸盐水泥

　　C. 52.5R 级矿渣水泥　　　　　　　D. 42.5R 级复合水泥

(15) （　　　）含量增多时，因其脆性小，有利于提高水泥抗折、抗拉强度。

　　A. C_3S　　　　　　　B. C_2S　　　　　　C. C_3A　　　　　　D. C_4AF

(16) 已选定水泥品种、强度等级值，（　　　）宜选早强型（R 型）水泥。

　　A. 水下混凝土　　　　　　　　　　　B. 大体积混凝土

　　C. 预应力混凝土　　　　　　　　　　D. 自密实混凝土

3. 问答题

（1）硅酸盐水泥熟料矿物成分有哪些？它们的水化特性如何？水化物是什么？

（2）试说明下述 3 种情况的后果及形成后果的原因：

A. 磨细水泥熟料时掺入适量的石膏。

B. 工地现场施工时，在水泥中掺入一定量的石膏。

C. 水泥混凝土长期处于含硫酸盐的地下水环境中。

（3）何谓水泥安定性？安定性不良的原因？安定性不良的水泥为何为不合格品？

（4）影响水泥凝结硬化的主要因素有哪些？

（5）生产水泥时掺入石膏的作用？为何要控制石膏的掺量？

（6）何谓水泥的混合材料？在硅酸盐水泥熟料中掺入混合材料起什么作用？

（7）为何掺混合材料的水泥早期强度较低，而后期强度发展又相对较快，长期强度甚至超过同强度等级的硅酸盐水泥？为何掺混合材料的硅酸盐水泥抗侵蚀性较好？

（8）试分析硅酸盐水泥、普通水泥、矿渣水泥、火山灰水泥及粉煤灰水泥性质的异同点，并说明产生差异的原因。

（9）铝酸盐水泥的特点是什么？中热水泥、低热水泥、道路水泥、抗硫酸盐水泥的特性及用途有哪些？

（10）水泥强度如何测定？强度等级如何划分？如何求水泥强度等级值的富余系数？

4. 应用题

请为下列工程分别选用合适的水泥品种（优选 1 种即可），并说明主要理由。

（1）一般建筑现浇梁、板、柱工程且在冬季施工。

（2）二氧化碳浓度高的铸造车间混凝土工程。

（3）干燥环境中的混凝土工程。

（4）配制 M20 及以上强度等级的砌筑砂浆。

（5）有硫酸盐腐蚀的地下工程。

（6）高炉基础混凝土。

（7）抗渗等级为 W12 的抗渗混凝土。

（8）高速公路混凝土工程。

（9）大体积混凝土内部用混凝土。

（10）抗冻等级为 F200 的抗冻混凝土。

（11）C70 混凝土。

（12）大型水闸的闸底板与闸墩。

（13）垫层混凝土。

5. 计算题

已测得某批 52.5 级普通水泥胶砂试件 3d 抗折强度和 3d 抗压强度均达到强度指标，现又测得其水泥胶砂 28d 抗折、抗压破坏荷载，见表 4.22。

28d 破坏荷载	试 件 编 号					
	1		2		3	
28d 抗折破坏荷载/kN	3.21		3.18		3.34	
28d 抗压破坏荷载/kN	88.7	89.8	89.6	91.5	92.3	90.6

表 4.22 水泥胶砂 28d 抗折、抗压破坏荷载

21 项目 4
水泥习题
答案

（1）试评定水泥强度是否合格？

（2）求水泥强度等级值的富余系数 γ_c。

混　凝　土

22 项目 5
课件

【教学目标】

　　理解混凝土的三相结构及三相结构对混凝土性能的影响；掌握减水剂、引气剂、早强剂、缓凝剂等外加剂对混凝土（和易性、结构等）的作用机理及技术经济效果；掌握矿物掺合料对混凝土（和易性、结构等）的作用机理及技术经济效果；掌握混凝土对骨料的性能要求；掌握混凝土的和易性、强度、耐久性、变形性及其影响因素；掌握混凝土配合比设计方法；理解混凝土的质量控制与评定；了解其他品种的混凝土。

【教学要求】

知识要点	能　力　目　标	权重
混凝土的三相结构	树立混凝土的三相结构决定混凝土性能的理念	10%
混凝土的外加剂、矿物掺合料	掌握常用的外加剂、矿物掺合料对混凝土和易性、硬化混凝土结构改善的作用机理及技术经济效果；能根据混凝土的性能要求合理地选择外加剂与矿物掺合料	10%
混凝土的骨料	掌握混凝土对骨料的性能要求，能合理地选择骨料	10%
混凝土拌合物的性能	掌握混凝土和易性的内涵及其影响因素	15%
凝结硬化混凝土的性能	掌握硬化混凝土的强度、耐久性、变形性及其影响因素	15%
混凝土配合比设计及质量控制与评定	掌握混凝土配合比设计 3 个基本参数的确定方法，掌握混凝土配合比设计的基本步骤，能根据工程要求设计出满足技术经济要求的混凝土配合比；理解混凝土质量控制与评定的方法	20%
混凝土试验	培养学生能按现行标准或规范进行混凝土的原材料、和易性、强度、耐久性等的检测与试验技能	20%

5.1　概述

　　由胶凝材料、骨料（也称集料）和水等按一定配合比，经搅拌、成型、养护等工艺硬化而成的具有所需形体、强度和耐久性的工程材料，称为混凝土。目前，工程上使用最多的是以水泥和矿物掺合料为胶凝材料，以砂、石为骨料，加水并掺入适量外加剂制成的普通混凝土（简称混凝土）。我国普通混凝土是按干表观密度范围确定的，即干表观密度为 $2000\sim2800kg/m^3$ 的抗渗混凝土、抗冻混凝土、高强混凝土、泵送混凝土和大体积混凝土等均属于普通混凝土范畴。

23　建材
趣知识 4
"砼"的由来

5.1.1　混凝土的分类

　　1. 按胶凝材料分类

　　混凝土按所用胶凝材料可分为水泥混凝土、石膏混凝土、水玻璃混凝土、沥青混凝土、聚合物混凝土等。

　　2. 按表观密度分类

　　（1）重混凝土。表观密度大于 $2800kg/m^3$，是采用密度很大的重晶石、铁矿石、钢屑等重骨料和钡水泥、锶水泥等重水泥配制而成。重混凝土具有防射线的性能，又称防辐射混凝土，主要用作核能工程的屏蔽结构材料。

　　（2）普通混凝土。表观密度为 $2000\sim2800kg/m^3$，是用天然砂石为骨料配制而成，为工程中常用的混凝土。

　　（3）轻混凝土。表观密度小于 $2000kg/m^3$，是采用陶粒等轻质多孔骨料，或者不采用骨料而掺入加气剂或泡沫剂，形成多孔结构的混凝土。主要用作轻质材料和绝热材料。

　　3. 按用途分类

　　混凝土按用途可分为结构混凝土、水工混凝土、防水混凝土、道路混凝土、防辐射混凝土、耐热混凝土、耐酸混凝土、装饰混凝土、大体积混凝土及膨胀混凝土等。

　　4. 按生产和施工方法分类

　　混凝土按生产和施工方法可分为泵送混凝土、喷射混凝土、碾压混凝土、水下浇筑混凝土、离心混凝土、压力灌浆混凝土、预拌混凝土（商品混凝土）等。

　　5. 按抗压强度分类

　　混凝土按抗压强度分为低强混凝土（＜C30）、中强混凝土（≥C30，＜C60）、高强混凝土（≥C60）、超高强混凝土（≥C100）等。

　　6. 按掺合料类型分类

　　混凝土按掺合料类型可分为粉煤灰混凝土、矿渣混凝土、纤维混凝土等。

5.1.2　混凝土的特点

　　1. 优点

　　普通混凝土在工程中广泛应用，是因为它具有以下优点：

　　（1）成本低。占混凝土体积 $70\%\sim80\%$ 的砂、石原材料丰富，易就地取材，价格低。

（2）可塑性好。新拌混凝土具有良好的可塑性，可按工程结构要求浇筑成不同形状和尺寸的整体结构和预制构件。

（3）复合性能好。与钢筋等有牢固的黏结力且热膨胀系数相近，能共同工作，组成共同的具有互补性的受力整体，大大扩展了混凝土的应用范围。

（4）配制灵活，适应性好。改变混凝土各组成材料品种和相对用量，可以得到不同物理力学性能的混凝土，满足不同工程的要求。

（5）耐久性好。混凝土中的水化物在一般的环境下很稳定，维护费用低。

（6）耐火性好。混凝土耐火性远比木材、钢材、塑料要好，可耐数小时的高温作用而保持其力学性能，有利于火灾的扑救。

2. 缺点

混凝土也存在以下缺点：

（1）混凝土抗拉强度低，受拉时抵抗变形能力小，容易开裂。

（2）自重大。

（3）生产工艺复杂，质量难以控制，管理困难。

（4）凝结硬化需要一定时间。

5.1.3　混凝土用水泥

水泥是混凝土中的活性组分，是混凝土强度的主要来源。应合理地选择水泥品种与强度等级，以满足混凝土强度、耐久性及经济性。

1. 水泥品种的选择

应根据工程性质与特点、工程环境条件及施工条件，结合各种水泥特性合理选择水泥品种。

工程混凝土一般可选用硅酸盐水泥、普通水泥、矿渣水泥、火山灰水泥、粉煤灰水泥和复合水泥等通用水泥；水工混凝土可选中热水泥、低热水泥、抗硫酸盐水泥等；道路混凝土可选道路水泥、普通水泥等；海港工程可选抗硫酸盐水泥、矿渣水泥等。

需指出的是，项目 4 中水泥品种的选择，是仅针对工程环境等要求进行的，实际工程中应考虑其他技术因素对水泥选择的影响。例如，大坝等大体积混凝土用水泥，要求水化热低，若仅考虑工程环境，只能选矿渣水泥、低热水泥等水泥。实际上，完全可以选硅酸盐水泥或普通水泥采用高掺掺合料的技术手段获得的低水化热混凝土用于大体积工程。又如在配制耐侵蚀混凝土时，并非必须选抗硫酸盐水泥、矿渣水泥等抗侵蚀性好的水泥，可采用硅酸盐水泥或普通水泥，而将活性矿物材料以掺合料的形式另行掺入，再结合掺外加剂及限制水胶比等技术手段，达到抗侵蚀性的目的。这种在混凝土中掺加掺合料的做法灵活性高，且能弥补水泥厂商不能及时提供水泥中混合材的品质和掺量的水泥生产缺点。

2. 水泥强度等级的选择

水泥强度等级应与混凝土强度等级相适应。原则上配制低强度等级混凝土选择低强度等级水泥，高强度等级混凝土选择高强度等级水泥。经验证明，配制 C30 以下的混凝土,水泥强度等级为混凝土强度等级的 1.5～2.0 倍较适宜;配制 C40 以上的混凝土,水泥强度等级为混凝土强度等级的 1.0～1.5 倍较适宜,且宜掺入高效减水剂。

若用低强度等级水泥配制高强度等级混凝土(指用 32.5 级或以下的水泥配制 C40 以上的混凝土),为满足混凝土强度要求必然使水泥用量过多,不仅不经济,而且会使混凝土水化热与收缩增大,这样做是不能接受的。随着施工工艺的进步及优质矿物掺合料、高性能外加剂的广泛应用,混凝土在较低水胶比下仍能密实成型,使得实际工程用 42.5 级或 52.5 级水泥配制高强、超高强混凝土的做法屡见不鲜,而不受上述水泥强度等级与混凝土强度关系的限制。

若用高强度等级水泥配制低强度等级混凝土,从强度考虑,较少水泥就能满足要求,但为满足混凝土的和易性和耐久性,就需额外增加水泥用量,造成水泥浪费。实际上,有用高强度等级水泥掺更多粉煤灰等掺合料配制低强度等级混凝土的做法,以获得既满足混凝土技术要求,又比用低强度等级水泥配制低强度等级混凝土更经济的效果。这种做法,比较典型的是大坝混凝土。如 $C_{90}10$ 或 $C_{90}15$ 的水工大坝碾压混凝土,通常采用 42.5 级普通水泥配制,目的是多掺粉煤灰等掺合料(掺量有时高达 70%),以达到混凝土水化热低且可碾性好的要求,实现混凝土"大仓面薄层铺筑、连续碾压上升"。

【例 5.1】 混凝土设计强度等级 C20,采用矿渣水泥配制。试选择矿渣水泥强度等级。

解 $f_{ce,g} = (1.5～2.0) \times f_{cu,k} = (1.5～2.0) \times 20 = 30.0～40.0 (MPa)$

在此区间,只有 $f_{ce,g} = 32.5MPa$。

故选强度等级为 32.5 或 32.5R 级矿渣水泥。

5.2 混凝土的结构

普通混凝土是由水泥、矿物掺合料、砂、石子和水组成,另外还常加入适量的外加剂。砂、石子起骨架作用,称为骨料(或集料)。水泥与矿物掺合料是胶凝材料。胶凝材料和水形成胶凝材料浆,胶凝材料浆包裹砂颗粒的表面并填充砂间的空隙形成砂浆,砂浆又包裹石子,并填充石子间的空隙而形成混凝土。混凝土硬化前,称为混凝土拌合物,胶凝材料浆起润滑作用,赋予拌合物一定的和易性,便于施工。胶凝材料浆硬化后,形成水泥石,水泥石将骨料胶结为坚实的整体,形成具有一定力学性能的人造石材,称为混凝土(简写为"砼")。混凝土是一个宏观匀质、微观非匀质的堆聚结构(图 5.1)。混凝土的形成,

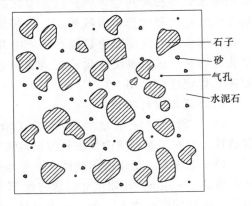

图 5.1　混凝土的宏观结构

其实质是各材料相互填充、包裹、胶结作用的结果，混凝土的"填充包裹原理""胶结原理"贯穿于混凝土原材料选择、配合比设计、质量控制等各个阶段，是混凝土必须遵守的基本原理。

材料结构与性能关系是材料科学的核心内容。混凝土的微观结构决定其性能。混凝土的微观结构包括 3 个相，即硬化胶凝材料浆体（水泥石）、骨料以及二者的过渡区，它们是很不均匀的。其主要特点：①存在过渡区，过渡区是围绕在骨料周围厚度约 $10\sim50\mu m$ 的一层薄壳，它的薄弱程度对混凝土性能影响显著，不同相之间相交的界面相对薄弱，是各种多相材料、复合材料的共同特点；②三相中的任意相，实际上还是多相体；③与其他工程材料不同，水泥石与过渡区两相是随时间、环境温湿度不断变化着的。

5.2.1　硬化胶凝材料浆体（水泥石）

当胶凝材料（水泥＋矿物掺合料）与水拌和后，胶凝材料颗粒容易形成絮凝状态，即许多胶凝材料颗粒黏在一起形成黏度很大的胶束，它们把一部分水束缚在胶束内，使水分在浆体里分布不均匀，因此也就影响胶凝材料浆硬化后的均匀性。硬化胶凝材料浆体（水泥石）是由多种形态的固体、孔隙和水组成的不均匀结构。

1. 水泥石中的固体

（1）水化硅酸钙（CSH）。硅酸钙水化生成 CSH 的过程中其固相体积膨胀，有很强的填充颗粒间隙的能力。CSH 比表面积达 $100\sim700 \mathrm{m}^2/\mathrm{g}$，约为未水化颗粒的 1000 倍，巨大的表面能使其成为决定胶凝材料胶结力（即胶凝作用）的主要成分。CSH 占水泥石固相体积的约 $50\%\sim60\%$，成层状结构，层与层之间有大量孔隙。

（2）氢氧化钙 $[\mathrm{Ca(OH)_2}]$。占固相体积的 $20\%\sim25\%$，呈片状结晶，比表面积小，是强度的薄弱环节。由于其溶解度较大、易受酸性介质侵蚀，影响耐久性。

（3）水化硫铝酸钙。占固相体积的 $15\%\sim25\%$，在结构上起次要作用。初期形成的水化硫铝酸钙（钙矾石）会转化为单硫型水化硫铝酸钙，使混凝土易受硫酸盐腐蚀。

（4）未水化的胶凝材料颗粒。较大的胶凝材料颗粒（如大于 $45\mu m$）即使在遇水产生水化很长时间后，仍存在未水化的内核，周围则被水化物所包裹。水化物包裹在未水化的坚硬熟料内核外面，将其黏结为整体，这对混凝土的强度无害且可能有益。当水泥石或混凝土暴露在环境中并开裂时，在周围有水分存在的条件下，未水化的熟料内核可继续水化，新生成物会封闭裂缝，恢复结构的整体性，对混凝土起体积稳定性的作用。

2. 水泥石中的孔隙

（1）CSH 层间孔。层间孔大约占 CSH 固相体积的 28%，不影响水泥石的强度与渗透性，但在干燥环境中失去孔隙里的水分时会引起体积变化。

（2）毛细孔。低水胶比浆体中，毛细孔径为 $10\sim50\mathrm{nm}$，而高水胶比浆体中毛细孔径可达 $3\sim5\mu m$。孔隙尺寸对渗透性非常敏感，也就是说，孔径分布比总孔隙率对混凝土特性的影响更大。含大孔的混凝土孔隙率很小就能对渗透性的数值产生很大的影响，而相对较小的孔的混凝土孔隙率较大时，对渗透性的影响却微乎其微。大于等于 50nm 时不利于强度与渗透性；小于等于 50nm 时则影响体积变化。

（3）气孔。气孔通常呈圆球形，而毛细孔形状不规则。混凝土在拌制时会带入一些气泡，大的直径可达 3mm；也可人为地引入大量的小气泡，硬化后形成的孔平均直径为 $50\sim250\mu m$。这两种孔比毛细孔大得多，因此会影响强度与渗透性能。

3. 水泥石中的水

（1）毛细孔水。毛细孔水通常分两类：孔径大于 50nm 中的水视为自由水，失水时不会造成任何体积变化；小于 50nm 细孔中的水受表面张力的影响，失去时会产生体积收缩。

（2）吸附水。吸附水是在吸引力作用下，物理吸附在固相的表面水。当相对湿度下降至 30％时，大部分吸附水失去，是浆体产生收缩的主要原因之一。

（3）层间水。层间水在 CSH 层间通过氢键牢固地与其结合，只有在非常干燥时（相对湿度小于 11％）才会失去，使结构产生明显的收缩。

（4）化学结合水。化学结合水是水化产物结构的一部分，干燥时不会失去，高温下才分解放出。

4. 水泥石结构与性能的关系

（1）强度方面。水泥石强度主要来源于水化物间的范德华力。虽然 CSH、水化硫铝酸钙范德华力的量级很小，但它们拥有巨大的表面积，巨大的表面积产生的黏附力之和就相当可观，它们不仅彼此黏结牢固，而且与氢氧化钙、未水化的颗粒以及骨料之间的黏附也很牢固，是强度的主要来源。CSH 层间和范德华力作用范围内的细小孔隙，可以认为对强度无害，因为在加载时应力集中与随后的断裂是大毛细孔和微裂纹的存在所引起的。

（2）体积稳定性方面。水泥石中自由水的丧失不会造成任何体积变化，因为自由水与水化物间不存在任何物理化学键；吸附水、CSH 层间水失去会引起浆体产生体积收缩。

（3）耐久性方面。水泥石中水化产物氢氧化钙、水化铝酸钙等能溶于水，能与酸、盐（特别是硫酸盐）起化学作用，生成的产物使水泥石开裂。但是，只要适当控制水胶比，水泥石中孔隙率、孔径分布会处在足以抵抗水渗透的有利范围内。

5.2.2 过渡区

1. 问题的提出

随着胶凝材料水化的进行，胶凝材料浆体内空间不断被水化物所填充，大孔逐渐减小，毛细孔隙也下降，孔与孔之间从连通发展到不连通，其渗透系数呈指数减小，完全水化的胶凝材料浆体渗透率相当于其水化初期的 10^{-6} 数量级。有研究表明，水胶比为 0.6 的胶凝材料浆经完全水化，可以像致密岩石一样不透水。与此同时，即使所有骨料非常致密，混凝土的抗渗性也要比相应的胶凝材料浆体低一个数量级。这说明，混凝土的抗渗性并不直接取决于硬化胶凝材料浆体的抗渗性，只能来自过渡区。强度试验也发现在配制低水胶比的高强混凝土时，水胶比稍微降低，会引起强度明显地提高。这种现象，也主要归结为低水胶比条件下，过渡区强度的显著改善。

2. 过渡区的特点

刚浇筑成型的混凝土在凝结硬化之前，骨料颗粒受重力作用向下沉降，含有大量水分的稀胶凝材料浆则由于密度小的原因向上迁移，它们之间的相对运动使骨料颗粒的周壁形成一层稀浆膜，待混凝土硬化后，这里就形成了过渡区（图 5.2），特点是：①富集大晶粒的氢氧化钙与钙矾石并呈定向排列，胶结力低；②孔隙率大、大孔径的孔多，结构疏松多孔；③存在大量的原生裂缝。

（1）过渡区的特性对混凝土强度的影响。混凝土中，水化产物和骨料颗粒间的黏结力也源于范德华力。由于过渡区结构上的特点，使这里成为硬化混凝土最薄弱环节。大颗粒氢氧化钙结晶脆性大、胶结力差，主要是由于其表面积小、相应的范德华力就弱。孔隙率大，使混凝土承受荷载的面积减小。过渡区存在着大量的原生微裂缝，其数量的多少取决于许多参数，包括骨料的最大粒径与级配、水胶比与胶凝材料用量、混凝土浇筑后的密实度等。因为过渡区的影响，使混凝土在比其他两个主要相能够承受的应力低很多的时候就被破坏。由于过渡区

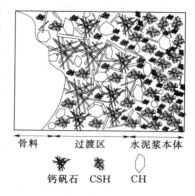

骨料　　过渡区　　水泥浆本体

钙矾石　CSH　CH

图 5.2　过渡区结构示意图

大量孔隙和微裂缝的存在，所以虽然水泥石和骨料两相的刚度很大，但受它们之间传递应力作用的过渡区影响，混凝土的刚度与弹性模量明显减少。

（2）过渡区的特性对混凝土耐久性影响也很显著。因为水泥石和骨料两相在弹性模量、热膨胀系数等参数上的差异，在反复荷载、冷热循环与干湿循环作用下，过渡区作为薄弱环节，在较低的拉应力下其裂缝就会逐渐扩展，使外界水分和侵蚀性离子易于进入，降低混凝土的抗渗性，对混凝土及钢筋产生侵蚀作用。

5.2.3　骨料

通常骨料颗粒强度比水泥石与过渡区的强度高几倍，在试验所能达到的强度值内，骨料的强度通常尚未完全发挥，所以骨料强度的波动对混凝土强度影响不大。但它们的粒径和形状间接地影响混凝土强度，如骨料最大粒径越大、针片状颗粒含量越多时，其表面积存的水膜可能越厚，过渡区就越薄弱，混凝土强度、耐久性就越低。

5.3　混凝土矿物掺合料

为了节约水泥、改善混凝土的性能，在混凝土拌和时掺入（掺量通常大于水泥用量的 5%）的矿物粉末，称为混凝土矿物掺合料（又称矿物外加剂）。混凝土使用的多数是硅铝酸盐类的矿物掺合料。矿物掺合料在碱性的或兼有硫酸盐成分存在的液相条件下，可进行水化反应，生成具有胶凝、固化特性的物质。目前，矿物掺合料已是调配混凝土性能，配制大体积混凝土、高强混凝土、高性能混凝土等不可缺少的组分。常用的矿物掺合料有粉煤灰、粒化高炉矿渣粉、磷渣粉、天然火山灰质材料、硅灰等。

5.3.1 粉煤灰（FA）

1. 粉煤灰理化性能要求

一般砂浆或混凝土对粉煤灰的品质指标要求有烧失量、细度、SO_3 含量、需水量比、强度活性指数等。《用于水泥和混凝土中的粉煤灰》（GB/T 1596—2017）规定，按燃煤品种分为 F 类粉煤灰和 C 类粉煤灰。拌制砂浆和混凝土用粉煤灰分Ⅰ级、Ⅱ级、Ⅲ级 3 个等级，其相应的理化性能见表 5.1。对于高强混凝土或有抗渗、抗冻、抗腐蚀、耐磨等其他特殊要求的混凝土，不宜采用低于Ⅱ级的粉煤灰。

24 "粉煤灰需水量比" 试验视频、试验指导书、试验报告

2. 粉煤灰对混凝土的效应

粉煤灰由于其本身的化学成分、结构和颗粒形状等特征，在混凝土中可产生下列几种效应，总称为"粉煤灰效应"。

表 5.1　拌制砂浆和混凝土用粉煤灰的理化性能要求（GB/T 1596—2017）

项　目		理化性能要求		
		Ⅰ级	Ⅱ级	Ⅲ级
细度（45μm 方孔筛筛余）/%	F 类粉煤灰	≤12.0	≤30.0	≤45.0
	C 类粉煤灰			
需水量比/%	F 类粉煤灰	≤95	≤105	≤115
	C 类粉煤灰			
烧失量（Loss）/%	F 类粉煤灰	≤5.0	≤8.0	≤10.0
	C 类粉煤灰			
含水量/%	F 类粉煤灰	≤1.0		
	C 类粉煤灰			
SO_3 质量分数/%	F 类粉煤灰	≤3.0		
	C 类粉煤灰			
密度/(g/cm³)	F 类粉煤灰	≤2.6		
	C 类粉煤灰			
强度活性指数/%	F 类粉煤灰	≥70.0		
	C 类粉煤灰			
f-CaO 质量分数/%	F 类粉煤灰	≤1.0		
	C 类粉煤灰	≤4.0		
安定性（雷氏法）/mm	C 类粉煤灰	≤5.0		
SiO_2、Al_2O_3、Fe_2O_3 总质量分数/%	F 类粉煤灰	≥70.0		
	C 类粉煤灰	≥50.0		

（1）火山灰效应。火山灰效应是指材料中含有的玻璃态或无定形的 SiO_2 或 Al_2O_3 本身没有胶凝性（不能水化），但在有水的条件下能与氢氧化钙或石膏反应生成具有胶凝性的物质。水泥熟料水化产生大量的 $Ca(OH)_2$，水泥中也含有石膏，因此具备了使粉煤灰中活性 SiO_2 和 Al_2O_3 发挥活性的条件，常将氢氧化钙、石膏称为活性矿物的"激发剂"。活性 SiO_2 和 Al_2O_3 与 $Ca(OH)_2$ 反应生成的水化硅酸钙和水

化铝酸钙凝胶，与水泥熟料的水化物没有什么区别，而且反应多在胶凝材料浆体的孔隙中进行，增加了凝胶数量，显著降低了胶凝材料浆体的孔隙率与改善了孔隙结构（连通孔、大孔减少），提高了水泥石的密实性。同时，粉煤灰能和水泥水化物高碱度水化硅酸钙（$x\mathrm{CaO \cdot SiO_2 \cdot yH_2O}$ 中的钙硅比 $x>1.5$）发生二次反应，生成低碱度水化硅酸钙（$x<1.5$）。低碱度水化硅酸钙因硅氧链的缩聚程度高得多，其凝胶尺度极小，比表面积极大，由其构成的凝胶连生体具有很多的接触点，因而凝胶连生体的强度也高，优化了胶凝物质的组成。在过渡区，粉煤灰中活性 $\mathrm{SiO_2}$ 和 $\mathrm{Al_2O_3}$ 与富集在过渡区的多以片状结晶的氢氧化钙反应，消耗了部分氢氧化钙，生成了 CSH 凝胶，增强了过渡区的微结构（界面效应）。因粉煤灰活性效应对水泥石与过渡区结构的改善，可提高硬化混凝土强度、降低其渗透性并改善其耐久性。

$$\mathrm{SiO_2} + x\mathrm{Ca(OH)_2} + m\mathrm{H_2O} \longrightarrow x\mathrm{CaO \cdot SiO_2 \cdot nH_2O}$$
$$\mathrm{Al_2O_3} + y\mathrm{Ca(OH)_2} + m\mathrm{H_2O} \longrightarrow y\mathrm{CaO \cdot Al_2O_3 \cdot nH_2O}$$

因粉煤灰等矿物掺合料的活性效应，人们把矿物掺合料称为是第二胶凝材料或辅助胶凝材料。随着对矿物掺合料研究的深入及混凝土技术发展，混凝土掺加矿物掺合料是普遍做法，理论与实践都有力证明了矿物掺合料不是混凝土可有可无的辅助材料，它们在改善混凝土和易性、强度、耐久性、体积稳定性等方面发挥着至关重要的作用。更何况，日益蓬勃发展的混凝土外加剂技术，其优良性能的发挥也需优质矿物掺合料来配合。因此，现在人们将矿物掺合料与水泥同样视为混凝土的胶凝材料。

（2）颗粒形态效应。煤粉在高温燃烧过程中形成的粉煤灰颗粒，绝大多数为表面光滑、致密、细粒的海绵状的硅铝酸盐玻璃微珠，掺入混凝土中可在水泥颗粒间起到"滚珠"作用，减小内摩擦阻力，从而可减少混凝土的用水量，改善和易性，提高混凝土强度。由于粉煤灰对混凝土和易性的改善，广泛用于泵送混凝土施工。

（3）微骨料效应。水泥生产过程中，其颗粒粒径分布也不够合理，颗粒之间的填充性并不十分完善，颗粒间的空隙也较大。在混凝土中掺入细度、粒形、级配、电位等有异于水泥的粉煤灰，可完善水泥颗粒的级配，改善颗粒整体的填充性与微观结构，使在相同的拌和水量下混凝土流动性增加，或保持流动性不变可使拌和水量减少。粉煤灰能降低混凝土拌合物的泌水性，减弱了过渡区水膜危害，强化了过渡区。粉煤灰颗粒对水泥水化过程形成的"絮凝结构"有解絮作用，使混凝土坍落度损失得以减小。

（4）相对密度效应。矿物掺合料掺入混凝土中，一般采用质量置换法。若以相同质量的粉煤灰替代水泥，因粉煤灰的相对密度小于水泥，可以获得更多的浆体体积量，从而提高混凝土拌合物的流动性。这即是粉煤灰的"相对密度效应"（表 5.2）。

表 5.2　　　　　胶凝材料的相对密度、粒径、比表面积的通常范围值

胶凝材料种类	水泥	粉煤灰	粒化高炉矿渣粉	硅灰
相对密度/(g/cm^3)	3.05～3.20	1.90～2.60	2.80～2.95	2.10～2.30
粒径/μm	0.5～100	1～100	3～100	0.01～1
比表面积/(m^2/kg)	约350	约350	约450	约20000

3. 粉煤灰对混凝土的主要作用

（1）改善混凝土的和易性。

（2）提高混凝土的强度，特别是后期强度。粉煤灰对混凝土强度贡献早期主要来自粉煤灰的物理作用（减水、改善和易性），后期主要是粉煤灰的活性效应。

（3）降低混凝土的水化热。

（4）能减少混凝土的收缩，主要是减少干燥收缩。

（5）显著改善混凝土的耐久性，特别是改善混凝土的抗渗性、抗腐蚀性，抑制混凝土的碱-骨料反应。

5.3.2 粒化高炉矿渣粉（SG）

以粒化高炉矿渣为主要原料，可掺加少量天然石膏，磨细成一定细度的粉体，称为粒化高炉矿渣粉。

1. 粒化高炉矿渣粉的技术要求

《用于水泥、砂浆和混凝土中的粒化高炉矿渣粉》（GB/T 18046—2017）规定，矿渣粉按活性指数分为 S105、S95、S75 三级。矿渣粉的技术要求见表5.3。

表5.3　　　　用于水泥、砂浆和混凝土中的粒化高炉矿渣粉的技术要求（GB/T 18046—2017）

项　　目		级　　别		
		S105	S95	S75
密度/（g/cm^3）		≥2.8		
比表面积/（m^2/kg）		≥500	≥400	≥300
活性指数/%	7d	≥95	≥70	≥55
	28d	≥105	≥95	≥75
流动度比/%		≥95		
初凝时间比/%		≤200		
含水量（质量分数）/%		≤1.0		
三氧化硫（质量分数）/%		≤4.0		
氯离子（质量分数）/%		≤0.06		
烧失量（质量分数）/%		≤1.0		
不溶物（质量分数）/%		≤3.0		
玻璃体含量（质量分数）/%		≥85		
放射性		$I_{Ra} \leq 1.0$ 且 $I_r \leq 1.0$		

2. 活性

矿渣的活性取决于化学成分、矿物组成及冷却条件。一般情况下，矿渣中的碱性氧化物（CaO、MgO）、中性氧化物（Al$_2$O$_3$）含量高，酸性氧化物（SiO$_2$）含量低时矿渣活性较高。玻璃化率高，水淬后粒细且松，粉磨加工得细微的，活性好。评价矿渣的活性可用质量系数 k。MgO 在矿渣中大都形成化合物或固溶于其他矿物中，而不以方镁石结晶形态游离存在（水泥中过烧的 MgO 呈方镁石结晶），故它不会影响安定性且对矿渣活性有利。

$$k=\frac{\text{CaO}\%+\text{MgO}\%+\text{Al}_2\text{O}_3\%}{\text{SiO}_2\%+\text{MnO}\%+\text{TiO}_2\%}$$

矿渣的质量系数 k 越高，矿渣活性越高。一般要求 $k \geqslant 1.2$，当 $k \geqslant 1.6$ 时质量优良。

3. 粒化高炉矿渣粉对混凝土的作用

与粉煤灰一样，粒化高炉矿渣粉（简称矿渣粉）对混凝土具有活性效应（火山灰效应）、颗粒形态效应、微骨料效应等，同样可改善混凝土的相应性能。但它们因矿物成分、细度、粒形等有较大的差异，对混凝土的性能改善也有以下规律性差异。

（1）矿渣粉因含 CaO 较多，通常其活性比粉煤灰高，掺矿渣粉的混凝土早期强度、后期强度都有一定的增长。矿渣粉的活性比粉煤灰大，仅从强度考虑可实现更大掺量。

（2）矿渣粉粉磨得更细（比表面积 $400\text{m}^2/\text{kg}$ 以上）才具有高的活性与表面能。矿渣粉超细粉磨后，可替代硅灰，在高效减水剂共同作用下，可配制出高强及超高强混凝土。

（3）混凝土硬化前，粉煤灰对混凝土的作用主要在于改善其和易性（如配制泵送混凝土）；混凝土硬化后，矿渣粉主要在于对混凝土强度的提高（如配制高强混凝土）。

（4）比较而言，粉煤灰抑制碱-骨料反应强，而矿渣粉抗氯离子侵蚀强。

5.3.3　硅灰（SF）

在冶炼硅铁合金或工业硅时，通过烟道排出的粉尘，经收集得到的以无定形二氧化硅为主要成分的粉体材料，称为硅灰。无定形二氧化硅含量 85% 以上。硅灰的技术要求应满足《砂浆和混凝土用硅灰》（GB/T 27690—2023）规定（表 5.4）。

表 5.4　　砂浆和混凝土用硅灰的技术要求（GB/T 27690—2023）

项　　　目	指　标	项　　　目	指　标
总碱量/%	≤1.5	比表面积/(m²/g)	≥15
氯含量/%	≤0.1	活性指数（7d 快速法）/%	≥105
含水量（粉料）/%	≤3.0	放射性	$I_{\text{Ra}} \leqslant 1.0$ 且 $I_r \leqslant 1.0$
烧失量/%	≤4.0	抑制碱骨料反应/%	14d 膨胀率降低值≥35
需水量比/%	≤125	抗氯离子渗透性/%	28d 通电量之比≤40

1. 活性

硅灰颗粒的平均粒径约 $0.1 \sim 0.3\mu\text{m}$，约为水泥或粉煤灰的 $1/500 \sim 1/100$，比表面积在 $15000\text{m}^2/\text{kg}$ 以上。由于硅灰颗粒极细，因此其活性极高。

2. 硅灰对混凝土的效应

硅灰对混凝土的强度、性能有显著影响。主要表现在 3 个方面，即火山灰效应、微骨料效应和界面效应。

（1）火山灰效应。据颗粒、比表面积分析，因硅灰极细，可认为大约每个水泥颗粒周围环绕着几万个硅灰粒子。这样，硅灰的二次水化作用生成新的水化硅酸钙，能均匀、有效地堵塞水泥石毛细孔，大大提高水泥石的密实性，从而大大提高混凝土的强度与耐久性。

（2）微骨料效应。未反应的硅灰粒子广泛分布，使水泥石更加致密。极细的硅灰粒子可作为 CSH 的沉淀核心，有利的中心质效应增多，中心质网络骨架强化。微骨料效应还体现在硅灰能降低混凝土的泌水性，减弱过渡区水膜危害，强化过渡区。

（3）界面效应。这里将硅灰的界面效应单独提出，是突出其作用。加入硅灰后过渡区（界面）大晶粒的氢氧化钙与钙矾石减少，比表面积大的 CSH 增多，降低了过渡区的厚度、孔隙率，改善了孔径分布，减少了原生裂缝，使过渡区结构接近水泥石本体。

必须指出，颗粒极细、比表面积巨大的硅灰需水性很大，只有在与高效减水剂的共同作用下，硅灰的效应才能充分发挥。其他矿物掺合料也宜与减水剂同时使用。

3. 硅灰在混凝土中的应用

（1）配制高强、超高强混凝土。

（2）配制抗冲磨混凝土。

（3）配制抗化学腐蚀（Cl^-、SO_4^{2-}）混凝土。

（4）用于喷射混凝土，减少混凝土的回弹量。

（5）用于灌浆工程。加入 5%～10%硅灰后浆液稳定，不分离、不堵管，可渗透到细小缝隙中。

（6）抑制混凝土的碱-骨料反应。

为保证混凝土能提供足够的 $Ca(OH)_2$（水泥的水化物之一）与粉煤灰、粒化高炉矿渣粉等矿物掺合料发生反应及提供足够的碱度维持水化物的长期稳定，以保证混凝土耐久性与强度，《普通混凝土配合比设计规程》（JGJ 55—2011）规定了建筑工程混凝土中矿物掺合料的最大掺量（表 5.5）；《水工混凝土配合比设计规程》（DL/T 5330—2015）规定了水工混凝土中矿物掺合料的最大掺量（表 5.6、表 5.7）。

表 5.5　　　　建筑工程钢筋混凝土、预应力钢筋混凝土中矿物掺合料的
最大掺量（JGJ 55—2011）

矿物掺合料种类	水胶比	钢筋混凝土最大掺量/%		预应力钢筋混凝土最大掺量/%	
		用硅酸盐水泥时	用普通水泥时	用硅酸盐水泥时	用普通水泥时
粉煤灰	≤0.40	45	35	35	30
	>0.40	40	30	25	20
粒化高炉矿渣粉	≤0.40	65	55	55	45
	>0.40	55	45	45	35
钢渣粉	—	30	20	20	10
磷渣粉	—	30	20	20	10
硅灰	—	10	10	10	10
复合掺合料	≤0.40	65	55	55	45
	>0.40	55	45	45	35

注　1. 采用其他通用硅酸盐水泥时，宜将水泥混合材掺量20%以上的混合材量计入矿物掺合料。

2. 复合掺合料各组分的掺量不宜超过单掺时的最大掺量。

表 5.6　　　　　　　　水工混凝土粉煤灰最大掺量（DL/T 5330—2015）　　　　　　　　　%

混凝土种类		硅酸盐水泥	42.5级普通水泥	矿渣水泥（P·S·A）
重力坝碾压混凝土	内部	70	65	40
	外部	65	60	30
重力坝混凝土	内部	55	50	30
	外部	45	40	20
拱坝碾压混凝土		65	60	30
拱坝常态混凝土		40	35	20
结构混凝土、面板混凝土		35	30	—
抗磨蚀混凝土		25	20	—
预应力混凝土		20	15	—

注　1. 本表适用于F类Ⅰ、Ⅱ级粉煤灰，F类Ⅲ级粉煤灰掺量适当降低。
　　　　2. 中热水泥、低热水泥与硅酸盐水泥相同；低热矿渣水泥、火山灰水泥、粉煤灰水泥与矿渣水泥相同。

表 5.7　　　水工混凝土磷渣粉和火山灰质材料最大掺量（DL/T 5330—2015）

混凝土种类		磷渣粉最大掺量/%			火山灰质材料最大掺量/%	
		硅酸盐水泥	普通水泥	矿渣水泥（P·S·A）	硅酸盐水泥、中热水泥、低热水泥	普通水泥
重力坝碾压混凝土	内部	65	60	40	60	55
	外部	60	55	30	55	50
重力坝常态混凝土	内部	50	45	30	45	40
	外部	35	30	20	30	25
拱坝碾压混凝土		60	55	30	55	50
拱坝常态混凝土		35	30	20	30	25
结构混凝土、面板混凝土		30	25	—	30	25
抗磨蚀混凝土		25	20	—	—	—

注　中热水泥、低热水泥混凝土磷渣粉最大掺量与硅酸盐水泥混凝土相同；低热矿渣水泥同于矿渣水泥。

【例 5.2】　某混凝土原材料为：42.5R级普通水泥、Ⅱ级粉煤灰、中砂、碎石、水、NN/R高效减水剂。配合比设计时，根据工程特点，粉煤灰掺量 $\beta_f = 20\%$。试确定该混凝土的胶凝材料强度 f_b（强度源）。

解　通常有两个方法：

方法 1（试验法）：因粉煤灰掺量 $\beta_f = 20\%$，则胶凝材料＝80%水泥＋20%粉煤灰，按《水泥胶砂强度检验方法（ISO法）》（GB/T 17671—2021）试验胶凝材料强度 f_b 即可。制作 40mm×40mm×160mm 胶砂棱柱体试件的材料用量比为胶凝材料：标准砂＝1：3，水胶比＝0.5。制作3条试件的材料用量为：水泥（450g×80%）、粉煤灰（450g×20%）、标准砂（1350g）、水（225g）。将试件标准养护28d，测得其28d抗压强度 f_b，即为该混凝土的胶凝材料强度（强度源）。

方法 2（查表法）：因胶凝材料＝80%水泥＋20%粉煤灰，而粉煤灰活性低于水泥活性，若用水泥强度 f_{ce} 来表示胶凝材料强度 f_b，须将 f_{ce} 乘以小于 1 的粉煤灰影响系数 γ_f，即 $f_b = \gamma_f f_{ce}$（γ_f 可查表 5.43 得到）。而 f_{ce} 的确定按 [例 4.4] 也有试验法与查表法两种。

（1）若按《水泥胶砂强度检验方法（ISO 法）》（GB/T 17671—2021）实测得到水泥强度 $f_{ce} = 50.1\text{MPa}$，则 $f_b = \gamma_f f_{ce} = 0.85 \times 50.1 = 42.6$（MPa）（其中 γ_f 查表 5.43 为 0.85）。

（2）若 f_{ce} 无实测值，则 $f_b = \gamma_f f_{ce} = \gamma_f \gamma_c f_{ce,g} = 0.85 \times 1.16 \times 42.5 = 41.9$（MPa），其中 γ_c 查表 4.5 为 1.16。

5.4　混凝土外加剂

混凝土外加剂是在混凝土拌制之前或拌制过程中加入的，用以改善新拌混凝土和（或）硬化混凝土性能的材料。掺量通常不大于胶凝材料质量的 5%（特殊情况除外）。

外加剂的应用是混凝土技术的重大突破。随着混凝土技术的发展，对混凝土性能提出了许多新的要求，如：泵送混凝土要求高的流动性；冬季施工要求高的早期强度；高层建筑、海洋结构要求高强、高耐久性。这些性能的实现，需要应用优质外加剂。因此，外加剂已成为混凝土的第五种成分。为便于叙述，本节的胶凝材料主要指水泥。

外加剂按其主要功能一般分为减水剂、引气剂、缓凝剂、泵送剂、速凝剂、早强剂、防冻剂、防水剂及膨胀剂等。

5.4.1　减水剂

在保持混凝土坍落度基本相同的情况下，能减少拌和用水量的外加剂，称为减水剂。

1. 减水剂对混凝土的作用机理

（1）吸附分散作用。当水泥与水拌和后，水泥颗粒并没有均匀地悬浮于水中，而是凝聚成一个个胶束沉积下来，称为絮凝结构。絮凝结构中的胶束内包裹着不少水分，该水分由于被束缚，不能起润滑作用，降低了水泥浆的流动性。产生絮凝结构的原因是多方面的，主要是由于水泥熟料 C_3A、C_4AF 带正电，C_3S、C_2S 带负电，异性电荷相互吸引而产生絮凝；另外，由于水泥颗粒在溶液中的热运动，颗粒棱角相互碰撞，增大了这些部位的表面能而相互吸引；还有诸如不饱和键的配位作用、氢键作用及范德华力作用也是引起絮凝的原因 [图 5.3（a）]（该图只画了一个胶束）。水泥浆中加入减水剂，减水剂在水中发生离解，离解后的有机阴离子两端的性质不同，一端属憎水基团，另一端属亲水基团，亲水基团极性很强，带有负电荷。减水剂的憎水基团定向吸附于水泥颗粒表面，亲水基团则指向水溶液。由于减水剂的定向吸附，使水泥颗粒表面带上同性电荷，彼此间产生电斥力，在斥力作用下，絮凝结构分散解体，释放出胶束中的水，使水泥浆流动性增加 [图 5.3（b）]。这样，在流动性一定的条件下，可使总的拌和水量减少，达到减水的目的。减水剂减水增塑机理主要源自吸附分散作用。

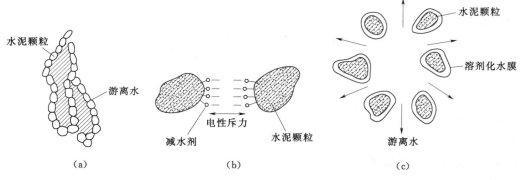

图 5.3　减水剂的作用原理

（2）润滑作用。减水剂的憎水基团定向吸附于水泥颗粒表面，极性亲水基团很易和水分子以氢键形式缔合起来，这种氢键缔合作用力远大于该分子与水泥颗粒间的分子引力，当水泥颗粒吸附足够的减水剂后，借助于亲水基团与水分子氢键的缔合作用，再加上水分子间的氢键缔合，使水泥颗粒表面形成一层稳定的溶剂化水膜［图5.3（c）］。这层空间壁障阻止水泥颗粒间的直接接触，并起润滑作用，从而提高了浆体的流动性。

（3）湿润作用。通常，水泥浆体系中的自由能是一定的。加入减水剂后，由于减水剂可在一定程度上降低水泥-水体系界面的表面张力，水泥浆体系为了保持热力学平衡，体系颗粒的表面积势必增大。这种体系颗粒表面积的增大，来源于水泥颗粒周围溶剂化水膜厚度的减小，即减少了吸附层的水量，达到减水的目的。这就是减水剂的湿润作用。

（4）空间位阻作用。新型聚羧酸减水剂的分子是梳型结构，即在分子主链上接枝有许多个有一定长度与刚度的支链（侧链）。在主链上带有多个活性基团，且极性较强，能吸附在带电水泥颗粒表面，可起到传统减水剂的作用。更重要的是，一旦主链吸附在水泥颗粒表面后，支链与其他水泥颗粒表面的支链形成立体交叉，阻碍了絮凝发生，产生减水作用，称为空间位阻作用。这种作用延续时间长，因此，聚羧酸减水剂的分散作用更强、更持久。

（5）屏蔽作用。水泥颗粒表面吸附的减水剂分子层，在水泥与水之间起了屏蔽作用，延长了水泥水化反应的潜伏期，从而降低了 C_3S 初期的水化速率，有利于水泥浆流动性的保持。因此，大多数减水剂兼有缓凝作用。

（6）影响水化物的形态。减水剂使钙矾石从针状结晶变成接近立方体的微晶，可降低水泥浆流动的阻力。

2. 减水剂对混凝土的技术经济效果

根据使用目的不同，在混凝土中加入减水剂后，一般可取得以下效果：

（1）增大混凝土流动性。用水量及水灰比不变，坍落度可增大 $100 \sim 200mm$，且不影响混凝土强度。增大流动性，可由减水剂的作用机理解释。流动性混凝土、大流动性混凝土、流态混凝土、泵送混凝土、自密实混凝土等通常掺有减水剂。

（2）提高混凝土强度。保持流动性及水泥用量不变，可减少拌和水量，从而降低水灰比，使混凝土强度提高（若减水 10%～15%，则提高强度约 15%～20%）。拌和水量的减少，减弱了骨料下部水隙，使界面过渡区的原生裂缝大大减小，减少氢氧化钙、钙矾石在过渡区的富集并使它们的晶粒细化，界面过渡区的厚度也相对减小，改善了过渡区；拌和水量的减少，降低了水泥石的孔隙率及改善了其孔结构，CSH 凝胶网络结构更致密，使水泥石性能提高。配制高强、超高强混凝土，高效减水剂的使用在所难免。

（3）节约水泥。保持流动性及水灰比（强度）不变，可在减少拌和水量的同时，相应减少水泥用量。

（4）改善混凝土耐久性。减水剂的掺入，改善了混凝土过渡区及水泥石性能，使密实度提高，透水性降低，从而提高抗渗、抗冻、抗化学腐蚀及防锈蚀的能力。

此外，减水剂还可改善混凝土拌合物的泌水、离析现象，延缓拌合物的凝结时间，延缓水泥水化放热速度。减水剂的这些效果，在述及其作用机理时都有涉及。

3. 常用的减水剂

减水剂按减水效果分高性能减水剂（减水率≥25%）、高效减水剂（减水率≥14%）和普通减水剂（减水率≥8%）；按凝结时间分早强型、标准型、缓凝型；按是否引气分引气型和非引气型。减水剂可分为三代。第一代为普通减水剂，以木质素系减水剂为代表（20 世纪 30 年代）；第二代为高效减水剂，以萘系、水溶性树脂系减水剂为代表（20 世纪 60 年代）；第三代为高性能减水剂，以聚羧酸系减水剂为代表（20 世纪 80 年代）。

（1）普通减水剂。常用的普通减水剂为木质素系（木质素磺酸盐系）减水剂。主要品种有木质素磺酸钙（木钙）、木质素磺酸钠（木钠）、木质素磺酸镁（木镁）。普通减水剂与早强剂复合成早强型普通减水剂，与缓凝剂复合成缓凝型普通减水剂。

应用较多的是木钙。木钙又名 M 剂，为阴离子表面活性剂。M 剂适宜掺量为水泥质量的 0.2%～0.3%。混凝土配合比不变，掺用 M 剂后坍落度可提高 100mm 左右；混凝土强度和坍落度不变，减水可达 10%～15%，节约水泥 10% 左右；坍落度和水泥用量不变，可减水 10%，提高强度 10%～20%。M 剂有缓凝作用，一般缓凝 1～3h，低温下缓凝更强，若掺量过多，缓凝作用更显著，还可能使混凝土强度降低，应注意。

普通减水剂宜用于日最低温度 5℃ 以上强度等级 C40 以下的混凝土，不宜单独用于蒸养混凝土，不宜用于有早强要求的混凝土；缓凝型普通减水剂可用于大体积混凝土、碾压混凝土、大面积浇筑混凝土、避免冷缝产生的混凝土、滑模或拉模施工的混凝土、需长时间停放或运输的混凝土及炎热气候施工的混凝土等；早强型普通减水剂宜用于常温、最低温度不低于 -5℃ 环境中有早强要求的混凝土工程。

（2）高效减水剂。

1）萘系（萘磺酸盐系）高效减水剂。萘系减水剂大多为非引气型，属于阴离子表面活性剂，常用牌号有 NNO、UNF、FDN、MF 等。适宜掺量为 0.5%～1.0%；

减水率为 15%～25%，早强效果好，28d 强度增长 20% 以上；若混凝土强度与坍落度不变，可节约水泥 10%～20%。萘系减水剂特点是缩合度高，分子链长，对水泥的分散力强，与不同品种水泥的适应性较好，起泡力低，减水率高，能有效改善混凝土的抗渗、耐久性等性能，特别对提高混凝土强度及流动性等有显著效果。

2）树脂系（水溶性树脂磺酸盐类）减水剂。树脂系减水剂曾被称为减水剂之王，主要产品为磺化三聚氰胺树脂，属早强、非引气型高效减水剂，减水率高达 20%～27%，最高可达 30%。各龄期强度均有显著提高，混凝土 1d 强度提高 1 倍以上，7d 强度可达到 28d 强度，28d 强度则增强 20%～30%。若保持强度不变，可节约水泥 25% 左右。另外，混凝土的弹性模量、抗渗、抗冻等性能以及与钢筋的黏结力等也均有改善和提高。

高效减水剂可用于素混凝土、钢筋混凝土、预应力混凝土、大流动性混凝土（或泵送混凝土）、高强（或超高强）混凝土；缓凝型高效减水剂可用于大体积混凝土、碾压混凝土、自密实混凝土、炎热气候施工的混凝土、大面积浇筑混凝土、避免冷缝产生的混凝土、滑模或拉模施工的混凝土及其他需要延缓凝结时间且有较高减水率要求的混凝土；缓凝型高效减水剂宜用于日最低温度 5℃ 以上施工的混凝土；标准型高效减水剂宜用于日最低温度 0℃ 以上施工的混凝土，也可用于蒸养混凝土。

高效减水剂的研发与应用，是混凝土技术发展的一个重要里程碑，使流态、高强、超高强、高耐久性混凝土成为现实。高效减水剂较好地解决了混凝土高强度（低水灰比）与大流动性的矛盾，使高强大流动性混凝土付诸使用。

（3）高性能减水剂。比高效减水剂具有更高减水率、更好坍落度保持性能、较小干燥收缩，且具有一定引气性能的外加剂，称为高性能减水剂。目前高性能减水剂多为聚羧酸系高性能减水剂，分标准型、早强型和缓凝型，还有特殊功能型。它是目前最前沿、科技含量最高、应用前景最好、综合性能最优的减水剂，是重要基础设施混凝土结构中首选的外加剂。高性能减水剂的研发与应用，是混凝土技术发展的又一重要里程碑。《聚羧酸系高性能减水剂》（JG/T 223—2017）中聚羧酸系减水剂的各项技术指标大多优于萘系和树脂系高效减水剂。如 NN/R、BKS 等均属聚羧酸系高性能减水剂。

聚羧酸系高性能减水剂可用于配制高强、超高强混凝土；配制泵送、自流平、自密实混凝土；配制预制构件、钢管混凝土；配制清水混凝土、蒸养混凝土；配制具有高体积稳定性、高耐久性或高工作性要求的混凝土等。缓凝型高性能减水剂宜用于大体积混凝土。早强型高性能减水剂宜用于有早强要求或低温季节施工的混凝土。

5.4.2　引气剂

引气剂是指在混凝土搅拌过程中能通过物理作用引入均匀分布、稳定而封闭的微小气泡，且能将气泡保留在硬化混凝土中的外加剂。引气剂与减水剂复合成引气减水剂。

引气剂有松香热聚物、松香皂、烷基芳烃磺酸盐类、脂肪醇磺酸盐类等。松香热聚物适宜掺量为 0.005%～0.01%，混凝土含气量为 3%～5%，减水率约 8%。

引气剂也是表面活性剂，能显著降低水的表面张力与界面能，使水在搅拌过程中极易产生许多微小的封闭气泡，其憎水基团径向朝向气泡，亲水基团朝向水，形成吸附水膜，由于引气剂分子对液膜的保护作用，使气泡不易破裂。微小气泡直径大多为 $50\sim250\mu m$。按混凝土含气量 3%～5% 计（不加引气剂混凝土含气量约为 1%），$1m^3$ 混凝土中含有数百亿个气泡。

1. 引气剂对混凝土性能的影响

由于大量微小、封闭并均匀分布的气泡存在，使混凝土的某些性能得到明显改善。

（1）改善混凝土拌合物的和易性。气泡有类似滚珠的润滑作用，有利于改善混凝土的流动性和黏聚性，因此，混凝土泵送时，常采用引气剂与其他外加剂复合以改善泵送性能，减小泵的工作压力。吸附水膜可使混凝土自由移动的水量减少，提高保水性。

（2）显著提高混凝土的耐久性。大量均匀分布的封闭气泡隔断了混凝土中的毛细管渗水通道，改善了孔结构，使混凝土抗渗性显著提高。同时气泡有较大的弹性变形能力，对水结冰所产生的膨胀应力有缓冲消散作用，提高了混凝土的抗冻性。

（3）降低混凝土的强度。混凝土含气量每增加 1%，强度损失约 3%～5%。但由于引气剂对混凝土和易性的改善，可以通过降低水灰比来维持原来的和易性，使强度不降低或得到部分补偿。引气减水剂有引气与减水双重效果，它可大大提高混凝土耐久性并保持甚至提高强度。

引气剂及引气减水剂宜用于高抗冻混凝土、泵送混凝土和易产生泌水的混凝土；可用于抗渗、抗硫酸盐混凝土，贫混凝土、轻骨料混凝土、人工砂混凝土以及对饰面有要求的混凝土，特别对于改善严酷环境的水泥混凝土路面、水工结构有良好效果。但引气剂不宜用于蒸养混凝土及预应力混凝土。

2. 关于引气剂的提示

（1）混凝土中掺入微量（水泥用量的万分之几）引气剂的主要作用是提高混凝土耐久性，它是提高混凝土抗冻性和抗盐冻剥蚀性的最有效措施之一。美国、日本和欧洲等十分重视工程的耐久性，引气剂（包括兼有引气功能的其他类型外加剂）是这些地区最常用的外加剂，如日本规定，所有的外加剂必须有引气功能。以前，我国对工程的耐久性不够重视，除水工结构有关标准必须掺用引气剂外，其他如公路、桥梁、地下结构、机场跑道等重大工程都没有规定必须掺引气剂。随着我国混凝土劣化问题日益突出，建设者已逐步重视混凝土耐久性，一些规程也对耐久性提出了相应的要求，如《普通混凝土配合比设计规程》（JGJ 55—2011）修订的重点内容之一是强调混凝土配合比设计应满足耐久性要求。随着我国对工程耐久性的重视，引气剂的研发与应用必将有广阔的前景。

（2）在混凝土中人为的引气与混凝土搅拌时夹带进的空气，因捣实时未及时排除，硬化后形成一些无规则形状、尺寸差别极大的气孔的现象是大不相同的。人为的引气，目的非常明显，那就是以提高混凝土耐久性为主要目标；搅拌时夹带进的空气，对混凝土有百害而无一利。

（3）在混凝土中人为的引气作用与加气作用，是两个截然不同的概念。引气作用与加气作用都能在混凝土中带进空气，但它们的作用机理、气孔结构、气孔对混凝土效果都不一样，不能混为一谈。

5.4.3　缓凝剂

缓凝剂是指能延长混凝土凝结时间的外加剂。

由于缓凝剂在水泥及其水化物表面上的吸附作用，或与水泥反应生成不溶层而达到缓凝的效果。缓凝剂同时还具有减水、增强、降低水化热等功能。常用的缓凝剂有糖类（糖蜜等）、木质素磺酸盐类（木钙等）；羟基羧酸及其盐类（如柠檬酸、酒石酸钾钠等）；无机盐类（如磷酸盐、锌盐、硼酸盐等）。宜用于日最低温度 5℃ 以上。

缓凝剂对混凝土的主要作用：

（1）抵消高温天气由于高温对水泥的促凝作用，以便混凝土保持较长的可浇筑时间，尤其在静停时间较长或需要长距离运输的情况下更有必要。

（2）大体积混凝土的浇筑可能要持续很长时间，需要让先浇的混凝土不会过快凝固而造成冷缝与断层，使混凝土的整体良好、强度发展均匀。

（3）对坍落度有较好的保持能力，自密实混凝土等正好需要此作用。

5.4.4　泵送剂

泵送剂是指能改善混凝土拌合物泵送性能的外加剂。

性能优良的一种减水剂或两种减水剂复合可作泵送剂，也可采用一种或两种减水剂与缓凝组分、引气组分、保水组分和黏度调节组分复合而成泵送剂。

泵送剂宜用于泵送混凝土、水下灌注桩混凝土、大坝混凝土、清水混凝土、纤维混凝土；宜用于日平均气温 5℃ 以上的环境。不宜用于蒸汽、蒸压养护的预制混凝土。

5.4.5　速凝剂

能使混凝土迅速凝结硬化的外加剂称为速凝剂。常用的速凝剂有以铝酸盐、碳酸盐等为主要成分的速凝剂，以硫酸铝、氢氧化铝等为主要成分复合其他组分的低碱速凝剂。产品型号有红星 1 型、711 型、782 型等。

速凝剂主要用于井巷、隧洞、涵洞、地下工程的喷锚支护或衬砌施工的喷射混凝土或喷射砂浆，也可用于抢修工程。实际工程中，常将速凝剂与减水剂复合使用。

5.4.6　早强剂

早强剂是指能加速混凝土早期强度发展的外加剂。早强剂有无机盐类早强剂、有机化合物类早强剂，也有复合型早强剂。

1. 氯盐类早强剂

氯盐类早强剂主要有氯化钙、氯化钠、氯化钾、氯化铝及三氯化铁等，其中以氯化钙应用最广。氯化钙的早强作用主要是因为它能与 C_3A、$Ca(OH)_2$ 反应，生成含有大量结晶水的不溶性复盐水化氯铝酸钙和氧氯化钙，增加浆体中固相比例，提高早期强度；同时液相中 $Ca(OH)_2$ 浓度降低，也使 C_3S、C_2S 加速水化，使早期强度提高。

$$3CaCl_2 + 3CaO \cdot Al_2O_3 + 30H_2O \longrightarrow 3CaO \cdot Al_2O_3 \cdot 3CaCl_2 \cdot 30H_2O$$
$$CaCl_2 + 3Ca(OH)_2 + 12H_2O \longrightarrow CaCl_2 \cdot 3Ca(OH)_2 \cdot 12H_2O$$

氯化钙的适宜掺量为 $0.5\%\sim1.0\%$。氯化钙早强效果显著，能使混凝土 3d 强度提高 $50\%\sim100\%$，7d 强度提高 $20\%\sim40\%$。同时能降低混凝土的冰点，防止混凝土早期受冻。氯化钙早强剂因其能产生氯离子，易促使钢筋锈蚀，故施工中必须控制掺量。为抑制氯化钙对钢筋的锈蚀作用，常将氯化钙与阻锈剂亚硝酸钠等复合使用。

2. 硫酸盐类早强剂

硫酸盐类早强剂主要有硫酸钠、硫酸钙、硫代硫酸钠等。其早强机理是硫酸盐与水泥的水化产物 $Ca(OH)_2$ 反应，生成高分散性的化学石膏，其比表面积比外掺石膏大得多，与 C_3A 的水化物（水化铝酸钙）的化学反应比外掺石膏的作用快得多，能迅速生成水化硫铝酸钙，增加固相体积，提高早期结构的密实度。同时，由于上述反应的进行，使得溶液中 $Ca(OH)_2$ 浓度降低，从而促使 C_3S 水化加速，因而提高混凝土的早期强度。硫酸钠的适宜掺量为 $0.5\%\sim2.0\%$，常以复合使用效果更佳。硫酸钠对钢筋无锈蚀作用。但由于它与 $Ca(OH)_2$ 反应生成强碱 $NaOH$，使用时应防止引起碱-骨料反应。

$$Na_2SO_4 + Ca(OH)_2 + 2H_2O \longrightarrow CaSO_4 \cdot 2H_2O + 2NaOH$$

$$3CaO \cdot Al_2O_3 \cdot 6H_2O + 3(CaSO_4 \cdot 2H_2O) + 19H_2O \longrightarrow 3CaO \cdot Al_2O_3 \cdot 3CaSO_4 \cdot 31H_2O$$

3. 有机胺类早强剂

有机胺类早强剂主要有三乙醇胺、三乙丙醇胺等，是非离子型表面活性剂，它不改变水化产物，但能在水泥的水化过程中起着"催化作用"，与其他早强剂复合效果更好。

早强剂宜用于蒸养、常温、低温和最低温度不低于 $-5℃$ 环境中有早强要求的混凝土，以满足及早拆模和缩短养护期的需要。早强剂不宜用于炎热条件、大体积混凝土。无机盐类早强剂不宜用于与水接触或相对湿度大于 80% 的环境，也不宜用于直接接触酸、碱或其他侵蚀介质的结构；有机化合物类早强剂不宜用于蒸养混凝土。

5.4.7 防冻剂

防冻剂是指能使混凝土在负温下硬化，并在规定养护条件下达到预期性能的外加剂。防冻剂可用于冬期施工的混凝土。防冻剂有：氯盐类；氯盐与阻锈剂类；无氯盐类（如亚硝酸盐、硝酸盐、碳酸盐等）。防冻剂的防冻组分也可与早强、引气、减水组分复合。

5.4.8 防水剂

防水剂是指能降低砂浆、混凝土在静水压力下的透水性的外加剂。

氯化铁、铝盐、硅酸钠、硅灰等属无机防水剂，主要以生成高度分散的氢氧化铁、氢氧化铝、硅胶等胶体密实混凝土达到防水的目的。

脂肪酸及其盐类、有机硅类、聚合物乳液等属有机防水剂，它们是憎水表面活性剂，主要以减水密实混凝土达到防水的目的。

无机化合物类复合、有机化合物类复合、无机化合物类与有机化合物复合、减水剂与引气剂复合，属复合防水剂。

防水剂主要用于有防水抗渗要求的混凝土，如防渗面板、水池、厕浴间防水等。

5.4.9　膨胀剂

与水泥、水拌和后经水化反应生成钙矾石、氢氧化钙或钙矾石和氢氧化钙，使混凝土产生体积膨胀的外加剂，称为膨胀剂。按水化产物可分为：硫铝酸钙类膨胀剂（代号 A）、氧化钙膨胀剂（代号 C）、硫铝酸钙-氧化钙膨胀剂（代号 AC）。膨胀剂主要用于补偿收缩混凝土及自应力混凝土。膨胀剂按限制膨胀率分为 Ⅰ 型和 Ⅱ 型。膨胀剂限制膨胀率与补偿收缩混凝土限制膨胀率应满足表 5.8。

表 5.8　　膨胀剂限制膨胀率与补偿收缩混凝土限制膨胀率要求

膨胀剂限制膨胀率/% (GB/T 23439—2017)			补偿收缩混凝土限制膨胀率/% (GB 50119—2013)		
类型	Ⅰ 型	Ⅱ 型	用途	用于补偿混凝土收缩	用于后浇带、膨胀加强带和接缝填充
水中 7d	≥0.035	≥0.050	水中 14d	≥0.015	≥0.025
空气中 21d	≥−0.015	≥−0.010	水中 14d 转空气中 28d	≥−0.030	≥−0.020

补偿收缩混凝土宜用于结构自防水、工程接缝、填充灌浆、采用连续施工的超长混凝土结构、大体积混凝土（大坝除外）、预应力混凝土、屋面与厕浴间防水、构件补强、渗漏修补、地脚螺栓固定等；自应力混凝土宜用于自应力输水管、灌注桩等。

5.4.10　外加剂的掺加方法

外加剂的掺量很少，必须保证其均匀分散。对于可溶于水的外加剂，应配成一定浓度的溶液，随水加入搅拌机。对于不溶于水的外加剂，应与适量水泥或砂混匀后加入搅拌机。通常，宜采用液态外加剂。减水剂通常采用同掺法，为发挥减水剂的效果、减少混凝土坍落度损失及节约减水剂用量，也可采用后掺法、滞水法等掺入方法。

【例 5.3】　试为下列混凝土选择适宜的外加剂。

①高强混凝土；②自密实混凝土；③紧急堵漏用混凝土；④泵送混凝土；⑤大体积混凝土；⑥抗冻要求高的混凝土；⑦掺硅灰配制高性能混凝土；⑧早强混凝土；⑨冬季负温条件下施工混凝土；⑩喷射混凝土；⑪自应力混凝土；⑫混凝土蓄水池。

解　①高效减水剂或高性能减水剂；②缓凝型高效减水剂或高性能减水剂；③速凝剂；④高效减水剂或高性能减水剂或引气剂或泵送剂；⑤缓凝剂或缓凝型减水剂；⑥引气剂或引气型减水剂；⑦高效减水剂或高性能减水剂；⑧早强剂或早强型减水剂；⑨防冻剂；⑩速凝剂；⑪膨胀剂；⑫防水剂或膨胀剂或引气剂或高效减水剂。

5.5　混凝土骨料

水泥石具有强度等性能，使其本身可作为一种建筑材料，但它有两个明显的缺点，即体积稳定性差（收缩与徐变大）和价格高，因此需要加入骨料生产混凝土来克服。显然，骨料除了作为经济的填充料外（通常骨料占混凝土体积的 70%～80% 或以上），还提高了混凝土的体积稳定性和耐磨性。骨料对混凝土结构和物理力学性能有重要的影响，正确选用骨料有利于混凝土性能的发挥。

5.5.1 细骨料（砂）

公称粒径小于5.00mm（对应方孔筛筛孔边长4.75mm）的岩石颗粒，称为细骨料（砂）。按产源分为天然砂、人工砂和混合砂。天然砂是自然条件作用形成的，包括河砂、海砂、山砂。河砂、海砂由于长期受水流冲刷，颗粒表面比较圆滑、洁净，具有较好的天然级配，产源广。山砂颗粒多棱角，表面粗糙，泥及有机质等有害杂质较多。常选用河砂配制混凝土与砂浆。人工砂是岩石经除土开采、机械破碎、筛分而成的；混合砂是天然砂和人工砂按一定比例组合而成的。人工砂颗粒尖锐、多棱角、较洁净，但片状颗粒及细粉含量较多，成本较高。混合砂，可充分利用地方资源，降低人工砂的成本。混合砂执行人工砂的技术要求与试验方法。由于天然砂资源日益枯竭，砂的供需矛盾日益突出，人工砂、混合砂取代河砂是大势所趋。从20世纪70年代起，贵州省首先在工程上使用人工砂，近年来我国相继在十几个省份使用人工砂，并制定了各地区的人工砂标准及规定。砂的质量应符合《普通混凝土用砂、石质量及检验方法标准》（JGJ 52—2006）的要求。

25 "砂的所有试验"试验视频、试验指导书、试验报告

1. 砂的粗细程度与颗粒级配

不同粒径的砂粒，混合在一起的总体粗细程度，称为砂的粗细程度。通常分为粗砂、中砂、细砂、特细砂四级。砂用量相同，细砂总表面积较大，而粗砂总表面积较小。混凝土中，砂表面由胶凝材料浆包裹，砂总表面积越大，则包裹砂粒表面需要的胶凝材料浆就越多。因此，通常用粗砂拌制混凝土比用细砂拌制混凝土所需的胶凝材料浆为省，但混凝土拌合物黏聚性较差，容易产生离析、泌水现象；细砂拌制的混凝土黏聚性好，但因包裹砂表面需的胶凝材料浆量多，留下来起润滑作用的胶凝材料浆量少，使拌合物流动性显著减小，为满足流动性要求，势必耗用较多的胶凝材料。因此，混凝土用砂不宜过粗，也不宜过细，中砂较为适宜。

砂中大小颗粒的搭配情况，称为砂的颗粒级配。混凝土中砂粒之间的空隙是由胶凝材料浆所填充，为达到节约胶凝材料和提高强度的目的，就应尽量减小砂粒之间的空隙。要减小砂粒间的空隙，就必须有大小不同的颗粒搭配。从图5.4可以看出，若砂的粒径差不多一样大，空隙率最大［图5.4（a）］；两种粒径的砂搭配起来，空隙率就减小［图5.4（b）］；多种粒径的砂搭配起来，空隙率就更小［图5.4（c）］。因此，要减少砂粒间的空隙，就必须有大小不同粒径的颗粒合理搭配［例2.12］。

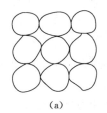 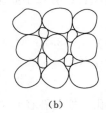 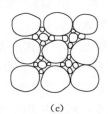

（a）　　　　　　　　　（b）　　　　　　　　　（c）

图5.4　骨料的颗粒级配

混凝土用砂的粗细程度和颗粒级配应同时考虑。砂中含有较多的粗粒径砂，并以适当的中粒径砂及少量细粒径砂填充其空隙，则其总表面积及空隙率均较小，这样的

搭配称为级配好，不仅胶凝材料浆用量较少，还可提高混凝土密实度与强度。

砂的粗细程度和颗粒级配，常用筛分析方法评定。用细度模数表示砂的粗细程度，用级配曲线表示砂的颗粒级配。筛分析方法，是用一套筛孔边长为 4.75mm、2.36mm、1.18mm、0.60mm、0.30mm、0.15mm 及底盘的标准方孔套筛，将 500g 的干砂试样由粗到细依次过筛，然后称得各筛筛余试样的质量（m_1、m_2、m_3、m_4、m_5、m_6、$m_底$），并计算出各筛的分计筛余百分率 a_i[$a_i = (m_i/500) \times 100\%$] 及各筛的累计筛余百分率 A_i（各个筛和比该筛粗的所有分计筛余百分率之和），见表 5.9。

表 5.9　　　　　　　　　　　分计筛余百分率及累计筛余百分率的关系

方孔筛筛孔边长 /mm	分计筛余		累计筛余百分率 /%
	质量/g	百分率/%	
4.75	m_1	a_1	$A_1 = a_1$
2.36	m_2	a_2	$A_2 = a_2 + a_1$
1.18	m_3	a_3	$A_3 = a_3 + a_2 + a_1$
0.60	m_4	a_4	$A_4 = a_4 + a_3 + a_2 + a_1$
0.30	m_5	a_5	$A_5 = a_5 + a_4 + a_3 + a_2 + a_1$
0.15	m_6	a_6	$A_6 = a_6 + a_5 + a_4 + a_3 + a_2 + a_1$
底盘	$m_底$	$a_底$	$A_底 = a_底 + a_6 + a_5 + a_4 + a_3 + a_2 + a_1$

砂的粗细程度用细度模数（M_x）表示，其计算公式为

$$M_x = \frac{(A_2 + A_3 + A_4 + A_5 + A_6) - 5A_1}{100 - A_1} \tag{5.1}$$

将砂（粒径小于 5.00mm）用方孔套筛筛分，2.36mm、1.18mm、0.60mm、0.30mm、0.15mm 各筛的累计筛余百分率分别为 A_2、A_3、A_4、A_5、A_6（$A_1 = 0$），砂细度模数原始定义为 $M_x = (A_2 + A_3 + A_4 + A_5 + A_6)/100$，其中 100 为底盘的累计筛余百分率（即砂总量 100%）。显然，M_x 越大，砂越粗。但工程用砂有"超径现象"，亦即砂中有少量粒径大于 5.00mm 的颗粒，因此，工程用砂 M_x 应修正。修正方法：将原始定义分子中的 A_2、A_3、A_4、A_5、A_6 各减去 4.75mm 筛的累计筛余百分率 A_1（它们都含有 A_1），即减去 $5A_1$；分母 100 也含有 A_1，需减去一个 A_1。工程用砂 M_x 计算见式（5.1）。

砂的细度模数 M_x 范围一般为 0.7～3.7。$M_x = 3.1～3.7$ 为粗砂；$M_x = 2.3～3.0$ 为中砂；$M_x = 1.6～2.2$ 为细砂；$M_x = 0.7～1.5$ 为特细砂。普通混凝土用砂细度模数一般为 2.2～3.2 较为适宜。

除特细砂外，根据 0.60mm 筛孔（控制孔径）的累计筛余百分率，分成 3 个级配区（表 5.10 及图 5.5）。混凝土用砂的筛分曲线在 3 个级配曲线区域中的任一个区域以内，其颗粒级配合格。除 4.75mm 和 0.60mm 外，其他各号筛上的累计筛余允许略有超出，但超出总量不应大于 5%。而特细砂多数为 0.16mm 以下颗粒，故无级配要求。

表 5.10　　　　　　　　　　　　砂颗粒级配区（JGJ 52—2006）

累计筛余/% ＼ 级配区 方孔筛筛孔边长	Ⅰ区	Ⅱ区	Ⅲ区
4.75mm	10～0	10～0	10～0
2.36mm	35～5	25～0	15～0
1.18mm	65～35	50～10	25～0
0.60mm	85～71	70～41	40～16
0.30mm	95～80	92～70	85～55
0.15mm	100～90	100～90	100～90

注　砂的公称粒径（方孔筛筛孔边长）(mm)：5.00（4.75）、2.50（2.36）、1.25（1.18）、0.63（0.60）、
0.315（0.300）、0.160（0.150）、0.080（0.075）。

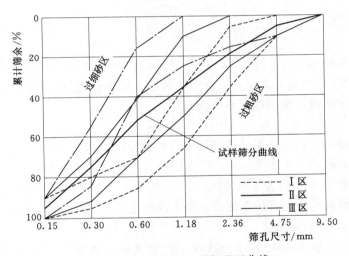

图 5.5　砂的Ⅰ、Ⅱ、Ⅲ级配区曲线

　　配制混凝土时，宜优先选用Ⅱ区砂（粗细适中）；Ⅰ区砂粗，Ⅲ区砂细。

　　建筑用砂应就地取材。若砂过粗、过细或级配不良，可将粗细两种砂掺配使用，以调节其细度与级配。若只有粗砂，可适当增加砂用量（提高砂率）或掺入适量的掺合料等以弥补粗砂对混凝土性能的不利影响；若只有细砂，可适当减少砂用量（降低砂率）或掺入适量细石屑及掺入适量减水剂、引气剂等来弥补细砂对混凝土性能的不利影响。

　　【例 5.4】　某干砂 500g 的筛分结果见表 5.11。试评定其粗细程度及颗粒级配。

表 5.11　　　　　　　　　　　　某干砂筛分结果

筛孔尺寸/mm	9.50	4.75	2.36	1.18	0.60	0.30	0.15	筛底盘
筛余质量/g	0	25	73	66	91	117	102	26

解　（1）计算各筛的分计筛余百分率 a_i 及累计筛余百分率 A_i，列于表 5.12 中。

表 5.12　　　　　　　　　各筛的分计筛余百分率和累计筛余百分率

筛孔尺寸/mm	分计筛余量/g	分计筛余 a_i/%	累计筛余 A_i/%
4.75	25	5.0	$A_1 = a_1 = 5.0$
2.36	73	14.6	$A_2 = A_1 + a_2 = 19.6$
1.18	66	13.2	$A_3 = A_2 + a_3 = 32.8$
0.60	91	18.2	$A_4 = A_3 + a_4 = 51.0$
0.30	117	23.4	$A_5 = A_4 + a_5 = 74.4$
0.15	102	20.4	$A_6 = A_5 + a_6 = 94.8$

（2）计算细度模数。由式（5.1）得

$$M_x = \frac{(A_2 + A_3 + A_4 + A_5 + A_6) - 5A_1}{100 - A_1}$$

$$= \frac{(19.6 + 32.8 + 51.0 + 74.4 + 94.8) - 5 \times 5.0}{100 - 5.0} = 2.61$$

因砂细度模数为 2.61，在 2.3～3.0 之间，故为中砂；0.60mm 筛的累计筛余百分率 51.0% 在 70%～41% 之间，故砂为Ⅱ区砂；画出砂的筛分曲线（图 5.5），曲线全部落在Ⅱ级配区内，说明砂颗粒级配合格。

2. 砂中的有害杂质

（1）泥、泥块、石粉。泥是指骨料中公称粒径小于 0.08mm 的颗粒。砂中的泥块是指在砂中公称粒径大于 1.25mm，经水浸洗、手捏后变成小于 0.63mm 的颗粒；石子中的泥块是指公称粒径大于 5.00mm，经水浸洗、手捏后变成小于 2.50mm 的颗粒。泥会降低骨料与水泥石的黏结力、增大混凝土收缩，降低强度和耐久性，因此含泥量应符合表 5.13 的要求。

泥块在混凝土拌和时会破碎分散成小泥块或泥，降低混凝土性能；更有甚者，不被破碎的泥块存在于硬化混凝土中，因泥块几乎无强度使混凝土出现空洞现象，受力时会产生应力集中，严重降低混凝土强度。因此，泥块含量应符合表 5.13 的要求。

人工砂或混合砂中粒径小于 0.08mm 的石粉含量过多，会增大需水性，增大混凝土干缩，其含量也应符合表 5.13 的要求。应当指出，石粉不能全部视为有害物质，因为石粉成分与母岩相同，与泥成分不同，一定石粉含量可以完善砂的级配，比表面积大的石粉易与水泥水化物产生反应，生成有利于混凝土性能的物质。

（2）有机物、氯离子、硫酸盐或硫化物、云母、轻物质。有机物影响混凝土凝结硬化、增大收缩，且腐烂后析出有机酸，降低混凝土性能。氯化物中的氯离子对钢筋有锈蚀作用，钢筋混凝土用砂，其氯离子含量不得大于 0.06%；预应力混凝土用砂，其氯离子含量不得大于 0.02%。硫化物及硫酸盐影响混凝土凝结硬化、对混凝土有腐蚀作用，当砂中含有颗粒状的硫酸盐或硫化物质时，应进行专门检验，确认能满足混凝土耐久性要求后方可采用。云母为表面光滑的层、片状物质，与水泥石的黏结性差且易折断，片状的云母有损砂的级配。表观密度小于 $2000kg/m^3$ 的轻物质强度低、密实度小，对混凝土性能有不利影响。

砂中有机物、氯离子、硫酸盐或硫化物、云母、轻物质等含量应符合表 5.13 规定。

表 5.13　　　砂中有机物、氯离子、硫酸盐或硫化物、云母、
轻物质等含量（JGJ 52—2006）

项目 \ 混凝土强度等级		≥C60	C55～C30	≤C25
含泥量（天然砂）（按质量计）/%		≤2.0	≤3.0	≤5.0
泥块含量（按质量计）/%		≤0.5	≤1.0	≤2.0
石粉含量（人工砂或混合砂）/%	MB<1.4（合格）	≤5.0	≤7.0	≤10.0
	MB≥1.4（不合格）	≤2.0	≤3.0	≤5.0
云母含量（按质量计）/%		≤2.0		
轻物质含量（按质量计）/%		≤1.0		
硫化物及硫酸盐（按 SO_3 质量计）/%		≤1.0		
有机物含量（用比色法试验）		颜色不应深于标准色，当颜色深于标准色时，应按水泥胶砂强度试验方法进行强度对比试验，抗压强度比不应低于 0.95		

注　1. 对于有抗冻、抗渗或其他特殊要求的小于或等于 C25 混凝土用砂，其含泥量不应大于 3%。
　　2. 对于有抗冻、抗渗或其他特殊要求的小于或等于 C25 混凝土用砂，其泥块含量不应大于 1%。
　　3. 对于有抗冻、抗渗要求的混凝土用砂，云母含量不应大于 1.0%。

（3）贝壳。海砂中的贝壳与云母相似，且含有氯化钠等盐类，其含量应符合表 5.14 的要求。

表 5.14　　　　　海砂中贝壳含量（JGJ 52—2006）

混凝土强度等级	≥C40	C35～C30	C25～C15
贝壳含量（按质量计）/%	≤3	≤5	≤8

注　对于有抗冻、抗渗或其他特殊要求的小于或等于 C25 混凝土用砂，其贝壳含量不应大于 5%。

（4）砂的碱活性。对于长期处于潮湿环境的重要混凝土结构用砂，应采用砂浆棒（快速法）或砂浆长度法进行骨料的碱活性检验。经上述检验判断为有潜在危害时，应限制混凝土中的碱含量不超过 $3kg/m^3$，或采用能抑制碱-骨料反应的有效措施。

3. 砂的坚固性

砂的坚固性指砂在气候、环境变化或其他物理因素作用下抵抗破裂的能力。砂的坚固性用硫酸钠溶液检验，试样经 5 次循环后，其质量损失应符合表 5.15 的规定。

4. 砂的强度

砂的强度指人工砂抵抗压碎的能力。人工砂的总压碎值指标应小于 30%。

表 5.15	砂的坚固性指标（JGJ 52—2006）
混凝土所处的环境条件及其性能要求	5 次循环后的质量损失/%
（1）严寒及寒冷地区室外并经常处于潮湿或干湿交替中的混凝土。 （2）对于有抗疲劳、耐磨、抗冲击要求的混凝土。 （3）有腐蚀介质作用或经常处于水位变化区的地下结构混凝土	≤8
其他条件下使用的混凝土	≤10

5.5.2　粗骨料

26 "石子的所有试验" 试验视频、试验指导书、试验报告

公称粒径大于 5.00mm 的骨料称为粗骨料（石子）。常用的粗骨料有碎石和卵石。对用于配制混凝土的碎石和卵石有以下技术要求。

1. 石子最大粒径、石子最大公称粒径、石子颗粒级配

（1）石子最大粒径（D_{max}）、石子最大公称粒径（d_{max}）。D_{max} 是指石子 100% 能通过的最小标准筛筛孔尺寸，是石子粒级中的最大值；而 d_{max} 是指石子可能全部通过或允许有少量不通过（一般允许筛余百分率不超过 10%）的最小标准筛筛孔尺寸，通常比最大粒径小一个粒级。石子的 D_{max}、d_{max} 的区别其实质是石子"超径现象"的反映。如表 5.16 中 5～31.5mm 的连续粒级石子，31.5mm 指的是该粒级的石子最大公称粒径，允许该石子不能通过孔径为 31.5mm 筛的筛余百分率为 0～5%（不超过 10%）；5～31.5mm 的 D_{max}，31.5mm＝d_{max}＜D_{max}＜40mm。从表 5.16 还可看出，石子最大公称粒径比石子最大粒径最多只能小一个粒级。

表 5.16　　　　碎石或卵石的颗粒级配范围（JGJ 52—2006）

级配情况	公称粒级/mm	累计筛余百分率（按质量计）/%											
		方孔筛筛孔边长/mm											
		2.36	4.75	9.50	16.0	19.0	26.5	31.5	37.5	53.0	63.0	75.0	90.0
连续粒级	5～10	95～100	80～100	0～15	0	—	—	—	—	—	—	—	—
	5～16	95～100	85～100	30～60	0～10	0	—	—	—	—	—	—	—
	5～20	95～100	90～100	40～80	—	0～10	0	—	—	—	—	—	—
	5～25	95～100	90～100	—	30～70	—	0～5	0	—	—	—	—	—
	5～31.5	95～100	90～100	70～90	—	15～45	—	0～5	0	—	—	—	—
	5～40	—	95～100	70～90	—	30～65	—	—	0～5	0	—	—	—
单粒级	10～20	—	95～100	85～100	—	0～15	0	—	—	—	—	—	—
	16～31.5	—	95～100	—	85～100	—	—	0～10	0	—	—	—	—
	20～40	—	—	95～100	—	80～100	—	—	0～10	0	—	—	—
	31.5～63	—	—	—	95～100	—	—	75～100	45～75	—	0～10	0	—
	40～80	—	—	—	—	95～100	—	—	70～100	—	30～60	0～10	0

注　石的公称粒径（方孔筛筛孔边长）(mm)：100.0（90.0）、80.0（75.0）、63.0（63.0）、50.0（53.0）、40.0（37.5）、31.5（31.5）、25.0（26.5）、20.0（19.0）、16.0（16.0）、10.0（9.5）、5.00（4.75）、2.50（2.36）。

石子最大公称粒径增大，则相同质量石子的总表面积减小，混凝土中包裹石子所需砂浆量（或胶凝材料浆量）减少，可节约水泥；而且，在一定和易性和胶凝材料用量条件下，能减少用水量而提高强度。因此，从包裹原理看，石子最大公称粒径越大越好，但不宜超过150mm，因为超过150mm不利于混凝土浇筑成型，且节约水泥或提高强度已不显著。况且，对于普通混凝土，尤其是配制高强混凝土或者受冲击与疲劳荷载的混凝土，当石子最大公称粒径超过40mm后，由于减少用水量获得的强度提高，被较小的黏结面积、更薄弱的过渡区及大粒径骨料造成不均匀性等不利影响所抵消，因此并无好处。亦即，从强度原理分析，石子最大公称粒径又不能太大。综合来看，水利、海港等工程中石子最大公称粒径一般不超过150mm或120mm，但不宜小于40mm，因为最大公称粒径太小限制混凝土变形作用较小；房屋建筑、道路等工程，最大公称粒径不宜超过40mm。

同时，最大公称粒径的选用，受结构上诸多因素和施工条件等方面的限制。《混凝土结构工程施工及验收规范》（GB 50204—2015）规定：粗骨料最大公称粒径不得大于结构截面最小尺寸的1/4，且不得大于钢筋最小净距的3/4。对于混凝土实心板，最大公称粒径不宜超过实心板厚的1/3，且不得超过40mm。泵送混凝土，石子最大公称粒径为25mm时，输送管最小内径为125mm；最大公称粒径为40mm时，输送管最小内径为150mm。泵送混凝土，粗骨料最大公称粒径与输送管径之比宜符合表5.17。

表 5.17　　　　粗骨料最大公称粒径与输送管径之比（JGJ 55—2011）

泵送高度/m	粗骨料最大公称粒径与输送管径之比	
	碎石	卵石
<50	≤1:3.0	≤1:2.5
50～100	≤1:4.0	≤1:3.0
>100	≤1:5.0	≤1:4.0

石子最大粒径只是石子粒径的上限，这种粒径上限或接近粒径上限的石子量很少（0～10%），不能代表石子整体大粒径情况，不能反映大粒径石子与混凝土性能的关系。石子最大公称粒径代表石子整体大粒径情况，反映大粒径石子与混凝土性能的关系。况且，石子最大粒径无法用有限数量的标准筛筛分确定，是未知的，而最大公称粒径是用标准筛筛分确定的。因此，规程或规范大有只保留最大公称粒径而废除最大粒径之势。工程中，因石子最大公称粒径与最大粒径相差不大，加之石子的"超径、逊径现象"，一些技术人员将二者不加以区分，等同看待。

（2）石子颗粒级配。石子的级配原理和要求与砂相同。级配用筛分法评定，即用2.36mm、4.75mm、9.5mm、16.0mm、19.0mm、26.5mm、31.5mm、37.5mm、53.0mm、63.0mm、75.0mm和90mm等方孔筛筛分，计算分计筛余百分率及累计筛余百分率。石子颗粒级配由《普通混凝土用砂、石质量及检验方法标准》（JGJ 52—2006）评定（表5.16）。

石子颗粒级配分为连续粒级与单粒级。

因定义公称粒径大于 5.00mm 的岩石颗粒为石子，因此，连续粒级石子其最小公称粒径一定是 5mm。连续粒级石子粒径呈连续性，即颗粒由小到大，不同粒径均占一定比例。连续粒级石子堆积相对紧密，空隙率小。用连续粒级石子配制的混凝土，其和易性较好，不易发生离析现象。连续粒级是工程上常用的级配，但不一定是级配最好的骨料。

单粒级石子的最大公称粒径为最小公称粒径的 2 倍。单粒级宜用于组合成满足要求的粒级；也可与连续粒级混合使用，以改善其级配或配成较大粒度的连续粒级。单粒级石子空隙率大，工程中一般不宜采用单一的单粒级石子配制混凝土。但单粒级石子可配制透水混凝土，广泛应用于海绵城市建设。

工程上也偶尔用间断粒级。间断粒级是人为地剔除骨料中某些粒级颗粒，从而使粒级不连续，大颗粒空隙由小几倍的小粒径颗粒填充，以快速降低石子空隙率，可最大限度地发挥骨料的骨架作用。由间断粒级配制的混凝土，可以节约水泥。但由于间断粒级的颗粒粒径相差较大，混凝土拌合物易产生离析，导致施工困难。

水工混凝土或水运工程混凝土常根据石子最大公称粒径的不同，将石子分为 5～20mm（小石级）、20～40mm（中石级）、40～80mm（大石级）、80～120（150）mm（特大石级），分别堆放（也有按其他分级方法的）。拌制混凝土时按各级石子所占比例掺混使用，各级石子比例的确定方法可参考项目 2［例 2.11］。用小石与中石按比例混合成的石子称二级配石子，配制的混凝土称二级配混凝土；用小石、中石与大石按比例混合成的石子称三级配石子，配制的混凝土称三级配混凝土，依次类推。

工程上，通常先确定好石子最大公称粒径，然后选择石子级配。比如，建筑工程，已确定石子最大公称粒径为 40mm，则可按表 5.16 选择 5～40mm 连续粒级石子或将 5～20mm 连续粒级石子与 20～40mm 单粒级石子通过试验按比例混合而成。水工混凝土，若确定石子最大公称粒径为 80mm，则可选择三级配混凝土。

以上为了便于说明粗、细骨料的级配而将它们分开独立描述。实际上，考虑到混凝土的经济性和体积稳定性，需要用较少胶凝材料浆把尽可能多的粗、细骨料颗粒空隙填充并将它们黏结在一起，这意味着骨料应具有从砂到石子连续分布的颗粒群，以减少混合后的空隙。亦即，混凝土除需良好级配的粗、细骨料外，还应考虑粗、细骨料整体级配。如混凝土配合比设计选择合理砂率时，合理砂率选定为砂石混合料最大堆积密度对应的砂率，就涵盖了粗、细骨料整体级配。现代工程对混凝土的要求越来越高，考虑粗、细骨料整体级配仍然不足。细骨料与胶凝材料的整体级配也很重要，工程中允许砂中小于 80μm 的细粉占有一定的比例就是顾及了细骨料与胶凝材料级配的衔接。同时应注重胶凝材料本身级配。因为，水泥的平均粒径为 20～30μm，小于10μm 的粒子不足。况且水泥在生产过程中，其粒径分布也不够合理，颗粒间的空隙也很高。因此，水泥粒子之间的填充性并不好。如果在水泥中掺入磨细矿物掺合料，如磨细粉煤灰和磨细矿渣（平均粒径达 3～6μm），则可大幅度改善胶凝材料的填充性。当颗粒级配适当时，可使胶凝材料的空隙率达到最小值从而改善混凝土的微观结构并使其密化。达到同样的坍落度时，含超细颗粒越多的掺合料可降低用水量、减少减水剂的掺量。

【例 5.5】 已知某工程选定石子最大粒径为 40mm，若选用连续粒级石子配制混凝土，试选择合适的连续粒级石子。

解 因石子最大粒径 $D_{max}=40$mm，由石子最大粒径 D_{max} 与石子最大公称粒径 d_{max} 的关系，对照级配表 5.16，选 5～31.5mm 连续粒级石子。

【例 5.6】 钢筋混凝土梁截面为 300mm×400mm，钢筋最小净距为 52mm，碎石配制混凝土，采用输送管内径为 150mm 的混凝土泵泵送施工，泵送高度 43m。试确定石子最大公称粒径 d_{max}；若选用连续粒级石子拌制混凝土，请选择合适的连续粒级石子。

解 （1）$d_{max}\leqslant\dfrac{1}{4}\times300=75.0$（mm）

（2）$d_{max}\leqslant\dfrac{3}{4}\times52=39.0$（mm）

（3）$d_{max}\leqslant\dfrac{1}{3}\times150=50.0$（mm）

（4）为满足输送管径及混凝土强度要求，$d_{max}\leqslant40$mm

由（1）～（4）得 $d_{max}\leqslant39.0$mm。满足要求前提下，d_{max} 越大越好，故初选 $d_{max}=39.0$mm。级配表 5.16 中，与 $d_{max}=39.0$mm 最接近的有且只有 $d_{max}=40$mm，故最终选 $d_{max}=40$mm。对照级配表，选 5～40mm 连续粒级石子配制混凝土。

【例 5.7】 甲、乙两种石子，各取干燥试样 40kg。筛分后，筛分结果见表 5.18。试评定甲、乙两种石子各属何种粒级以及级配如何？

表 5.18 甲、乙两种石子的筛分结果

筛孔尺寸/mm		2.36	4.75	9.5	16.0	19.0	26.5	31.5	37.5
筛余量/kg	甲	0.7	5.8	11.4	11.9	4.9	3.3	1.8	0
	乙	0	1.2	2.3	9.1	13.3	10.6	3.4	0

解 （1）计算甲、乙两种石子的分计筛余百分率、累计筛余百分率（表 5.19）。

表 5.19 甲、乙两种石子的分计筛余百分率、累计筛余百分率

	筛孔尺寸/mm	2.36	4.75	9.5	16.0	19.0	26.5	31.5	37.5
甲	筛余量/kg	0.7	5.8	11.4	11.9	4.9	3.3	1.8	0
	分计筛余/%	1.8	14.5	28.5	29.8	12.2	8.2	4.5	0
	累计筛余/%	99.5	97.7	83.2	54.7	24.9	12.7	4.5	0
乙	筛余量/kg	0	1.2	2.3	9.1	13.3	10.6	3.4	0
	分计筛余/%	0	3.0	5.8	22.8	33.2	26.5	8.5	0
	累计筛余/%	99.5	99.8	96.8	91.0	68.2	35.0	8.5	0

（2）评定甲、乙两种石子各属何种粒级以及级配。

对照级配表 5.16，甲、乙两种石子最大公称粒径均为 31.5mm，但甲石子属 5～31.5mm 连续粒级，乙石子属 16～31.5mm 单粒级。甲、乙两石子级配合格。

2. 粗骨料强度及坚固性

（1）粗骨料强度。为保证混凝土强度，粗骨料应质地致密、具有足够强度。粗骨料强度采用岩石立方体强度和压碎值指标来表示。

岩石立方体强度，是用母岩制成边长为 50mm 的立方体（或直径与高度均为 50mm 的圆柱体）试样，浸泡 48h，吸水饱和后测得的抗压强度。岩石立方体强度应比混凝土强度至少高 20%。中低强混凝土的抗压破坏，通常是过渡区甚至是水泥石的破坏，而石子强度通常未完全发挥，可不进行岩石抗压强度检验。当混凝土强度等级不小于 C60 时，混凝土抗压破坏，有可能是石子破坏，为保证混凝土强度，应进行岩石抗压强度检验。岩石抗压强度应由生产单位提供，工程中可采用压碎值指标进行质量控制。

压碎值指标是测定粒状石子抵抗压碎的能力。其检验方法是将气干状态下 10.0～20.0mm 的石子装入一定规格的金属圆桶内，在 160～300s 内均匀施加荷载至 200kN，并恒压 5s，卸荷后称圆桶内试样质量（m_0），再用 2.36mm 的筛筛除被压碎的细粒，称试样的筛余量（m_1），压碎值指标为

$$\delta_a = \frac{m_0 - m_1}{m_0} \times 100\% \tag{5.2}$$

式中　δ_a——压碎值指标，%；

　　　m_0——试样质量，g；

　　　m_1——压碎试验后试样 2.36mm 筛筛余量，g。

粗骨料压碎值指标越小，其强度越高，抵抗受压破坏的能力越强。碎石和卵石的压碎值指标宜符合表 5.20 和表 5.21 的规定。

表 5.20　　　　　　　　碎石的压碎值指标（JGJ 52—2006）

岩石品种	混凝土强度等级	碎石压碎值指标/%
沉积岩	C60～C40	≤10
	≤C35	≤16
变质岩或深成的火成岩	C60～C40	≤12
	≤C35	≤20
喷出的火成岩	C60～C40	≤13
	≤C35	≤30

注　沉积岩包括石灰岩、砂岩等；变质岩包括片麻岩、石英岩等；深成的火成岩包括花岗岩、正长岩、闪长岩和橄榄岩等；喷出的火成岩包括玄武岩和辉绿岩等。

表 5.21　　　　　　　　卵石的压碎值指标（JGJ 52—2006）

混凝土强度等级	C60～C40	≤C35
压碎值指标/%	≤12	≤16

（2）粗骨料的坚固性。粗骨料的坚固性应用硫酸钠溶液法检验，试样经 5 次循环后，其质量损失应符合表 5.22 的规定。

表 5. 22 碎石或卵石的坚固性指标（JGJ 52—2006）

混凝土所处的环境条件及其性能要求	5 次循环后的质量损失/%
（1）严寒及寒冷地区室外并经常处于潮湿或干湿交替中的混凝土。 （2）有腐蚀性介质作用或经常处于水位变化区的地下结构混凝土。 （3）有抗疲劳、耐磨、抗冲击等要求的混凝土	≤8
在其他条件下使用的混凝土	≤12

3. 粗骨料的颗粒形状及表面特征

为减少空隙，粗骨料的形状为球形或立方体颗粒为最佳，而针状颗粒（颗粒长度大于所属粒级平均粒径的 2.4 倍）和片状颗粒（厚度小于所属粒级平均粒径的 0.4 倍）容易折断、增大粗骨料的空隙率，且它们下部易聚集水囊，使混凝土和易性、强度等性能降低。因此，粗骨料中针、片状颗粒含量，应符合表 5.23 的规定。

骨料表面特征是指骨料表面的粗糙程度及细小开口孔隙情况。它主要影响骨料与水泥石之间的黏结。碎石表面粗糙多棱角，表面有一些细小开口孔隙，与水泥石的黏结力强；卵石表面光滑，与水泥石的黏结力较差，但混凝土拌合物和易性较好。在相同条件下，碎石混凝土强度比卵石混凝土高 10% 左右。

4. 粗骨料的有害杂质

粗骨料中的有害杂质主要有：泥、泥块、针状与片状颗粒、硫化物及硫酸盐、有机物等。各种有害杂质的含量应符合表 5.23 的规定。

表 5. 23 碎石或卵石的含泥量和泥块含量及其他有害杂质的含量（JGJ 52—2006）

项目 ＼ 混凝土强度等级	≥C60	C55～C30	≤C25
含泥量（按质量计）/%	≤0.5	≤1.0	≤2.0
泥块含量（按质量计）/%	≤0.2	≤0.5	≤0.7
针状、片状颗粒含量（按质量计）/%	≤8	≤15	≤25
硫化物及硫酸盐（按 SO_3 质量计）/%	≤1.0		
有机物含量（卵石）（比色法试验）	颜色不应深于标准色。当颜色深于标准色时，应配制成混凝土进行强度对比试验，抗压强度比应不低于 0.95		

注　1. 当碎石或卵石中含有颗粒状硫酸盐或硫化物时，应专门检验，确认能满足混凝土耐久性要求后，方可采用。

　　2. 对于有抗冻、抗渗或其他特殊要求的混凝土，其所用碎石或卵石中含泥量不应大于 1.0%。当碎石或卵石的含泥是非黏土质的石粉时，其含泥量可由 0.5%、1.0%、2.0% 分别提高到 1.0%、1.5%、3.0%。

　　3. 对于有抗冻、抗渗或其他特殊要求的强度等级小于 C30 混凝土，其所用碎石或卵石中泥块含量不应大于 0.5%。

5. 粗骨料的碱活性

对于长期处于潮湿环境的重要结构混凝土，其所用的粗骨料应进行碱活性检验。当检验出骨料中含有活性二氧化硅时，应采用快速砂浆棒法和砂浆长度法进行碱活性检验；当检验出骨料中含有活性碳酸盐时，应采用岩石柱法进行碱活性检验。经检验，当判定骨料存在潜在碱-碳酸盐反应危害时，不宜用作混凝土骨料；否则，应通过专门的混凝土试验，做最后评定。当判定骨料存在潜在碱-硅反应危害时，应限制混凝土中的碱含量不超过 $3kg/m^3$，或采取能抑制碱-骨料反应的措施。

6. 骨料的含水状态

骨料的含水状态分干燥状态、气干（风干）状态、饱和面干状态和湿润状态四种（图5.6）。干燥状态骨料含水率等于或接近于零；气干状态骨料含水率与大气湿度相平衡，但未达到饱和；饱和面干状态骨料其内部孔隙含水达到饱和而其表面干燥；湿润状态骨料不但内部孔隙含水达到饱和，而且表面还吸附着自由水。建工混凝土配合比设计时，一般以干燥状态骨料为基准，而水工混凝土常以饱和面干状态骨料为基准。

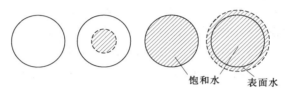

（a）干燥状态　（b）气干状态　（c）饱和面干状态　（d）湿润状态

图5.6　骨料的含水状态

在设计和称料拌和混凝土时应根据骨料的含水状态，作相应调整。当配合比设计是以干燥骨料为基准时，施工配合比的用水量应扣除骨料的含水量；当配合比设计是以饱和面干骨料为基准时，施工配合比的用水量应扣除骨料的表面含水量。

5.5.3　混凝土用水

混凝土用水是混凝土拌和用水和养护用水的总称。拌制和养护混凝土用水应符合《混凝土用水标准》（JGJ 63—2006）的规定（表5.24）。

表5.24　　　　混凝土拌和用水质量要求（JGJ 63—2006）

项　目	素混凝土	钢筋混凝土	预应力混凝土
pH 值，$\geqslant$	4.5	4.5	5.0
不溶物/(mg/L)，$\leqslant$	5000	2000	2000
可溶物/(mg/L)，$\leqslant$	10000	5000	2000
氯化物（以 Cl^- 计）/(mg/L)，$\leqslant$	3500	1000	500
硫酸盐（以 SO_4^{2-} 计）/(mg/L)，$\leqslant$	2700	2000	600
碱含量/(rag/L)，$\leqslant$	1500	1500	1500

注　1. 对于设计使用年限为100年的结构混凝土，氯离子含量不得超过500mg/L；使用钢丝或经热处理的预应力混凝土，氯离子含量不得超过350mg/L。
　　2. 碱含量按 $Na_2O+0.658K_2O$ 计算值来表示。采用非碱活性骨料时，可不检验碱含量。

凡能饮用的自来水和清洁的天然水，都能用来拌制和养护混凝土。地表水、地下水、再生水的放射性应符合《生活饮用水卫生标准》（GB 5749—2006）的规定。不得使用污水、pH 值小于4.0的酸性水、含硫酸盐（按 SO_3 计）超过1%的水。

对水质有疑问时应对水样进行检验，被检验水样应与饮用水样进行水泥凝结时间对比试验。对比试验的水泥初凝时间差及终凝时间差均不应大于30min；同时，初凝时间和终凝时间应符合《通用硅酸盐水泥》（GB 175—2023）的规定。被检验水样应与饮用水样进行水泥胶砂强度对比试验，被检验水样配制的水泥胶砂 3d 和 28d 强度不应低于饮用水配制的水泥胶砂 3d 和 28d 强度的 90%。

混凝土拌和用水不应有漂浮明显的油脂和泡沫，不应有明显的颜色和异味。混凝土企业设备洗刷水不宜用于预应力混凝土、装饰混凝土、加气混凝土和暴露于腐蚀环境的混凝土；不得用于使用碱活性或潜在碱活性骨料的混凝土。严禁未经处理的海水用于钢筋混凝土和预应力混凝土。在无法获得水源的情况下，海水可用于素混凝土，但不宜用于装饰混凝土。

混凝土养护用水可不检验不溶物和可溶物，其他检验项目应符合表 5.24 的规定。混凝土养护用水可不检验水泥凝结时间和水泥胶砂强度。

5.6　普通混凝土的主要技术性质

混凝土未凝结硬化前，称为混凝土拌合物，也称新拌混凝土。它必须具有良好的和易性，便于施工，以保证能获得良好的浇灌质量。混凝土拌合物凝结硬化后，应具有足够的强度，以保证建筑物能安全地承受设计荷载，并应具有必要的耐久性。

27 "混凝土的所有试验"试验视频、试验指导书、试验报告

5.6.1　混凝土拌合物的和易性

1. 和易性的概念

和易性是指混凝土拌合物易于施工操作（拌和、运输、浇筑、捣实），并能获得质量均匀、成型密实的性能。和易性也称工作性。和易性是一项综合技术性质，包括流动性、黏聚性和保水性三个方面的含义。

（1）流动性（稠度）。流动性是指混凝土拌合物在自重或机械振捣作用下，能产生流动，并均匀密实地填满模板的性能。流动性的大小，反映拌合物的稀稠，直接影响施工振捣难易程度和成型质量。

（2）黏聚性。黏聚性是指混凝土拌合物在施工过程中其各组分有一定的黏聚力，不致产生分层和离析，保持整体均匀的性能。黏聚性反映拌合物的均匀性。分层指混凝土浇筑后因重力沉降产生的各组分不均匀分布；离析指石子与砂浆分离或稀浆从混合料中析出。黏聚性不好，使得拌合物整体不均匀，振捣后出现蜂窝、空洞等现象，降低工程质量。

（3）保水性。保水性是指混凝土拌合物具有一定的保水能力，不致产生严重泌水的性能。保水性反映拌合物的稳定性。保水性差的拌合物，由于水分渗过的路径会形成毛细管孔隙，成为硬化混凝土内部的渗水通道；同时，水分泌出过程中，一部分水还会停留在石子及钢筋的下部形成水囊，减弱胶凝材料浆与石子及钢筋的黏结力。这些都会降低混凝土的密实性，从而降低混凝土的强度与耐久性。

流动性、黏聚性、保水性三者互相关联又互相矛盾。如黏聚性好则保水性往往也好，但流动性可能较差；当流动性增大时，黏聚性和保水性往往变差。因此，所谓和易性良好，就是要使这三个方面在某种具体条件下得到统一。如自密实混凝土，其和易性要求为流动性大且黏聚性、保水性好；C15 以下垫层混凝土，流动性达到要求，黏聚性、保水性不良也属满足和易性要求。

2. 和易性测定

目前，尚没有能够全面反映混凝土和易性的测定方法。在工地和实验室，通常测定流动性，并辅以直观经验评定黏聚性和保水性。对塑性和流动性拌合物，用坍落度表示流动性；对干硬性拌合物，用维勃稠度表示流动性。

（1）坍落度与坍落扩展度的测定。

1）坍落度的测定。《普通混凝土拌合物性能试验方法标准》（GB/T 50080—2016）规定，坍落度测定方法是将拌合物分 3 层装入高为 300mm 的标准截头圆锥筒（坍落度筒）中，逐层插捣并装满刮平后，垂直提起坍落度筒，拌合物由于失去了筒的约束在内部胶凝材料浆润滑作用下因自重向下坍落。量测坍落的高度（修约至 5mm），即为坍落度（以 T 表示），坍落度测定如图 5.7 所示。坍落度越大，则拌合物的流动性越大。

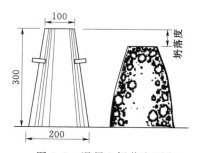

图 5.7　混凝土坍落度测定

黏聚性的评定方法是用捣棒在已坍落的锥体侧面轻轻敲打，若锥体逐渐下沉，则表示黏聚性良好；如果锥体出现倒坍、部分崩坍或剪坏现象，则黏聚性不良。

保水性以拌合物中稀浆析出的程度来评定。坍落筒提起后如有较多的稀浆从底部析出，锥体部分也因失浆而骨料外露，则保水性不良；反之，保水性良好。

坍落度宜用于骨料最大公称粒径不大于 40mm、坍落度不小于 10mm 的拌合物。

2）坍落扩展度的测定。坍落扩展度宜用于骨料最大公称粒径不大于 40mm、坍落度不小于 160mm 的拌合物。

扩展度是指提离坍落度筒后，当拌合物不再扩散或扩散持续时间达 50s 时，测量拌合物扩展面的最大直径以及与之垂直方向的直径的平均值。

坍落度或坍落扩展度越大，表示拌合物填充性越好。坍落扩展度适用于泵送高强混凝土、自密实混凝土等。

（2）维勃稠度的测定。坍落度法测不出干硬性拌合物稠度的变化情况，宜用维勃稠度（VC 值）表示其稠度。骨料最大公称粒径不大于 40mm、维勃稠度在 5～30s 的拌合物，维勃稠度测试方法是：在维勃稠度仪上的坍落度筒中按规定方法装满拌合物，垂直提走筒，在拌合物顶面放一透明圆盘，开启振动台，同时计时，到圆盘的整个底面与水泥浆接触时所经历的时间（精确至 1s），称为维勃稠度（图 5.8）。对于维勃稠度在其他范围的拌合物，用增实因数法测定。

拌合物按坍落度、维勃稠度和坍落扩展度分级，见表 5.25～表 5.27。

表 5.25　　　　混凝土拌合物的坍落度等级划分（GB 50164—2011）

等级	名　称	坍落度 T/mm	等级	名　称	坍落度 T/mm
S1	低塑性混凝土	10～40	S4	大流动性混凝土	160～210
S2	塑性混凝土	50～90	S5	流态混凝土	≥220
S3	流动性混凝土	100～150			

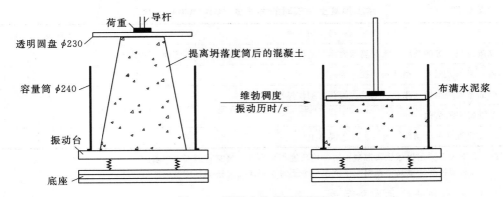

图 5.8 混凝土维勃稠度测定

表 5.26 混凝土拌合物的维勃稠度等级划分 (GB 50164—2011)

等级	名称	维勃稠度/s	等级	名称	维勃稠度/s
V0	超干硬性混凝土	≥31	V3	半干硬性混凝土	10～6
V1	特干硬性混凝土	30～21	V4	—	5～3
V2	干硬性混凝土	20～11			

表 5.27 混凝土拌合物的坍落扩展度等级划分 (GB 50164—2011)

等 级	扩展直径/mm	等 级	扩展直径/mm
F1	≤340	F4	490～550
F2	350～410	F5	560～620
F3	420～480	F6	≥630

3. 流动性（坍落度）的选择

正确选择流动性（坍落度）指标，对保证混凝土施工质量及节约胶凝材料有重要意义。坍落度小的拌合物施工困难些，但胶凝材料浆用量少，节约胶凝材料；坍落度大的拌合物，施工容易些，但胶凝材料用量较多，且易产生离析泌水现象。因此，选择坍落度指标时，原则上应在便于施工操作并能保证振捣密实的前提下，尽可能取较小的坍落度，以节约胶凝材料并获得质量较高的混凝土。具体地说，应根据结构物的条件及施工方法而定。当构件截面尺寸较小或钢筋较密或人工插捣时，坍落度可选大些；反之，如截面尺寸较大或钢筋较疏或振动器振捣时，坍落度可选小些。水工混凝土坍落度的选择可参考表 5.28，建工混凝土坍落度的选择可参考表 5.29。

表 5.28 水工混凝土浇筑时的坍落度 (SL 677—2014)

混凝土类别	坍落度 T/mm	混凝土类别	坍落度 T/mm
素混凝土或少筋混凝土	10～40	配筋率超过 1% 的钢筋混凝土	50～90
配筋率不超过 1% 的钢筋混凝土	30～60	泵送混凝土	140～220

注 有温控要求或高、低温季节浇筑混凝土时，坍落度可根据具体情况酌量增减。

表5.29 建工混凝土浇筑时的坍落度（GB 50204—2015）

结 构 种 类	坍落度 T/mm
基础或地面等的垫层、无配筋的大体积结构（挡土墙、基础等）或配筋稀疏的结构	10～30
板、梁和大型及中型截面的柱子等	30～50
配筋密列的结构（斗仓、薄壁、筒仓、细柱等）	50～70
配筋特密的结构	70～90
高层建筑（大流动性、流态、泵送混凝土）	80～200

注 1. 本表系采用机械振捣混凝土时的坍落度，采用人工捣实其值可适当增大。
   2. 有温控要求或高、低温季节浇筑混凝土时，坍落度可根据具体情况酌量增减。

4. 影响和易性的主要因素

（1）胶凝材料浆的数量。混凝土拌合物中，胶凝材料浆包裹骨料表面，填充骨料空隙，使骨料润滑，拌合物具有流动性。水胶比一定时，随胶凝材料浆的增加，拌合物流动性增大。若胶凝材料浆过多，超过填充骨料空隙与包裹骨料表面所需的限度，就会出现流浆现象，这既浪费胶凝材料又降低混凝土性能；如胶凝材料浆过少，不能充分包裹骨料表面和填充空隙，使黏聚性变差，流动性低，不仅产生崩坍或剪坏现象，还会使混凝土强度和耐久性降低。拌合物中胶凝材料浆的数量以满足流动性和强度要求为度。

（2）胶凝材料浆的稠度。水胶比（W/B）为水用量与胶凝材料用量之比。水胶比越小，胶凝材料浆越稠，拌合物流动性越小。若水胶比过小，胶凝材料浆很干稠，拌合物流动性过低，会使施工困难，不能保证混凝土的密实性。水胶比增大，会使流动性增大，但若水胶比过大，又会造成拌合物黏聚性和保水性不良，进而产生流浆、离析等现象，严重降低混凝土强度。因此，水胶比不能过大或小，一般应根据混凝土强度和耐久性要求，合理地选用。

无论是胶凝材料浆的多少还是胶凝材料浆的稀稠，实际上对拌合物流动性起决定作用的是单位用水量（1m³ 混凝土用水量）的多少。当原材料确定，单位用水量一定时，单位胶凝材料用量（1m³ 混凝土胶凝材料用量）增减不超过 50～100kg，流动性大体保持不变。这就是混凝土"恒定用水量定则"。现象产生的原因是：增加胶凝材料使拌合物中胶凝材料浆增加，使得流动性增大，可部分弥补胶凝材料增加而使水胶比降低引起的流动性减小。同时，胶凝材料增加会导致骨料用量减少、水胶比降低可取较小的砂率，均对流动性的减小有补偿作用。减少胶凝材料，效果亦然。因此，用水量与流动性正相关。"恒定用水量定则"的实际意义主要有两方面：①既然用水量决定流动性，即用水量与流动性存在一一对应关系，那么混凝土配合比设计时选择用水量的主要依据就是设计的坍落度（或维勃稠度）；②采用相同的原材料，可以配制出流动性相同而强度不同的混凝土。

在调整拌合物流动性时，欲使流动性增大，通常采用保持水胶比不变，增加胶凝材料浆用量的方法。这样既达到了增大流动性的目的，又避免了单纯增加用水量而使混凝土强度、耐久性下降的缺点。

（3）砂率。砂率是指混凝土中砂用量占砂、石总用量的百分率，用式（5.3）计

算，即

$$\beta_s = \frac{m_s}{m_s + m_g} \times 100\%$$ (5.3)

式中 β_s——砂率，%；

m_s、m_g——1m³ 混凝土的砂、石用量，kg。

拌合物中，砂是用来填充石子空隙的。胶凝材料浆用量一定，若砂率过大，则骨料的总表面积及空隙率增大，包裹骨料与填充骨料空隙的胶凝材料浆量就多，剩下起润滑作用的胶凝材料浆量就少，拌合物显得干稠，流动性小。如要保持一定的流动性，则要多耗费胶凝材料。若砂率过小，则砂浆量不足，不能在粗骨料周围形成足够的砂浆层起润滑和填充作用，也会降低拌合物流动性，同时使黏聚性、保水性变差，导致胶凝材料浆流失、粗骨料离析，甚至出现溃散现象。砂率对和易性的影响如图5.9 所示。

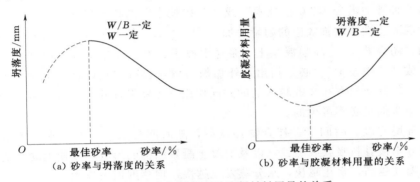

图 5.9   砂率与坍落度及胶凝材料用量的关系

因此，砂率既不能过大，也不能过小，应通过试验确定最佳（合理）砂率。即在水用量和水胶比不变的条件下，拌合物的黏聚性、保水性符合要求，同时流动性最大的砂率为最佳砂率。同理，在水胶比和坍落度不变的条件下，胶凝材料用量最小的砂率也是最佳砂率。为了节约胶凝材料，工程中常采用最佳砂率。

混凝土配合比设计时，可参照以下原则选择或调整最佳（合理）砂率。

1）当石子最大公称粒径较大、级配较好、表面光滑时，最佳砂率取较小值。

2）当砂细度模数较小时，最佳砂率较小。

3）当水胶比较小或掺有使拌合物黏聚性得到改善的掺合料（如粉煤灰或硅灰）时，最佳砂率可取较小值。

4）当混凝土中掺有引气剂或减水剂时，最佳砂率较小。

5）当混凝土设计的流动性较大时，最佳砂率较大。

6）通常，用碎石配制混凝土比用卵石配制混凝土的最佳砂率大。

7）用单粒级粗骨料配制混凝土时，最佳砂率较大。用人工砂时，最佳砂率大。

（4）组成材料的性质。需水量（标准稠度用水量）大的水泥品种，拌合物达到相同的坍落度，需要较多的用水量。硅酸盐水泥、普通水泥拌制的拌合物流动性较大、保水性较好；矿渣水泥拌制的拌合物流动性大，但黏聚性、保水性较差，易泌水；火山灰水泥需水量大，在相同水量下，流动性低，但黏聚性、保水性较好。

骨料的性质对和易性影响大。级配良好的骨料，空隙率小，胶凝材料浆填充空隙后所剩的起润滑作用的量多，和易性好。级配良好的骨料，各粒径骨料都占一定比例，填充空隙且表面包裹胶凝材料浆的较小颗粒在拌合物中起类似滚珠的作用，增大流动性。碎石表面粗糙多棱角，卵石表面光滑且多呈椭球形，碎石与卵石在相同用量下，碎石表面积大、相互运动的摩阻嵌固力大，碎石配制的混凝土流动性小。砂越细，表面积越大，拌合物流动性降低，但黏聚性、保水性好。

（5）外加剂。外加剂对混凝土和易性影响显著。参阅本项目5.4混凝土外加剂。

（6）矿物掺合料。矿物掺合料对和易性影响显著。参阅本项目5.3混凝土矿物掺合料。因外加剂、掺合料对混凝土和易性、强度、耐久性、体积稳定性等影响显著，为了获得性能优良且经济的混凝土，常采用"双掺技术"或"三掺技术"。所谓"双掺技术"，就是在混凝土中同时掺入外加剂与掺合料两种外加组分；"三掺技术"就是同时掺入3种外加组分。"双掺技术"或"三掺技术"的技术思路是，获得外加剂与掺合料对混凝土性能改善效应的超量叠加（1+1＞2），使外加剂与掺合料对混凝土发生所谓的"超叠效应"。高强混凝土、泵送混凝土、海工混凝土等一般都采用了"双掺技术"或"三掺技术"。必须指出，外加剂与掺合料有相互依存的关系，比如，比表面积极大的硅灰只有在高效减水剂的共同作用下才能发挥效应，若混凝土中掺入硅灰，高效减水剂是必不可少的。

（7）环境温度、时间等。拌合物拌制后，随时间延长，一部分水与胶凝材料水化，一部分水被骨料吸收或蒸发，以及混凝土凝聚结构的形成，致使流动性变差。

环境温度越高，水化越快，水分蒸发也越快，坍落度损失越大。

5. 改善和易性的主要措施

（1）采用合理砂率。

（2）改善砂、石（特别是石子）的级配。

（3）尽量采用较粗的砂、石骨料。

（4）当拌合物的黏聚性和保水性良好，而坍落度小时，应保持水胶比不变，适当增加用水量和胶凝材料的用量。

（5）掺入外加剂与矿物掺合料。

5.6.2 混凝土拌合物的凝结时间

混凝土拌合物的凝结时间分初凝时间和终凝时间，采用贯入阻力法测定。用孔径5mm筛从拌合物中湿筛出砂浆，装入容器中，用力经10s将测针贯入砂浆25mm，贯入过程中最大的力 F 除以测针承压面积 S，即得贯入阻力（MPa）（图5.10）。随时间推移，贯入阻力增大。常态混凝土以贯入阻力3.5MPa为初凝状态（碾压混凝土以贯入阻力转

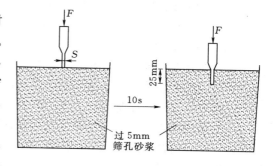

图 5.10 混凝土凝结时间测定示意图

折点为初凝状态），以贯入阻力 28.0MPa 为终凝状态。加水时刻至初凝状态或终凝状态所经历的时间为初凝时间或终凝时间。

混凝土的初凝是水泥浆由凝聚结构向结晶结构转变的拐点。凝聚结构破坏后具有触变复原的性质，而结晶结构已无此性质。混凝土升层浇筑时，为保证层面塑性结合，避免形成"冷缝"，应在下层混凝土初凝之前浇筑振捣（或碾压）完上层混凝土。显然，初凝时间表示施工时间的极限，不宜过短，如碾压混凝土一般要求初凝时间大于 6~8h；终凝时间表示混凝土强度开始快速发展。

水泥凝结时间是在标准稠度、规定温湿度下测得的，主要用于评价水泥质量。混凝土凝结时间直接制约着混凝土施工质量，意义重大。混凝土凝结时间与水泥凝结时间有关，水胶比、浆骨比、掺合料的品种与掺量、外加剂的性能与掺量、骨料中有害杂质等也动态影响混凝土凝结时间。施工时的温湿度对混凝土凝结时间影响很大，基于此，为避免形成"冷缝"，人们按层面成熟度（层面间隔时间与层面温度的乘积）来控制，如不低于 200℃·h。成熟度不大于规定值时连续铺料浇筑，否则，按施工缝处理。

5.6.3 混凝土的强度

工程结构与施工验收中，混凝土常用的强度有立方体抗压强度、轴心抗压强度、抗拉强度和抗折强度等，其中抗压强度最高，故混凝土主要用来承受压力。混凝土抗压强度与其他性能密切相关，一般说来，抗压强度越高，其刚性、不透水性、抗冻性、抵抗风化和某些介质侵蚀的能力越高。因此，抗压强度是混凝土结构设计的主要参数，也是混凝土质量评定指标。不特别说明，混凝土强度指的是抗压强度。

1. 混凝土立方体抗压强度、立方体抗压强度标准值、强度等级

（1）立方体抗压强度（f_{cu}）。

《混凝土物理力学性能试验方法标准》（GB/T 50081—2019）规定，按标准方法制作边长 150mm 的标准立方体试件，标准条件［温度（20±2）℃、相对湿度 95% 以上养护室或不流动的饱和 Ca(OH)$_2$ 水中］养护 28d，标准方法测得的抗压强度值，称为混凝土立方体抗压强度，以 f_{cu} 表示。

测定混凝土立方体抗压强度，也可根据粗骨料最大公称粒径选用非标准试件，但在计算其抗压强度时，应乘以换算系数，以得到相当于标准试件的试验结果。混凝土强度等级小于 C60 时，换算系数见表 5.30；大于等于 C60 时，宜采用标准试件；小于等于 C100 的高强混凝土若采用 100mm 立方体试件，换算系数可取 0.95。

表 5.30 　　　混凝土不同尺寸试件的强度换算系数（GB/T 50081—2019）

粗骨料最大公称粒径/mm	试件尺寸/(mm×mm×mm)	换算系数
≤31.5	100×100×100	0.95
≤40	150×150×150	1.00
≤63	200×200×200	1.05

（2）立方体抗压强度标准值（$f_{cu,k}$）。立方体抗压强度未涉及数理统计和保证率的概念。$f_{cu,k}$ 是按数理统计方法确定的，具有 95% 保证率的立方体抗压强度值。

（3）强度等级。《混凝土结构设计规范》（GB 50010—2010）规定，混凝土强度等级按立方体抗压强度标准值划分为：C15、C20、C25、C30、C35、C40、C45、C50、C55、C60、C65、C70、C75、C80 共 14 个等级。《水工混凝土结构设计规范》（DL/T 5057—2009）将混凝土强度等级划分为：C10、C15、C20、C25、C30、C35、C40、C45、C50、C55、C60 共 11 个等级。例如，C25 表示立方体抗压强度标准值 $f_{cu,k}=25\text{MPa}$。

2. 混凝土轴心抗压强度、轴心抗压强度标准值、轴心抗压强度设计值

（1）轴心抗压强度（f_{cp}）。混凝土强度等级及质量控制均采用标准立方体抗压强度，但实际结构中，大多数钢筋混凝土受压构件为棱柱体或圆柱体，为使测得的混凝土强度尽可能接近工程实际，钢筋混凝土结构（如梁、柱、桁架的腹杆等轴心受压构件）设计时，均采用混凝土轴心抗压强度作为设计依据。

轴心抗压强度又称棱柱体抗压强度，是将 150mm×150mm×300mm 标准棱柱体试件（也可采用非标准试件），标准养护 28d，标准方法测得的抗压强度值，以 f_{cp} 表示（试件强度）。$f_{cp}/f_{cu}\approx0.76\sim0.82$（图 2.4）。

（2）轴心抗压强度标准值（f_{ck}）。f_{ck} 是指结构中的混凝土轴心抗压强度标准值。f_{ck} 是在立方体抗压强度标准值 $f_{cu,k}$ 基础上建立的。f_{ck} 主要内涵：①以与梁、柱等结构同条件养护至等效龄期的混凝土棱柱体强度（结构强度）为评价指标，而非标准养护 28d 的棱柱体强度（试件强度）为评价指标；②涉及了轴心抗压强度与立方体抗压强度的差异并假定二者的离差系数（变异系数）相等；③与立方体抗压强度标准值一样，具有 95% 保证率；④考虑了不同强度等级混凝土的脆性；⑤是钢筋混凝土结构设计强度取值依据。f_{ck} 与 $f_{cu,k}$ 的关系为

$$f_{ck}=0.88\alpha_{c1}\alpha_{c2}f_{cu,k} \tag{5.4}$$

式中　0.88——结构强度与试件强度的比值；

α_{c1}——轴心抗压强度与立方体抗压强度的比值。C50 及以下，取 0.76；C50～C80，在 0.76～0.82 内插值；

α_{c2}——高强混凝土脆性折减系数。C40 及以下，$\alpha_{c2}=1.00$；C40～C80，在 1.00～0.87 内插值。

（3）轴心抗压强度设计值（f_c）。f_c 即结构混凝土抗压强度设计值。钢筋混凝土梁、柱、桁架的腹杆等轴心受压构件设计时，f_c 取 f_{ck} 除以分项系数 1.4，即

$$f_c=f_{ck}/1.4 \tag{5.5}$$

3. 混凝土轴心抗拉强度、轴心抗拉强度标准值、轴心抗拉强度设计值

混凝土抗拉强度小，在结构设计时不考虑承受拉力，拉力由钢筋承担。但抗拉强度对混凝土抗裂性具有重要作用，它是结构设计中确定混凝土抗裂度的主要指标。也可预测由于干湿变化和温度变化而产生裂缝情况。

（1）轴心抗拉强度（$f_{t,sp}$）。$f_{t,sp}$ 由轴心抗拉法测定。轴心抗拉法会因试件缺陷、拉力不同轴等导致试验结果离散性大，可用劈裂法来测定（图 5.11）。劈裂法为：采用 150mm 标准立方体试件，按规定方法测得劈裂极限荷载 F，用弹性理论

按式（5.6）计算劈裂抗拉强度 f_{ts}。$f_{t,sp}$ 约为 f_{ts} 的 0.9 倍。

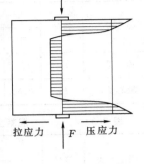

$$f_{ts} = \frac{2F}{\pi A} = 0.637\frac{F}{A} \qquad (5.6)$$

式中　f_{ts}——混凝土劈裂抗拉强度，MPa；

　　　F——破坏荷载，N；

　　　A——试件劈裂面面积，mm^2。

$f_{t,sp}$ 与 f_{cu} 之间的关系近似满足式（5.7），即

$$f_{t,sp} = 0.26f_{cu}^{2/3} \quad 或 \quad f_{t,sp} = 0.395f_{cu}^{0.55} \qquad (5.7)$$

图 5.11　劈裂法测
抗拉强度

（2）轴心抗拉强度标准值（f_{tk}）。f_{tk} 是指结构中的混凝土轴心抗拉强度标准值，其内涵与轴心抗压强度标准值相同。

由式（5.41）、式（5.46）得，$0.395f_{cu,k}^{0.55} = 0.395f_{cu}^{0.55}(1 - 1.645\delta_{f_{cu}})^{0.55}$；将式（5.7）代入，得 $0.395f_{cu,k}^{0.55} = f_{t,sp}(1 - 1.645\delta_{f_{cu}})^{0.55}$，亦即 $0.395f_{cu,k}^{0.55}(1 - 1.645\delta_{f_{cu}})^{0.45} = f_{t,sp}(1 - 1.645\delta_{f_{cu}})$。

因 $f_{tk} = f_{t,sp}(1 - 1.645\delta_{f_{t,sp}})$，并假定 $\delta_{f_{t,sp}} = \delta_{f_{cu}}$，综合结构强度与试件强度的差异、不同强度等级混凝土的脆性，f_{tk} 为

$$f_{tk} = 0.88 \times 0.395f_{cu,k}^{0.55}(1 - 1.645\delta_{f_{cu}})^{0.45}\alpha_{c2} \qquad (5.8)$$

式中　$\delta_{f_{cu}}$——混凝土立方体强度变异系数（表 5.31）。

表 5.31　　混凝土立方体强度变异系数（SL 191—2008、GB 50010—2010）

$f_{cu,k}$	C15	C20	C25	C30	C35	C40	C45	C50	C55	C60
$\delta_{f_{cu}}$	0.20	0.18	0.16	0.14	0.13	0.12	0.12	0.11	0.11	0.10

（3）轴心抗拉强度设计值（f_t）。f_t 即结构混凝土抗拉强度设计值。钢筋混凝土梁等构件设计时，f_t 取 f_{tk} 除以分项系数 1.4，即

$$f_t = f_{tk}/1.4 \qquad (5.9)$$

【例 5.8】　某重要大跨度钢筋混凝土梁，混凝土设计强度等级 C55。试计算：该梁结构设计时所需的参数（1）f_{ck} 与 f_c；（2）f_{tk} 与 f_t。

　　解　（1）$f_{ck} = 0.88\alpha_{c1}\alpha_{c2}f_{cu,k} = 0.88 \times 0.77 \times 0.9513 \times 55 = 35.5(MPa)$

$$f_c = f_{ck}/1.4 = 35.5/1.4 = 25.3(MPa)$$

（2）　　　　　$f_{tk} = 0.88 \times 0.395f_{cu,k}^{0.55}(1 - 1.645\delta_{f_{cu}})^{0.45}\alpha_{c2}$

$$= 0.348 \times 55^{0.55}(1 - 1.645 \times 0.11)^{0.45} \times 0.951 = 2.74(MPa)$$

$$f_t = f_{tk}/1.4 = 2.74/1.4 = 1.96(MPa)$$

按［例 5.8］将其他强度等级混凝土的 f_{ck}、f_c、f_{tk}、f_t 计算出列于表 5.32、表 5.33（C65～C80 混凝土如法计算），以便在钢筋混凝土结构设计时选用。

表 5.32		混凝土强度标准值（SL 191—2008、GB 50010—2010）									单位：MPa	
强度种类	符号	混凝土强度等级										
		C10	C15	C20	C25	C30	C35	C40	C45	C50	C55	C60
轴心受压	f_{ck}	6.7	10.0	13.4	16.7	20.1	23.4	26.8	29.6	32.4	35.5	38.5
轴心受拉	f_{tk}	0.90	1.27	1.54	1.78	2.01	2.20	2.39	2.51	2.64	2.74	2.85

表 5.33		混凝土强度设计值（SL 191—2008、GB 50010—2010）									单位：MPa	
强度种类	符号	混凝土强度等级										
		C10	C15	C20	C25	C30	C35	C40	C45	C50	C55	C60
轴心受压	f_c	4.8	7.2	9.6	11.9	14.3	16.7	19.1	21.1	23.1	25.3	27.5
轴心受拉	f_t	0.64	0.91	1.10	1.27	1.43	1.57	1.71	1.80	1.89	1.96	2.04

4. 混凝土抗折强度

混凝土抗折强度是用 150mm×150mm×600mm（或 550mm）的小梁试件在三分点加荷状态下测得的（图 5.12），抗折强度计算公式为

$$f_{cf} = \frac{Fl}{bh^2}$$

(5.10)

式中　f_{cf}——混凝土抗折强度，MPa；

　　　　F——所承受的极限垂直荷载，N；

　　　　l——试件两支点间距，mm；

　　　b、h——试件的宽度、高度，mm。

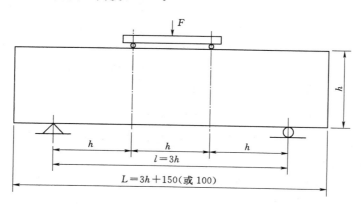

图 5.12　混凝土抗折强度示意图

《公路水泥混凝土路面设计规范》（JTG D40—2011）规定，道路、机场道面及广场道面用水泥混凝土以抗折强度为控制指标。不同交通等级的水泥混凝土抗折强度标准值应满足表 5.34。道路混凝土配合比设计，配制抗折强度应取抗折强度标准值的1.15 倍。

表 5.34	道面混凝土抗折强度标准值要求（JTG D40—2011）		单位：MPa
交通等级	极重、特重、重	中等	轻
水泥混凝土抗折强度标准值	≥5.0	4.5	4.0
钢纤维混凝土抗折强度标准值	≥6.0	5.5	5.0

5. 影响混凝土强度的主要因素

如本项目 5.2 混凝土的结构所述，骨料与水泥石间的过渡区是混凝土三相结构的最薄弱环节，因为过渡区的影响，使混凝土在比其他两个主要相能够承受的应力低很多的时候就被破坏。强度试验也证实，正常配合比的混凝土破坏主要是过渡区（黏结界面）发生破坏，当混凝土强度较高时，水泥石破坏的概率上升。所以，混凝土强度主要取决于水泥石及过渡区的强度。而水泥石及过渡区的强度又与胶凝材料强度、水胶比及骨料的性质等密切相关。此外，混凝土强度还受施工质量、养护条件及龄期的影响。

（1）胶凝材料强度与水胶比。胶凝材料是混凝土的活性组分，其强度大小直接影响着混凝土强度的高低。配合比相同时，胶凝材料强度越高，水泥石强度及过渡区强度越高，混凝土强度也越高。当用同一强度的胶凝材料时，混凝土强度主要取决于水胶比。水胶比越大，拌和水量越多，除去胶凝材料水化所需水量（约为 23%）后多余的水分多，造成水泥石孔隙较多，密实度小，水泥石强度低。同时多余的水分造成泌水多，水泥石微细裂纹越多。多余的水分越多，过渡区因氢氧化钙越易富集且结晶粗大而越薄弱，使得混凝土强度降低。

在保证施工质量的条件下，水胶比越小，混凝土强度越高。但是，水胶比太小，拌合物过于干涩，一定施工条件下，无法保证浇灌质量，混凝土中将出现较多的蜂窝、孔洞，也将显著降低混凝土的强度和耐久性。试验证明，在密实成型情况下，混凝土强度随水胶比增大而降低，呈曲线关系；而混凝土强度与胶水比呈直线关系（图 5.13）。

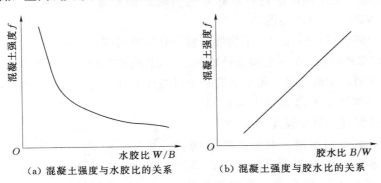

（a）混凝土强度与水胶比的关系　　　（b）混凝土强度与胶水比的关系

图 5.13　混凝土强度与水胶比及胶水比的关系

应用数理统计方法，混凝土强度与胶凝材料强度、胶水比之间的线性关系可用以下经验公式（5.11）（鲍罗米混凝土强度公式）表示，即

$$f_{cu} = \alpha_a f_b \left(\frac{B}{W} - \alpha_b \right) \tag{5.11}$$

式中　f_{cu}——混凝土 28d 抗压强度，MPa；

　　　B/W——胶水比；

　　　B——1m³ 混凝土中胶凝材料用量，kg；

　　　W——1m³ 混凝土中用水量，kg；

　　　f_b——胶凝材料强度，MPa；

　　　α_a，α_b——回归系数，与骨料品种、胶凝材料品种等有关。有试验条件，其数值可通过试验按数理统计方法求得；无试验条件，根据《普通混凝土配合比设计规程》（JGJ 55—2011），当骨料以干燥状态为基准，强度等级小于 C60，水胶比在 0.30~0.68 的混凝土，提供 α_a、α_b 值见表 5.35。

表 5.35　　　　　　　　　　　　回归系数 α_a、α_b 值（JGJ 55—2011）

碎　石		卵　石	
α_a	α_b	α_a	α_b
0.53	0.20	0.49	0.13

　　利用混凝土强度公式，可以初步解决两个问题：①当胶凝材料强度已知时，欲配制某强度的混凝土可估算该采用的水胶比；②当配制混凝土的胶凝材料强度与水胶比已知，可估算该混凝土 28d 可达到的强度。

　　（2）骨料的种类及性能。骨料中有害杂质过多且品质低劣时，会降低混凝土强度。表面粗糙并富有棱角的碎石与过渡区（或水泥石）的黏结较好，且碎石颗粒间有嵌固作用，故配制的混凝土强度高。碎石表面有吸收水分的孔隙，在过渡区造成了水胶比梯度，改善了过渡区的性能，也是碎石混凝土强度较卵石混凝土强度高的原因。相同条件下，碎石混凝土强度高于卵石混凝土强度，在式（5.11）里由回归系数 α_a、α_b 体现。当骨料级配良好，砂率适当时，砂石骨料填充密实，形成坚强骨架，也促使混凝土获得较高的强度。

　　（3）矿物掺合料与外加剂。矿物掺合料与外加剂对混凝土强度的作用参阅本项目 5.3 混凝土矿物掺合料、5.4 混凝土外加剂。"双掺技术"或"三掺技术"对提高混凝土强度非常有利，配制高强、超高强混凝土时掺优质的矿物掺合料与高效减水剂在所难免；掺早强剂可提高混凝土早期强度，掺缓凝剂会降低混凝土早期强度。

　　（4）养护温度和湿度。混凝土强度增长是胶凝材料水化、凝结和硬化的过程，必须保证一定的温度和湿度条件。养护温度高，胶凝材料凝结硬化速度快，早期强度及后期强度均高（图 5.14）；低温时混凝土硬化缓慢，当温度低于 0℃ 时，不但硬化停止，还有冰冻破坏的危险。水是胶凝材料水化的必要条件，因此，为了保证混凝土强度正常发展

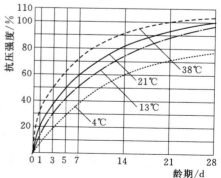

图 5.14　混凝土强度与养护温度的关系

和防止失水过快引起收缩裂缝，应及时覆盖和洒水养护。

混凝土养护的要求是，湿度要充分、温度要适宜。常用的养护方法有：①自然养护，包括洒水养护与喷涂薄膜养护；②蒸汽养护，是将混凝土放在近100℃的常压蒸汽中养护；③蒸压养护，是将混凝土放在175℃及8个大气压的压蒸釜中养护；④同条件养护，是将用于检验混凝土结构强度的试件，置于结构旁，与结构同条件养护，以期同条件养护的试件强度真实反映混凝土构件的强度；⑤标准养护。

结构同条件养护至等效龄期混凝土强度仅为标准养护28d的0.88倍，这主要是由于结构同条件养护混凝土失水造成的。

（5）龄期。龄期是混凝土在正常养护条件下所经历的时间（d）。正常养护，混凝土强度将随龄期的增长而增长，最初3～7d内，强度增长较快，28d达到设计强度，以后增长较慢（图5.14）。但只要温度、湿度适宜，其强度的增长可延续数十年之久。通用硅酸盐水泥制成的混凝土，正常养护，其强度大致与龄期的对数成正比（龄期≥3d），可用式（5.12）表示。该公式是粗略公式，因为混凝土强度的边界条件十分复杂。有试验条件，应用数理统计的方法建立适合混凝土边界条件的强度与龄期关系式。

$$\frac{f_n}{f_{28}}=\frac{\lg n}{\lg 28} \tag{5.12}$$

即

$$f_n=\frac{\lg n}{\lg 28}\times f_{28}$$

式中　f_n——混凝土 $n(n\geqslant 3)$d 抗压强度，MPa；

　　　f_{28}——混凝土 28d 抗压强度，MPa；

式（5.12）的用途：①可由实测的混凝土早期强度，估算其28d强度，以提早估计混凝土能否达到设计强度；②可由混凝土28d设计强度，估算28d前混凝土达到某一强度需要养护的天数，以确定拆模、构件起吊、放松预应力钢筋等日期。

（6）施工质量。施工要求配料准确、搅拌均匀、振捣密实、养护适宜等，任何一道工序忽视了规范管理和操作，都会降低混凝土强度。

（7）试验条件。试验条件对混凝土测试强度有直接影响（见［例2.17］），如试件尺寸及形状、加荷速度等。应严格遵照试验规程，以保证测定值的准确性与可比性。

【例5.9】　42.5级普通水泥、水胶比0.48、5～20mm碎石、中砂配制混凝土，制作边长为100mm的立方体试件，标准养护。现要测定试件7d的抗压强度，压力机有 0～200kN、0～500kN、0～1000kN 三个量程，试选择压力机量程。

解　1）$f_{28}=f_{cu}=\alpha_a f_b\left(\frac{B}{W}-\alpha_b\right)=0.53\times 42.5\times 1.16\times\left(\frac{1}{0.48}-0.20\right)=49.2$（MPa）

2）估算标准试件7d强度。$f_7=\frac{\lg 7}{\lg 28}\times f_{28}=\frac{0.845}{1.447}\times 49.2=28.7$（MPa）

3）估算边长为100mm试件7d强度。$f_7'=f_7\div 0.95=30.2$（MPa）

4）估算破坏荷载。$F = f'_7 \times A = 30.2 \times 100 \times 100 = 302000$（N）$= 302$（kN）

5）选择压力机量程。估算破坏荷载 302kN 均在全量程 500kN、1000kN 的 20%～80% 内，但 302kN 更趋于 0～500kN 的中段，故更宜选 0～500kN。

6. 提高混凝土强度的主要措施

（1）选用高强度等级水泥或早强型水泥。水泥是混凝土中的主要活性组分，配合比相同时，选用的水泥强度等级越高，混凝土强度越高。选用早强型水泥，可提高混凝土早期强度，有利于加快施工进度。

（2）选用低水胶比的干硬性混凝土。低水胶比的干硬性混凝土游离水分少，硬化后留下的孔隙少，密实度高，强度高。试验证明，在低水胶比的混凝土中，水胶比再稍微降低，将获得较大强度的提高。因此，降低水胶比是提高混凝土强度和耐久性最有效途径。但水胶比过小，将影响拌合物的流动性，造成施工困难，一般采取同时掺加减水剂的方法，使混凝土在低水胶比情况下，仍具有良好的和易性。

（3）掺入外加剂和矿物掺合材料。混凝土中掺入减水剂，可减少用水量，改善水泥石本体与过渡区的结构，提高混凝土强度；掺入早强剂，可提高混凝土早期强度。掺入矿物掺合料，可优化水泥石本体与过渡区的水化成分、改善混凝土内部结构，提高混凝土强度与耐久性。

（4）选用级配良好、少杂质、坚固、最大粒径适宜的砂石骨料。骨料级配良好，嵌固摩阻作用强，可形成坚强骨架；骨料级配良好，其空隙率小，填充空隙所需的胶凝材料浆量少，有更多的胶凝材料浆赋予混凝土流动性的提高，若保持流动性不变，可减少拌和用水量，提高混凝土强度。骨料少杂质、坚固是混凝土获得较高强度的基本要求。适宜的骨料最大粒径可赋予骨料与水泥石恰如其分的胶结面。

已经分析过，相同条件下，碎石混凝土较卵石混凝土强度高。必须指出，这种情况在水胶比较小（小于 0.4）时最为明显，但随水胶比增大，二者强度差值逐渐减小，当水胶比达到 0.65 后，差值就不显著了。原因是当水胶比很小时，过渡区界面强度对混凝土强度影响更大；而水胶比很大时，水泥石本身的强度逐渐成为混凝土强度的主导因素。这也是高强混凝土（低水胶比混凝土）采用碎石而不用卵石配制的主要原因。

（5）采用机械搅拌和机械振捣成型。采用机械搅拌比人工拌和能使混凝土拌和得更均匀，从而获得更高的强度。同时，机械搅拌可获得更大的流动性，在满足施工和易性要求下，可减少拌和用水量，降低水胶比。尤其对于掺减水剂或引气剂的混凝土，机械搅拌作用更为突出。机械振捣，可使拌合物的颗粒产生振动，降低胶凝材料浆的黏度和骨料的摩擦力，使拌合物转入液体状态，颗粒互相靠近，并把空气排出，使混凝土内部孔隙大大减少，从而使混凝土密实度和强度大大提高。对于低塑性或干硬性混凝土，采用机械振捣更为必要。

采用多次投料的搅拌工艺，配制出造壳混凝土。造壳，就是在骨料表面裹上一层低水胶比的胶凝材料浆薄壳，以改善混凝土的过渡区，从而提高混凝土强度。

（6）采用湿热处理。湿热处理分为蒸汽养护和蒸压养护。混凝土经 16～20h 蒸汽养护后，其强度可达到标准养护 28d 强度的 70%～80%，适用于早期强度较低的水泥（如矿渣水泥等）配制成的预制混凝土。蒸压养护，主要用于生产硅酸盐制品，如加气混凝土、灰砂砖等。

5.6.4　混凝土的变形性质

混凝土变形主要有两类：非荷载作用下的变形和荷载作用下的变形。

1. 混凝土在非荷载作用下的变形

（1）化学收缩。混凝土硬化过程中，因胶凝材料水化物体积小于胶凝材料浆体积，引起混凝土收缩，称为化学收缩。其收缩量是随龄期的延长而增加，大致与时间的对数成正比，混凝土成型后 40d 内收缩量增加较快，以后逐渐趋向稳定。化学收缩不可恢复。化学收缩值很小，对混凝土无破坏作用，但使混凝土内部产生微细裂缝，影响承载状态和耐久性。

（2）塑性收缩。混凝土成型后尚未凝结硬化时属塑性阶段，在此阶段往往由于表面失水而产生的收缩称为塑性收缩。新拌混凝土若表面失水速率超过内部水向表面迁移速率时，毛细管内部会产生负压，因而使浆体中固体粒子间产生一定引力，便产生了收缩，如果引力不均匀作用于混凝土表面，则产生表面裂纹。

预防塑性收缩开裂的方法是降低混凝土表面失水速率，采取防风、降温等措施。最有效的方法是凝结硬化前保持混凝土表面湿润，如在表面覆盖塑料膜、喷涂薄膜等。

（3）干湿变形。混凝土干湿变形表现为干缩湿胀。混凝土在干燥空气中，内部吸附水分蒸发而引起凝胶体失水产生紧缩，以及毛细管内水分蒸发，毛细管内负压增大，也使混凝土产生收缩。如干缩后的混凝土再次吸水变湿，一部分干缩变形是可以恢复的。

混凝土在水中硬化时，体积不变，甚至有轻微膨胀。这是由于凝胶体中胶体粒子的吸附水膜增厚，胶体粒子间距增大所致。混凝土湿胀变形量很小，一般无破坏作用；但干缩变形危害较大，干缩可能使混凝土表面出现拉应力而导致开裂，影响耐久性。

设计上采用的混凝土干缩率一般为 $(1.5 \sim 2.0) \times 10^{-4}$ mm/mm，即 1m 混凝土收缩 0.15～0.20mm。

影响混凝土干缩的因素有：水泥品种和细度、水泥用量和用水量等。火山灰水泥比普通水泥干缩大；水泥越细，收缩也越大；水泥用量多，水胶比大，收缩也大；混凝土中砂石用量多，收缩小；砂石少杂质，捣固越好，收缩也越小。.

（4）温度变形。混凝土的热胀冷缩，称为温度变形。混凝土热膨胀系数约为 $(5.8 \sim 12.6) \times 10^{-6}$/℃，即温度升高 1℃，1m 混凝土膨胀约 0.01mm。

温度变形对大体积混凝土极为不利。混凝土硬化初期，水泥水化放出较多的热量，而混凝土是热的不良导体，散热慢，使内部温度升高，外部温度则随气温而下降，致使内外温差最高可达 50～70℃，造成内部膨胀及外部收缩，使外部混凝土产生很大的拉应力，严重时使混凝土开裂。因此，大体积混凝土，应设法降低混凝土发热量，如采用低热水泥、减少水泥用量、采用人工降温措施以及对表层混凝土加强保温保湿等，以减小内外温差，防止裂缝的产生和发展。对纵向长度较大的混凝土及钢筋混凝土结构，应考虑温度变形所产生的危害，每隔一段长度应设置伸缩缝，以及在结构内配置温度钢筋。

2. 混凝土在荷载作用下的变形

（1）混凝土的受压变形与破坏特征。混凝土硬化后在未施加荷载前，由于胶凝材料化学收缩和物理收缩引起砂浆体积变化，在粗骨料与砂浆界面上产生了很多原生裂缝，同时泌水聚积于粗骨料下缘，硬化后形成界面裂缝。混凝土受外力作用时，其内部产生了拉应力，这种拉应力很容易在具有几何形状为楔形的微裂缝顶部形成应力集中，随着拉应力的逐渐增大，导致微裂缝进一步延伸、汇合、扩大，形成可见裂缝，致使结构丧失连续性而遭到完全破坏。

当用混凝土立方体试件进行单轴静力受压试验时，混凝土的荷载-变形曲线如图 5.15 所示，用显微镜观察混凝土破坏过程各阶段的裂缝状态如图 5.16 所示。

混凝土的受压破坏发展过程及各阶段情况如下：

Ⅰ阶段：荷载到达"比例极限"（约为极限荷载的 30%）以前，界面裂缝无明显变化，荷载与变形比较接近直线关系（图中 OA 段）。

Ⅱ阶段：荷载超过"比例极限"以后，界面裂缝的数量、长度和宽度都不断增大，界面借摩阻力继续承担荷载，但尚无明显的砂浆裂缝。此时，变形增大的速度超过荷载增大的速度，荷载与变形之间不再为线性关系（图中 AB 段）。

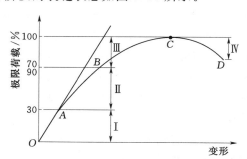

图 5.15　混凝土在荷载作用下的变形曲线图

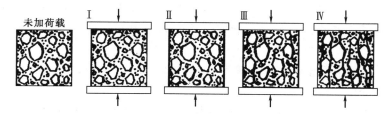

图 5.16　混凝土不同受压破坏阶段的裂缝状态示意图

Ⅲ阶段：荷载超过"临界荷载"（约为极限荷载的 70%～90%）以后，界面裂缝继续发展，开始出现砂浆裂缝，并将邻近的界面裂缝连接起来成为连续裂缝。此时，变形增大的速度进一步加快，荷载-变形曲线明显地弯向变形轴方向（图中 BC 段）。

Ⅳ阶段：荷载超过极限荷载以后，连续裂缝急速发展，此时，混凝土承载能力下降，荷载减小而变形迅速增大，以至完全破坏，荷载-变形曲线逐渐下降而结束（图中 CD 段）。

（2）弹性模量。弹性模量是反映应力与应变关系的物理量，由于混凝土是弹塑性体，随荷载的增加，应力与应变之间的比值成为一个变量，混凝土弹性模量不是定值。

《混凝土物理力学性能试验方法标准》（GB/T 50081—2019）规定，采用 150mm×150mm×300mm 棱柱体试件，在 0.5MPa 和 $1/3f_{cp}$ 之间经过至少 2 次预压，在最后 1 次预压完成后，应力与应变关系基本上成直线，该近似直线的斜率，即为混凝土弹性模量。混凝土受压、受拉弹性模量基本一致。弹性模量是计算钢筋混凝土变形、裂缝扩展及大体积混凝土温度应力等所必需的参数。结构设计时，混凝土弹性模量宜按表 5.36 取值。

表 5.36　　　　　混凝土（受压、受拉）弹性模量 E_c（GB 50010—2010）　　　　单位：10^4 MPa

混凝土强度等级	C10	C15	C20	C25	C30	C35	C40	C45	C50	C55	C60
E_c	1.75	2.20	2.55	2.80	3.00	3.15	3.25	3.35	3.45	3.55	3.60

影响混凝土弹性模量的主要因素有以下几种：

1）混凝土强度等级越高，弹性模量越高。胶凝材料用量少，水胶比小，骨料用量较多，弹性模量大。骨料弹性模量大，则混凝土弹性模量也大。

2）早期养护温度较低的混凝土具有较大的弹性模量。在相同强度情况下，蒸汽养护混凝土弹性模量较在标准条件下养护的混凝土弹性模量小。

3）引气混凝土弹性模量较普通混凝土低 20%～30%。

（3）徐变。混凝土在恒定荷载长期作用下，随时间增长而沿受力方向增加的非弹性变形，称为混凝土的徐变。

一般认为，徐变是由于水泥石中凝胶体在外力作用下，黏滞流变和凝胶粒子间的滑移而产生的变形，还与水泥石内部吸附水的迁移等有关。

影响混凝土徐变因素很多，混凝土所受初始应力越大、龄期较短时加荷、水胶比越大、胶凝材料用量越多等，都会使混凝土的徐变增大；另外混凝土弹性模量大，会减小徐变，混凝土养护条件越好，胶凝材料水化越充分，徐变也越小。

徐变可消除或减小钢筋混凝土内的应力集中，使应力均匀地重新分布。对大体积混凝土，徐变能消除一部分由温度变形所产生的破坏应力，对工程有利。对预应力钢筋混凝土结构，混凝土的徐变将使钢筋的预应力受到损失，故对预应力混凝土是不利的。

【例 5.10】　某大体积混凝土，热膨胀系数为 $1.0×10^{-5}$/℃，弹性模量为 24GPa，极限抗拉强度为 2.6MPa，混凝土内部最大温降为 30℃。不计徐变等应力松弛，试计算该混凝土是否会产生温度裂缝？

解　混凝土最大温降为 30℃时引起的拉应力 σ：

$$\sigma = E × \varepsilon = 24 × 10^3 × 1.0 × 10^{-5} × 30 = 7.2(MPa)$$

因 $\sigma > \sigma_{允许} = 2.6$MPa，若不计徐变等应力松弛，会产生温度裂缝。

5.6.5　混凝土的耐久性

混凝土抵抗环境介质作用并长期保持其良好的使用性能和外观整体性，从而维持混凝土结构的安全、正常使用的能力，称为混凝土的耐久性。提高混凝土耐久性，对延长结构寿命，减少修复工作量，提高经济效益具有重要的意义。混凝土的耐久性包括抗渗性、抗冻性、抗侵蚀性、耐磨性与抗气蚀性、碳化和碱-骨料反应六个方面。

1. 混凝土的抗渗性

抗渗性是指混凝土抵抗压力水渗透的能力。抗渗性是混凝土耐久性的关键指标，它不仅关系到混凝土挡水防渗作用，还直接影响抗冻性及抗侵蚀性等。抗渗性差，说明混凝土存在较多的连通孔隙，环境中侵蚀性物质易随水进入其内部，也易遭受冰冻破坏。

混凝土渗水的原因，是由于内部孔隙形成连通的渗水孔道。这些孔道主要来源于胶凝材料浆中多余水分蒸发而留下的气孔、胶凝材料浆泌水所产生的毛细管孔道、内部的微裂缝以及施工振捣不密实产生的蜂窝、孔洞等，这些都会导致混凝土渗漏水。

混凝土的抗渗性以抗渗等级 Wn 来表示。抗渗等级是以 28d 标准抗渗试件，按规定方法试验，以不渗水时所能承受的最大水压力（0.1MPa）来划分，划分为 W2、W4、W6、W8、W10、W12 六个等级，相应表示试件最大不透水压力分别为 0.2MPa、0.4MPa、0.6MPa、0.8MPa、1.0MPa、1.2MPa。

混凝土的抗渗性与水胶比密切相关，还与水泥品种、骨料级配、施工质量、养护条件以及是否掺外加剂、掺合料等有关。

水工混凝土的抗渗等级，应根据结构所承受的水压力大小、结构类型及应用条件按《水工混凝土结构设计规范》（SL 191—2008）的规定选用（表 5.37）。

表 5.37　　　　　水工混凝土抗渗等级最小允许值（SL 191—2008）

项次	结构类型及运用条件		抗渗等级
1	大体积混凝土结构的下游面或建筑物内部		W2
2	大体积混凝土结构的挡水面	$H<30$m	W4
		$30m\leqslant H<70$m	W6
		$70m\leqslant H\leqslant150$m	W8
		$H>150$m	W10
3	素混凝土及钢筋混凝土结构构件（背水面能自由渗水者）	$i<10$	W4
		$10\leqslant i<30$	W6
		$30\leqslant i<50$	W8
		$i\geqslant50$	W10

注　1. 表中 H 为水头，i 为水力梯度。水力梯度是指水头与该处结构厚度的比值。
　　2. 当建筑物的表层设有专门可靠的防水层时，表中规定的抗渗等级可适当降低。
　　3. 承受侵蚀水作用的结构，混凝土抗渗等级应进行专门的试验研究，但不应低于 W4。
　　4. 对严寒、寒冷地区且水力梯度较大的结构，其抗渗等级应按表中的规定提高 1 个等级。
　　5. 对背水面能自由渗水的素混凝土及钢筋混凝土结构构件，当 $H<10$m 时，抗渗等级可按第 3 项降低 1 级。

2. 混凝土的抗冻性

抗冻性是指混凝土在吸水饱和状态下，能经受多次冻融循环作用而不破坏，同时也不严重降低强度的性能。

混凝土抗冻性一般以抗冻等级 Fn 表示。抗冻等级是采用 28d 试件，经水冻水融快速冻融循环，以试件相对动弹模量降低至不低于 60% 或质量损失率不超过 5% 的最大冻融循环次数来划分的。水工混凝土抗冻等级划分为：F50、F100、F150、F200、F250、F300、F400 七个等级，分别表示混凝土能够承受反复冻融循环次数为 50、100、150、200、250、300、400 次。水工混凝土的抗冻等级，应根据结构所处环境及工作条件，按《水工混凝土结构设计规范》（SL 191—2008）的规定选用（表5.38）。

表 5.38　　　　　水工混凝土抗冻等级（SL 191—2008）

气候分区	严寒		寒冷		温和
年冻融循环次数/次	≥100	<100	≥100	<100	—
结构重要、受冻后果严重且难于检修的部位： （1）水电站尾水部位、蓄能电站进出口的冬季水位变化区的构件、闸门槽二期混凝土、轨道基础。 （2）冬季通航或受电站尾水位影响的不通航船闸的水位变化区的构件、二期混凝土。 （3）流速大于 25m/s、过冰、多沙或多推移质的溢洪道、深孔或其他输水部位的过水面及二期混凝土。 （4）冬季有水的露天钢筋混凝土压力水管、渡槽、薄壁充水闸门井	F400	F300	F300	F200	F100
受冻严重但有检修条件的部位： （1）大体积混凝土结构上游面冬季水位变化区。 （2）水电站或船闸的尾水渠及引航道的挡墙、护坡。 （3）流速小于 25m/s 的溢洪道、输水洞（孔）、引水系统的过水面。 （4）易积雪、结霜或饱和的路面、平台栏杆、挑檐、墙、板、梁、柱、墩或竖井的单薄墙壁	F300	F250	F200	F150	F50
受冻较重部位： （1）大体积混凝土结构外露的阴面部位。 （2）冬季有水或易长期积雪结冰的渠系建筑物	F250	F200	F150	F150	F50
受冻较轻部位： （1）大体积混凝土结构外露的阳面部位。 （2）冬季无水干燥的渠系建筑物。 （3）水下薄壁结构。 （4）流速大于 25m/s 的水下过水断面	F200	F150	F100	F100	F50
水下、土中及大体积内部的混凝土	F50	F50	—	—	—

注　1. 年冻融循环次数分别按一年内气温从 +3℃ 以上降至 -3℃ 以下，然后回升至 +3℃ 以上的交替次数和一年中日平均气温低于 -3℃ 期间设计预定水位涨落次数统计，并取其中最大的值。

　　2. 气候分区划分标准。严寒：累年最冷月平均气温低于或等于 -10℃；寒冷：累年最冷月平均气温高于 -10℃，低于或等于 -3℃；温和：最冷月平均气温高于 -3℃。

　　3. 冬季水位变化区是指运行期可能遇到的冬季最低水位以下 0.5～1m 至冬季最高水位以上 1m（阳面）、2m（阴面）、4m（水电站尾水区）的部位。

　　4. 阳面指冬季大多为晴天，平均每天有 4h 阳光照射，不受任何遮挡的表面，否则按阴面考虑。

　　5. 最冷月平均气温低于 -25℃ 地区的混凝土抗冻等级应根据具体情况研究确定。

　　6. 在无抗冻要求的地区，混凝土抗冻等级也不宜低于 F50。

　　混凝土受冻融作用破坏的主要原因，一是混凝土内部的孔隙水在负温下结冰后体积膨胀造成的静水压力，二是因冷冻水蒸气压的差别推动未冻水向冻结区的迁移造成的渗透压力。当这两种压力所产生的内应力超过混凝土抗拉强度时，就会产生裂缝，多次冻融使裂缝不断扩展直至破坏。

影响混凝土抗冻性的主要因素有以下几种：

（1）混凝土强度。强度越高，抵抗冻融破坏的能力越强，抗冻性越好。

（2）混凝土密实度、孔隙构造及数量。密实度越小，开口连通孔隙越多，水分越易渗入，静水压力越大，抗冻性越差。

（3）混凝土孔隙充水程度。孔隙充水饱和程度越高，冻结后产生的冻胀作用就大，抗冻性越差。

（4）水胶比。水胶比越大，孔隙率越大，抗冻性越差。

（5）外加剂。掺入引气剂，可在混凝土中形成无数细小、均匀的气泡，成为压力水进出的"水库"，使静水压力和渗透压力得以释放，对冰冻破坏起缓冲作用。控制最大水胶比与引气，是提高混凝土抗冻性的有效措施。引气量小，达不到抗冻要求；引气量大，有损强度。有抗冻要求的水工常态混凝土含气量宜符合表 5.39。

表 5.39　　　　有抗冻要求的水工常态混凝土含气量（DL/T 5241—2010）

骨料最大粒径 /mm	含气量/%		骨料最大粒径 /mm	含气量/%	
	抗冻等级≥F200	抗冻等级≤F150		抗冻等级≥F200	抗冻等级≤F150
20	6.0±1.0	5.0±1.0	80	4.5±1.0	3.5±1.0
40	5.5±1.0	4.5±1.0	150	4.0±1.0	3.0±1.0

3. 抗侵蚀性

抗侵蚀性是指混凝土在含有侵蚀性介质（软水，含酸、盐水等）环境中遭受到化学侵蚀、物理作用不破坏的能力。为达到混凝土抗侵蚀性要求，应选择合适的水泥品种（项目 4）；水工混凝土应根据侵蚀类型与侵蚀程度按表 5.40 选择适宜的水泥品种及掺合料，控制混凝土最大水胶比，满足混凝土抗渗等级要求。

表 5.40　　　　抗侵蚀水工混凝土的技术要求（DL/T 5241—2010）

侵蚀程度	宜用的水泥品种及掺合料	最大水胶比	抗渗等级
弱侵蚀	硅酸盐水泥或普通水泥，且掺矿渣粉、粉煤灰、硅灰之一；抗硫酸盐水泥（C_3A 小于 5%）	0.50	≥W8
中等侵蚀	熟料中 C_3A 小于 8% 的硅酸盐水泥或普通水泥，且掺矿渣粉、粉煤灰、硅灰之一；中抗硫酸盐水泥	0.45	≥W10

4. 混凝土的抗磨性及抗气蚀性

磨损冲击与气蚀破坏，是水工建筑物常见的病害之一。当高速水流中挟带砂、石等磨损介质时，这种现象更为严重。因此水利工程要有较高的抗磨性及抗气蚀性。

提高混凝土抗磨性及抗气蚀性的主要途径是：选用坚硬耐磨的骨料，选用 C_3S 含量较多的高强度硅酸盐水泥，掺入适量的硅灰和高效减水剂以及适量的钢纤维；采用强度等级 C35 以上的混凝土；骨料最大粒径不大于 20mm；改善建筑物的体型；限制和处理建筑物表面的不平整度等。

5. 混凝土的碳化

碳化是指空气中的二氧化碳与混凝土中的氢氧化钙作用，生成碳酸钙和水。碳化又称中性化。碳化需水的存在。

碳化减弱混凝土对钢筋的保护作用。水泥水化生成大量氢氧化钙，使混凝土孔隙中充满饱和的氢氧化钙溶液，其 pH 值达 12.6～13。这种强碱性环境能使钢筋表面生成一层钝化薄膜，从而保护钢筋免于锈蚀。碳化降低了混凝土的碱度，当 pH 值<10 时，钢筋表面钝化膜破坏，导致钢筋锈蚀。碱度降低到一定程度，水化物可能不稳定而分解，导致混凝土长期强度、耐久性降低。碳化还会引起混凝土收缩，使其表面碳化层产生拉应力，导致微细裂缝，降低混凝土抗折强度。

影响混凝土碳化速度的主要因素有以下几个：

(1) 水泥品种。掺混合材料的硅酸盐水泥，因其水化物氢氧化钙含量较少，碳化比硅酸盐水泥快。

(2) 水胶比。水胶比大的混凝土，碱度低，易碳化；水胶比大，混凝土孔隙较多，二氧化碳易于进入，碳化也快。

(3) 环境湿度。相对湿度为 50%～75% 的环境，碳化最快；相对湿度小于 25% 或达到 100% 时，碳化停止。此外，空气中二氧化碳浓度越高，碳化速度也越快。

(4) 硬化条件。空气中或蒸汽中养护的混凝土，比在潮湿环境或水中养护的混凝土碳化快。因为前者促使水泥石形成多孔结构或产生微裂缝，后者水化程度高，混凝土较密实。

混凝土的碳化深度大体上与碳化时间的平方成正比。为防止钢筋锈蚀，必须设置足够的钢筋保护层。

6. 碱-骨料反应

碱-骨料反应是指混凝土中的碱（Na_2O 或 K_2O）与骨料中的活性成分（活性 SiO_2），在混凝土硬化后潮湿条件下发生的化学反应，生成复杂的碱-硅酸凝胶。这种凝胶吸水膨胀，导致混凝土开裂。碱-骨料反应很慢，需几年或几十年，因而对混凝土耐久性很不利。常见有碱-氧化硅反应、碱-硅酸盐反应、碱-碳酸盐反应三种类型。

骨料中含有活性 SiO_2 的矿物有蛋白石、玉髓、鳞石英等。含有活性 SiO_2 的岩石有安山岩、凝灰岩、流纹岩等。用这些骨料配制混凝土时，必须用低碱水泥，限制混凝土碱含量（折算成 Na_2O）小于 0.60% 并限制混凝土总碱量不超过 2.0～3.0kg/m^3，或采用掺混合材料的硅酸盐水泥。对有怀疑的骨料，需做碱-骨料试验。

7. 提高混凝土耐久性的主要措施

(1) 合理选择水泥品种。根据混凝土工程的特点和所处的环境条件，参阅项目 4 选用水泥品种。

(2) 适当控制混凝土的水胶比，并保证足够的胶凝材料用量。控制水胶比及保证足够的胶凝材料用量，是提高混凝土密实度并保证耐久性的关键。混凝土强度越高，其耐久性通常越好，控制混凝土最低强度等级与控制最大水胶比异曲同工。《混凝土结构设计规范》（GB 50010—2010）、《普通混凝土配合比设计规程》（JGJ 55—2011）规定混凝土结构的最大水胶比、最低强度等级及最小胶凝材料用量宜符合表 5.41 规定。《水工混凝土结构设计规范》（SL 191—2008）规定水工混凝土的最大水胶比、最低强度等级及最小胶凝材料用量宜符合表 5.42。

表 5.41　　结构混凝土耐久性基本要求（GB 50010—2010、JGJ 55—2011）

环境类别	环　境　条　件	最大水胶比	最低强度等级	最大氯离子含量/%	最小胶凝材料用量/(kg/m³)		
					素混凝土	钢筋混凝土	预应力混凝土
一	室内干燥环境；无侵蚀性静水浸没环境	0.60	C20	0.30	250	280	300
二 a	室内潮湿环境；非严寒和非寒冷地区的露天环境；非严寒和非寒冷地区与无侵蚀性的水或土壤直接接触的环境；严寒和寒冷地区的冰冻线以下与无侵蚀性水或土壤直接接触的环境	0.55	C25	0.20	280	300	300
二 b	干湿交替环境；水位频繁变动环境；严寒和寒冷地区的露天环境；严寒和寒冷地区冰冻线以上与无侵蚀性水或土壤直接接触的环境	0.50 (0.55)	C30 (C25)	0.15	320		
三 a	严寒和寒冷地区冬季水位变动区环境；受除冰盐影响环境；海风环境	0.45 (0.50)	C35 (C30)	0.15	330		
三 b	盐渍土环境；受除冰盐作用环境；海岸环境	0.40	C40	0.15			
四	海水环境	符合相关标准的规定					
五	受人为或自然侵蚀性物质影响的环境						

注　1. 本表为设计使用年限 50 年的工程。设计使用年限为 100 年的工程，钢筋混凝土最低强度等级为 C30，预应力混凝土最低强度等级为 C40。
　　2. 处于严寒或寒冷地区二 b、三 a 类环境中的混凝土应使用引气剂，并可采用括号中的参数。
　　3. 预应力混凝土最低强度等级应比表中提高 2 个等级；素混凝土的水胶比及最低强度等级可适当放宽。

表 5.42　　　　　　　　　水工配筋混凝土耐久性要求（SL 191—2008）

环境类别	环　境　条　件	最低强度等级	最大水胶比	最小胶凝材料用量/(kg/m³)	最大氯离子含量/%	最大碱含量/(kg/m³)
一	室内正常环境	C20	0.60	220	1.0	不限制
二	室内潮湿环境；露天环境；长期处于水下或地下的环境	C25	0.55	260	0.3	3.0
三	淡水水位变化区；轻度侵蚀性地下水环境；弱腐蚀环境；海水水下区	C25	0.50	300	0.2	3.0
四	海上大气区；轻度盐雾区，海水水位变化区；中度化学侵蚀环境	C30	0.45	340	0.1	2.5
五	使用除冰盐的环境；海水浪溅区；重度盐雾区；严重化学侵蚀性环境	C35	0.40	360	0.06	2.5

注　1. 本表为设计使用年限 50 年，设计使用年限为 100 年的工程，混凝土技术指标需相应提高。
　　2. 素混凝土结构耐久性要求可适当降低。

（3）选用质量良好的砂石骨料。质量良好的骨料，是保证混凝土耐久性的重要条件。改善骨料级配，尽量选用较大粒径的粗骨料，可减小骨料空隙率和比表面积，有助于提高混凝土的耐久性。

（4）掺入引气剂或引气型减水剂。长期处于潮湿或水位变动的寒冷和严寒环境以及盐冻剥蚀环境的混凝土，应掺用引气剂或引气型减水剂。有抗冻要求的混凝土，其含气量应满足相关规范要求。

（5）加强混凝土的施工质量控制。施工时，须搅拌均匀、浇灌和振捣密实并加强养护，以保证混凝土质量。

5.7　普通混凝土配合比设计

《普通混凝土配合比设计规程》（JGJ 55—2011）适用于建筑工程的普通混凝土配合比设计。混凝土强度设计龄期为 28d，设计保证率为 95%；骨料以干燥状态为基准（砂含水率小于 0.5%、石子含水率小于 0.2%）。

混凝土配合比是混凝土中各材料用量的比例关系。确定配合比的工作称为配合比设计。混凝土配合比表示方法有两种：一种以 $1m^3$ 混凝土（单位混凝土）中各材料用量表示，如水泥（m_c）240kg、粉煤灰（m_f）80kg、砂（m_s）700kg、石子（m_g）1200kg、水（m_w）180kg；另一种以各材料用量比表示（以胶凝材料用量为 1），将上述用量换算成用量比为胶凝材料∶砂∶石子∶水＝1∶2.19∶3.75∶0.56，粉煤灰掺量 25%（水泥∶粉煤灰＝3∶1）。

5.7.1　混凝土配合比设计基本要求

（1）满足混凝土施工所要求的和易性。

（2）满足结构设计的混凝土强度等级要求。

（3）满足工程所处环境对混凝土耐久性的要求。

（4）符合经济原则，即节约胶凝材料以降低混凝土成本。

5.7.2　混凝土配合比设计的 3 个基本参数

混凝土配合比设计，实质是确定胶凝材料（水泥＋矿物掺合料）、水、砂与石子这 4 项基本材料用量之间的 3 个比例关系。即水与胶凝材料的比例关系，用水胶比表示；砂与石子的比例关系，用砂率表示；胶凝材料浆与骨料的比例关系，用单位用水量来反映。水胶比、砂率、单位用水量是混凝土配合比设计的 3 个基本参数。之所以把它们称为混凝土配合比的 3 个基本参数，主要因为：①4 项基本材料之间的相对用量可用 3 个基本参数表示；②确定好 3 个基本参数就可将 4 项基本材料计算出；③3 个基本参数决定混凝土的性能；④3 个基本参数的选择影响混凝土的经济性。在配合比设计中正确地确定这 3 个基本参数，就能使混凝土满足配合比设计的 4 项基本要求。

确定 3 个基本参数的原则是：在满足混凝土强度和耐久性的基础上，确定水胶比；在满足混凝土施工要求的和易性基础上，根据粗骨料的种类和规格，确定单位用水量；砂率应以砂在骨料中的数量填充石子空隙后略有富余的原则来确定。混凝土配合比设计以计算 $1m^3$ 混凝土中各材料用量（以质量表示）为基准。

5.7.3　混凝土配合比设计的资料准备

（1）掌握工程设计要求的混凝土强度等级、施工管理水平的强度标准差，以确定混凝土的配制强度。

（2）根据混凝土设计强度等级、和易性、耐久性及用途等选择水泥品种及强度等级、矿物掺合料品种及掺量、外加剂品种及掺量。

（3）掌握工程环境对混凝土耐久性要求，以确定最大水胶比和最小胶凝材料用量。

（4）了解结构断面尺寸及钢筋配置情况、施工方法，以选择拌合物的坍落度、确定骨料的最大公称粒径。

（5）选择原材料并掌握其性能指标，包括：水泥品种、强度等级及实际强度、密度、凝结时间、体积安定性等；矿物掺合料、外加剂的性能指标；砂、石骨料的种类、最大公称粒径、级配、表观密度、堆积密度、有害杂质等。

5.7.4　混凝土配合比设计的步骤

混凝土配合比设计分 4 个步骤，递进确定 4 个配合比，即初步配合比、基准配合比、实验室配合比、施工配合比。根据混凝土设计要求及所选原材料，利用经验公式与经验图表或类似工程得到初步配合比；因经验公式与经验图表大多是数理统计方法得到的，它们对混凝土配合比设计只有规律性的普适性，加之原材料性能、施工条件等具有波动性，初步配合比不一定满足混凝土设计要求，必须经实验室试拌检验并调整，检验并调整满足设计和易性要求的配合比称为基准配合比；再将基准配合比经过强度、耐久性检验并调整，使其满足设计的强度、耐久性及和易性要求的配合比称为实验室配合比；最后根据施工现场砂、石的实际含水率，对实验室配合比进行调整，得到施工配合比。

1. 初步配合比计算

（1）选择矿物掺合料掺量（β_f）。应根据混凝土用途（钢筋混凝土、预应力混凝土、大体积混凝土等）、水泥品种与强度等级、矿物掺合料种类、混凝土设计强度（预计水胶比）、设计耐久性等选择 β_f。β_f 应满足表 5.5 规定的矿物掺合料最大掺量的要求。

（2）确定胶凝材料强度（f_b）。

1）水泥和矿物掺合料的混合物是胶凝材料（强度源），f_b 按《水泥胶砂强度检验方法（ISO 法）》（GB/T 17671—2021）进行测定（参见［例 5.2］）。

2）当无胶凝材料 28d 抗压强度实测值时，f_b 值可用式（5.13）确定，即

$$f_b = \gamma_f \gamma_s f_{ce} \tag{5.13}$$

$$f_{ce} = \gamma_c f_{ce,g} \tag{5.14}$$

式中　γ_f、γ_s——粉煤灰影响系数和粒化高炉矿渣粉影响系数，可按表 5.43 选用；

　　　f_{ce}——水泥胶砂 28d 抗压强度，MPa，可实测（参见［例 4.2］）；无实测资料，可按式（5.14）计算；

　　　γ_c——水泥强度等级值的富余系数，可按实际统计资料确定；当缺乏统计资料时，也可按表 4.5 选用；

　　　$f_{ce,g}$——水泥强度等级值，MPa。

表 5.43　　粉煤灰影响系数 γ_f 和粒化高炉矿渣粉影响系数 γ_s（JGJ 55—2011）

掺量/%	粉煤灰影响系数 γ_f	粒化高炉矿渣粉影响系数 γ_s
0	1.00	1.00
10	0.85～0.95	1.00
20	0.75～0.85	0.95～1.00
30	0.65～0.75	0.90～1.00
40	0.55～0.65	0.80～0.90
50	—	0.70～0.85

注　1. 采用 Ⅰ 级、Ⅱ 级粉煤灰宜取上限值。
　　2. 采用 S75 级粒化高炉矿渣粉宜取下限值，采用 S95 级粒化高炉矿渣粉宜取上限值，采用 S105 级粒化高炉矿渣粉宜取上限值加 0.05。
　　3. 当超出表中的掺量时，粉煤灰与粒化高炉矿渣粉影响系数应经试验确定。

（3）确定混凝土配制强度（$f_{cu,0}$）。由于原材料、施工机械、施工工艺、环境等的影响，混凝土的质量总会产生波动，实践证明，这种波动符合正态分布。为使混凝土强度保证率能满足规定要求，当设计强度等级小于 C60 时，$f_{cu,0}$ 应按式（5.15）计算，即

$$f_{cu,0} \geqslant f_{cu,k} + t\sigma \tag{5.15}$$

$$\sigma = \sqrt{\frac{\sum_{i=1}^{n}(f_{cu,i}-\overline{f})^2}{n-1}} = \sqrt{\frac{\sum_{i=1}^{n}f_{cu,i}^2 - n\overline{f}^2}{n-1}} \tag{5.16}$$

$$f_{cu,0} \geqslant f_{cu,k} + 1.645\sigma \tag{5.17}$$

式中　$f_{cu,0}$——混凝土配制强度，MPa；

　　　$f_{cu,k}$——混凝土立方体抗压强度标准值（取设计强度等级值），MPa；

　　　　σ——混凝土强度标准差，MPa，若施工单位有近期的同一品种混凝土强度资料时，σ 按式（5.16）计算；若无施工单位统计资料，可参考表 5.44 取值。

　　　$f_{cu,i}$——第 i 组混凝土试件的强度值，MPa；

　　　　$\overline{f}$——n 组混凝土试件强度的平均值，MPa；

　　　　n——混凝土试件组数（$n \geqslant 25$）；

　　　　t——与混凝土要求的保证率所对应的概率度，《普通混凝土配合比设计规程》（JGJ 55—2011）规定，$f_{cu,k}$ 为具有 95% 保证率时的抗压强度值，此时保证率 $P=95\%$，查表 5.45 得 $t=1.645$。式（5.15）可写为式（5.17）。

表 5.44　　　　　　　混凝土强度标准差 σ 值（JGJ 55—2011）

混凝土强度等级	≤C20	C25～C45	C50～C55
σ/MPa	4.0	5.0	6.0

注　采用本表时，施工单位可根据实际情况进行调整。

表 5.45　　　　　　　　　　　　　　**保证率 P 与概率度 t 的关系**

P/%	50.0	70.0	75.0	80.0	84.1	85.0	90.0	95.0	97.7	99.9
t	0.000	0.525	0.675	0.840	1.000	1.040	1.280	1.645	2.000	3.000

对于强度等级不大于 C30 的混凝土，σ 计算值 $<3.0\text{MPa}$ 时，应取 $\sigma=3.0\text{MPa}$；对于 C30 级以上且小于 C60 的混凝土，σ 计算值 $<4.0\text{MPa}$ 时，应取 $\sigma=4.0\text{MPa}$。

当混凝土设计强度等级不小于 C60 时，配制强度应按式（5.18）计算，即

$$f_{cu,0} \geq 1.15 f_{cu,k} \tag{5.18}$$

（4）确定水胶比（W/B）。

1）满足强度要求的水胶比。当混凝土强度等级小于 C60 时，按式（5.11）（鲍罗米混凝土强度公式）改写的式（5.19）计算水胶比 W/B，即

$$\frac{W}{B} = \frac{\alpha_a f_b}{f_{cu,0} + \alpha_a \alpha_b f_b} \tag{5.19}$$

2）满足耐久性要求的水胶比。为保证混凝土耐久性，水胶比还应满足表 5.41、表 5.46、表 5.47 的要求，如计算得到的水胶比大于规定的最大水胶比，则应取规定的最大水胶比。

表 5.46　　　　　　　　**抗渗混凝土最大水胶比（JGJ 55—2011）**

设计抗渗等级	最 大 水 胶 比	
	C20～C30	C30 以上
W6	0.60	0.55
W8～W12	0.55	0.50
>W12	0.50	0.45

表 5.47　　　**抗冻混凝土最大水胶比和最小胶凝材料用量（JGJ 55—2011）**

设计抗冻等级	最 大 水 胶 比		最小胶凝材料用量 /（kg/m³）
	无引气剂时	掺引气剂时	
F50	0.55	0.60	300
F100	0.50	0.55	320
≥F150	—	0.50	350

（5）选取单位用水量（m_{w0}）。

1）干硬性和塑性混凝土用水量（m_{w0}）的选取。根据结构种类，按表 5.29 确定混凝土施工要求的流动性。当 $W/B=0.4～0.8$ 时，根据施工要求的流动性、骨料品种、最大公称粒径等，参考表 5.48 选取单位用水量。

表 5.48　混凝土单位用水量选用（JGJ 55—2011）　单位：kg/m³

项目	指标	卵石最大公称粒径				碎石最大公称粒径			
		10.0mm	20.0mm	31.5mm	40.0mm	16.0mm	20.0mm	31.5mm	40.0mm
坍落度 塑性 混凝土	10～30mm	190	170	160	150	200	185	175	165
	35～50mm	200	180	170	160	210	195	185	175
	55～70mm	210	190	180	170	220	205	195	185
	75～90mm	215	195	185	175	230	215	205	195
维勃稠度 干硬性 混凝土	16～20s	175	160		145	180	170		155
	11～15s	180	165		150	185	175		160
	5～10s	185	170		155	190	180		165

注　1. 本表用水量是采用中砂时的取值，采用细砂时，用水量可增加 5～10kg，采用粗砂则可减少 5～10kg。

2. 掺用各种外加剂或掺合料时，用水量应相应调整。

3. 本表不适用于水胶比小于 0.4 或大于 0.8 的混凝土以及采用特殊成型工艺的混凝土；水胶比小于 0.4，可通过试验确定。

2）流动性、大流动性混凝土用水量（m_{w0}）的选取。流动性、大流动性混凝土（坍落度 $T > 90$mm）用水量按下列步骤计算：

a. 以表 5.48 中坍落度 90mm 的用水量 m''_{w0} 为基础，按坍落度每增加 20mm 用水量增加 5kg/m³，计算出未掺外加剂时的用水量 m'_{w0}（即 $m'_{w0} = m''_{w0} + \dfrac{T-90}{20} \times 5$）。当坍落度增大到 180mm 以上时，随坍落度相应增加的用水量可减少。

b. 扣除因掺外加剂而减少的水量，即得流动性、大流动性混凝土用水量（m_{w0}），即

$$m_{w0} = m'_{w0}(1-\beta) \tag{5.20}$$

式中　β——外加剂的减水率，%，应经试验确定。

（6）确定胶凝材料用量（m_{b0}）、矿物掺合料用量（m_{f0}）、水泥用量（m_{c0}）、外加剂用量（m_{a0}）。

$$m_{b0} = \frac{m_{w0}}{w/B} \tag{5.21}$$

为保证混凝土耐久性，胶凝材料用量还应满足表 5.41、表 5.47 的要求。如计算得到的胶凝材料用量少于规定的最小胶凝材料用量，则应取规定的最小胶凝用量。

$$m_{f0} = m_{b0}\beta_f \tag{5.22}$$

式中　β_f——矿物掺合料掺量，%。

$$m_{C0} = m_{b0} - m_{f0} \tag{5.23}$$

$$m_{a0} = m_{b0}\beta_a \tag{5.24}$$

式中　β_a——外加剂掺量，%，应经试验确定。

（7）选择合理砂率（β_s）。合理砂率的确定方法有很多种，这里用试验法、计算法与查表法。

1）试验法。根据原材料性能，参照经验图表预先估计几个砂率，拌制 5 组以上不同砂率的混凝土，进行和易性对比试验，从中选出合理砂率（图 5.9）。

2）计算法。计算法的原理是混凝土填充包裹原理：砂填充石子的空隙并略有多余，以拨开石子，在石子表面形成足够的砂浆层（参见项目 2［例 2.9］）。

$$\beta_s = \frac{KP'\rho'_{0s}}{\rho'_{0g} + KP'\rho'_{0s}} \times 100\%$$

式中　ρ'_{0s}、ρ'_{0g}——砂、石子堆积密度，kg/m^3；

P'——石子空隙率，%；

K——拨开系数，一般取 1.1～1.4，石子级配较差、砂较粗或混凝土坍落度较大时，K 应取较大值；反之，取较小值。

3）查表法。坍落度 10～60mm 的混凝土砂率，根据粗骨料品种、最大公称粒径及水胶比等按表 5.49 选取；其他坍落度的砂率，可按表 5.49 适当调整或试验确定。

表 5.49　　　　　　　　　　混凝土的砂率（JGJ 55—2011）　　　　　　　　　%

水胶比 (W/B)	卵石最大公称粒径/mm			碎石最大公称粒径/mm		
	10.0	20.0	40.0	16.0	20.0	40.0
0.40	26～32	25～31	24～30	30～35	29～34	27～32
0.50	30～35	29～34	28～33	33～38	32～37	30～35
0.60	33～38	32～37	31～36	36～41	35～40	33～38
0.70	36～41	35～40	34～39	39～44	38～43	36～41

注　1. 本表数值是中砂的选用砂率，对细砂或粗砂，可相应地减少或增大砂率。

2. 坍落度大于 60mm 的混凝土，其砂率可通过试验确定，也可在该表的基础上，按坍落度每增大 20mm，砂率增大 1% 的幅度予以调整；坍落度小于 10mm 的混凝土，其砂率应经试验确定。

3. 采用人工砂时，砂率可适当增大；只用一个单粒级粗骨料时，砂率应适当增大。

（8）计算 1m³ 混凝土中细骨料（m_{s0}）、粗骨料（m_{g0}）用量。

1）体积法（绝对体积法）。理想认为拌合物的体积等于各组成材料绝对体积及所含空气的体积之和，即用式（5.25）计算砂、石子的用量。绝对体积法需测定各原材料的表观密度，其测值误差影响计算砂、石用量的精确性；胶凝材料浆体积并非胶凝材料与水绝对体积的简单相加；混凝土的含气量影响因素多，难以实时把控。因此，绝对体积法看似完美，实际缺陷不少，可视具体技术需要选用。通常情况下，采用质量法。

$$\begin{cases} \dfrac{m_{c0}}{\rho_c} + \dfrac{m_{f0}}{\rho_f} + \dfrac{m_{w0}}{\rho_w} + \dfrac{m_{s0}}{\rho_s} + \dfrac{m_{g0}}{\rho_g} + 0.01\alpha = 1m^3 \\ \beta_s = \dfrac{m_{s0}}{m_{s0} + m_{g0}} \times 100\% \end{cases} \tag{5.25}$$

式中　m_{c0}、m_{f0}、m_{w0}、m_{s0}、m_{g0}——1m³ 混凝土中水泥、矿物掺合料、水、砂、石子的用量，kg；

ρ_c——水泥密度，kg/m^3，可实测，也可取 3050～3200kg/m^3；

ρ_s——砂的表观密度，kg/m^3；

ρ_g——石子的表观密度，kg/m^3；

ρ_w——水的密度，kg/m^3，可取$1000kg/m^3$；

α——混凝土的含气量百分数，在不使用引气剂或引气型外加剂时，α可取为1。

解式（5.25），即可求出m_{s0}、m_{g0}。

2）质量法（假定表观密度法）。因占普通混凝土体积量约$70\%\sim80\%$以上的是天然砂石骨料，虽然不同性能混凝土中胶凝材料量、水量有所不同，但不同来源的骨料其表观密度差异不大，因此，混凝土表观密度波动不大，通常为$2350\sim2450kg/m^3$；且粗骨料最大公称粒径越大，其胶结面越小，适合配制低强度混凝土，导致骨料用量越多、胶凝材料浆用量越少且越稀，而越稀的胶凝材料浆其密度比骨料的表观密度小得越多，使得混凝土表观密度越大。故可根据粗骨料最大公称粒径按表5.50事先假定混凝土表观密度，以计算砂、石子用量，详见式（5.26）。假定表观密度法的原理是质量守恒，无论各原材料之间有无化学反应还是混凝土含气量的多少，材料混合前后的质量总是守恒的；假定表观密度值来源于工程实践统计，通常偏差不大；假定表观密度值偏差不大，可较准确地计算砂、石子用量，以稳定混凝土的浆骨比（胶凝材料浆用量与骨料用量之比）。因此，质量法相对于体积法，更通用。无论质量法还是体积法得到的配合比都只是初步配合比，还需试拌调整，这是质量法和体积法计算砂石用量的根本保证。

表 5.50	混凝土拌合物湿表观密度参考值			单位：kg/m^3
骨料最大公称粒径/mm	20	40	80	150
碎石混凝土	2380	2400	2420	2450
卵石混凝土	2400	2420	2450	2480

$$\begin{cases} m_{c0}+m_{f0}+m_{w0}+m_{s0}+m_{g0}=\rho_{ct}\times1m^3 \\ \beta_s=\dfrac{m_{s0}}{m_{s0}+m_{g0}}\times100\% \end{cases} \tag{5.26}$$

式中　ρ_{ct}——混凝土拌合物假定的表观密度，kg/m^3，其值可取$2350\sim2450kg/m^3$；也可根据粗骨料种类和最大公称粒径参考表5.50选取。

解以上联式，即可求出m_{s0}、m_{g0}。

（9）得出初步配合比。将上述混凝土初步配合比表示为：m_{c0}、m_{f0}、m_{s0}、m_{g0}、m_{w0}。

2. 试拌、调整，确定基准配合比

混凝土试配时，应采用工程中实际使用的原材料及搅拌方法。

（1）拌合物取料。试配时，每盘混凝土按初步配合比计算出$15\sim30L$混凝土材料用量拌制。当采用机械搅拌时，其搅拌量不应小于搅拌机额定搅拌量的1/4。

（2）和易性的调整，确定基准配合比。按初步配合比试拌，检验与调整拌合物和易性。调整方法：保持水胶比不变，尽量采用较少的胶凝材料用量，以节约胶凝材料为原则，通过调整外加剂用量与砂率，使混凝土性能符合设计与施工要求。对于未掺外加剂的混凝土，其调整量可参考表5.51；掺减水剂的混凝土，调整减水剂用量可快捷地调整和易性且有利于节约胶凝材料；调整砂率，也能改善和易性。和易性满足设计要求后，应测出拌合物表观密度（ρ_{ct}），重新计算 $1m^3$ 混凝土的各材料用量，即为满足和易性要求的基准配合比。

设满足和易性要求的试拌材料用量为水泥 m_{cb}、掺合料 m_{fb}、水 m_{wb}、砂 m_{sb}、石子 m_{gb}，则基准配合比为

$$m_{cj} = \frac{\rho_{ct}}{m_{cb}+m_{fb}+m_{wb}+m_{sb}+m_{gb}} \times m_{cb}$$

$$m_{fj} = \frac{\rho_{ct}}{m_{cb}+m_{fb}+m_{wb}+m_{sb}+m_{gb}} \times m_{fb}$$

$$m_{wj} = \frac{\rho_{ct}}{m_{cb}+m_{fb}+m_{wb}+m_{sb}+m_{gb}} \times m_{wb} \qquad (5.27)$$

$$m_{sj} = \frac{\rho_{ct}}{m_{cb}+m_{fb}+m_{wb}+m_{sb}+m_{gb}} \times m_{sb}$$

$$m_{gj} = \frac{\rho_{ct}}{m_{cb}+m_{fb}+m_{wb}+m_{sb}+m_{gb}} \times m_{gb}$$

式中　m_{cj}、m_{fj}、m_{wj}、m_{sj}、m_{gj}——混凝土基准配合比中的水泥、掺合料、水、砂、石子用量，kg/m^3；

　　　　　　　　ρ_{ct}——满足和易性要求的混凝土表观密度实测值，kg/m^3。

表 5.51　　　　　　　　　　混凝土条件变化时材料用量调整参考表

条件变化情况	调 整 值		条件变化情况	调 整 值	
	加水量	砂率		加水量	砂率
坍落度增减 10mm	±2%～±4%	±0.5%	砂率增减 1%	±2kg/m³	—
含气量减增 1%	±3%	±0.5%	砂细度模数增减 0.1	—	±0.5%～±1.0%

3. 检验强度和耐久性，确定实验室配合比

在基准配合比的基础上进行强度、耐久性检验。强度检验时，一般采用 3 组不同的配合比，其中 1 组为基准配合比，另外 2 组配合比的水胶比，应较基准配合比的水胶比分别增减 0.05，其用水量与基准配合比相同，但砂率可分别增加或减少 1%。当不同水胶比的拌合物坍落度不满足设计要求时，可保持水胶比不变，增减用水量。每组配比制作至少 1 组（3 块）强度试件。如有耐久性要求，应同时制作耐久性指标检测试件。标准养护 28d，测得每组试件的抗压强度，并测出其抗渗、抗冻指标。绘制混凝土强度与胶水比的关系线，求出符合强度、耐久性要求的胶水比，然后按下列原则确定各材料用量。

（1）用水量（m_w）。应取基准配合比中的用水量，并根据制作强度试件时测得的坍落度（或维勃稠度）进行调整确定。

（2）胶凝材料用量（m_b）。应以用水量乘以选定的胶水比计算确定。

（3）水泥用量（m_c）。$m_c = m_b - m_b \beta_f$。

（4）掺合料用量（m_f）。$m_f = m_b \beta_f$。

（5）砂、石子用量（m_s、m_g）。应取基准配合比中的砂、石子用量，并按选定的水胶比做适当的调整。

（6）确定实验室配合比前，还要按下列步骤进行校正。

首先，计算出混凝土以上配合比的表观密度计算值（ρ_{cc}），即

$$\rho_{cc} = m_c + m_f + m_w + m_s + m_g \tag{5.28}$$

然后，计算校正系数 δ

$$\delta = \frac{\rho_{ct}}{\rho_{cc}} \tag{5.29}$$

式中　ρ_{cc}——混凝土表观密度计算值，kg/m^3；

ρ_{ct}——按以上配合比配制的混凝土表观密度实测值，kg/m^3。

当混凝土表观密度实测值与计算值之差的绝对值不超过计算值的 2% 时，则上述得出的配合比即可确定为实验室配合比。若二者之差超过计算值的 ±2% 时，则须将以上配合比中各材料用量均乘以校正系数 δ，即为最终定出的混凝土实验室配合比。

4. 确定施工配合比

实验室配合比是以干燥状态骨料为基准的，但工地使用的骨料常含有一定的水分，因此须将实验室配合比按骨料含水率换算成施工配合比。换算方法如下：

若施工工地砂含水率为 $a\%$，石子含水率为 $b\%$，则施工配合比为

$$
\begin{aligned}
m_c' &= m_c \\
m_f' &= m_f \\
m_s' &= m_s(1 + a\%) \\
m_g' &= m_g(1 + b\%) \\
m_w' &= m_w - (m_s \times a\% + m_g \times b\%)
\end{aligned}
\tag{5.30}
$$

式中　m_c、m_f、m_s、m_g、m_w——$1m^3$ 混凝土，实验室配合比水泥、掺合料、砂、石子、水的用量，kg；

m_c'、m_f'、m_s'、m_g'、m_w'——$1m^3$ 混凝土，施工配合比水泥、掺合料、砂、石子、水的用量，kg。

【例 5.11】　某无腐蚀性地下现浇钢筋混凝土重要工程，混凝土设计强度等级 C35，设计抗渗等级 W6，设计抗冻等级 F100（为保证可靠的耐久性而设置）。混凝土掺入 S95 级粒化高炉矿渣粉。施工要求坍落度为 35~50mm，施工采用机械搅拌、机械振捣，施工单位无历史统计资料。原材料如下：

水泥：42.5 级普通水泥，密度 $\rho_c = 3.12 g/cm^3$；

矿物掺合料：S95 级粒化高炉矿渣粉，密度 $\rho_f = 2.90 g/cm^3$；

砂：$M_x = 2.7$，Ⅱ区砂，干表观密度 $\rho_{0s} = 2.65 g/cm^3$，干堆积密度 $\rho_{0s}' = 1490 kg/m^3$；

碎石：公称粒级 5~40mm，级配合格，干表观密度 $\rho_{0g} = 2.70 g/cm^3$，干堆积密

度 $\rho'_{0g} = 1510 \text{kg}/\text{m}^3$；

水：自来水。

试进行混凝土实验室配合比设计；若施工现场砂含水率为 3%、石子含水率为 1%，求混凝土施工配合比。

解　1. 设计混凝土初步配合比

（1）选择 S95 级粒化高炉矿渣粉掺量（β_f）。

混凝土设计强度等级 C35，掺入活性指数较高的 S95 级矿渣粉，且采用 42.5 级普通水泥配制，从环境及经济考虑，可选较大的矿渣粉掺量。选矿渣粉掺量 $\beta_f = 40\%$，且 $\beta_f = 40\%$ 符合表 5.5 要求，也符合 F100 对掺合料最大掺量的要求（表 5.73）。

（2）确定胶凝材料强度（f_b）。

因胶凝材料、普通水泥无 28d 抗压强度实测值，可取 $f_b = \gamma_f \gamma_s f_{ce}$

其中　　　　　　　　　　　　　　$f_{ce} = \gamma_c f_{ce,g}$

即　　　　$f_b = \gamma_f \gamma_s \gamma_c f_{ce,g} = 1.0 \times 0.9 \times 1.16 \times 42.5 = 44.4$（MPa）

式中　γ_f——粉煤灰影响系数，因粉煤灰掺量为 0，查表 5.43，$\gamma_f = 1.0$；

　　　γ_s——粒化高炉矿渣粉影响系数，因其掺量为 40%，查表 5.43，$\gamma_s = 0.9$；

　　　γ_c——水泥强度等级值富余系数，因是 42.5 级水泥，查表 4.5，$\gamma_c = 1.16$。

（3）确定混凝土配制强度（$f_{cu,0}$）。

因施工单位无历史统计资料，查表 5.44 得 $\sigma = 5.0$MPa

$$f_{cu,0} \geqslant f_{cu,k} + 1.645\sigma = 35 + 1.645 \times 5.0 = 43.2 (\text{MPa})$$

（4）确定水胶比（W/B）。

1）满足强度要求的水胶比。

$$W/B = \frac{\alpha_a f_b}{f_{cu,0} + \alpha_a \alpha_b f_b} \leqslant \frac{0.53 \times 44.4}{43.2 + 0.53 \times 0.20 \times 44.4} = 0.49$$

因骨料以干燥状态为基准，且采用碎石配制，故 $\alpha_a = 0.53$，$\alpha_b = 0.20$。

2）满足耐久性要求的水胶比。

该混凝土所处环境为无腐蚀性湿润土环境，由表 5.41 得，环境等级为二 a，允许的最大水胶比为 0.55；混凝土抗渗等级为 W6，查表 5.46，允许的最大水胶比为 0.55；混凝土抗冻等级 F100，查表 5.47，允许的最大水胶比为 0.50。因此，满足耐久性要求且经济的水胶比为 0.50。

满足强度要求的最大水胶比为 0.49，满足耐久性要求的最大水胶比为 0.50，取同时满足强度与耐久性要求且经济的水胶比 $W/B = 0.49$。表 5.41 中环境等级二 a 允许的混凝土最低强度等级为 C25，该混凝土设计强度等级 C35，满足要求。

（5）确定单位用水量（m_{w0}）。

混凝土设计坍落度为 35～50mm，最大公称粒径为 40mm 的碎石混凝土，查表 5.48，1m³ 混凝土的用水量 $m_{w0} = 175$kg。

（6）计算胶凝材料用量（m_{b0}）、粒化高炉矿渣粉用量（m_{f0}）、水泥用量（m_{c0}）。

$$m_{b0} = \frac{m_{w0}}{W/B} = \frac{175}{0.49} = 357 (\text{kg})$$

环境等级为二 a，查表 5.41，满足耐久性要求的最小胶凝材料用量为 300kg/m^3；抗冻等级为 F100，查表 5.47，满足抗冻要求的最小胶凝材料用量为 320kg/m^3。

因此，满足混凝土强度、耐久性要求且经济的胶凝材料用量取 $m_{b0} = 357\text{kg}$。

$$m_{f0} = m_{b0}\beta_f = 357 \times 40\% = 143\text{(kg)}$$

$$m_{c0} = m_{b0} - m_{f0} = 357 - 143 = 214\text{(kg)}$$

（7）确定砂率（β_s）。

1）查表法。查表 5.49，由 $W/B = 0.49$、碎石最大公称粒径 40mm，选砂率 $\beta_s = 34\%$。

2）计算法。

$$\beta_s = \frac{KP'\rho'_{0s}}{\rho'_{0g} + KP'\rho'_{0s}} \times 100\% = \frac{1.2 \times 0.441 \times 1490}{1510 + 1.2 \times 0.441 \times 1490} \times 100\% = 34.3\%$$

式中　P'——石子空隙率，%，$P' = (1 - \rho'_{0g}/\rho_{0g}) \times 100\% = 44.1\%$；

　　　K——拨开系数，取 1.2。

计算法与查表法得到的砂率差不多，砂率取 34% 或 34.3%，这里用 34% 计算。

（8）计算砂、石子用量（m_{s0}、m_{g0}）。

1）体积法。由式（5.25）得

$$\begin{cases} \dfrac{214}{3120} + \dfrac{143}{2900} + \dfrac{175}{1000} + \dfrac{m_{s0}}{2650} + \dfrac{m_{g0}}{2700} + 0.01\alpha = 1 \\ \beta_s = \dfrac{m_{s0}}{m_{s0} + m_{g0}} \times 100\% = 34.0\% \end{cases}$$

不掺外加剂，取 $\alpha = 1$。

解得：$m_{s0} = 636\text{kg}$、$m_{g0} = 1234\text{kg}$。

2）质量法。假定拌合物表观密度为 2400kg/m^3（表 5.50），由式（5.26）得

$$\begin{cases} 214 + 143 + m_{s0} + m_{g0} + 175 = 2400 \times 1 \\ \beta_s = \dfrac{m_{s0}}{m_{s0} + m_{g0}} \times 100\% = 34.0\% \end{cases}$$

解得：$m_{s0} = 635\text{kg}$、$m_{g0} = 1233\text{kg}$。

质量法与体积法计算结果相近。

初步配合比：$m_{c0} = 214\text{kg}$、$m_{f0} = 143\text{kg}$、$m_{w0} = 175\text{kg}$、$m_{s0} = 635\text{kg}$、$m_{g0} = 1233\text{kg}$。

2. 和易性调整，确定基准配合比

按初步配合比，称取 30L 混凝土所需材料进行试拌，其试拌用料量为：

水泥：$0.03 \times 214 = 6.42\text{kg}$

矿渣粉：$0.03 \times 143 = 4.29\text{kg}$

水：$0.03 \times 175 = 5.25\text{kg}$

砂：$0.03 \times 635 = 19.05\text{kg}$

石子：$0.03 \times 1233 = 36.99\text{kg}$

拌和均匀后检验拌合物和易性，测得其坍落度为 20mm，黏聚性和保水性较好。实测坍落度较要求的坍落度中数小约 20mm，应保持水胶比不变增加胶凝材料浆用量。按表 5.51，每增减 10mm 坍落度，用水量需增减 2%～4%，取 3% 计算，故增

加用水量 $5.25×3‰×2=0.315$kg，水泥用量增加 $6.42×3‰×2=0.385$kg，矿渣粉用量增加 $4.29×3‰×2=0.257$kg。增加胶凝材料浆用量，重新称料拌和，测得坍落度为 45mm，黏聚性和保水性也较好，达到设计的和易性要求。试拌调整后的材料用量为：水泥 6.805kg，矿渣粉 4.547kg，水 5.565kg，砂 19.05kg，石子 36.99kg，并测得拌合物表观密度为 2410kg/m³。则由式（5.27）得基准配合比为

$$m_{cj}=\frac{\rho_{ct}}{m_{cb}+m_{fb}+m_{wb}+m_{sb}+m_{gb}}×m_{cb}$$

$$=\frac{2410}{6.805+4.547+5.565+19.05+36.99}×6.805=33.03×6.805=225(kg)$$

$$m_{fj}=\frac{\rho_{ct}}{m_{cb}+m_{fb}+m_{wb}+m_{sb}+m_{gb}}×m_{fb}=33.03×4.547=150(kg)$$

$$m_{wj}=\frac{\rho_{ct}}{m_{cb}+m_{fb}+m_{wb}+m_{sb}+m_{gb}}×m_{wb}=33.03×5.565=184(kg)$$

$$m_{sj}=\frac{\rho_{ct}}{m_{cb}+m_{fb}+m_{wb}+m_{sb}+m_{gb}}×m_{sb}=33.03×19.05=629(kg)$$

$$m_{gj}=\frac{\rho_{ct}}{m_{cb}+m_{fb}+m_{wb}+m_{sb}+m_{gb}}×m_{gb}=33.03×36.99=1222(kg)$$

3. 检验强度及耐久性，确定实验室配合比

（1）检验强度。

在基准水胶比 0.49 基础上，另外取 0.44 和 0.54 共 3 组不同水胶比的混凝土（3组水胶比混凝土的用水量均取基准配合比用水量，各组胶凝材料量按用水量除以各组水胶比得到，砂、石子用量可根据各组的和易性情况作适当调整），制作 3 组混凝土 28d 抗压强度试件，测得 3 组试件强度见表 5.52。

表 5.52　　　　　　　　[例 5.11] 强度试验结果

试件组别	W/B	B/W	f_{cu}/MPa	f_{cu} 与 B/W 的线性关系式
I	0.44	2.27	49.8	$f_{cu}=26.8\frac{B}{W}-10.6$
II	0.49	2.04	44.6	
III	0.54	1.85	38.5	$(r=0.994)$

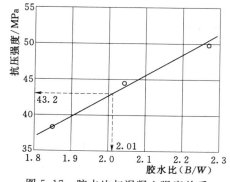

图 5.17　胶水比与混凝土强度关系

绘制胶水比与强度的关系线（图 5.17）或按项目 12 回归分析出关系式（表 5.52）。将配制强度 $f_{cu,0}=43.2$MPa 代入关系式或查关系线得满足强度的胶水比为 2.01（水胶比 0.50），水用量取基准用水量（$m_w=184$kg），则胶凝材料 $m_b=184×2.01=370(kg)$。

初步定出实验室混凝土配合比为

$$m_w=184kg$$

$$m_f=m_b×\beta_f=370×40\%=148（kg）$$

$m_c = m_b - m_f = 370 - 148 = 222$（kg）

$m_s = 629$kg

$m_g = 1222$kg

（2）检验耐久性。

在检验混凝土强度的同时，进行抗渗性与抗冻性检验，试验出水胶比与抗渗性及抗冻性的关系。经检验，满足强度要求的配合比其抗渗等级达 W8，抗冻等级超过 F100。

（3）实验室配合比。

满足混凝土强度、耐久性要求的配合比，其拌合物实测表观密度 $\rho_{ct} = 2410$kg/m³，其计算表观密度 $\rho_{cc} = m_w + m_c + m_f + m_s + m_g = 2405$kg/m³。配合比校正系数 $\delta = \rho_{ct} \div \rho_{cc} = 2410 \div 2405 = 1.002$，由于表观密度实测值与计算值之差的绝对值不超过计算值的 $\pm 2\%$（为 0.2%），故可不将实验室配合比中每项材料乘以校正系数 δ。

该混凝土实验室配合比为：

水泥 222kg、粒化高炉矿渣粉 148kg、砂 629kg、石子 1222kg、水 184kg。

4. 计算混凝土施工配合比

混凝土施工配合比为：

$m_c' = m_c = 222$kg

$m_f' = m_f = 148$kg

$m_s' = m_s(1 + a\%) = 629 \times (1 + 3\%) = 648$（kg）

$m_g' = m_g(1 + b\%) = 1222 \times (1 + 1\%) = 1234$（kg）

$m_w' = m_w - (m_s \times a\% + m_g \times b\%) = 184 - (629 \times 3\% + 1222 \times 1\%) = 153$（kg）

混凝土实验室配合比、施工配合比见表 5.53。

表 5.53　　　　　　　　　[例 5.11] 混凝土配合比　　　　　　　单位：kg/m³

配合比 \ 材料	42.5级普通水泥	S95级矿渣粉	水	砂	石子	骨料含水状态
实验室配合比	222	148	184	629	1222	干燥状态
施工配合比	222	148	153	648	1234	砂、石子含水率分别为 3%、1%

【例 5.12】　某室内现浇钢筋混凝土梁，混凝土设计强度等级 C25，不掺矿物掺合料。施工要求坍落度为 35～50mm，施工采用机械搅拌、机械振捣，该施工单位同品种混凝土历史统计资料强度标准差 $\sigma = 4.6$MPa。原材料如下：

水泥：32.5 级矿渣水泥，密度 $\rho_c = 3.00$g/cm³；

砂：$M_x = 2.5$，Ⅱ 区砂，干表观密度 $\rho_{0s} = 2.62$g/cm³，干堆积密度 $\rho_{0s}' = 1500$kg/m³；

卵石：最大公称粒径 20.0mm 的连续粒级石子，级配合格，干表观密度 $\rho_{0g} = 2.75$g/cm³，干堆积密度 $\rho_{0g}' = 1590$kg/m³；

水：自来水。

试进行混凝土实验室配合比设计。

解 1. 设计混凝土初步配合比

（1）确定胶凝材料强度 f_b。

因胶凝材料（矿渣水泥）无 28d 抗压强度实测值，可取

$$f_b = \gamma_f \gamma_s f_{ce}$$

其中

$$f_{ce} = \gamma_c f_{ce,g}$$

即

$$f_b = \gamma_f \gamma_s \gamma_c f_{ce,g} = 1.0 \times 1.0 \times 1.12 \times 32.5 = 36.4 (\text{MPa})$$

式中 γ_f——粉煤灰影响系数，因其掺量为 0，查表 5.43，故 $\gamma_f = 1.0$；

γ_s——粒化高炉矿渣粉影响系数，因其掺量为 0，查表 5.43，$\gamma_s = 1.0$；

γ_c——水泥强度等级值富余系数，因是 32.5 级水泥，查表 4.5，$\gamma_c = 1.12$。

（2）确定混凝土配制强度（$f_{cu,0}$）。

$$f_{cu,0} \geqslant f_{cu,k} + 1.645\sigma = 25 + 1.645 \times 4.6 = 32.6 (\text{MPa})$$

施工单位历史统计资料，$\sigma = 4.6\text{MPa}$。

（3）确定水胶比（W/B）。

1）满足强度要求的水胶比。

$$W/B = \frac{\alpha_a f_b}{f_{cu,0} + \alpha_a \alpha_b f_b} \leqslant \frac{0.49 \times 36.4}{32.6 + 0.49 \times 0.13 \times 36.4} = 0.51$$

因骨料以干燥状态为基准，且采用卵石配制，故 $\alpha_a = 0.49$，$\alpha_b = 0.13$。

2）满足耐久性要求的水胶比。

该混凝土所处的环境为室内干燥环境，由表 5.41 得，环境类别为一类，允许的最大水胶比为 0.60。取满足强度与耐久性要求且经济的水胶比 $W/B = 0.51$。环境类别为一类，允许的最低强度等级为 C20，该混凝土设计强度等级 C25，满足要求。

（4）确定单位用水量（m_{w0}）。

设计坍落度为 35～50m，最大公称粒径为 20.0mm 的卵石混凝土，查表 5.48，1m^3 混凝土的用水量 $m_{w0} = 180\text{kg}$。

（5）计算胶凝材料用量（m_{b0}）、矿物掺合料用量（m_{f0}）、水泥用量（m_{c0}）。

$$m_{b0} = \frac{m_{w0}}{W/B} = \frac{180}{0.51} = 353 (\text{kg})$$

环境等级为一类，由表 5.41 得最小胶凝材料用量为 280kg/m^3，取 $m_{b0} = 353\text{kg/m}^3$。

$$m_{f0} = m_{b0} \beta_f = 353 \times 0\% = 0 (\text{kg})$$

$$m_{c0} = m_{b0} - m_{f0} = 353 - 0 = 353 (\text{kg})$$

因混凝土没掺矿物掺合料，水泥用量即为胶凝材料用量。

（6）确定砂率（β_s）。

1）查表法。$W/B = 0.51$、最大公称粒径 20.0mm 卵石，查表 5.49，$\beta_s = 32.0\%$。

2）计算法。

$$\beta_s = \frac{KP'\rho'_{0s}}{\rho'_{0g} + KP'\rho'_{0s}} \times 100\% = \frac{1.2 \times 0.42 \times 1500}{1590 + 1.2 \times 0.42 \times 1500} \times 100\% = 32.2\%$$

式中 P'——石子空隙率,%,$P'=(1-\rho'_{0g}/\rho_{0g})\times100\%=42\%$;

K——拨开系数,取 1.2。

计算法与查表法得到的砂率差不多,砂率取 32.0% 或 32.2%,这里用 32.2% 计算。

(7)计算砂、石子用量(m_{s0}、m_{g0})。

1)体积法。由式(5.25)得:

$$\begin{cases} \dfrac{353}{3000}+0+\dfrac{180}{1000}+\dfrac{m_{s0}}{2620}+\dfrac{m_{g0}}{2750}+0.01\alpha=1 \\ \beta_s=\dfrac{m_{s0}}{m_{s0}+m_{g0}}\times100\%=32.2\% \end{cases}$$

不掺外加剂,取 $\alpha=1$。

解得:$m_{s0}=603$kg、$m_{g0}=1270$kg。

2)质量法。

假定混凝土拌合物的表观密度为 2400kg/m³(表 5.50),由式(5.26)得

$$\begin{cases} 353+0+m_{s0}+m_{g0}+180=2400\times1 \\ \beta_s=\dfrac{m_{s0}}{m_{s0}+m_{g0}}\times100\%=32.2\% \end{cases}$$

解得:$m_{s0}=601$kg、$m_{g0}=1266$kg。

质量法、体积法计算结果相近,可将任一方法得到的配合比作为初步配合比。

2. 和易性调整,确定基准配合比

方法如〔例 5.11〕。按初步配合比取样 30L 试拌,测定和易性并调整使之满足设计要求,测定其表观密度,按实测表观密度将初步配合比换算成基准配合比。

3. 检验强度及耐久性,确定实验室配合比

方法如〔例 5.11〕。在基准水胶比 0.51 基础上,采用 0.46、0.51、0.56 这 3 组水胶比,制作 3 组试件并实测 28d 抗压强度,点绘胶水比与抗压强度关系线或按项目 12 回归分析出关系式,从关系线或关系式上求出满足配制强度 32.6MPa 的胶水比。按该胶水比将基准配合比换算成实验室配合比。

【**例 5.13**】 南方某建筑露天剪力墙,用 C50 泵送混凝土浇筑,考虑坍落度经时损失试配坍落度为 180~200mm。剪力墙最小断面尺寸为 300mm×2000mm,钢筋最小净距为 45mm;泵送管径为 150mm,最大泵送高度为 23m;混凝土复合掺入 20% Ⅱ 级粉煤灰与 10%S95 级粒化高炉矿渣粉,掺入减水率为 30% 的聚羧酸高效减水剂 SP010(掺量 0.8%)。水泥强度由厂家提供。骨料为干燥状态。试确定混凝土的初步配合比。

解 1. 选择混凝土的原材料

(1)水泥品种与强度等级的选择。

C50 混凝土强度高且复合掺入 Ⅱ 级粉煤灰与 S95 粒化高炉矿渣粉,故选硅酸盐水泥或普通水泥。实践表明,用 42.5 级硅酸盐水泥或普通水泥可以配制出实际强度超过 100MPa 的混凝土,因此,C50 混凝土不必过分强调水泥强度等级,选取产量大的

42.5 级普通水泥或 42.5 级硅酸盐水泥即可。

42.5 级硅酸盐水泥厂家提供的实测强度为 49.8MPa，即 $f_{ce}=49.8$MPa。

（2）石子的品种、最大公称粒径 d_{max} 及级配。

1）石子的品种：C50 混凝土强度高，选碎石配制混凝土。

2）最大公称粒径 d_{max}。

a. $d_{max} \leqslant \dfrac{1}{4} \times 300 = 75.0$（mm）。

b. $d_{max} \leqslant \dfrac{3}{4} \times 45 = 33.7$（mm）。

c. $d_{max} \leqslant \dfrac{1}{3} \times 150 = 50.0$（mm）。

d. 为满足输送管径及混凝土强度要求，$d_{max} \leqslant 40$（mm）。

在符合以上要求的前提下，d_{max} 越大越好。故选 $d_{max}=33.7$mm。

3）石子的级配。

因石子最大公称粒径 $d_{max}=33.7$mm，选 5～31.5mm 连续粒级石子。

（3）砂。选中砂。泵送混凝土要求砂通过 0.315mm 筛孔的颗粒含量不宜少于 15%。因 C50 混凝土强度高，胶凝材料用量大，细粉多，一般能满足小于 0.315mm 颗粒含量。

2. C50 泵送混凝土初步配合比

（1）确定胶凝材料强度（f_b）。

因胶凝材料（70% 硅酸盐水泥＋20% Ⅱ级粉煤灰＋10% S95 粒化高炉矿渣粉）无 28d 抗压强度实测值，可取 $f_b=\gamma_f \gamma_s f_{ce}$。

即　　　　　　　　$f_b=\gamma_f \gamma_s f_{ce}=0.85 \times 1.0 \times 49.8 = 42.3$（MPa）

式中　γ_f——粉煤灰影响系数，Ⅱ级粉煤灰、掺量 20%，查表 5.43，$\gamma_f=0.85$；

$\quad\quad\ \gamma_s$——粒化高炉矿渣粉影响系数，S95 矿渣粉、掺量 10%，查表 5.43，$\gamma_s=1.0$。

（2）确定混凝土配制强度（$f_{cu,0}$）。

因施工单位无历史统计资料，查表 5.44 得 $\sigma=6.0$MPa。

$$f_{cu,0} \geqslant f_{cu,k}+1.645\sigma = 50+1.645 \times 6.0 = 59.9 \text{（MPa）}$$

（3）确定水胶比（W/B）。

1）满足强度要求的水胶比。

$$W/B = \frac{\alpha_a f_b}{f_{cu,0}+\alpha_a \alpha_b f_b} \leqslant \frac{0.53 \times 42.3}{59.9+0.53 \times 0.20 \times 42.3} = 0.35$$

混凝土设计强度等级为 C50，强度高，但未超过 C60，水胶比仍按混凝土强度式（5.11）计算。因骨料为干燥状态，且采用碎石配制，故 $\alpha_a=0.53$，$\alpha_b=0.20$。

2）满足耐久性要求的水胶比。

环境为露天环境，由表 5.41 得，环境类别为二 a，允许的最大水胶比为 0.55。取满足强度与耐久性的水胶比 $W/B=0.35$。C50 混凝土，其水胶比较低、胶凝材料用量大，一般都能满足耐久性规定的最大水胶比与最小胶凝材料用量要求。但为使例题具有完整性，也检验水胶比与胶凝材料用量。环境类别为二 a，允许的最低强度等级为 C25，该混凝土设计强度等级 C50，满足要求。

（4）确定单位用水量（m_{w0}）。

1）以表 5.48 中坍落度 90mm、$d_{max}=31.5$mm 碎石混凝土的用水量 m''_{w0} 为基础（水胶比为 0.35，小于 0.40，但仍按表 5.48 初选用水量，最终试拌调整）。

$$m''_{w0}=205\text{kg}$$

2）计算未掺外加剂坍落度 $T=200$mm 混凝土的用水量 m'_{w0}。

$$m'_{w0}=m''_{w0}+\frac{T-90}{20}\times5=205+\frac{200-90}{20}\times5=232.5\text{（kg）}$$

3）坍落度 180mm 以上时，随坍落度增加相应增加的用水量可减少，取

$$m'_{w0}=231\text{kg}$$

4）扣除因掺减水剂而减少的水量，即得泵送混凝土的用水量（m_{w0}）。

$$m_{w0}=m'_{w0}(1-\beta)=231\times(1-30\%)=162\text{（kg）}$$

（5）计算胶凝材料用量（m_{b0}）、粉煤灰用量（m_{f0}）、粒化高炉矿渣粉用量（m_{k0}）、水泥用量（m_{c0}）、减水剂用量（m_{a0}）。

$$m_{b0}=\frac{m_{w0}}{W/B}=\frac{162}{0.35}=463\text{（kg）}$$

环境等级为二 a，查表 5.41，最小胶凝材料用量为 300kg/m³，且泵送混凝土胶凝材料用量不宜小于 300kg/m³（见 5.10.5 泵送混凝土），所以取 $m_{b0}=463$kg/m³。

$$m_{f0}=m_{b0}\beta_f=463\times20\%=93\text{（kg）}$$

$$m_{k0}=m_{b0}\beta_k=463\times10\%=46\text{（kg）}$$

$$m_{c0}=m_{b0}-m_{f0}-m_{k0}=463-93-46=324\text{（kg）}$$

$$m_{a0}=m_{b0}\beta_a=463\times0.8\%=3.70\text{（kg）}$$

（6）确定砂率（β_s）。

为便于泵送，砂率较大，经验值宜为 35%～45%，取 $\beta_s=40\%$。

（7）计算砂、石用量（m_{s0}、m_{g0}）。

采用质量法计算砂、石用量。

假定混凝土拌合物的表观密度为 2400kg/m³，由式（5.26）得

$$\begin{cases} 324+93+46+3.70+m_{s0}+m_{g0}+162=2400\times1 \\ \beta_s=\dfrac{m_{s0}}{m_{s0}+m_{g0}}\times100\%=40.0\% \end{cases}$$

解得：$m_{s0}=708$kg，$m_{g0}=1063$kg。

（8）C50 泵送混凝土初步配合比为

$m_{c0}=324$kg、$m_{f0}=93$kg、$m_{k0}=46$kg、$m_{a0}=3.70$kg、$m_{s0}=708$kg、$m_{g0}=1063$kg、$m_{w0}=162$kg。

C50 泵送混凝土的试拌与调整原则上可与前 2 个例题相同，但由于其强度高（水胶比小）、流动性大，水胶比对混凝土强度更敏感，宜采用水胶比间距 0.02 或 0.03

检验与调整的方法；混凝土可泵性的调整可在现场试泵结果基础上通过调整砂率、外加剂掺量等方法进行。需指出的是，该例题中，采用"三掺技术"，由于粉煤灰、矿渣粉、高效减水剂对混凝土性能改善的"超叠效应"，可将初步水胶比适当提高，水的用量、胶凝材料用量适当减少，也能满足混凝土设计性能要求，以节约成本。

以上几个例题中初步配合比的试拌与调整只是基本思路，实际工程中，特别是一些大型工程或混凝土技术要求高的工程，为了获得既满足设计要求又经济的配合比，常对配合比进行系统试验（如正交试验），掺合料与外加剂的广泛应用，系统试验尤其重要。比如，初步水胶比选定后，同时在初步水胶比附近再选 3～5 个值，对每一水胶比，又选 3～5 种砂率、3～5 种单位用水量及 3～5 种矿物掺合料或外加剂掺量，组成多种配合比，平行试验并可相互校核，通过试验，绘制水胶比与强度、抗渗等级、抗冻等级关系曲线，绘制用水量与坍落度关系曲线等，并综合这些曲线最终确定配合比。

5.8 水工混凝土配合比设计

5.8.1 水工混凝土配合比设计概述

（1）水工混凝土是用于水利水电工程的挡水、发电、泄洪、输水、排沙等建筑物，表观密度为 2400kg/m³ 左右的水泥基混凝土。

（2）水工常态混凝土是指拌合物坍落度为 10～100mm 的混凝土；碾压混凝土是指拌合物具有干硬性，利用振动碾振动压实的混凝土；水工结构混凝土是指用于水工建筑物中梁、板、柱、墙等配有钢筋的混凝土；大体积混凝土是指混凝土结构最小几何尺寸不小于 1m，或预计会因胶凝材料水化引起的温度变化和收缩而导致有害裂缝产生的混凝土。

（3）《水工混凝土配合比设计规程》（DL/T 5330—2015）适用于水利水电工程的水工混凝土配合比设计。

（4）大坝混凝土通常掺入较多的矿物掺合料及施工周期长，为充分利用混凝土后期强度，强度设计龄期可为 90d 或 180d，设计保证率可采用 80%～90%；除大坝外其他水工混凝土以及水工结构混凝土，设计龄期 28d，则设计保证率为 95%。

（5）水工混凝土强度等级采用符号 C 注以设计龄期下标加设计龄期立方体抗压强度标准值表示（设计龄期为 28d，可省略下标）。设计龄期立方体抗压强度标准值是指按标准方法制作与养护的边长为 150mm 的立方体试件，在设计龄期测得的具有设计保证率的抗压强度值。例如 $C_{90}20$ 表示 90d 抗压强度标准值为 20MPa。

（6）水胶比、单位用水量、砂率是水工混凝土配合比设计的 3 个基本参数；水工混凝土配合比设计方法与普通混凝土基本一致。

（7）骨料以饱和面干状态为基准。

5.8.2 水工混凝土配合比设计基本原则

（1）应根据工程要求、结构形式、施工条件和原材料状况，配制出既满足设计工作性、设计强度及设计耐久性要求，又经济合理的混凝土。

（2）配合比设计宜采用工程中实际使用的材料。

（3）满足混凝土工作性要求的前提下，宜选用较小的用水量。

（4）满足混凝土强度、耐久性及其他要求的前提下，选择合适的水胶比。

（5）宜选取最优砂率，即在保证拌合物黏聚性良好并达到要求的工作性时用水量最小的砂率。

（6）宜选用最大粒径较大的骨料及最佳级配。

5.8.3 水工混凝土配合比设计的要求

（1）混凝土设计强度等级及设计保证率。

（2）混凝土设计抗渗等级、设计抗冻等级等。

（3）混凝土施工要求的设计工作性。

（4）骨料最大粒径。

（5）其他要求。

5.8.4 水工混凝土配合比设计方法

1. 确定初步配合比

（1）选择水泥品种与强度等级、矿物掺合料种类、外加剂类型。如 5.1.3 混凝土用水泥所述，水工混凝土通常选掺混合材料少的硅酸盐水泥、普通水泥、中热水泥、矿渣水泥（P·S·A）等，侵蚀性环境可选硅酸盐水泥、普通水泥且掺粉煤灰等掺合料或选抗硫酸盐水泥；水泥强度等级通常选 42.5 级，也可选 52.5 级或 32.5 级。通常选 F 类 Ⅰ 级、Ⅱ 级粉煤灰为矿物掺合料，也可选粒化高炉矿渣粉、磷渣粉、天然火山灰质材料为矿物掺合料。外加剂多选缓凝型减水剂、引气型减水剂、引气剂等，对有抗冻要求的混凝土，应掺引气剂。

（2）选择矿物掺合料掺量（β_f）。应根据水工混凝土种类、水泥品种、矿物掺合料种类选择 β_f（表 5.6、表 5.7）。

（3）计算配制强度（$f_{cu,0}$）。

$$f_{cu,0} = f_{cu,k} + t\sigma \tag{5.31}$$

式中 $f_{cu,0}$——混凝土配制强度，MPa；

$f_{cu,k}$——混凝土设计龄期立方体抗压强度标准值，MPa；

t——概率度系数，t 由设计保证率 P 选定，其值按表 5.45 选用，设计龄期为 28d 时，$P=95\%$，则 $t=1.645$；其他设计龄期的 P 应符合要求；

σ——混凝土强度标准差，MPa。

根据近期相同强度、生产工艺和配合比基本相同的混凝土强度资料（试件总数不少于 30 组），按式（5.16）计算得到 σ。对于设计龄期立方体抗压强度标准值不大于 25MPa 的混凝土，σ 计算值小于 2.5MPa 时，应取不小于 2.5MPa；对于设计龄期立方体抗压强度标准值不小于 30MPa 的混凝土，σ 计算值小于 3.0MPa 时，应取不小于 3.0MPa。

若无近期同品种混凝土强度统计资料，σ 可参考表 5.54 取值。

表 5.54 水工混凝土强度标准差（DL/T 5330—2015）

设计龄期抗压强度标准值/MPa	≤15	20～25	30～35	40～45	≥50
σ/MPa	3.5	4.0	4.5	5.0	5.5

（4）选择初选水胶比（W/B）。

1）水胶比应根据混凝土设计性能和环境水的侵蚀类型，经试验确定，并符合相关规范要求。应根据侵蚀类型与侵蚀程度按表 5.40 控制最大水胶比。

2）无试验资料，不掺掺合料的常态混凝土的初选水胶比可按表 5.55 选取。掺加掺合料时，应适当调整，并通过试验确定。

表 5.55 水工常态混凝土水胶比（DL/T 5330—2015）

28d 设计龄期抗压强度标准值/MPa	≤20	>20，≤30	30～50	≥50
水胶比	0.45～0.60	0.40～0.55	0.35～0.45	<0.35

注 1. 本表适用于 42.5 级的通用水泥、中热水泥、不掺掺合料的混凝土。水胶比选择还应考虑水泥强度等级、掺合料品种及掺量、外加剂品种及掺量、骨料品种等。

2. 当使用 32.5 级水泥以及低热水泥时，水胶比宜适当降低；52.5 级水泥时，水胶比宜适当增大；C50 以上混凝土宜采用 42.5 级及以上通用水泥或中热水泥。

3. 当设计龄期大于 28d 时，水胶比宜适当增大。

3）无试验资料，$C_{90}15～C_{90}25$ 碾压混凝土的初选水胶比可按表 5.56 选取。

表 5.56 水工碾压混凝土水胶比（DL/T 5330—2015）

90d 设计龄期抗压强度标准值/MPa	≤15	20	≥25
水胶比	0.50～0.55	0.45～0.50	<0.45

注 1. 本表适用于 42.5 级的通用水泥、中热水泥，掺合料掺量 40%～60% 的碾压混凝土。

2. 当使用 32.5 级水泥时，水胶比宜适当降低。

4）用耐久性要求校核初选水胶比。根据混凝土所处环境及设计抗冻性、抗渗性等要求，按《水工混凝土耐久性技术规范》（DL/T 5241—2010）、《水工混凝土施工规范》（DL/T 5144—2015）、《水工混凝土结构设计规范》（SL 191—2008）等校核水胶比。有抗冻要求的水工混凝土最大水胶比和水工混凝土水胶比最大允许值见表 5.57 和表 5.58。

表 5.57 有抗冻要求的水工混凝土最大水胶比（DL/T 5241—2010）

抗冻等级	F300	F200	F100	F50
最大水胶比	0.45	0.50	0.55	0.58

注 该表适用于水工常态混凝土，碾压混凝土的水胶比宜相应减少 0.05。

表 5.58 水工混凝土水胶比最大允许值（DL/T 5144—2015）

部 位	严寒地区	寒冷地区	温和地区
坝体外部上、下游水位以上	0.50	0.55	0.60
坝体外部上、下游水位变化区	0.45	0.50	0.55
坝体外部上、下游最低水位以下	0.50	0.55	0.60

续表

部　位	严寒地区	寒冷地区	温和地区
基础	0.50	0.55	0.60
内部	0.60	0.65	0.65
受水流冲刷部位	0.45	0.50	0.50

注　存在环境水侵蚀时，水位变化区外部及水下混凝土最大允许水胶比可减小 0.05。

（5）选取初选用水量（m_w）。

1）应根据骨料最大粒径、掺合料和外加剂的品种及掺量，采用初选用水量进行试拌，选择满足和易性要求的最小用水量。

2）常态混凝土用水量。

水胶比在 0.40～0.65 范围，无试验资料，初选用水量可按表 5.59 选取。

表 5.59　　　水工常态混凝土单位用水量（DL/T 5330—2015）　　　单位：kg/m³

混凝土坍落度	卵石最大粒径				碎石最大粒径			
	20mm	40mm	80mm	150mm	20mm	40mm	80mm	150mm
10～30mm	160	140	120	105	175	155	135	120
30～50mm	165	145	125	110	180	160	140	125
50～70mm	170	150	130	115	185	165	145	130
70～90mm	175	155	135	120	190	170	150	135

注　1. 本表适用于细度模数 2.6～2.8 的天然中砂，用细砂或粗砂时，用水量可减 3～5kg；用人工砂时，用水量可增加 5～10kg。

　　2. 掺 I 级粉煤灰，用水量可减少 5～10kg；掺外加剂时，应根据外加剂的减水率进行调整用水量。

3）水胶比小于 0.40 以及特殊成型工艺的混凝土，用水量应试验确定。

4）坍落度大于 90mm 的混凝土用水量（m_w）按下列步骤计算：

a. 以表 5.59 中坍落度 90mm 的用水量 m''_w 为基础，按坍落度每增大 20mm 用水量增加 5kg，计算出未掺外加剂的混凝土用水量 m'_w。

b. 掺外加剂时的用水量（m_w）：

$$m_w = m'_w(1-\beta) \tag{5.32}$$

式中　β——外加剂的减水率，%，应经试验确定。

5）碾压混凝土用水量。水胶比在 0.40～0.70 范围，当无试验资料时，初选用水量按表 5.60 选取。

表 5.60　　　碾压混凝土初选用水量（DL/T 5330—2015）　　　单位：kg/m³

碾压混凝土 VC 值/s	卵石最大粒径		碎石最大粒径	
	40mm	80mm	40mm	80mm
1～5	120	105	135	115
5～10	115	100	130	110
10～20	110	95	120	105

注　1. 本表适用于细度模数 2.6～2.8 的天然中砂，用细砂或粗砂时，用水量可减 5～10kg；用人工砂时，用水量可增加 5～10kg。

　　2. 掺 I 级粉煤灰，用水量可减少 5～10kg；掺外加剂时，应根据外加剂的减水率进行调整用水量。

（6）计算胶凝材料用量（m_b）、矿物掺合料用量（m_f）、水泥用量（m_c）、外加剂用量（m_a）。

1）胶凝材料用量。

$$m_b = \frac{m_w}{W/B} \qquad (5.33)$$

水工配筋混凝土胶凝材料用量应满足表 5.42 要求；大坝等大体积混凝土的粗骨料最大粒径大，混凝土达到相同工作性时的用水量少，胶凝材料用量也少，但混凝土的强度与耐久性并不会降低，使得对胶凝材料无最小用量限值。

2）矿物掺合料用量。

$$m_f = m_b \beta_f \qquad (5.34)$$

式中　β_f——矿物掺合料掺量，%。

3）水泥用量。

$$m_c = m_b - m_f \qquad (5.35)$$

4）外加剂用量。

$$m_a = m_b \beta_a \qquad (5.36)$$

式中　β_a——外加剂掺量，%，应经试验确定。

（7）选择粗骨料级配及砂率（β_s）。

1）粗骨料级配。粗骨料分 5～20mm（小石）、20～40mm（中石）、40～80mm（大石）、80～150mm（特大石）4 个粒级。水工大体积混凝土宜使用最大粒径较大的粗骨料，其最佳级配应通过试验确定，以紧密堆积密度较大时的级配为宜。无资料时可按表 5.61 选取。

表 5.61　　　　　　石子级配（石子组合比）初选表（DL/T 5330—2015）

混凝土种类	级配	石子最大粒径/mm	卵石（小：中：大：特大）	碎石（小：中：大：特大）
常态混凝土	二	40	40：60：0：0	40：60：0：0
	三	80	30：30：40：0	30：30：40：0
	四	150	20：20：30：30	25：25：20：30
碾压混凝土	二	40	50：50：0：0	50：50：0：0
	三	80	30：40：30：0	30：40：30：0

注　表中比例为质量比。

2）砂率（β_s）。

水工混凝土最优砂率宜通过试验确定，无试验资料，可按表 5.62 和表 5.63 选取。

表 5.62 水工常态混凝土砂率初选表（DL/T 5330—2015） %

粗骨料最大粒径	水 胶 比			
	0.40	0.50	0.60	0.70
20mm	36～38	38～40	40～42	42～44
40mm	30～32	32～34	34～36	36～38
80mm	24～26	26～28	28～30	30～32
150mm	20～22	22～24	24～26	26～28

注 1. 本表适用于卵石、细度模数为 2.6～2.8 的天然中砂拌制的混凝土。
  2. 砂细度模数每增减 0.1，砂率相应增减 0.5%～1.0%。
  3. 使用碎石时，砂率需增加 3%～5%；使用人工砂时，砂率应增加 2%～3%。
  4. 掺引气剂时，砂率可减少 2%～3%；掺粉煤灰时，砂率可减少 1%～2%。
  5. 本表适用于坍落度为 10～60mm 的混凝土，大于 60mm，每增大 20mm 坍落度增大 1%砂率。

表 5.63 水工碾压混凝土砂率初选表（DL/T 5330—2015） %

粗骨料最大粒径	水 胶 比			
	0.40	0.50	0.60	0.70
40mm	32～34	34～36	36～38	38～40
80mm	27～29	29～32	32～34	34～36

注 1. 本表适用于卵石、细度模数为 2.6～2.8 的天然中砂拌制的 VC 值 3～7s 的碾压混凝土。
  2. 砂细度模数每增减 0.1，砂率相应增减 0.5%～1.0%。
  3. 使用碎石时，砂率需增加 3%～5%；使用人工砂时，砂率应增加 2%～3%。
  4. 掺引气剂时，砂率可减少 2%～3%；掺粉煤灰时，砂率可减少 1%～2%。

（8）计算细骨料（m_s）、粗骨料（m_g）用量。计算骨料用量可采用体积法与质量法。

1）体积法（绝对体积法）。

$$\begin{cases} \dfrac{m_c}{\rho_c} + \dfrac{m_f}{\rho_f} + \dfrac{m_w}{\rho_w} + \dfrac{m_s}{\rho_s} + \dfrac{m_g}{\rho_g} + \alpha = 1m^3 \\ \\ \beta_s = \dfrac{m_s}{m_s + m_g} \times 100\% \end{cases}$$ （5.37）

式中 α——1m³ 混凝土中空气体积，m³。

2）质量法（假定表观密度法）。

$$\begin{cases} m_c + m_f + m_w + m_s + m_g = \rho_{ct} \times 1m^3 \\ \\ \beta_s = \dfrac{m_s}{m_s + m_g} \times 100\% \end{cases}$$ （5.38）

式中 ρ_{ct}——混凝土拌合物假定表观密度，kg/m³，可按表 5.64 选取。

解以上联式，即可求出 m_s、m_g。

2. 确定基准配合比

按初步配合比试拌，根据实测的坍落度或 VC 值、含气量、泌水、离析等情况判断混凝土拌合物的工作性，对初选用水量、砂率、外加剂掺量等进行适当调整，选择坦落度最大（或 VC 值最小）时的砂率作为最优砂率；用最优砂率试拌确定满足和易性要求的用水量，然后提出检验混凝土强度用的配合比（基准配合比）。

表 5.64　1m³ 混凝土拌合物假定质量（混凝土假定表观密度）（DL/T 5330—2015）

混凝土种类	粗骨料最大粒径				
	20mm	40mm	80mm	120mm	150mm
普通混凝土/(kg/m³)	2380	2400	2430	2450	2460
引气混凝土/(kg/m³)（含气量）	2280（5.5%）	2320（4.5%）	2350（3.5%）	2380（3.0%）	2390（3.0%）

注　适用于骨料表观密度为 2600～2650kg/m³ 的混凝土。骨料表观密度每增减 100kg/m³，混凝土拌合物质量相应增减 60kg/m³；混凝土含气量每增减 1%，拌合物质量相应减增 1%。

3. 确定实验室配合比

在初选水胶比基础上进行不少于 3 个掺合料掺量和 3～5 个水胶比的正交组合，每个组合检验强度，建立不同掺合料时强度与水胶比（或胶水比）的关系曲线或关系式，按强度、经济合理原则，最终确定掺合料掺量与水胶比。检验强度的同时，进行耐久性验证试验，得到满足设计要求的配合比。测出该配合比混凝土表观密度，用表观密度校正配合比，得满足设计要求的 1m³ 混凝土实验室配合比。

4. 施工配合比

实验室配合比是以饱和面干骨料为基础的，根据施工现场骨料的含水率（饱和面干骨料质量为基准），将实验室配合比换算成施工配合比。

【例 5.14】　某水电站尾水渠，所在地区最冷月平均气温为 −4℃，年冻融循环次数为 108 次，河水弱侵蚀性。混凝土设计强度等级 C25（设计龄期 28d），施工要求的坍落度为 30～50mm。二级配碎石、细度模数 2.5 的中砂（河砂）配制。砂、石子饱和面干表观密度分别为 2.62g/cm³、2.65g/cm³。采用机械搅拌、机械振捣。施工单位无历史资料。试设计混凝土实验室配合比。

解　1. 设计混凝土初步配合比

（1）混凝土所处环境类别为三类（表 5.42），设计强度等级 C25，满足环境对混凝土强度要求。

（2）选择水泥品种与强度等级、矿物掺合料种类与掺量、外加剂类型与掺量。

1）水泥：根据混凝土所处的环境与部位，结合其他工程经验及规范，选 42.5 级普通水泥。水泥密度为 $\rho_c = 3.12\text{g/cm}^3$。

2）掺合料：河水弱侵蚀性及水工混凝土一般选粉煤灰为掺合料，故选 F 类 I 级粉煤灰，满足耐侵蚀混凝土技术要求（表 5.40）。因采用 42.5 级普通水泥、I 级粉煤灰，可选较大的粉煤灰掺量 $\beta_f = 30\%$。$\beta_f = 30\%$ 满足水工结构混凝土粉煤灰取代水泥最大限量要求（表 5.6）。粉煤灰密度为 $\rho_f = 2.34\text{g/cm}^3$。

3）外加剂：为达到延缓混凝土凝结时间、降低水化放热速率及峰值、节约胶凝材料等目的，选缓凝型减水剂 HY-18A，掺量 1.2%，减水率 13%；混凝土有抗冻性要求，掺入引气剂 PC-2，掺量 0.02%。

（3）计算配制强度（$f_{cu,0}$）。

$$f_{cu,0} = f_{cu,k} + t\sigma = 25 + 1.645 \times 4.0 = 31.6 (MPa)$$

式中　t——概率度系数。尾水渠混凝土属水工结构混凝土，设计龄期为28d，则保证率取$P=95\%$。由表5.45，$t=1.645$；

　　　σ——混凝土强度标准差，查表5.54得$\sigma=4.0MPa$。

（4）选择初选水胶比（W/B）。

1）因无试验资料，按表5.55选取满足混凝土设计强度要求的水胶比为0.45。

2）满足耐久性要求的水胶比。

a. 河水弱侵蚀性，由表5.40，最大水胶比为0.50，混凝土抗渗等级不小于W8。

b. 混凝土所处环境类别为三类，由表5.42，最大水胶比为0.50。

c. 最冷月平均气温为$-4℃$，属寒冷地区，且年冻融循环次数为108次，查表5.38，抗冻等级为F200。由F200，查表5.57得满足抗冻要求的最大水胶比为0.50。查表5.58，寒冷地区，受水流冲刷部位混凝土允许的最大水胶比为0.50。

同时满足强度和耐久性要求且经济的水胶比取0.45；混凝土抗渗等级为W8。

（5）选取初选用水量（m_w）。

1）不掺减水剂时的用水量m'_w。

施工要求的坍落度30~50mm，初选水胶比0.45，二级配碎石、细度模数2.5的中砂配制，由表5.59得用水量160kg。由于掺入了Ⅰ级粉煤灰，用水量可减少5~10kg，取5kg，故$m'_w = 160 - 5 = 155(kg)$。

2）扣除因掺减水剂而减少的水量，即得初选用水量m_w。

$$m_w = m'_w(1-\beta) = 155 \times (1 - 13\%) = 135 (kg)$$

（6）计算胶凝材料用量（m_b）、粉煤灰用量（m_f）、水泥用量（m_c）、外加剂用量（m_a）。

1）$m_b = \dfrac{m_w}{W/B} = \dfrac{135}{0.45} = 300(kg)$

用耐久性校核胶凝材料用量。环境类别为三类，由表5.42，最小胶凝材料用量为$300kg/m^3$。故取胶凝材料用量为300kg。

2）$m_f = m_b\beta_f = 300 \times 30\% = 90 (kg)$

3）$m_c = m_b - m_f = 300 - 90 = 210 (kg)$

4）减水剂用量 $m_a = m_b\beta_a = 300 \times 1.2\% = 3.60 (kg)$

5）引气剂用量 $m'_a = m_b \times \beta'_a = 300 \times 0.02\% = 0.06 (kg)$

（7）选择粗骨料级配及砂率（β_s）。

1）粗骨料级配。

石子级配试验如项目2［例2.11］。通过级配试验结合和易性试验，二级配石子的级配为小石（5~20mm）：中石（20~40mm）=38：62，与表5.61基本相当。

2）砂率（β_s）。

查表5.62，最大粒径40mm的卵石混凝土、水胶比为0.45时，砂率取32%。碎石配制，砂率需增大 $3\%\sim5\%$，取 4%；砂细度模数为 2.5，比 2.6 小 0.1，砂率需减少 $0.5\%\sim1.0\%$，取 0.7%；掺引气剂时，砂率可减少 $2\%\sim3\%$，取 2%；掺粉煤灰时，砂率可减少 $1\%\sim2\%$，取 1%。$\beta_s=32\%+4\%-0.7\%-2\%-1\%=32.3\%$。

（8）计算细骨料（m_s）、粗骨料（m_g）用量。

1）体积法（绝对体积法）。

抗冻混凝土，掺入了引气剂，混凝土目标含气量为 $4.5\%\sim6.0\%$，按 5% 计算。

$$\begin{cases} \dfrac{210}{3120}+\dfrac{90}{2340}+\dfrac{135}{1000}+\dfrac{m_s}{2620}+\dfrac{m_g}{2650}+0.05=1\mathrm{m^3} \\ \beta_s=\dfrac{m_s}{m_s+m_g}\times100\%=32.3\% \end{cases}$$

得 $m_s=605\mathrm{kg}$、$m_g=1268\mathrm{kg}$。

2）质量法（假定表观密度法）。

$$\begin{cases} 210+90+135+m_s+m_g=2320\times1 \\ \beta_s=\dfrac{m_s}{m_s+m_g}\times100\%=32.3\% \end{cases}$$

混凝土拌合物假定表观密度，按表 5.64 选取为 $2320\mathrm{kg/m^3}$。

得 $m_s=609\mathrm{kg}$、$m_g=1276\mathrm{kg}$。

两种方法计算结果相近。

若按体积法，则初步配合比为：水泥 210kg；粉煤灰 90kg；砂 605kg；石子 1268kg；水 135kg；减水剂 3.60kg；引气剂 0.06kg。

2. 确定基准配合比

按初步配合比称取 30L 试拌，测得拌合物坍落度为 30mm，有少许泌水、离析现象，含气量为 4.2%。经砂率与坍落度关系试验发现，砂率 35% 为最优砂率。在最优砂率下，用水量调整至 138kg，水胶比 0.45、减水剂掺量 1.2%、引气剂掺量 0.02% 时拌合物坍落度为 40mm，无泌水、离析现象，含气量为 4.8%。故取水胶比 0.45、砂率 35%、用水量 138kg、粉煤灰掺量 30%、减水剂掺量 1.2%、引气剂掺量 0.02% 为满足混凝土工作性的参数。经计算，基准配合比为：水泥 215kg、粉煤灰 92kg、砂 650kg、石子 1207kg、水 138kg、减水剂 3.68kg、引气剂 0.06kg。

3. 确定实验室配合比

在基准配合比基础上，检验混凝土的水胶比与粉煤灰掺量，以获得满足设计强度与耐久性且较经济的实验室配合比。选 4 个水胶比 0.35、0.40、0.45、0.50，3 个粉煤灰掺量 20%、30%、40% 正交组合，组成 12 组配合比（每组用水量、砂率、减水剂掺量都取基准配合比中的参数，砂石用量适当调整），测定 12 组配合比 28d 抗压强度（表 5.65）。不同粉煤灰掺量时混凝土强度与胶水比的线性回归关系式见表 5.66（方法见项目 12）。

表 5.65 不同粉煤灰掺量时混凝土 28d 强度与胶水比的关系

编号	水胶比	胶水比	粉煤灰掺量/%	28d 强度/MPa	编号	水胶比	胶水比	粉煤灰掺量/%	28d 强度/MPa
A-1	0.35	2.86	20	48.1	B-3	0.45	2.22	30	34.3
A-2	0.40	2.50	20	45.8	B-4	0.50	2.00	30	25.8
A-3	0.45	2.22	20	36.3	C-1	0.35	2.86	40	41.5
A-4	0.50	2.00	20	28.6	C-2	0.40	2.50	40	36.7
B-1	0.35	2.86	30	47.5	C-3	0.45	2.22	40	29.1
B-2	0.40	2.50	30	42.7	C-4	0.50	2.00	40	21.2

表 5.66 不同粉煤灰掺量时混凝土 28d 强度与胶水比的线性回归关系

粉煤灰掺量/%	线性回归方程	相关系数 r
20	$f_{cu} = 23.02B/W - 15.42$	0.951
30	$f_{cu} = 25.07B/W - 22.47$	0.974
40	$f_{cu} = 23.40B/W - 23.91$	0.977

将配制强度 31.6MPa，代入表 5.66 中回归方程，粉煤灰掺量分别为 20%、30%、40% 时，满足强度要求的水胶比对应为 0.49、0.46、0.42，胶凝材料用量对应为 282kg、300kg、329kg。经试验，粉煤灰掺量 20%（水胶比 0.49）的混凝土工作性较差（由单位胶凝材料用量少及粉煤灰掺量少且密度小引起）；粉煤灰掺量 30%（水胶比 0.46）、粉煤灰掺量 40%（水胶比 0.42）均满足强度及耐久性要求，且工作性较好，但水胶比 0.42 时单位胶凝材料比 0.46 时多出 29kg（约 10%），综合比较水化热及造价等因素，取粉煤灰掺量 30%、水胶比 0.46 作为混凝土的粉煤灰掺量与水胶比。

实验室初选配合比参数：水胶比 0.46、粉煤灰掺量 30%、用水量 138kg、砂率 35%、减水剂掺量 1.2%、引气剂掺量 0.02%；实验室初选配合比：水泥 210kg、粉煤灰 90kg、砂 652kg、石子 1211kg、水 138kg、减水剂 3.60kg、引气剂 0.06kg。

按实验室初选配合比进行含气量、抗渗性、抗冻性检验，检验结果：含气量 4.8%（需满足表 5.39、表 5.74）、抗冻等级 F200、抗渗等级 W10。技术指标均满足设计要求，初选配合比即为实验室配合比。

5.9 混凝土质量控制与评定

混凝土质量是混凝土结构可靠性的重要因素，为保证结构安全可靠，必须在施工过程中对原材料、拌合物及硬化混凝土进行必要的质量检验和控制。混凝土抗压强度与其他性能有较好的相关性，能较好地反映混凝土的质量，因此工程中常以抗压强度作为重要的质量控制指标，并以此作为混凝土质量控制与评定（验收）的依据。

5.9.1 混凝土质量波动的原因

由于原材料、施工条件及试验条件等诸多复杂因素的影响，必然造成混凝土质量波动。引起质量波动的主要原因有两类。

1. 正常因素

正常因素是指施工中不可避免的正常变化因素，如砂、石质量的波动，称量时的微小误差，操作人员技术上的微小差异等。

2. 异常因素

异常因素是指施工中出现不正常情况，如搅拌时任意改变水胶比而随意加水，混凝土组成材料称量错误等，这些因素对混凝土质量影响很大。

5.9.2　混凝土强度波动规律——正态分布

同一强度等级的混凝土，在施工条件基本一致的情况下，其强度波动服从正态分布（图 5.18）。正态分布的特点：正态分布是一形状如钟形的曲线，以强度平均值为对称轴，左右两边的曲线是对称的。距离对称轴越远，强度概率越小，并逐渐趋近于零；曲线和横坐标之间的面积为概率的总和，等于 100%；对称轴两边，出现的概率相等；在对称轴两侧的曲线上各有一个拐点，拐点距离平均值的距离即为标准差。

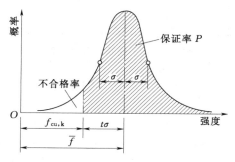

图 5.18　混凝土强度正态分布曲线

5.9.3　混凝土质量控制

1. 混凝土强度的数理统计参数

（1）混凝土强度平均值（$\overline{f}_{cu}$）。

强度平均值（$\overline{f}_{cu}$）可按式（5.39）计算，即

$$\overline{f}_{cu} = \frac{1}{n}\sum_{i=1}^{n} f_{cu,i} \tag{5.39}$$

式中　　n——试件组数（$n \geqslant 25$）；

$f_{cu,i}$——第 i 组试件的立方体强度值，MPa。

（2）混凝土强度标准差（σ）。强度标准差又称均方差，可按式（5.40）计算，即

$$\sigma = \sqrt{\frac{\sum_{i=1}^{n}(f_{cu,i} - \overline{f}_{cu})^2}{n-1}} = \sqrt{\frac{\sum_{i=1}^{n} f_{cu,i}^2 - n\overline{f}_{cu}^2}{n-1}} \tag{5.40}$$

σ 可作为评定混凝土质量均匀性的指标。σ 越大，强度分布曲线就越宽而矮，离散程度就越大，表明混凝土的质量越不稳定。

（3）混凝土强度变异系数（C_v 或 δ）。

变异系数又称离差系数，可按式（5.41）计算，即

$$C_v(\delta) = \frac{\sigma}{\overline{f}_{cu}} \tag{5.41}$$

由于 σ 随混凝土强度等级的提高而增大，故不同强度等级的混凝土可采用变异系数 C_v 作为评定混凝土质量均匀性的指标。C_v 越小，表示混凝土质量越稳定。

2. 混凝土强度保证率（P）

强度保证率 P（%）是指强度总体中，不小于设计要求的强度等级标准值（$f_{cu,k}$）的概率，正态分布曲线中以阴影面积表示（图 5.18）。低于强度等级标准值所出现的概率为不合格率。

强度保证率 $P(\%)$ 的计算方法为：首先计算出概率度 t，即

$$t = \frac{\overline{f}_{cu} - f_{cu,k}}{\sigma} \tag{5.42}$$

再由正态分布曲线方程积分求得强度保证率 $P(\%)$，即

$$P = \frac{1}{\sqrt{2\pi}} \int_t^{\infty} e^{-\frac{t^2}{2}} dt \tag{5.43}$$

但实际上当 t 值已知时，由表 5.45 查得保证率 $P(\%)$。

工程中 $P(\%)$ 值可根据统计周期内试件强度不低于要求强度等级标准值的组数 N_0 与试件总组数 $N(N \geqslant 30)$ 之比求得，即

$$P = \frac{N_0}{N} \times 100\% \tag{5.44}$$

式中　P——统计周期内实测强度达到强度标准值组数的百分率；

　　　N_0——统计周期内相同强度等级混凝土达到强度标准值的试件组数；

　　　N——统计周期内相同强度等级混凝土的试件组数，$N \geqslant 30$。

3. 混凝土配制强度

施工中配制混凝土时，若配制强度取设计强度等级，由正态分布（图 5.18）可知，强度保证率只有 50%。因此，为了保证工程混凝土具有设计所要求的强度保证率，配合比设计时，必须使配制强度（$f_{cu,0}$）大于设计强度（$f_{cu,k}$），即

$$f_{cu,0} \geqslant f_{cu,k} + t\sigma \tag{5.45}$$

由强度保证率 P 查表 5.45，确定出 t 值；根据前期同类混凝土资料，按式（5.16）确定 σ（无资料由表 5.44 查得 σ），用式（5.45）计算出配制强度。显然，施工水平越差、设计要求的保证率越大，配制强度就越高。因此，提高混凝土生产水平，可降低配制强度，从而节约胶凝材料。《普通混凝土配合比设计规程》（JGJ 55—2011）规定，建工混凝土强度保证率 $P = 95\%$。$P = 95\%$ 对应的概率度（保证率系数）$t = 1.645$，因此，有

$$f_{cu,0} \geqslant f_{cu,k} + 1.645\sigma \tag{5.46}$$

4. 混凝土生产质量控制水平

强度标准差 σ 及保证率 P 是表征混凝土生产质量控制水平的重要指标。《混凝土质量控制标准》（GB 50164—2011）要求不同生产场所混凝土的 σ 宜满足表 5.67，且 P 不应小于 95%。当混凝土生产质量控制水平不满足表 5.67 时，应查明原因予以改进。

表 5.67　　　　混凝土生产质量水平（GB 50164—2011）

生产场所	σ/MPa			P
	<C20	C20~C40	≥C45	
预拌混凝土搅拌站 预制混凝土构件厂	≤3.0	≤3.5	≤4.0	≥95%
施工现场搅拌站	≤3.5	≤4.0	≤4.5	

5.9.4　混凝土强度检验评定

1. 施工现场混凝土强度检验评定（验收）

施工现场混凝土强度检验评定，指的是对施工现场浇筑地点的混凝土强度进行检验评定，即混凝土强度合格性判定。《混凝土强度检验评定标准》（GB/T 50107—2010）对用于检验评定的混凝土强度规定为：在施工现场浇筑地点按一定规则取样，制作成标准试件（边长为 150mm 的立方体试件）（3 个为 1 组），标准养护〔(20±2)℃、相对湿度大于 95%或不流动的饱和氢氧化钙水中〕28d 的强度。采用蒸汽养护的构件，其试件应先随构件同条件养护，然后置于标准条件下继续养护，两段养护时间的总和应为设计规定龄期。混凝土强度检验评定可分为统计方法与非统计方法。

（1）统计方法。

1）标准差已知方案。当连续生产的混凝土，生产条件在较长时间内能保持一致，且同一品种、同一强度等级混凝土的强度变异性能保持稳定时，标准差可根据前一检验期混凝土强度数据确定，则每批混凝土的标准差可按常数考虑（标准差已知）。

强度评定应由连续 3 组试件组成一个检验批，其强度应同时符合下列要求：

$$m_{f_{cu}} \geqslant f_{cu,k} + 0.7\sigma_0 \tag{5.47}$$

$$f_{cu,min} \geqslant f_{cu,k} - 0.7\sigma_0 \tag{5.48}$$

式中　　$m_{f_{cu}}$——同一检验批混凝土立方体抗压强度平均值，MPa；

$f_{cu,min}$——同一检验批混凝土立方体抗压强度最小值，MPa；

$f_{cu,k}$——混凝土强度标准值，MPa。

检验批混凝土立方体抗压强度标准差 σ_0 应按下式计算：

$$\sigma_0 = \sqrt{\frac{\sum_{i=1}^{n} f_{cu,i}^2 - nm_{f_{cu}}^2}{n-1}} \tag{5.49}$$

式中　　$f_{cu,i}$——前一检验期内同一品种、同一强度等级的第 i 组试件立方体抗压强度值，MPa；

$m_{f_{cu}}$——前一检验批混凝土强度平均值，MPa；

n——前一检验期内的样本容量，不应少于 45。

当混凝土强度等级不高于 C20（≤C20）时，尚应符合下式要求：

$$f_{cu,min} \geqslant 0.85 f_{cu,k} \tag{5.50}$$

当混凝土强度等级高于 C20（>C20）时，尚应符合下式要求：

$$f_{cu,min} \geqslant 0.90 f_{cu,k} \tag{5.51}$$

2）标准差未知方案（≥10 组）。当混凝土的生产条件不能满足上述规定时，或在前一检验期内的同一品种混凝土没有足够的强度数据用以确定检验批混凝土强度标准差时，应由不少于 10 组的试件代表一个检验批，其强度应同时符合下列要求：

$$m_{f_{cu}} - \lambda_1 S_{f_{cu}} \geqslant f_{cu,k} \tag{5.52}$$

$$f_{cu,min} \geqslant \lambda_2 \times f_{cu,k} \tag{5.53}$$

同一检验批混凝土立方体抗压强度标准差应按式（5.54）计算，即

$$S_{f_{cu}} = \sqrt{\frac{\sum\limits_{i=1}^{n} f_{cu,i}^2 - n m_{f_{cu}}^2}{n-1}} \qquad (5.54)$$

式中　$f_{cu,i}$——同一检验批同一品种、同一强度等级的 i 组混凝土试件的立方体抗压强度值，MPa；

$m_{f_{cu}}$——同一检验批混凝土强度平均值，MPa；

$S_{f_{cu}}$——同一检验批混凝土强度标准差，MPa，当检验批混凝土强度标准差计算值小于 2.5MPa 时，应取 2.5MPa；

n——本检验期内的样本容量，不少于 10；

λ_1、λ_2——合格评定系数，按表 5.68 取值。

表 5.68　混凝土强度的合格评定系数（GB/T 50107—2010）

试件组数	10～14	15～19	≥20
λ_1	1.15	1.05	0.95
λ_2	0.9	0.85	

（2）非统计方法（<10 组）。对零星生产的预制构件或现场搅拌批量不大的混凝土，可采用非统计方法评定，检验批强度应同时符合下列要求：

$$m_{f_{cu}} \geqslant \lambda_3 \times f_{cu,k} \qquad (5.55)$$

$$f_{cu,min} \geqslant \lambda_4 \times f_{cu,k} \qquad (5.56)$$

式中　λ_3、λ_4——合格评定系数，按表 5.69 取值。

表 5.69　混凝土强度的非统计法合格评定系数（GB/T 50107—2010）

混凝土强度等级	<C60	≥C60
λ_3	1.15	1.10
λ_4	0.95	

（3）施工现场混凝土强度合格性判定。

当检验结果满足以上评定要求时，则该批混凝土强度应评定为合格；否则，不合格。由不合格批混凝土制成的结构或构件，应进行鉴定。对不合格的结构或构件，必须及时处理。当对试件强度代表性有怀疑时，可从结构、构件中钻取芯样或其他非破损检验方法，对结构、构件中的混凝土强度进行推定，作为是否应进行处理的依据。

2. 结构实体混凝土强度检验评定（验收）

结构实体混凝土强度检验评定，指的是对梁、板、柱、基础、剪力墙等结构实体的混凝土强度检验评定。根据《混凝土结构工程施工质量验收规范》（GB 50204—2015），可采用结构实体混凝土同条件养护试件强度检验及结构实体混凝土回弹-取芯法强度检验。

（1）结构实体混凝土同条件养护试件强度检验。

制作混凝土试件（边长 150mm 的立方体）来代替已浇入模内的结构混凝土。结构实体混凝土同条件养护试件强度检验，基本要点如下：

1）对涉及混凝土结构安全的有代表性的部位应进行结构实体检验。

2）在混凝土浇筑入模口见证取样，制作试件留置在靠近相应结构构件的适当位置。

3）同一强度等级混凝土留置的试件不宜小于 10 组，且不应少于 3 组。

4）结构实体混凝土应按不同强度等级分别检验，检验方法宜采用同条件养护试件方法（即试件与结构实体同时浇筑、同时拆模、同环境）。

5）同条件养护龄期：

a. 等效养护龄期可取按日平均温度逐日累计达到 600℃·d 时所对应的龄期，实际操作宜取 560～640℃·d。0℃ 及以下的龄期不计入；且不应小于 14d。

b. 冬期施工时，等效养护龄期应根据同条件养护试件强度与标准养护 28d 试件强度相等的原则确定。

6）对同一强度等级的同条件养护试件，其达到等效养护龄期的强度值应除以系数 0.88 换算成标准养护 28d 的强度（系数 0.88 是同条件养护与标准养护的差异引起，经试验及工程调查而确定的，并非安全系数），再按《混凝土强度检验评定标准》（GB/T 50107—2010）进行评定。

（2）结构实体混凝土回弹-取芯法强度检验。

采用混凝土回弹强度与取芯强度相结合的检验方法，基本要点如下：

1）构件的选取原则与数量应符合规定。

2）构件须达到等效养护龄期。

3）每个构件应选取不少于 5 个测区进行回弹检测及回弹值计算。

4）对同一强度等级的混凝土，在回弹值最小的 3 个测区各钻取 1 个圆柱体芯样。

5）芯样直径宜为 100mm，高度与直径之比宜为 0.95～1.05，垂直度、平整度应符合要求。

6）按规定方法测得芯样的抗压强度。

7）对同一强度等级的混凝土，当符合下列规定时，结构实体混凝土强度合格：

a. 3 个芯样抗压强度平均值不小于混凝土设计强度等级值的 88％。

b. 3 个芯样抗压强度最小值不小于混凝土设计强度等级值的 80％。

（3）结构实体混凝土强度合格性判定。

1）结构实体混凝土强度应按不同强度等级分别检验，检验方法宜采用同条件养护试件方法。

2）当未取得同条件养护试件强度时，可采用回弹-取芯法进行检验。

3）当同条件养护试件强度检验判定为不合格时，可采用回弹-取芯法再次对不合格强度等级的混凝土进行检验，若满足要求，则结构实体混凝土强度可判为合格；如再不合格，判定结构实体混凝土强度不合格。

4）当结构实体混凝土强度检验不合格时，应委托具有资质的检测机构按国家现行有关标准的规定进行检测。

5.9.5　水工混凝土的质量控制与评定

水工混凝土的质量控制与评定按《水工混凝土施工规范》（DL/T 5144—2015）

进行。

【例 5.15】 某混凝土设计强度等级 C25，在施工现场按规定取样制备了 12 组标准试件，标准养护 28d 抗压强度见表 5.70。试评定该批混凝土强度是否合格？

表 5.70 取样 12 组混凝土试件强度

组号	1	2	3	4	5	6	7	8	9	10	11	12
抗压强度/MPa	28.3	30.4	27.3	30.8	31.2	26.1	27.4	24.3	26.7	29.3	28.5	26.2

解 （1）该批混凝土强度平均值。

$$m_{f_{cu}} = \frac{1}{n}\sum_{i=1}^{n} f_{cu,i} = \frac{28.3+30.4+\cdots+26.2}{12} = 28.04(MPa)$$

（2）该批混凝土强度标准差。

$$S_{f_{cu}} = \sqrt{\frac{\sum_{i=1}^{n} f_{cu,i}^2 - nm_{f_{cu}}^2}{n-1}} = \sqrt{\frac{28.3^2+30.4^2+\cdots+26.2^2-12\times28.04^2}{12-1}} = 2.109(MPa)$$

因 $S_{f_{cu}} = 2.109MPa$，小于 2.5MPa，取 $S_{f_{cu}} = 2.5MPa$。

（3）该批混凝土无前期统计资料，且样本容量 12 组（≥10 组），应按标准差未知的统计方法验收（表 5.68）。

因为 $m_{f_{cu}} - \lambda_1 S_{f_{cu}} = 28.04 - 1.15\times2.5 = 25.2$ （MPa）$\geqslant f_{cu,k} = 25.0$ （MPa）

$f_{cu,min} = 24.3MPa \geqslant \lambda_2 \times f_{cu,k} = 0.9\times25.0 = 22.5$ （MPa）

由 GB/T 50107—2010 知，该批混凝土强度评定为合格，可以验收。

【例 5.16】 某梁板混凝土设计强度等级 C30，在浇筑入模口按规定取样制作了 10 组标准试件，留置在靠近主梁位置，并与梁板同条件养护。同条件养护龄期日平均温度逐日累计及每组试件至龄期时的抗压强度见表 5.71 第 2、3 行。试评定该梁板结构实体混凝土强度是否合格？

表 5.71 10 组试件的同条件养护龄期日平均温度逐日累计及强度

试件组号	1	2	3	4	5	6	7	8	9	10
日平均温度逐日累计/（℃·d）	603	596	610	618	606	609	612	583	608	614
同条件养护至龄期时的强度/MPa	32.0	30.5	31.4	32.6	33.2	27.7	28.2	25.4	28.7	29.7
换算成标准养护 28d 强度/MPa	36.4	34.7	35.7	37.0	37.7	31.5	32.0	28.9	32.6	33.8

解 （1）该梁板结构实体混凝土试件与现场梁板结构同条件养护，各组试件养护龄期日平均温度逐日累计均达到 560～640℃·d（表 5.71 第 2 行），达到等效养护龄期。

（2）将各组同条件养护至等效龄期的强度值除以系数 0.88，换算成标准养护 28d 强度值（列于表 5.71 第 4 行）。

（3）按换算后的强度评定结构实体强度是否合格。

1) $m_{f_{cu}} = \dfrac{1}{n}\sum_{i=1}^{n} f_{cu,i} = \dfrac{36.4+34.7+\cdots+33.8}{10} = 34.03(MPa)$

2) $S_{f_{cu}} = \sqrt{\dfrac{\sum_{i=1}^{n} f_{cu,i}^2 - n m_{f_{cu}}^2}{n-1}} = \sqrt{\dfrac{36.4^2+34.7^2+\cdots+33.8^2-10\times 34.03^2}{10-1}}$

$=2.79(MPa)$

3) 该批结构混凝土无前期统计资料，且样本容量 10 组（≥10 组），应按标准差未知的统计方法验收（表 5.68）。

因为 $m_{f_{cu}} - \lambda_1 S_{f_{cu}} = 34.03 - 1.15\times 2.79 = 30.8$（MPa）$\geqslant f_{cu,k} = 30$（MPa）

$$f_{cu,min} = 28.9MPa \geqslant \lambda_2 \times f_{cu,k} = 0.9\times 30.0 = 27.0（MPa）$$

由 GB 50204—2015 及 GB/T 50107—2010 知，该梁板结构实体混凝土强度合格。

5.10　其他混凝土

5.10.1　高强混凝土

28　高强混凝土简介

高强混凝土是指强度等级大于等于 C60 的混凝土。强度等级大于等于 C100 的混凝土称为超高强混凝土。

1. 高强混凝土的特点

高强混凝土的特点是抗压强度高、变形小；在相同的受力条件下能减小构件截面积，降低钢筋用量；致密坚硬、耐久性能好；脆性比中、低强混凝土高；抗拉、抗剪强度随抗压强度的提高有所增长，但拉压比及剪压比都随之降低。主要用于混凝土桩基、预应力轨枕、电杆、大跨度薄壳结构、桥梁、输水管等。

2. 高强混凝土对原材料的要求

水泥应选用硅酸盐水泥或普通水泥；粗骨料宜采用连续级配，最大公称粒径不宜大于 25mm，针片状颗粒不宜大于 5.0%，以利于骨料合理堆积和应力合理分布；粗骨料含泥量不应大于 0.5%，泥块含量不应大于 0.2%；细骨料细度模数宜为 2.6~3.0，目的是使胶凝材料较多的高强混凝土中总体材料颗粒级配更加合理；细骨料含泥量不应大于 2.0%，泥块含量不应大于 0.5%；宜采用减水率不小于 25% 的高性能减水剂（目前多用聚羧酸高性能减水剂）；宜复合掺粒化高炉矿渣粉、粉煤灰和硅灰等矿物掺合料，粉煤灰不应低于 Ⅱ 级，不低于 C80 的高强混凝土宜掺用硅灰。

3. 高强混凝土配合比设计

（1）高强混凝土的配制强度应按下式确定，即

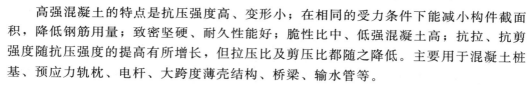

$$f_{cu,0} \geqslant 1.15 f_{cu,k} \tag{5.57}$$

（2）高强混凝土配合比应经试验确定，缺乏试验依据时，配合比设计的水胶比、胶凝材料用量、砂率可按表 5.72 选取，并经试配确定。

（3）外加剂和掺合料的品种、掺量，应通过试配确定；矿物掺合料掺量宜为 25%~40%；硅灰掺量不宜大于 10%。

表 5.72　　高强混凝土的水胶比、胶凝材料用量、砂率（JGJ 55—2011）

强度等级	水胶比	胶凝材料用量/(kg/m³)	砂率/%
≥C60，<C80	0.28～0.34	480～560	
≥C80，<C100	0.26～0.28	520～580	35～42
C100	0.24～0.26	550～600	

（4）水泥用量不宜大于 550kg/m³。

（5）应采用 3 个不同的配合比进行强度试验，其中一个可按表 5.72 作为试拌配合比，另外两个配合比的水胶比，宜较试拌配合比分别增加与减少 0.02。

（6）设计配合比确定后，应用该配合比进行不少于 3 盘混凝土的重复试验，每盘混凝土应至少成型 1 组试件，每组混凝土的抗压强度不得低于配制强度。

5.10.2　抗渗混凝土

抗渗等级不低于 W6 的混凝土称为抗渗混凝土。

1. 抗渗混凝土对原材料的要求

29 抗渗混凝土简介

水泥宜采用普通水泥；粗骨料宜采用连续级配，其最大公称粒径不宜大于 40mm，含泥量不得大于 1.0%，泥块含量不得大于 0.5%；细骨料宜采用中砂，含泥量不得大于 3.0%，泥块含量不得大于 1.0%；因大量抗渗混凝土用于地下工程或水利工程，为提高抗渗性能和适合地下、水下环境特点，宜掺用外加剂和矿物掺合料，粉煤灰应为Ⅰ级或Ⅱ级。

2. 抗渗混凝土配合比设计

控制最大水胶比是抗渗混凝土的重要法则，最大水胶比应符合表 5.46 规定。胶凝材料用量不宜小于 320kg/m³；砂率宜为 35%～45%。骨料粒径太大及砂太少都对抗渗性不利。

3. 配合比设计中混凝土抗渗技术要求应符合的规定

（1）试配要求的抗渗水压值应比设计值提高 0.2MPa。

（2）抗渗试验结果应满足式（5.58）要求，即

$$p_t \geqslant \frac{p}{10} + 0.2 \qquad (5.58)$$

式中　p_t——6 个试件中不少于 4 个未出现渗水时的最大水压值，MPa；

　　　p——设计要求的抗渗等级值，例如 W6 级，则取 $p=6$。

4. 含气量的要求

掺引气剂或引气型外加剂的抗渗混凝土，含气量宜控制在 3.0%～5.0%。

5.10.3　抗冻混凝土

抗冻混凝土是指抗冻等级不低于 F50 的混凝土。

1. 抗冻混凝土对原材料的要求

30 抗冻混凝土简介

水泥应采用硅酸盐水泥、普通水泥或中热水泥；粗骨料宜采用连续级配，含泥量不得大于 1.0%，泥块含量不得大于 0.5%；细骨料含泥量不得大于 3.0%，泥块含量不得大于 1.0%；粗细骨料均应进行坚固性试验；抗冻等级不小于 F100 的抗冻混凝

土宜掺用引气剂；在钢筋混凝土和预应力混凝土中不得掺用含氯盐的防冻剂，在预应力混凝土中不得掺用含有亚硝酸盐或碳酸盐的防冻剂。

2. 抗冻混凝土配合比设计

（1）最大水胶比和最小胶凝材料用量应符合表 5.47 规定。

（2）复合矿物掺合料掺量宜符合表 5.73 的规定。

表 5.73　　　　抗冻混凝土复合矿物掺合料最大掺量（JGJ 55—2011）

水胶比	最大掺量/%	
	采用硅酸盐水泥时	采用普通硅酸盐水泥时
≤0.40	60	50
>0.40	50	40

（3）引气是提高混凝土抗冻性的有效方法之一。混凝土掺引气剂后最小含气量应符合表 5.74 规定，且最大不宜超过 7.0%。

表 5.74　　　　　　　　　　　　抗冻混凝土最小含气量

粗骨料最大公称粒径/mm	混凝土最小含气量/%	
	潮湿或水位变动的寒冷或严寒环境	盐冻环境
40.0	4.5	5.0
25.0	5.0	5.5
20.0	5.0	6.0

5.10.4　大体积混凝土

31　大体积混凝土简介

1. 大体积混凝土对原材料的要求

水泥宜采用中热水泥、低热水泥、矿渣水泥、粉煤灰水泥、火山灰水泥等；当采用硅酸盐水泥或普通水泥时，应掺加矿物掺合料，胶凝材料 3d 和 7d 水化热分别不宜大于 240kJ/kg 和 270kJ/kg；粗骨料宜为连续级配，最大公称粒径不宜小于 31.5mm，因为粒径小的粗骨料对限制混凝土变形不利，含泥量不应大于 1.0%；细骨料宜用中砂，含泥量不应大于 3.0%；宜掺用矿物掺合料和缓凝型减水剂。

2. 大体积混凝土配合比设计

（1）水胶比不宜大于 0.55、用水量不宜大于 175kg/m³，以限制裂缝。

（2）保证混凝土性能要求的前提下，宜提高每立方米混凝土中的粗骨料用量，以利于限制混凝土的变形；砂率宜为 38%～42%。

（3）应减少水泥用量，提高掺合料掺量，且掺量应符合表 5.6、表 5.7 的要求。

（4）在配合比试配和调整时，限制混凝土绝热温升不宜大于 50℃。

（5）大体积混凝土配合比应满足施工对混凝土凝结时间的要求。

5.10.5　泵送混凝土

可在施工现场通过压力泵及输送管道进行浇筑的混凝土，称为泵送混凝土。

32　泵送混凝土简介

1. 泵送混凝土对原材料的要求

水泥宜选用硅酸盐水泥、普通水泥、矿渣水泥和粉煤灰水泥；粗骨料宜采用连续级配，其针片状颗粒含量不宜大于 10%，最大公称粒径与输送管径之比宜符合表 5.17 规定；细骨料宜采用中砂，其通过 0.315mm 筛孔的颗粒含量不宜小于 15%；外加剂常用泵送剂、减水剂；并宜掺入矿物掺合料（粉煤灰是常用的矿物掺合料）。

2. 泵送混凝土配合比设计

（1）水泥和矿物掺合料的总量不宜小于 300kg/m³。

（2）砂率宜为 35%～45%。

（3）泵送混凝土试配时应考虑坍落度经时损失。

5.10.6　自密实混凝土

自密实混凝土是指具有高流动性、均匀性和稳定性，浇筑时无需外力振捣，能够在自重作用下流动并充满模板空间的混凝土。

33　自密实
混凝土简介

1. 自密实混凝土的技术指标

（1）填充性。指拌合物在无须振捣的情况下，能均匀密实成型的性能。用坍落扩展度（SF）和扩展时间（T_{500}）（VS）表示，是控制指标。

（2）间隙通过性。指拌合物均匀通过狭窄间隙的性能。用坍落扩展度与 J 环扩展度差值（PA）表示，是可选指标。

（3）抗离析性。拌合物各组分保持均匀分散的性能。用离析率（SR）和粗骨料振动离析率（f_m）表示，是可选指标。

2. 自密实混凝土对原材料的要求

（1）水泥。宜采用硅酸盐水泥或普通水泥，也可采用其他通用水泥，但不宜采用铝酸盐水泥、硫铝酸盐水泥等凝结时间短、流动性经时损失大的水泥。

（2）掺合料。可采用粉煤灰、粒化高炉矿渣粉、硅灰等掺合料，当使用磨细矿化碳酸钙、石英粉等掺合料时，应考虑其粒径分布、形状与需水量，并经验证。

（3）粗骨料。宜采用最大公称粒径不大于 20mm 的连续级配；对于结构紧密的竖向、复杂形状的结构以及有特殊要求的工程，最大公称粒径不大于 16mm。针片状颗粒含量应小于 8%，含泥量应小于 1.0%，泥块含量应小于 0.5%。轻粗骨料的最大公称粒径不大于 16mm，密度等级不小于 700，粒型系数不大于 2.0，24h 吸水率不大于 10%。

（4）细骨料。宜采用 Ⅱ 区中砂，含泥量应小于 3.0%，泥块含量应小于 1.0%。

（5）外加剂。多使用聚羧酸系高性能减水剂，其具有掺量低、减水率高、强度增长快、坍落度损失小、改善混凝土收缩等性能。掺增稠剂、絮凝剂时，应试验验证。

3. 自密实混凝土的自密实性能及要求

自密实混凝土拌合物的自密实性能及要求见表 5.75。

4. 自密实混凝土配合比设计

（1）配合比设计方法。配合比设计方法主要有固定砂石体积法、全计算法、改进全计算法、参数法、骨料比表面积法等。

（2）水胶比宜小于 0.45，胶凝材料用量宜控制在 400～550kg/m³。计算各材料用量时宜采用绝对体积法。

（3）钢管自密实混凝土配合比设计，应采取减少收缩的措施。

（4）宜通过增加粉体材料的方法以适当增加浆体体积，也可通过添加外加剂的方法来改善浆体的黏聚性和流动性。

表 5.75　自密实混凝土拌合物的自密实性能及要求（JGJ/T 283—2012）

自密实性能	指　标	等级	技术要求	应　用　范　围
填充性 （控制指标）	坍落扩展度 /mm	SF1	550～655	从顶部浇筑的无筋或少筋结构；泵送浇筑施工；截面较小，无需水平长距离流动的竖向结构
		SF2	660～755	一般普通钢筋混凝土结构
		SF3	760～850	结构紧密的竖向构件、形状复杂的结构
	扩展时间 T_{500} /s	VS1	≥2	一般普通钢筋混凝土结构
		VS2	<2	配筋较多的结构或有较高混凝土外观性能要求的结构
间隙通过性 （可选指标）	坍落扩展度与 J 环 扩展度差值/mm	PA1	25～50	钢筋净距 80～100mm
		PA2	0～25	钢筋净距 60～80mm
抗离析性 （可选指标）	离析率 /%	SR1	≤20	流动距离小于 5m、钢筋净距大于 80mm 的薄板结构和竖向结构
		SR2	≤15	流动距离大于 5m（SR<10%）、钢筋净距大于 80mm 的竖向结构；流动距离小于 5m、钢筋净距小于 80mm 的竖向结构
	粗骨料振动离析率 f_m/%	—	≤10	

5.10.7　纤维混凝土

纤维混凝土是掺加短钢纤维或短合成纤维的混凝土的总称。

1. 纤维混凝土对原材料的要求

（1）水泥。可选通用水泥、道路水泥。钢纤维混凝土宜选硅酸盐水泥或普通水泥。

34　纤维混凝土简介

（2）骨料。粗骨料宜采用最大公称粒径不大于 25mm 的连续级配；粗骨料最大公称粒径不宜大于钢纤维长度的 2/3；喷射钢纤维混凝土粗骨料最大公称粒径不宜大于 10mm。细骨料宜采用Ⅱ区中砂，钢纤维混凝土不得使用海砂。

（3）掺合料、外加剂。应满足现行国家标准要求。

（4）纤维材料。钢纤维形状为平直型或异形，长度一般为 20～120mm，直径为 0.3～1.2mm，长径比为 30～100。合成纤维可为单丝纤维、束状纤维、膜裂纤维和粗纤维，长度一般为 6～60mm，直径为 5～100μm。

2. 纤维混凝土的性能

（1）拌合物性能。纤维混凝土拌合物应具有良好的和易性，不离析、泌水或纤维聚团。泵送纤维混凝土入泵坍落度不宜大于 180mm。

（2）力学性能。强度等级按立方体抗压强度标准值确定。轴心抗压强度、轴心抗拉强度、受压和受拉弹性模量、抗弯韧性、抗剪强度、抗疲劳性能和抗冲击性能等应符合设计要求。

（3）长期性能与耐久性能。收缩与徐变、抗冻、抗渗、抗氯离子渗透、抗碳化、抗硫酸盐侵蚀等耐久性应符合设计要求。

3. 纤维混凝土配合比设计

（1）掺加纤维前的混凝土配合比设计按《普通混凝土配合比设计规程》（JGJ 55—2011）进行。

（2）选择纤维体积率。根据《纤维混凝土应用技术规程》（JGJ/T 221—2010），纤维体积率按表5.76初选，最终体积率由试验验证。

（3）配合比试配、调整与确定。应保持水胶比不降低，适当提高砂率、用水量和外加剂掺量等措施达到拌合物设计性能要求，再进行强度检验并调整。在满足拌合物性能要求与强度的基础上，对混凝土其他力学性能、耐久性项目进行检验与评定，若符合要求，可确定为设计配合比。

表5.76　　　　　　纤维混凝土的纤维体积率范围（JGJ/T 221—2010）

钢纤维混凝土的纤维体积率/%			合成纤维混凝土的纤维体积率/%		
工程类型	使用目的	体积率	工程类型	使用目的	体积率
工业建筑地面	防裂、耐磨、改善整体性	0.35～1.00	楼面板、剪力墙、楼地面、板壳结构、看台	控制早期收缩裂缝	0.06～0.20
薄型屋面板	防裂、提高整体性	0.75～1.50			
局部增强预制桩	增强、抗冲击	≥0.50	水坝面板、蓄水池、水渠	控制早期收缩裂缝	0.06～0.20
桩基承台	增强、抗冲切	0.50～2.00			
桥梁结构构件	增强	≥1.00		改善抗冲磨和抗冲蚀性	0.10～0.30
公路路面	防裂、耐磨、防重载	0.35～1.00			
机场道面	防裂、耐磨、抗冲击	1.00～1.50	机场跑道、公路路面、桥面板、工业地面	控制早期收缩裂缝	0.06～0.20
港区道路和堆场铺面	防裂、耐磨、防重载	0.50～1.20			
喷射混凝土	支护、砌衬、修复、补强	0.35～1.00		改善抗冲击、抗疲劳性能	0.10～0.30
水工混凝土	高应力区局部增强	≥1.00	刚性防水屋面	控制早期收缩裂缝	0.10～0.30
	抗冲磨、防空蚀区增强	≥0.50	喷射混凝土	控制早期收缩裂缝、改善整体性	0.06～0.25

5.10.8　公路水泥混凝土

公路水泥混凝土是指公路路面的水泥混凝土。

1. 公路水泥混凝土对原材料的要求

（1）水泥。极重、特重、重交通荷载等级公路面层水泥混凝土应采用道路水泥、硅酸盐水泥、普通水泥，中、轻交通荷载等级公路可采用矿渣水泥。

（2）骨料。应符合《公路水泥混凝土路面施工技术细则》（JTG/T F30—2014）规定。

35　公路水泥混凝土简介

（3）掺合料。使用道路水泥、硅酸盐水泥时，可掺低钙粉煤灰（Ⅱ级或以上）、矿渣粉、硅灰等掺合料。

（4）纤维。应符合《纤维混凝土应用技术规程》（JGJ/T 221—2010）规定，且钢纤维抗拉强度等级不应低于 600 级并进行有效的防锈处理。

（5）外加剂。外加剂产品应使用工程实际材料进行试配，确定其性能满足要求后方可使用。通常掺入引气高效减水剂、缓凝引气高效减水剂、早强引气高效减水剂等外加剂。有抗冻、抗盐冻要求时，应掺入引气剂；无抗冻要求的二级及以上公路宜掺入引气剂，目的是增加混凝土的黏聚性和表面砂浆富裕度，确保平整度，提高弯拉强度，减少收缩和接缝变形率，提高工程经济效益。

2. 公路水泥混凝土配合比设计

（1）配合比设计应满足设计的弯拉强度、工作性、耐久性要求。

（2）宜采用正交试验法，二级及以下公路可采用经验公式法。

5.10.9　碾压混凝土

碾压混凝土是用振动碾碾压方法压实的干硬性混凝土。

36　碾压
混凝土简介

碾压混凝土筑坝技术，具有节约大量水泥、利用工业废料、简化施工工艺与温控措施、充分发挥土石坝施工机械的效能、施工速度快、质量安全可靠、工程造价低等一系列优点。它把混凝土坝的结构安全度和土石坝的经济及快速施工结合起来。我国碾压混凝土筑坝技术的特点是"高掺粉煤灰、中胶凝材料用量、大仓面薄层铺筑、连续碾压上升"。

1. 碾压混凝土的原材料

（1）水泥。原则上，凡适用水工常态混凝土的水泥均可用于碾压混凝土。为满足大体积混凝土温控防裂要求和天然骨料中含有少量碱活性骨料的特点，可优先选用较低水化热、含碱量低、微膨胀、较高强度的水泥。我国已建的水工碾压混凝土工程大多使用 42.5 级普通水泥。

（2）掺合料。掺合料常用粉煤灰或粒化高炉矿渣粉，掺合料掺量大。掺合料在碾压混凝土中的作用：①大大降低混凝土放热量，延缓放热峰值，使碾压混凝土大仓面通仓浇筑成为可能，简化了温控措施；②掺合料的形态效应与微集料效应，改善了拌合物的和易性，提高了可碾性，从而提高硬化混凝土的性能；③延缓拌合物的凝结时间，这对通仓浇筑、夏季施工、提高层面结合质量极为有利；④提高混凝土后期强度增长率；⑤提高混凝土抗渗、抗裂能力；⑥大量掺加掺合料，弥补了胶凝材料的不足，使灰浆量增加，填充了细骨料的空隙，混凝土极限拉伸应变能力提高；⑦还可提高混凝土的安定性、抑制碱-骨料反应、节约水泥、提高碾压层面的均匀性等功能。

（3）骨料。砂、石骨料与水工常态混凝土所用骨料基本一致。

（4）外加剂。常掺入引气型减水剂、缓凝型减水剂等外加剂。外加剂应具有的基本作用：①应有较好的减水增强效果；②应有延缓凝结时间作用，以延长碾压时间和层间间隔时间；③应有提高可碾性作用；④应有抑制早期水化温升作用；⑤应有提高耐久性作用；⑥应有提高和易性及和易性的稳定性作用。

2. 碾压混凝土的主要技术性质

（1）拌合物的主要技术性质。

1）拌合物稠度。稠度又称结构黏度，用 VC 值表示。VC 值是碾压混凝土质量控制的重要指标。混凝土摊铺碾压时，若 VC 值小，砂浆和骨料的可移动性大，混凝土可碾性好，上、下层混凝土中的砂浆和粗骨料较容易嵌入，从而使层间胶结密实，但也易造成碾压过的混凝土泌水，形成泉眼，甚至"陷车"；VC 值大，可碾性差，上、下层胶结不易密实，且易造成碾压后表面裂缝。因此 VC 值不宜过大或过小，通常为（10±5）s。考虑到 VC 值有经时损失，在选择机口 VC 值应适当顾及。

2）凝结时间。为改善层面黏结性能，在连续上升时，应保证下层混凝土初凝之前铺筑碾压完上层混凝土，即保证层面塑性结合。采用少的水泥用量、大掺量掺合料、掺入缓凝型减水剂、降低浇筑温度等以延缓凝结时间从而获得层面塑性结合的效果。

3）抗离析性。拌合物的离析造成混凝土均匀性、密实性差，层间结合薄弱、水平碾压缝漏水等不良后果。减少离析必须从配合比设计时予以限制，更重要的是在施工中采取切实可行的措施，如减少转运次数、降低卸料和堆料高度、多次薄层铺料一次碾压、采用大型铺料机铺料、设置防离析的缓冲设施等。

（2）硬化混凝土的主要技术性质。

1）抗压强度。碾压混凝土多以 90d 或 180d 作为强度设计龄期，以充分利用混凝土后期强度。抗压强度是碾压混凝土的主要力学性能且与其他性能密切相关。水泥强度与水胶比、掺合料品种与掺量、骨料性能等是碾压混凝土强度的主要影响因素。

2）层间黏结强度及抗剪强度。碾压混凝土层面之间的黏结被认为是最薄弱的地方，层面抗剪强度的薄弱性是设计者最关心的问题。抗剪强度的大小，不仅关系到坝体稳定，也关系到坝体断面大小，尤其是承受动荷载的坝及高坝，抗剪强度显得更加重要。层间黏结强度及抗剪强度的主要影响因素有：层面状况、层间间歇时间、上层混凝土的稠度、上层混凝土的压实效果、混凝土抗离析性等。

3）抗渗性。碾压混凝土的抗渗性一般包括：①本体抗渗性；②层间抗渗性。碾压混凝土本体应有足够抗渗性，渗透系数通常低达 10^{-10} cm/s 数量级；若层面结合不良，层面渗透系数较本体大 1～3 个数量级，使整个大坝形成厚厚的"千层饼"，产生大量渗漏。要提高抗渗性，应提高混凝土本体尤其是层间抗渗性。优选原材料、优化配合比，提高层间黏结强度都能提高层间抗渗性。另外，层间采用水泥砂浆或富浆混凝土、采用水泥或化学灌浆法阻塞层面的渗漏等均可提高层间抗渗性。上游面设置常态混凝土、变态混凝土、沥青混合料等防渗设施，可保证大坝可靠的挡水防渗性能。

3. 碾压混凝土配合比设计

（1）与水工常态混凝土相似，碾压混凝土配合比设计也必须遵循强度原理与填充包裹原理。通常的设计方法有单因素分析法、正交试验设计法、工程类比法等。

（2）以广东山口大坝碾压混凝土配合比为例，比较水工常态混凝土。广东山口大坝碾压混凝土配合比（1 号）见表 5.77，其实验室性能见表 5.78。

表 5.77　　　　　广东山口大坝碾压混凝土配合比（1 号）

编号	碾压混凝土各材料用量/(kg/m³)								理论容重/(kg/m³)	压实容重/(kg/m³)
	水	水泥	粉煤灰	砂	粗骨料/mm			外加剂			
					40~80	20~40	5~20	HPG-3	HPW-1		
1 号	80	53.2	79.8	614	488	652	488	7.98	3.99	2455	2381

表 5.78　　　　　广东山口大坝碾压混凝土配合比（1 号）的性能

编号	设计指标	级配	配合比设计参数			VC 值/s	初凝时间/h	抗压强度/MPa	
			粉煤灰/%	水胶比	砂率/%			28d	90d
1 号	$C_{90}10W_4$	三级配	60	0.6	28	8	16.5	8.9	15.2

37　其他
混凝土简介

【技能训练】

1. 填空题

（1）混凝土的结构包括_____、_____、_____ 3 个相，是很不匀质的。其中，_____是混凝土中最薄弱的区域。混凝土受力破坏，一般首先出现在_____上，即所谓的黏结面破坏形式。要提高混凝土的强度与耐久性，常掺入优质矿物掺合料、外加剂等以改善混凝土的结构。

（2）碎石表面_____且具有吸收胶凝材料浆的孔隙特征，所以它与水泥石的黏结能力_____；卵石表面比较_____，与水泥石的黏结能力_____，但混凝土拌合物的_____好。在相同条件下，碎石混凝土强度比卵石混凝土_____。

（3）配制混凝土通常用_____级配石子。海绵城市建设用的透水混凝土，通常用_____级配石子。

（4）混凝土和易性是一项综合性能，包括 _____、_____、_____；_____反映拌合物的稀稠、_____反映拌合物的均匀性、_____反映拌合物的稳定性。

（5）_____和_____是决定混凝土强度最主要的因素。

（6）混凝土配合比设计应满足_____、_____、_____、_____等 4 项基本要求。

（7）为保证混凝土耐久性，必须满足_____水胶比和_____胶凝材料用量要求。

（8）普通混凝土配合比设计的 3 个基本参数是_____、_____、_____。

（9）混凝土配合比设计，水胶比的大小，主要由_____和_____等因素决定；用水量的多少主要根据_____而确定；砂率是根据_____确定的。

（10）混凝土掺入减水剂后，产生以下效果：当原配合比不变时，可以_____拌合物流动性；在保持强度与流动性不变的情况下，可以减少_____及节约_____；在保持流动性和水泥用量不变情况下，可以减少_____，提高_____。

38　项目 5
混凝土习题

（11）混凝土徐变对结构的有利作用是_____，不利作用是_____。

（12）当砂、石的品种和用量一定时，混凝土拌合物的流动性主要取决于_____的多少，即使_____有所变动，流动性也基本保持不变，这种关系称为_____定则。

（13）满足混凝土性能要求的前提下，通常取_____的粗骨料最大粒径、_____的砂率、_____的用水量、_____的水胶比及_____的坍落度。

（14）_____、_____与_____，是提高混凝土抗冻性的有效措施。

（15）混凝土质量控制，强度标准差越大，说明强度越_____。若混凝土配制强度取设计强度等级值，则强度保证率只有_____。

（16）混凝土养护要求是，温度要_____、湿度要_____。

2. 选择题

（1）试拌混凝土时，调整和易性，可采用调整（　　）的方法。

  A. 拌和用水量　　B. 水胶比　　C. 胶凝材料用量　　D. 胶凝材料浆用量

（2）用高强度等级水泥配制低强度等级混凝土，需采用（　　）措施，才能保证工程的技术经济要求。

  A. 减小砂率　　　　　　　　B. 掺矿物掺合料

  C. 增大粗骨料粒径　　　　　D. 适当提高拌合物水灰比

（3）混凝土配合比设计时，配制强度要比设计强度等级值高些，提高幅度的多少，取决于（　　）。

  A. 设计要求的强度保证率　　B. 对坍落度的要求

  C. 施工水平的高低　　　　　D. 要求的强度保证率和施工水平

（4）混凝土常见的破坏形式是（　　）。

  A. 骨料破坏　　　　　　　　B. 水泥石破坏

  C. 骨料和水泥石的黏结界面破坏　D. 以上三者同时破坏

（5）掺入引气剂后混凝土的（　　）显著提高。

  A. 弹性模量　　B. 强度　　C. 抗冲磨性　　　D. 抗冻性

（6）泵送混凝土用砂，最好选用（　　）。

  A. 特细砂　　　B. 细砂　　C. 中砂　　　　　D. 粗砂

（7）梁用混凝土，粗骨料最大粒径为20mm，则混凝土的表观密度可能为（　　）。

  A. $3280kg/m^3$　　B. $1380kg/m^3$　　C. $2380kg/m^3$　　D. $380kg/m^3$

（8）混凝土拌合物施工所需流动性的大小，主要由（　　）来确定。

  A. 水灰比和砂率

  B. 水灰比和捣实方式

  C. 骨料的性质、最大粒径和级配

  D. 构件的截面尺寸大小、钢筋疏密、捣实方式

（9）配制混凝土时，在条件允许的情况下，应尽量选择（　　）的粗骨料。

  A. 最大公称粒径大、空隙率大　　B. 最大公称粒径大、空隙率小

  C. 最大公称粒径小、空隙率大　　D. 最大公称粒径小、空隙率小

（10）普通混凝土的抗压强度等级是以具有 95％保证率（　　　）的立方体抗压强度标准值来确定的。

A. 3d　　　　　B. 7d　　　　　C. 28d　　　　　　D. 60d

（11）混凝土立方体抗压强度标准值 $f_{cu,k}$、轴心抗压强度标准值 f_{ck}、抗压强度设计值 f_c 的关系为（　　　）。

A. $f_{cu,k} > f_c > f_{ck}$　　　　　　B. $f_{cu,k} > f_{ck} > f_c$

C. $f_c > f_{cu,k} > f_{ck}$　　　　　　D. $f_{ck} > f_{cu,k} > f_c$

（12）高为 12.6m 的普通混凝土圆形建筑物，对地基的压应力约为（　　　）。

A. 0.3MPa　　　B. 3MPa　　　C. 30MPa　　　D. 条件不足，不能估计

（13）技术规范规定了混凝土中掺合料的最大掺量，说法不正确的是（　　　）。

A. 保证水泥熟料水化能产生足够的氢氧化钙来激化外掺的掺合料水化

B. 保证混凝土达到一定的强度与耐久性

C. 维持一定的碱度，以保证水化物的长期稳定

D. 节约掺合料用量

（14）（　　　）不宜选 42.5 级或以上强度等级的水泥。

A. 预应力混凝土　　　B. 高强混凝土　　　C. 垫层混凝土　　　D. 喷射混凝土

（15）跨海大桥的桥墩及箱梁，对其钢筋混凝土措施不正确的是（　　　）。

A. 采用最大公称粒径大的骨料，可因其用水量较小而获得较高的耐久性

B. 采用高掺量的多元掺合料及低水胶比（掺高性能减水剂）以提高耐久性

C. 增大钢筋的混凝土保护层厚度、钢筋表面涂膜及外加电流法阻止钢筋锈蚀

D. 混凝土表面涂环氧涂层等以阻隔氯离子等的渗透

（16）关于混凝土外加剂，说法不正确的是（　　　）。

A. 引气剂的主要作用是提高混凝土的耐久性

B. 缓凝剂能使分层浇筑的混凝土不致形成冷缝

C. 早强剂可提高混凝土早期强度，后期强度也按比例大幅提高

D. 高效减水剂较好地解决了混凝土高强度（低水胶比）与大流动性的矛盾

（17）粉煤灰对混凝土的作用，不正确的是（　　　）。

A. 可提高混凝土的抗碳化能力，降低钢筋锈蚀的风险

B. 可降低混凝土水化热，减少混凝土收缩，抑制碱-骨料反应

C. 可改善混凝土的和易性，泵送混凝土掺粉煤灰有利于泵送施工

D. 可改善与优化水泥石本体及过渡区的成分及结构，提高混凝土强度与耐久性

3. 问答题

（1）混凝土的三相结构对混凝土性能如何影响？

（2）混凝土常用矿物掺合料粉煤灰、粒化高炉矿渣粉、硅灰的性能特点如何？它们对混凝土性能如何影响？

（3）减水剂、引气剂、早强剂、缓凝剂对混凝土的作用机理如何？减水剂、引气剂、早强剂、缓凝剂对混凝土的技术效果如何？

（4）什么是骨料级配？级配良好的骨料有什么特点？级配很差的骨料，对混凝土

的性能有什么影响？

(5) 什么是石子最大粒径？最大公称粒径？二者的关系如何？工程上如何确定最大公称粒径？

(6) 影响混凝土拌合物和易性的因素有哪些？改善和易性的措施有哪些？

(7) 什么是砂率？什么是合理砂率？选择合理砂率的主要目的是什么？确定合理砂率的方法有哪几种？

(8) 影响混凝土抗压强度的因素有哪些？如何从改善混凝土水泥石与过渡区的结构来提高混凝土抗压强度与耐久性？

(9) 普通混凝土配合比设计的基本要求是什么？如何确定配合比设计中的3个基本参数？

(10) 为什么掺引气剂可提高混凝土的抗冻性及抗渗性等耐久性指标？

(11) 影响混凝土抗冻性及抗渗性的因素有哪些？改善措施有哪些？

(12) 什么是混凝土的碱-骨料反应？对混凝土的性质有何影响？

(13) 提高混凝土耐久性的措施是什么？应严格限制哪些参数或指标？

(14) 配制混凝土时为什么不能随意加水或改变水胶比？

(15) 混凝土立方体抗压强度 f_{cu}、立方体抗压强度标准值 $f_{cu,k}$、轴心抗压强度标准值 f_{ck}、抗压强度设计值 f_c 各自的概念及相互关系是什么？

4. 应用题

试为下列混凝土选用适宜的外加剂（优选1种即可）。

(1) C80混凝土；(2) 抗渗等级W10的混凝土；(3) 抗冻等级F200的混凝土；(4) 泵送混凝土；(5) 碾压混凝土；(6) −5℃条件下施工的混凝土；(7) 炎热夏季施工的混凝土；(8) 海堤路面混凝土；(9) 需加快模板周转的混凝土；(10) 喷射砂浆；(11) 自密实混凝土；(12) 自应力混凝土输水管。

5. 计算题

(1) 检验某砂的粗细程度及级配。用500g烘干试样筛分结果见表5.79。

表5.79　　　　　　　　　**500g烘干试样筛分结果**

筛孔尺寸/mm	4.75	2.36	1.18	0.60	0.30	0.15	底盘
筛余量/g	18	69	70	148	101	73	21

试评定该砂的粗细程度及颗粒级配。

(2) 现有甲、乙两种砂，各称烘干砂500g筛分后各筛的筛余质量见表5.80。

表5.80　　　　　　　　**500g烘干砂筛分后各筛的筛余质量**

筛孔尺寸/mm		4.75	2.36	1.18	0.60	0.30	0.15	底盘
筛余量/g	甲砂	0	10	10	240	90	148	2
	乙砂	15	170	155	105	35	19	1

1) 分别计算甲、乙两种砂细度模数，并评定甲、乙两种砂的级配是否合格。

2) 现需细度模数为2.7的砂（不考虑其级配是否合格），试求甲、乙两种砂的混合比例？

3）将甲、乙两种砂混合成细度模数为 2.5～2.9 且级配合格的中砂，试求甲、乙两种砂的混合比例？并具体列出一种混合比例。

（3）某钢筋混凝土梁的截面尺寸为 250mm×400mm，钢筋最小净距为 45mm，试确定石子最大公称粒径？若选择连续粒级石子配制混凝土，选择石子粒级？

（4）某混凝土梁设计强度等级 C30，施工要求达到设计强度的 55% 时可以拆模，试分析混凝土浇筑后几天才能拆模？如果实测 7d 龄期的抗压强度为 23.2MPa，该混凝土能否达到设计要求？

（5）某混凝土实验室配合比为水泥：粉煤灰：砂：石：水＝1：0.65：2.93：5.70：0.81，混凝土的湿表观密度为 2410kg/m³。试求实验室配合比的各种材料用量？若施工现场实测砂含水率 2.6%、石子含水率 0.8%，求施工配合比的各种材料用量？

（6）某室内潮湿环境现浇钢筋混凝土梁，混凝土设计强度等级 C30，混凝土掺入 S75 级粒化高炉矿渣粉。施工要求坍落度为 55～70mm，施工采用机械搅拌、机械振捣，该施工单位无历史统计资料。采用的原材料如下：

水泥：42.5 级普通水泥，实测强度 48.7MPa，密度 ρ_c＝3.10g/cm³；

矿物掺合料：S75 级粒化高炉矿渣粉，掺量 40%，密度 ρ_f＝2.90g/cm³；

砂：M_x＝2.72，Ⅱ 区砂，干表观密度 ρ_{0s}＝2.62g/cm³，干堆积密度 ρ'_{0s}＝1470kg/m³；

碎石：d_{max}＝40mm，连续级配且级配合格，干表观密度 ρ_{0g}＝2.71g/cm³，干堆积密度 ρ'_{0g}＝1570kg/m³；

水：自来水。

试进行混凝土初步配合比设计。

（7）某室内现浇钢筋混凝土柱，混凝土设计强度等级 C20，混凝土不掺矿物掺合料。施工要求坍落度为 35～50mm，施工采用机械搅拌、机械振捣，该施工单位混凝土标准差 σ＝3.6MPa。采用的原材料如下：

水泥：32.5 级矿渣水泥，密度 ρ_c＝3.02g/cm³；

砂：M_x＝2.8，Ⅱ 区砂，干表观密度 ρ_{0s}＝2.60g/cm³，干堆积密度 ρ'_{0s}＝1490kg/m³；

碎石：d_{max}＝40mm，连续级配且级配合格，干表观密度 ρ_{0g}＝2.72g/cm³，干堆积密度 ρ'_{0g}＝1540kg/m³；

水：自来水。

1）试进行混凝土初步配合比设计。

2）混凝土搅拌站改用细度模数为 2.3 的砂，改砂后原混凝土配方不变，发觉混凝土坍落度明显变小，请分析原因。

（8）某混凝土坝，所在地区最冷月平均气温为 −2℃，河水无侵蚀性，该大坝上游面水位变化区的外部常态混凝土，最大作用水头 36m。混凝土设计强度等级 C20，混凝土中掺入Ⅱ级粉煤灰，施工要求的坍落度为 $10\sim30\mathrm{mm}$。施工采用机械搅拌、机械振捣。根据施工单位历史资料统计，混凝土强度标准差 $\sigma=3.2\mathrm{MPa}$。所用原材料情况如下：

水泥：42.5 级普通水泥，水泥密度为 $\rho_c=3.12\mathrm{g/cm^3}$；

粉煤灰：Ⅱ级粉煤灰，掺量 30%，粉煤灰的密度为 $\rho_f=2.30\mathrm{g/cm^3}$；

砂：中砂，$M_x=2.67$，级配合格；饱和面干砂的表观密度 $\rho_{0s}=2.65\mathrm{g/cm^3}$；

石子：二级配碎石，级配合格；饱和面干石子的表观密度 $\rho_{0g}=2.72\mathrm{g/cm^3}$；

外加剂：无。

试求：1）混凝土初步配合比。

2）施工现场砂含水率为 2.4%、石子含水率为 0.7%（砂、石子含水率均以饱和面干为基准），若混凝土初步配合比满足混凝土各项设计指标，求施工配合比。

（9）某楼盘梁板混凝土设计强度等级 C25，在浇筑入模口按规定取样制作了 10 组标准试件，留置在靠近主梁位置，并与梁板同条件养护。每组试件同条件养护龄期日平均温度逐日累计及至龄期时的抗压强度见表 5.81 的第 2、第 3 行。试评定该梁板结构实体混凝土强度是否合格？

39 项目 5
混凝土
习题答案

表 5.81　　　　10 组试件的同条件养护龄期日平均温度逐日累计及强度

试件组号	1	2	3	4	5	6	7	8	9	10
日平均温度逐日累计/(℃·d)	612	598	588	620	602	607	618	586	610	620
同条件养护至龄期时的强度/MPa	27.3	25.2	26.8	25.8	28.6	24.9	23.7	20.1	23.2	24.2

建 筑 砂 浆

【教学目标】

　　掌握砌筑砂浆对原材料的性能要求；掌握砌筑砂浆的和易性、强度、耐久性；掌握砌筑砂浆的配合比设计；了解其他砂浆。

40 项目6
课件

【教学要求】

知识要点	能　力　目　标	权重
砌筑砂浆的原材料、技术性质	能合理地选择砌筑砂浆的原材料、掌握砌筑砂浆的和易性、强度、耐久性	30%
砌筑砂浆配合比设计	能设计出满足技术经济要求的砌筑砂浆配合比	30%
其他砂浆	了解其他砂浆的品种、性能及应用	20%
砂浆试验	能按现行标准进行砂浆的原材料、和易性、强度、耐久性等的检测	20%

【基本知识学习】

　　建筑砂浆是由水泥基胶凝材料、细骨料、水以及根据性能确定的其他组分按适当比例配合、拌制并经硬化而成的工程材料。为改善砂浆和易性等性能，可掺入适量的外加剂或保水增稠材料等其他组分。建筑砂浆按用途可分为砌筑砂浆、抹灰砂浆、勾缝砂浆、装饰砂浆和特种砂浆等。

　　砌筑砂浆用量大。砌筑砂浆可分为现场配制砌筑砂浆和预拌砌筑砂浆（商品砂浆）。现场配制砌筑砂浆又分为水泥砂浆和水泥混合砂浆。水泥砂浆指水泥，与砂、水和外加剂等拌制的砂浆，因掺入混凝土或砂浆中的粉煤灰等活性掺合料被当做胶凝材料已被普遍接受，故将掺入的掺合料与水泥一起作为胶凝材料（即水泥基胶凝材料）拌制的砂浆也称为水泥砂浆。水泥混合砂浆是指在水泥砂浆中掺入混合料石灰膏的砂浆。预拌砌筑砂浆分为湿拌砂浆和干混砂浆。湿拌砂浆是指由水泥基胶凝材料、细骨料、水以及根据性能确定的其他组分，按一定比例，在搅拌站经计量、拌制后，采用搅拌运输车运至使用地点，放入专用容器储存，并在规定时间内使用完毕的砂浆。干混砂浆是指经干燥筛分处理的骨料与水泥基胶凝材料以及根据性能确定的其他组分，按一定比例在专业生产厂混合而成，在使用地点按规定比例加水或配套液体拌和使用的干混拌合物，也称干拌砂浆。

建筑砂浆在工程中是一项用量大、用途广的材料。主要用于砌筑、抹灰、修补和装饰工程。水利工程中主要应用水泥砂浆修筑堤坝、护坡、桥涵等。

砂浆与混凝土的差别仅限于不含粗骨料，因此，有关混凝土和易性、强度和耐久性等的基本规律，原则上也适用于砂浆。但砂浆多为薄层铺筑，且多用来砌筑多孔吸水的砖石材料，这些施工工艺和工作条件的特点，对砂浆又提出与混凝土不尽相同的技术要求。合理选择和使用砂浆，对保证工程质量、降低成本有重要意义。砌筑砂浆在工程中将砖、石、砌块等块材经砌筑为砌体，起黏结、衬垫、传递应力、协调变形的作用，是砌体的重要组成部分。本项目重点阐述砌筑砂浆。

6.1　砌筑砂浆的组成材料

6.1.1　水泥

1. 水泥品种的选择

水泥是砌筑砂浆的主要胶凝材料，宜选用通用水泥或砌筑水泥。砌筑水泥强度等级与砂浆强度等级相适应且配成的砂浆具有较好的和易性，因此，砌筑水泥专门用于配制砌筑砂浆与抹灰砂浆等。

2. 水泥强度等级的选择

M15 及以下强度等级的砌筑砂浆宜选用 32.5 级的通用水泥或砌筑水泥；M15 以上强度等级的砌筑砂浆宜选用 42.5 级的通用水泥。厂家在生产预拌砌筑砂浆时，为保证和易性要求会加入外加剂、粉煤灰、保水增稠材料等，因此，在不浪费水泥的前提下，预拌砌筑砂浆也可使用 42.5 级的普通水泥或硅酸盐水泥。

6.1.2　细骨料

砌筑砂浆用砂，宜选用中砂，并应符合《普通混凝土用砂、石质量及检验方法标准》（JGJ 52—2006）的技术要求，且应全部通过 4.75mm 的筛孔。

6.1.3　石灰膏或电石膏

砌体是多种材料的复合体，砌体强度主要取决于砌筑材料强度（如砖、石强度），砂浆强度居次要地位。实践证明，砂浆强度降低 10%，相应的砌体强度降低不超过 5%，因而砌体对砂浆强度要求不高。砂浆强度不高，其要求的水泥强度也相应不高，而低强度等级（22.5 级、12.5 级）的砌筑水泥产量不大，人们习惯用产量大的通用水泥（最低为 32.5 级）配制砂浆，因而较少的通用水泥即可满足砂浆强度，导致砂浆和易性差。为改善砂浆和易性和节约水泥，可掺入适量的石灰膏或电石膏，也可掺入粉煤灰等。

1. 石灰膏

生石灰熟化成石灰膏时，应用孔径不大于 3mm×3mm 的筛网过滤，熟化时间不少于 7d，使其充分"陈伏"。磨细生石灰粉的熟化时间不少于 2d。储存石灰膏，应防止干燥、冻结和污染。脱水硬化的石灰膏不起塑化作用，还会降低砂浆强度，严禁使用。

2. 电石膏

制作电石膏的电石渣应用孔径不大于 3mm×3mm 的筛网过滤，检验时应加热至

70℃并保持至少 20min，没有乙炔气味后方可使用。

3. 消石灰粉

消石灰粉未充分熟化，颗粒粗，起不到改善和易性的作用，还会大幅度降低砂浆强度，故不得直接用于砂浆中。

4. 石灰膏、电石膏试配时的稠度

石灰膏、电石膏试配时的稠度应为（120±5)mm。

6.1.4 粉煤灰、粒化高炉矿渣粉、硅灰、天然沸石粉

粉煤灰、粒化高炉矿渣粉、硅灰、天然沸石粉应分别符合国家现行标准。当采用其他品种矿物掺合料时，应有可靠的技术依据，并在试用前进行试验验证。

6.1.5 保水增稠材料

保水增稠材料是可改善砂浆可操作性及保水性的非石灰类物质，并可替代部分胶凝材料。保水增稠材料的品质指标应符合《砌筑砂浆增塑剂》（JG/T 164—2004）的要求。保水增稠材料有甲基纤维素、硅藻土等。

6.1.6 外加剂

为改善砂浆的性能，可掺入外加剂。常用的外加剂有木质素磺酸钙、松香皂、微沫剂等，其中微沫剂既有减水作用又有引气效果，是良好的增塑材料。为提高砂浆的防水性能，可掺入引气剂、减水剂、三乙醇胺、氯化铁、金属皂类、水玻璃等防水剂。

6.1.7 水

拌制与养护砂浆用水应符合《混凝土用水标准》（JGJ 63—2006）的规定。

6.2 砌筑砂浆的主要技术性质

41 "砂浆的所有试验"试验视频、试验指导书、试验报告

砌筑砂浆的主要技术性质有：新拌砂浆的和易性、表观密度；硬化砂浆的强度及耐久性等。

6.2.1 新拌砂浆的和易性

砂浆和易性是指新拌砂浆在施工中是否便于操作并能保证工程质量的性质。和易性良好的砂浆，不仅在运输和施工过程中不产生分层、泌水现象，而且容易在粗糙的砖石基层上铺成均匀的薄层，灰缝填筑饱满密实，与砖石黏结牢固，强度和整体性高。砂浆的和易性包括流动性和保水性两个方面。

1. 流动性

砂浆的流动性是指新拌砂浆在自重或外力作用下是否容易流动的性能，也称稠度，以沉入度 K(mm) 表示。流动性的大小用砂浆稠度仪测定：以 300g 标准圆锥体 10s 沉入砂浆中的深度（mm）表示沉入度（图 6.1）。沉入度越大，流动性越大。但流动性过大，砂浆容易分层、泌水；若流动性过小，则不便于施工操作，灰缝不易填充密实，将会降低砌体的强度。

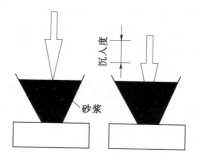

图 6.1 沉入度测定示意图

砂浆的流动性与水泥和掺合料的种类及用量、用水量、外加剂品种及掺量、砂的粒形、粗细、级配、搅拌时间和环境的温湿度等有关。当原材料和灰砂比一定时，流动性主要取决于用水量，流动性随用水量的增加而增大。

砂浆流动性的选择应根据砌体种类、施工方法和气候条件选定（表 6.1）。当气候炎热干燥时应采用较大值，当气候寒冷潮湿时采用较小值。

表 6.1　　　　　　　　砌筑砂浆的施工稠度（沉入度）（JGJ/T 98—2010）

砌　体　种　类	砂浆的稠度（沉入度）/mm
烧结普通砖砌体、粉煤灰砖砌体	70~90
混凝土砖砌体、普通混凝土小型空心砌块砌体、灰砂砖砌体	50~70
烧结多孔砖砌体、烧结空心砖砌体、轻骨料混凝土小型空心砌块砌体、蒸压加气混凝土砌块砌体、空心砖砌体	60~80
石砌体	30~50

2. 保水性

砂浆的保水性是指新拌砂浆保持内部水分的能力。保水性良好的砂浆，在砌筑时容易铺成均匀密实的薄层，保证砂浆整体的均匀性及与基层材料有良好的黏结力和较高的强度。砂浆的保水性用分层度或保水率表示。

（1）分层度。分层度表示砂浆稠度的稳定性。分层度 ΔK 的测定是将搅拌均匀的砂浆先测出其沉入度 K_1，再将拌合物装满分层度筒（图 6.2），静置 30min 后，取筒底部 1/3 的砂浆，再测其沉入度 K_2。两次沉入度之差 $\Delta K = (K_1 - K_2)$ 即为砂浆的分层度。分层度越大，保水性越差，亦即流动性的稳定性越差。产生分层度的原因是砂浆在筒中静置 30min 后，水是最轻材料，未吸附在胶凝材料颗粒及石灰颗粒表面的多余水在其他材料重力排挤作用下往上升，使得砂浆中的水分布不均匀。建筑砂浆的分层度一般在 10~30mm 为宜。分层度大于 30mm 的砂浆，保水性不良，易产生分层离析、不利于施工及硬化；分层度接近零的砂浆，不仅胶凝材料用量大，且易产生干缩裂缝。分层度可作为砂浆在运输及停放时控制拌合物稠度稳定性的指标。但分层度难操作，可复检性差且准确性低，加之我国目前砂浆品种日益增多，有些新品种砂浆如预拌砂浆、干粉砂浆等用分层度试验来衡量各组分的稳定性或保持水分的能力已不太适宜，故增加了保水率来衡量砂浆的保水性。

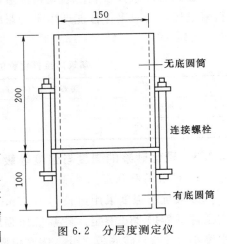

图 6.2　分层度测定仪

（2）保水率。砂浆能保持在其内部的水分占总水量的百分率，称为保水率。保水率可用砂浆中的总水量（100%）减去砂浆的泌水率求得。砂浆的泌水率为砂浆表面覆盖 15 片滤纸并压 2kg 不吸水重物 2min 后被滤纸吸走的水量占总水量的百分率。保水率操作容易，可复检性好且准确性高，也是国外的通用方法，因此，《砌筑砂浆配合比设计规程》（JGJ/T 98—2010）以保水率表示砂浆的保水性，要求见表 6.2。

表 6.2 砌筑砂浆的保水率（JGJ/T 98—2010）

砂浆种类	保水率/%	砂浆种类	保水率/%
水泥砂浆	≥80	预拌砌筑砂浆	≥88
水泥混合砂浆	≥84		

砂浆的保水性主要取决于砂的粒径和细微颗粒含量。若砂较粗，水泥、掺合料及石灰膏用量较少，材料总的表面积小，则吸附水分的能力较小，保水性差；同时灰浆不能填充砂的空隙，砂浆的稠度也无法保证。为保证砂浆具有良好的保水性，砂浆中必须具有足够数量的细微颗粒含量，见表 6.3。

表 6.3 砌筑砂浆中的水泥、矿物掺合料、石灰膏等材料用量（JGJ/T 98—2010）

砂浆种类	材料用量/(kg/m³)	砂浆种类	材料用量/(kg/m³)
水泥砂浆	≥200	预拌砌筑砂浆	≥200
水泥混合砂浆	≥350		

注 1. 水泥砂浆中的材料用量是指水泥用量。
　　2. 水泥混合砂浆中的材料用量是指水泥和石灰膏或电石膏的材料总量。
　　3. 预拌砌筑砂浆中的材料用量是指胶凝材料用量，包括水泥和替代水泥的粉煤灰等活性矿物掺合料。

6.2.2 新拌砂浆的表观密度

若砌筑砂浆拌合物的表观密度过低，说明砂的空隙未被胶凝材料浆填满或胶凝材料浆过稀，会对砌体性能产生不利影响。因此，砌筑砂浆拌合物的表观密度宜符合表 6.4 规定。

表 6.4 砌筑砂浆拌合物的表观密度（JGJ/T 98—2010）

砂浆种类	表观密度/(kg/m³)	砂浆种类	表观密度/(kg/m³)
水泥砂浆	≥1900	预拌砌筑砂浆	≥1800
水泥混合砂浆	≥1800		

6.2.3 硬化砂浆的强度与强度等级

1. 砂浆抗压强度

砂浆抗压强度采用边长为 70.7mm 立方体试件（公称承压面积 $5000mm^2$），在规定条件下养护 28d 测定。砂浆抗压强度有不吸水的钢底模与吸水率不小于 10%、含水率不大于 2% 砖底模之分。钢底模砂浆抗压强度通常对应于砌筑不吸水石砌体砂浆强度，砖底模砂浆抗压强度通常对应于砌筑吸水的砖砌体砂浆强度。相同配合比砂浆，由于钢底模不吸水而砖底模吸水，砖底模能将砂浆中除砂浆能保持的水分之外的多余水吸走，使水胶比降低，砖底模砂浆抗压强度大。《建筑砂浆基本性能试验方法标准》（JGJ/T 70—2009）给出的比例系数 λ＝砖底模砂浆抗压强度/钢底模砂浆抗压强度，λ＝1.35。用 λ＝1.35 将钢底模强度换算成砖底模强度是很安全的，可根据砖品种调高 λ 值。其中，λ 是一个综合性的动态修正系数，既包括了钢底模强度换算成不同品种砖底模强度的修正，也蕴含了水泥强度测定方法差异（现用 ISO 法与 GB

177—1985 法的差异）的修正。由于砖品种与性能的差异大，导致砖底模砂浆抗压强度离散性大，因此，统一采用钢底模。

2. 强度等级

砂浆强度等级是根据施工水平按具有保证率约为 75％～80％的 28d 抗压强度标准值划分的（表 6.5 中的 k 值可反映）。水泥砂浆及预拌砂浆分为 M5、M7.5、M10、M15、M20、M25、M30 七个强度等级；水泥混合砂浆分为 M5、M7.5、M10、M15 四个强度等级。为了与实际工程一致，确定砂浆强度等级的抗压强度，砌筑吸水基层（如砖）的砂浆是用砖底模抗压强度，而现行标准统一采用钢底模，因而需将钢底模强度换算成砖底模强度；砌筑不吸水基层（如石）的砂浆是用钢底模强度。

表 6.5　　　　　　　　　　砂浆强度标准差 σ 及 k 值（JGJ/T 98—2010）

强度等级 施工水平	强度标准差 σ/MPa							k
	M5	M7.5	M10	M15	M20	M25	M30	
优良	1.00	1.50	2.00	3.00	4.00	5.00	6.00	1.15
一般	1.25	1.88	2.50	3.75	5.00	6.25	7.50	1.20
较差	1.50	2.25	3.00	4.50	6.00	7.50	9.00	1.25

工程中常用的砂浆强度等级为 M5、M7.5、M10，对于配筋砌体结构、特别重要的砌体或有较高耐久性要求的工程，宜采用 M10 以上的砂浆。

3. 影响砂浆强度的主要因素

影响砂浆强度的因素比较多，除与砂浆的组成材料、配合比和施工工艺等因素有关外，还与基层材料的吸水性有关。

（1）砌筑不吸水基层材料（如密实石材）。当基层材料不吸水时，因水全部保留在砂浆内，影响砂浆抗压强度的因素与混凝土相似，主要取决于胶凝材料强度和水胶比。砂浆强度可按式（6.1）计算，即

$$f_{m,0} = \alpha f_b \left(\frac{B}{W} - \beta \right) \tag{6.1}$$

式中　$f_{m,0}$——砂浆 28d 抗压强度（钢底模成型），MPa；

　　　f_b——胶凝材料 28d 实测抗压强度，MPa；

　　　$\dfrac{B}{W}$——胶水比；

　　　α、β——经验系数，可取 $\alpha = 0.91$，$\beta = 0.54$。

说明：①一些资料 30 多年来沿用 $\alpha = 0.29$、$\beta = 0.40$，显然未考虑其间因水泥强度测定方法变化对经验系数的影响，实践证明，用 $\alpha = 0.29$、$\beta = 0.40$ 得到的砂浆配合比是不经济的，广东水电学院根据近年来砂浆配合比资料结合水泥强度测定方法的差异（现用 ISO 法与 GB 177—1985 法的差异），统计提出较经济的系数 $\alpha = 0.91$、$\beta = 0.54$；②石灰膏会降低砂浆强度且石灰膏会带入较多的水量使拌制砂浆时的水胶比改变，故式（6.1）不适用于水泥混合砂浆，只适用于水泥砂浆（包括水泥粉煤灰砂浆）；③《砌筑砂浆配合比设计规程》（JGJ/T 98—2010）中无此经验公式，但混凝

土或砂浆配合比设计重结果而非重过程，此公式有较好的技术经济性，采用是合理的；④砂浆强度还受砌体制约，并非孤立体现，且砂浆配合比可直接查表（查表法），也体现了经验公式的优越性。

（2）砌筑吸水基层材料（如烧结普通砖）。当基层材料吸水率较大时，因满足设计性能要求的砂浆中胶凝材料量与石灰膏量一定而具有相应的保水性，无论拌制砂浆时加多少水，而保留在砂浆中的水基本相同，多余的水被基层材料所吸收。因此，当原材料品质一定时，砂浆强度主要取决于水泥强度与水泥用量，而与拌制砂浆时的水胶比无关（但砂浆强度仍由经基层材料吸水后的水胶比决定）。砂浆强度可按式（6.2）计算。式（6.2）适用于砖底模，即

$$f_{m,0}=\frac{\alpha f_{ce}Q_c}{1000}+\beta \tag{6.2}$$

式中　$f_{m,0}$——砂浆 28d 抗压强度（砖底模成型），MPa；

f_{ce}——水泥 28d 实测抗压强度，MPa；

Q_c——1m³ 砂浆中的水泥用量，kg；

α、β——经验系数。可取 $\alpha=3.03$，$\beta=-15.09$。

6.2.4　砂浆的黏结力

砌体是用砂浆把块状的砖石材料黏结成整体的，因此，砌体的强度、耐久性及抗震性均与砂浆的黏结力有关，而砂浆的黏结力随其抗压强度的增大而提高。另外，砖石表面粗糙、清洁、湿润、良好的施工养护也能提高砂浆的黏结力。

6.2.5　砂浆的变形性

砂浆凝结硬化过程中、受荷载或温湿度变化时，均会产生变形。如果变形过大或不均匀，会引起沉陷或裂缝，降低砌体质量。用轻骨料或掺合料配制的砂浆收缩变形大。良好的养护条件可减少变形。

6.2.6　硬化砂浆的耐久性

砂浆的耐久性是一项综合性指标，包括抗渗、抗冻、抗侵蚀性等。影响砂浆耐久性的主要因素是水泥与掺合料的品种、掺合料的掺量、胶凝材料强度和水胶比等。掺用引气剂等外加剂可提高砂浆的耐久性。另外，采用多层做法，做好层间结合等施工工艺也可改善其抗渗与抗冻性能。

6.3　砌筑砂浆配合比设计

根据砌体部位合理选择砂浆的种类。砌筑潮湿环境和强度要求比较高的砌体，宜选用水泥砂浆；砌筑干燥环境中的砌体宜选用水泥石灰混合砂浆；砂浆强度等级为 M10 及 M10 以下宜采用水泥混合砂浆。预拌砌筑砂浆的配合比由专业生产厂控制，这里主要介绍现场配制砌筑砂浆的配合比设计。

6.3.1　砌筑砂浆配合比设计

1. 砌筑砂浆配合比设计的一般原则

（1）砌筑砂浆的稠度、保水率、强度必须同时符合设计要求。砌筑砂浆稠度可按

表 6.1 选用，在满足施工前提下，尽量选择较小的稠度。保水率应满足表 6.2。

（2）砌筑砂浆中的水泥、矿物掺合料、石灰膏等材料用量应满足表 6.3。

（3）砂浆的表观密度应满足表 6.4。

（4）具有抗渗性、抗冻性要求的砂浆，经试验后，必须符合要求。

（5）宜采用机械搅拌，对水泥砂浆和水泥混合砂浆，搅拌时间不得少于 120s；对预拌砂浆和掺有粉煤灰、外加剂、保水增稠材料等的砂浆，搅拌时间不得小于 180s。

2. 现场配制水泥混合砂浆试配配合比

（1）确定砂浆试配强度 $f_{m,0}$。$f_{m,0}$ 按式（6.3）计算，即

$$f_{m,0} = k f_2 \tag{6.3}$$

式中　$f_{m,0}$——砂浆试配强度，MPa，精确至 0.1MPa；

　　　f_2——砂浆设计强度等级，MPa；

　　　k——系数，按表 6.5 取值。

1）砂浆设计强度等级 f_2 的选择。砂浆强度等级应根据工程类别及砌体设计要求来选择。一般的砖混多层住宅、多层商店、办公楼、教学楼等采用 M5～M10 的砂浆；平房宿舍、商店等采用 M5～M7.5 的砂浆；特别重要的砌体采用 M15～M30 的水泥砂浆；配筋砌体结构宜采 M20 及 M20 以上水泥砂浆。也可根据经验确定砂浆设计强度等级。

2）砂浆现场强度标准差 σ 的选择。现场强度标准差 σ 应符合下列规定：

a. 当有工程近期统计资料（组数 $n \geqslant 25$）时，按式（6.4）计算：

$$\sigma = \sqrt{\frac{\sum_{i=1}^{n} f_{m,i}^2 - n u_{f_m}^2}{n-1}} \tag{6.4}$$

式中　$f_{m,i}$——统计周期内同一品种砂浆第 i 组试件的强度，MPa；

　　　u_{f_m}——统计周期内同一品种砂浆 n 组试件强度的平均值，MPa；

　　　n——统计周期内同一品种砂浆试件的总组数，$n \geqslant 25$。

b. 当不具有近期统计资料时，砂浆现场强度标准差 σ 可按表 6.5 选用。

（2）计算胶凝材料用量 Q_b 或水泥用量 Q_c。

1）砌筑不吸水基层材料水泥砂浆的胶凝材料用量 Q_b。根据砂浆试配强度及所选胶凝材料强度，由式（6.1）求得胶水比（B/W），再根据砂浆稠度要求确定的用水量 Q_w，按 $Q_b = Q_w \times B/W$ 计算胶凝材料用量 Q_b。查表 6.3，若算得的 $Q_b \leqslant 200$kg/m³，应至少取 200kg/m³。

2）砌筑吸水基层材料水泥混合砂浆的水泥用量 Q_c。按式（6.5）计算 Q_c，即

$$Q_c = \frac{1000 \times (f_{m,0} - \beta)}{\alpha f_{ce}} \tag{6.5}$$

式中　Q_c——1m³ 水泥混合砂浆的水泥用量，kg/m³，精确至 1kg/m³；

　　　$f_{m,0}$——水泥混合砂浆试配强度，MPa，精确至 0.1MPa；

　　　f_{ce}——水泥 28d 实测强度，MPa，精确至 0.1MPa；

α、β——砂浆的特征系数，其中 $\alpha = 3.03$，$\beta = -15.09$。

当无法取得水泥实测强度 f_{ce} 时，可按式（6.6）计算：

$$f_{ce} = \gamma_c f_{ce,g} \tag{6.6}$$

式中　$f_{ce,g}$——水泥强度等级值，MPa；

　　　γ_c——水泥强度等级值的富余系数，由统计资料确定。无资料时可取 1.0。

（3）计算水泥混合砂浆中石灰膏用量 Q_D。水泥混合砂浆中石灰膏用量 Q_D 按式（6.7）计算，即

$$Q_D = Q_A - Q_c \tag{6.7}$$

式中　Q_D——1m³ 砂浆中石灰膏用量，kg/m³（以沉入度为 120mm±5mm 的膏体为准）；

　　　Q_A——1m³ 砂浆中水泥和石灰膏的总量，按表 6.3 选取，一般选 350kg/m³ 即可满足和易性要求。

当石灰膏为不同稠度时，其换算系数可按表 6.6 进行换算。

表 6.6　　　　　　石灰膏不同稠度的换算系数（JGJ/T 98—2010）

石灰膏稠度	120	110	100	90	80	70	60	50	40	30
换算系数	1.00	0.99	0.97	0.95	0.93	0.92	0.90	0.88	0.87	0.86

（4）砂浆中砂用量 Q_s 的确定。无论是水泥混合砂浆还是水泥砂浆，用 1m³ 松散堆积的干砂可拌制 1m³ 砂浆，故 1m³ 砂浆中的砂用量应为

$$Q_s = \rho'_{0s} \times 1\text{m}^3 \tag{6.8}$$

式中　Q_s——1m³ 砂浆中砂的用量，kg/m³；

　　　ρ'_{0s}——砂干燥状态（或含水率小于 0.5%）时的松散堆积密度，kg/m³。

（5）确定用水量 Q_w。1m³ 水泥混合砂浆中的用水量，当稠度为 70～90mm、中砂时可选 210kg～310kg，细砂或粗砂时，分别取上限或下限；其他稠度，以设计稠度为目标试拌确定用水量；水泥混合砂浆中的用水量，不包括石灰膏或电石膏中的水。1m³ 水泥砂浆中的用水量可参考表 6.7、表 6.8 选取并通过试拌确定。无论什么情况，满足施工要求，水取最小值。

3．现场配制水泥砂浆的试配配合比

现场配制水泥砂浆的试配配合比可按上述计算法求得，只是不掺石灰膏而已。也可按表 6.7 选用。

4．现场配制水泥粉煤灰砂浆的试配配合比

现场配制水泥粉煤灰砂浆的试配配合比可按计算法求得，只是不掺石灰膏，且胶凝材料为水泥与粉煤灰而已。也可按表 6.8 选用。

5．砂浆配合比的试配、调整与确定

按计算或查表所得的配合比试拌，测定拌合物稠度与保水率。若稠度与保水率不能满足要求时，应调整材料用量，直至符合要求为止，然后确定为砂浆基准配合比。

表 6.7　　　　　　　　每立方米水泥砂浆用量 （JGJ/T 98—2010）　　　　　单位：kg/m³

强度等级	水泥	砂	用水量
M5	200～230		
M7.5	230～260		
M10	260～290		
M15	290～330	砂的堆积密度值	270～330
M20	340～400		
M25	360～410		
M30	430～480		

注　1. M15 及 M15 以下的水泥砂浆，水泥为 32.5 级；M15 以上的水泥砂浆，水泥为 42.5 级。

　　2. 采用细砂或粗砂时，用水量分别取上限或下限；稠度小于 70mm 时，用水量可小于下限。

　　3. 若施工现场气候炎热或干燥，可酌量增加用水量。

　　4. 试配强度按式 （6.3） 计算。

表 6.8　　　　　　　每立方米水泥粉煤灰砂浆用量 （JGJ/T 98—2010）　　　　单位：kg/m³

强度等级	水泥和粉煤灰总量	粉煤灰	砂	用水量
M5	210～240			
M7.5	240～270	粉煤灰掺量可占胶凝材料总量的 15%～25%	砂的堆积密度值	270～330
M10	270～300			
M15	300～330			

注　1. 表中水泥强度等级为 32.5 级。

　　2. 采用细砂或粗砂时，用水量分别取上限或下限值；稠度小于 70mm 时，用水量可小于下限。

　　3. 若施工现场气候炎热或干燥，可酌量增加用水量。

　　4. 试配强度按式 （6.3） 计算。

　　检验水泥混合砂浆强度时至少采用 3 个不同的配合比。其中一个为基准配合比，其他配合比的水泥用量应按基准配合比分别增加及减少 10%。在保证稠度、保水率合格的条件下，可将用水量、石灰膏用量作相应调整。然后测定不同配合比砂浆的表观密度与强度，选定符合试配强度要求的且水泥用量最少的配合比作为砂浆配合比。检验水泥砂浆强度的方法与检验混凝土强度的方法类似。

　　6. 砂浆配合比的校正

　　(1) 计算试配、调整后砂浆的理论表观密度值：

$$\rho_t = Q_c + Q_D + Q_s + Q_w \tag{6.9}$$

式中　ρ_t——砂浆的理论表观密度值，kg/m³。

　　(2) 砂浆配合比校正系数：

$$\delta = \rho_c / \rho_t \tag{6.10}$$

式中　ρ_c——试配、调整后砂浆的实测表观密度值，kg/m³。

　　(3) 当砂浆的实测表观密度值与理论表观密度值之差的绝对值不超过理论值的 2% 时，可将试配、调整后砂浆的配合比作为砂浆设计配合比；当超过 2% 时，应将试配、调整后砂浆的配合比中各材料用量均乘以校正系数 δ，得到砂浆设计配合比。

6.3.2　砌筑砂浆配合比设计实例

【例 6.1】　计算砌筑烧结普通砖的水泥混合砂浆配合比。砂浆设计强度等级 M7.5、设计稠度 70～90mm、设计保水率≥84%、设计表观密度≥1800kg/m³。水泥采用 32.5 级矿渣水泥；砂为含水率为 3%、干燥时堆积密度为 1470kg/m³ 的中砂；石灰膏稠度为 100mm。施工单位前期该强度等级砂浆的强度标准差 σ 为 1.76MPa。

（1）试确定砂浆的试配配合比。

（2）若试配配合比的稠度、保水率、表观密度均符合设计要求，且测得试配配合比的钢底模标准试件 28d 抗压强度为 6.9MPa，试问该试配配合比能否满足设计要求？

解　（1）确定水泥混合砂浆的试配配合比。

1）确定砂浆试配强度 $f_{m,0}$。

$$f_{m,0}=kf_2=1.20×7.5=9.0(MPa)$$

因施工单位前期该强度等级砂浆的强度标准差 σ 为 1.76MPa，查表 6.5，得该施工单位的施工水平一般，故取 $k=1.20$。

2）计算水泥用量 Q_c。

$$Q_c=\frac{1000(f_{m,0}-\beta)}{\alpha f_{ce}}=\frac{1000×(9.0+15.09)}{3.03×32.5}=245(kg/m^3)$$

其中

$$f_{ce}=\gamma_c f_{ce,g}=1.0×32.5=32.5(MPa)$$

水泥强度无统计资料，取 $\gamma_c=1.0$。

3）计算石灰膏用量 Q_D。查表 6.3，水泥和石灰膏的总量 Q_A 取 350kg/m³。

$$Q_D=Q_A-Q_c=350-245=105(kg/m^3)$$

因石灰膏稠度为 100mm，而上式算得的石灰膏用量以稠度 120mm 为基准，查表 6.6 换算系数为 0.97。稠度为 100mm 的石灰膏用量 Q_D'：

$$Q_D'=105×0.97=102(kg/m^3)$$

4）确定砂用量 Q_s。

需干砂

$$Q_s=1470×1=1470(kg/m^3)$$

需含水率 3% 的湿砂

$$Q_s'=1470×(1+3\%)=1514(kg/m^3)$$

5）确定用水量 Q_w。

砂浆设计稠度为 70～90mm，且用中砂配制，取 $Q_w=260kg/m^3$。

扣除湿砂中含水量，最终的用水量 $Q_w'=260-1470×3\%=216(kg/m^3)$。

6）水泥混合砂浆试配时，其配合比为

a. 水泥 $Q_c=245kg/m^3$；稠度为 100mm 的石灰膏 $Q_D'=102kg/m^3$；干砂 $Q_s=1470$ kg/m³；水 $Q_w=260kg/m^3$。

b. 水泥 $Q_c=245kg/m^3$；稠度为 100mm 的石灰膏 $Q_D'=102kg/m^3$；含水率 3% 的砂 $Q_s'=1514kg/m^3$；水 $Q_w'=216kg/m^3$。

（2）判断试配配合比是否满足设计要求。

1）判断试配配合比是否满足设计强度要求。因砂浆试配配合比强度 6.9MPa 采用的是钢底模试件，而砌筑普通砖砂浆强度及强度等级评定应采用同工程一致的砖底模试件强度，故应将钢底模试件强度换算成砖底模试件强度。砖底模试件强度＝λ×

钢底模试件强度＝1.35×6.9＝9.3(MPa)。因砖底模试件28d强度9.3MPa大于试配强度9.0MPa，故评定该试配配合比满足设计强度要求。

2）判断试配配合比是否满足设计和易性要求及表观密度要求。由题意，试配配合比满足设计和易性要求及表观密度要求。

综上所述，试配配合比满足砂浆设计要求，试配配合比即为最终的设计配合比。

6.4 其他砂浆

6.4.1 抹灰砂浆

大面积涂抹于建筑物墙、顶棚、柱等表面的砂浆，称为抹灰砂浆。包括水泥抹灰砂浆、水泥粉煤灰抹灰砂浆、水泥石灰抹灰砂浆、掺塑化剂水泥抹灰砂浆、聚合物水泥抹灰砂浆及石膏抹灰砂浆等。

1. 抹灰砂浆的和易性

为了保证抹灰表面平整，避免裂缝、脱落，常分底层、中层和面层三层涂抹。底层抹灰，是使砂浆与基层能牢固黏结，要求底层砂浆具有良好的和易性和黏结力，基层面也要求粗糙。中层抹灰主要是为了找平，有时可省去。面层要求平整光洁，达到饰面要求。抹灰应分层进行，水泥抹灰砂浆每层厚度宜为5～7mm；水泥石灰抹灰砂浆每层厚度宜为7～9mm。抹灰砂浆的稠度（流动性）及抹灰层总平均厚度参见表6.9。

表6.9　　　　　抹灰砂浆的流动性及抹灰层厚度（JGJ/T 220—2010）

抹灰层名称	沉入度/mm	抹灰层部位	抹灰层总平均厚度/mm
底层	90～110	内墙	≤20
中层	70～90	外墙	≤20
面层	70～80	顶棚	≤5
		加气混凝土砌块基层	≤15

用于外墙的抹灰砂浆，在选择胶凝材料时，应以水泥为主。抹灰砂浆一般用于粗糙多孔的底面，其水分易被底面吸收，因此抹灰砂浆要有良好的保水性，砂浆的分层度宜为10～20mm；为防止抹灰砂浆水分被底面吸收后产生干裂，可掺入一定量的麻刀、纸筋等纤维材料。

2. 抹灰砂浆的试配强度及配合比

根据《抹灰砂浆技术规程》（JGJ/T 220—2010），抹灰砂浆的试配强度及配合比如下。

（1）抹灰砂浆的试配强度。试配强度按 $f_{m,0}=kf_2$ 计算，其中 k 为生产质量水平系数，k 值按生产质量水平为优、一般、较差时，分别取1.15、1.20、1.25。M20或以下的抹灰砂浆，宜用32.5级通用水泥或砌筑水泥；M20以上的抹灰砂浆，宜用42.5级或以上的通用水泥。

（2）抹灰砂浆的配合比。

1）水泥抹灰砂浆配合比。为保证水泥抹灰砂浆的和易性及施工要求，水泥用量较多，因此规定其最低强度等级为 M15。拌合物的表观密度不宜小于 1900kg/m³。配合比可按表 6.10 选取。

表 6.10　　　　水泥抹灰砂浆配合比的材料用量（JGJ/T 220—2010）　　　单位：kg/m³

强度等级	水　　泥	砂	水
M15	330～380		
M20	380～450	1m³ 干砂的堆积密度值	250～300
M25	400～450		
M30	460～530		

2）水泥粉煤灰抹灰砂浆配合比。粉煤灰可改善砂浆和易性，但会降低一定幅度的强度，特别是早期强度，因此规定其最低强度等级为 M5；强度等级大于 M15 时，粉煤灰掺加量很少，意义不大，因此规定最高强度等级为 M15。拌合物的表观密度不宜小于 1900kg/m³。配合比可按表 6.11 选取。

表 6.11　　　水泥粉煤灰抹灰砂浆配合比的材料用量（JGJ/T 220—2010）　　　单位：kg/m³

强度等级	水泥	粉煤灰	砂	水
M5	250～290			
M10	320～350	内掺，等量取代水泥量的 10%～30%	1m³ 干砂的堆积密度值	270～320
M15	350～400			

3）水泥石灰抹灰砂浆配合比。石灰膏可改善砂浆和易性，但会使强度有较大幅度降低，因此规定其最低强度等级为 M2.5。拌合物的表观密度不宜小于 1800kg/m³。配合比可按表 6.12 选取。

表 6.12　　　水泥石灰抹灰砂浆配合比的材料用量（JGJ/T 220—2010）　　　单位：kg/m³

强度等级	水泥（Q_c）	石灰膏	砂	水
M2.5	200～230			
M5	230～280	$(350～400)-Q_c$	1m³ 干砂的堆积 密度值	180～280
M7.5	280～330			
M10	330～380			

6.4.2　防水砂浆

用于防水层的高抗渗性砂浆，称为防水砂浆。防水砂浆适用于堤坝、隧洞、水池、沟渠等具有一定刚度的混凝土或砖石砌体工程，对于变形较大或可能发生不均匀沉陷的建筑物防水层不宜采用。

为了提高砂浆的防水性能，可掺入防水剂。常用的防水剂有氯化铁、金属皂类、水玻璃等。采用引气剂、减水剂、三乙醇胺做砂浆的防水剂也有良好的防水效果。

防水砂浆的水泥用量较多，砂灰比一般为 2.5～3.0，水灰比在 0.50～0.60 之间；水泥应选用 32.5 级以上的火山灰水泥、硅酸盐水泥或普通水泥，也可采用膨胀水泥或无收缩水泥；砂最好用级配良好的中砂。防水砂浆要分 4～5 层涂抹，每层涂抹厚度约为 5mm，逐层压实，最后一层要压光，并且要注意养护，以提高防水效果。

6.4.3　饰面砂浆

饰面砂浆是用于建筑物内外表面，以提高装饰艺术性为主要目的的砂浆。它具有特殊的表面形式，或呈现各种色彩、线条和花样，是常用的装饰手段之一。

（1）采用白色水泥、彩色水泥或浅色的其他硅酸盐水泥，以及石膏、石灰等胶凝材料；或在水泥中掺入耐碱、耐光、不溶的颜料，如氧化铁红、氧化铬绿等；采用彩色砂、大理石渣、玻璃渣、陶瓷渣及塑料色粒等为细骨料，以达到改变颜色的目的。

（2）采用不同施工手法（如喷涂、滚涂、拉毛以及水刷、干粘、水磨、剁斧、拉条等）使饰面砂浆表面层获得设计的线条图案、花纹等和不同的质感。

饰面砂浆常用的艺术处理有：水磨石、水刷石、斩假石、麻点、干粘石、贴花、拉毛、人造大理石等。

6.4.4　勾缝砂浆

在砌体表面进行勾缝，既能提高灰缝的耐久性，又能增加建筑物的美观。勾缝采用 M10 或以上的水泥砂浆，并用细砂配制。勾缝砂浆的流动性必须调配适当，砂浆过稀灰缝容易变形走样，过稠则灰缝表面粗糙。火山灰水泥的干缩性大，灰缝易开裂，故不宜用来配制勾缝砂浆。

6.4.5　接缝砂浆

在建筑物基础或老混凝土上浇筑混凝土时，为了避免混凝土中的石子与基础或老混凝土接触，影响结合面胶结强度，应先铺一层砂浆，此种砂浆称为接缝砂浆。接缝砂浆的水灰比应与混凝土的水灰比相同，或稍小一些。灰砂比应较混凝土的灰砂比稍高一些，以达到适宜的稠度为准。

6.4.6　钢丝网水泥砂浆

钢丝网水泥砂浆，简称钢丝网水泥。它是由几层重叠的钢丝网，经浇捣 30～50MPa 的高强度水泥砂浆所构成，一般厚度为 30～40mm。由于在水泥砂浆中分散配制细而密的钢丝网，因而较钢筋混凝土有更好的弹性、抗拉强度和抗渗性，并能承受冲击荷载的作用。在水利工程中，钢筋网水泥砂浆用于制作压力管道、渡槽及闸门等薄壁结构物。

6.4.7　小石子砂浆

在水泥砂浆中掺入适量的小石子，称为小石子砂浆。这种砂浆主要用于毛石砌筑工程。既可节约水泥用量，又能提高砌体强度。小石子砂浆所用石子粒径为 10～20mm。石子的掺量为骨料总量的 20%～30%。粒径过大或用量过多，砂浆不易捣实。

6.4.8　自流平砂浆

地面用水泥基自流平砂浆由胶凝材料、细骨料、填料及添加剂组成，与水搅拌后具有流动性或稍加辅助性铺摊就能流动找平的地面材料；面层水泥基自流平砂浆，用于地面精细找平，提供平坦和（或）光滑的表面，可作为饰面层使用或在其上涂覆其他饰面材料；垫层水泥基自流平砂浆，用于地面找平，提供平坦和（或）光滑的表面，用以承载上层饰面铺装材料。

6.4.9 微沫砂浆

微沫砂浆是一种在砂浆中掺入微沫剂（松香热聚物等）配制成的砂浆。微沫剂掺量一般占水泥质量的 0.005％～0.01％。由于砂浆在搅拌过程中能产生大量封闭微小的气泡，从而提高了新拌砂浆的和易性，增强了砂浆的保水、抗渗等性能，同时也可大幅度地节约石灰膏用量。如将微沫剂与氯盐复合使用，还能提高砂浆低温施工的效果。

6.4.10 绝热砂浆与吸声砂浆

绝热砂浆是采用水泥、石灰、石膏等胶凝材料与膨胀珍珠岩、蛭石、浮石砂和陶粒砂等轻质多孔骨料按一定比例配制的砂浆。具有轻质、保温隔热等特性，导热系数约为 0.07～0.10W/(m·K)。常用的有水泥膨胀珍珠岩砂浆、水泥膨胀蛭石砂浆、水泥石灰膨胀蛭石砂浆等。可用于屋面隔热层、隔热墙壁、供热管道隔热层、冷库等处的保温。

一般由轻质多孔骨料配制成的绝热砂浆，都有吸声性能，都可作为吸声砂浆。工程上也常用水泥、石膏、砂和锯末按体积比 1：1：3：5 配制成吸声砂浆，或在石灰、石膏砂浆中掺入玻璃纤维和矿棉等松软纤维材料。吸声砂浆主要用于室内墙壁和顶棚的吸声。

【技能训练】

42 项目 6
建筑砂浆
习题

1. 判断题

（1）分层度越小，砂浆的保水性越差。（　　　）

（2）砂浆的和易性内容与混凝土的完全相同。（　　　）

（3）水泥混合砂浆强度比水泥砂浆强度大。（　　　）

（4）防水砂浆属于刚性防水。（　　　）

（5）砂浆流动性的选择应根据砌体的种类、施工方法和气候条件等选择。（　　　）

（6）保水率与分层度均可表示砂浆的保水性，但保水率可操作性强、复检性好、准确性高、适宜新品种砂浆，且国际上更通用。（　　　）

（7）砂浆在砌体中起黏结、衬垫、传递应力、协调变形等作用。因此，砌体强度主要取决于砂浆强度。（　　　）

（8）砂浆抗压强度试件尺寸为 70.7mm×70.7mm×70.7mm，其公称承压面积为 5000mm²。（　　　）

2. 选择题

（1）配制 M15 及其以下强度等级的砌筑砂浆，水泥强度等级不宜大于（　　　）。

　　A. 32.5 级　　　　B. 42.5 级　　　　C. 52.5 级　　　　D. 62.5 级

（2）用于外墙的抹灰砂浆，在选择胶凝材料时，应以（　　　）为主。

　　A. 石灰　　　　　B. 水泥　　　　　C. 石膏　　　　　D. 水玻璃

（3）砌筑砂浆中掺入石灰膏是为了（　　　）。

A. 提高砂浆的强度   B. 改善砂浆的和易性

C. 提高砂浆的抗裂性   D. 提高砂浆的黏结力

（4）分层度表示砂浆的（　　　）。

    A. 流动性   B. 稠度   C. 保水性   D. 黏结性

（5）砂浆中掺入麻刀的主要目的是（　　　）。

    A. 提高砂浆强度   B. 提高砂浆的流动性

    C. 提高砂浆的保水性   D. 防止砂浆干裂

（6）砌筑烧结普通砖的水泥砂浆（水泥粉煤灰砂浆），强度主要由（　　　）决定。

    A. 胶凝材料强度、胶砂比

    B. 胶凝材料强度、经砖吸水后的水胶比

    C. 胶凝材料强度、用水量

    D. 胶凝材料强度、拌制砂浆时的水胶比

（7）砂浆抗压强度试件标准尺寸为（　　　）。

    A. $40mm \times 40mm \times 160mm$ B. $50mm \times 50mm \times 50mm$

    C. $70.7mm \times 70.7mm \times 70.7mm$ D. $150mm \times 150mm \times 150mm$

（8）（　　　）不涉及保证率或概率概念。

    A. 混凝土强度等级   B. 钢牌号

    C. 砂浆强度等级   D. 水泥强度等级

3. 问答题

（1）试述砂浆的作用与分类。

（2）配制砂浆时，为什么除水泥外常掺入一定量的其他掺合料？

（3）砂浆的和易性包括哪些含义？其影响因素是什么？怎样改善砂浆的和易性？

（4）为什么用保水率表示砂浆的保水性比用分层度表示砂浆的保水性好？

（5）砌筑不吸水材料（密实材料）和吸水材料（多孔材料）时，砂浆强度各与哪些因素有关？强度公式是什么？

4. 计算题

工地配制强度等级为 M10 的砌砖用水泥石灰混合砂浆，设计稠度 70～90mm、设计保水率≥84％，设计表观密度≥1800kg/m³。现场有 32.5 级矿渣水泥、42.5 级普通水泥可供选用；砂为含水率为 2.5％、干燥时堆积密度为 1450kg/m³ 的中砂；石灰膏的稠度为 90mm。施工单位前期同强度等级砂浆的强度标准差 σ 为 2.38MPa。

（1）试确定该砂浆的试配配合比。

（2）若试配配合比的稠度、保水率、表观密度均符合设计要求，且测得试配配合比的钢底模标准试件 28d 抗压强度为 9.2MPa，试问该试配配合比能否满足强度要求？

43　项目 6
建筑砂浆
习题答案

建 筑 钢 材

【教学目标】

理解钢材的分类；掌握钢材的力学性能与工艺性能；掌握碳素结构钢、低合金高强度结构钢的标准与选用；掌握钢筋混凝土用钢筋的种类、技术标准与选用。

【教学要求】

知识要点	能力目标	权重
钢材的力学性能与工艺性能	掌握钢的屈服强度、抗拉强度、伸长率等力学指标；掌握钢的冷弯、焊接等工艺性能	20%
碳素结构钢、低合金高强度结构钢的标准与选用	掌握碳素结构钢、低合金高强度结构钢的技术标准与选用；理解碳素结构钢、低合金高强度结构钢是工程中主要钢材的原因；理解低合金高强度结构钢是现代钢材的主流	30%
钢筋混凝土用钢筋	掌握钢筋的种类、技术标准，能根据工程要求合理选用钢筋	30%
钢的试验	能进行钢的拉伸、冷弯等试验，以评定钢的质量	20%

【基本知识学习】

建筑钢材是指用于钢结构的各种型钢（如圆钢、角钢、工字钢等）、钢板和用于钢筋混凝土中的各种钢筋、钢丝、钢绞线等。

钢材材质均匀密实，强度高，塑性和冲击韧性好，能承受冲击和振动荷载，可以焊接、铆接和直螺纹连接，便于装配。因此，钢材在工程中是一种重要的结构材料。钢材的主要缺点是容易锈蚀，耐火性较差。

7.1 钢材的分类

7.1.1 按冶炼方法分类

钢是由生铁或废钢冶炼而成的。由铁矿石（Fe_2O_3）、熔剂（石灰石 $CaCO_3$）、燃料等，在高炉中经还原反应与造渣反应生成生铁和矿渣；将生铁或废钢在熔融状态下进行氧化，除去过多的碳及杂质即得钢液。氧化过程中，会含有较多 FeO，在冶炼后期，须加入脱氧剂锰、硅、钒等进行脱氧，才能浇铸成合格的钢锭，轧制成各种钢材。钢由氧气转炉、平炉或电炉冶炼，除非需方有特殊要求，并在合同中注明，冶炼方法一般由供方自行决定。

1. 氧气转炉钢

纯氧顶吹转炉炼钢，能有效地除去磷、硫等杂质，使钢的质量显著提高，可以炼制优质的碳素钢和合金钢，是现代炼钢的主要方法。

2. 电炉钢

电炉钢是用电热进行高温冶炼的钢。电炉炼钢的温度很高，可以调节，容易清除杂质，钢的质量最好，但成本较高。

3. 平炉钢

用煤气或重油在平炉中加热炼钢，熔炼时间长，有利于化学成分的精确控制，杂质含量少，成品质量高，可用来炼制优质碳素钢、合金钢或有特殊要求的专用钢。其缺点是冶炼周期长，成本较高。平炉法炼钢基本被淘汰。

7.1.2　按脱氧程度分类

冶炼时脱氧程度不同，钢的质量差异很大，通常可分为以下 3 种。

1. 沸腾钢

炼钢时仅加入锰铁进行脱氧，脱氧不完全。钢水浇入锭模时，有大量的 CO 气体外逸，引起钢水剧烈沸腾，称为沸腾钢，代号"F"。沸腾钢的组织不够致密，硫、磷等杂质较多且偏析较严重，质量较差。但成本低、产量高，用于一般结构工程。

2. 镇静钢

炼钢时采用锰铁、硅铁和铝锭等作脱氧剂，脱氧较完全。浇铸时钢液能平静地充满锭模并冷却凝固，称为镇静钢，代号"Z"。镇静钢组织致密，成分均匀，性能稳定，适用于预应力混凝土等重要的结构工程。

3. 特殊镇静钢

特殊镇静钢是比镇静钢脱氧程度还要充分彻底的钢，质量最好，适用于特别重要的结构工程，代号"TZ"。

7.1.3　按化学成分分类

以铁为主要元素，含碳量一般在 2% 以下，并含有其他元素的材料称为钢。含碳量 2% 通常是钢和铸铁的分界线。

钢中所含合金元素处于《钢分类　第 1 部分：按化学成分分类》（GB/T 13304.1—2008）中所列非合金钢、低合金钢或合金钢相应元素的界限范围时，分别称为非合金钢、低合金钢或合金钢。因此，钢按化学成分分为：非合金钢、低合金钢、合金钢。

7.1.4　按质量等级分类

《钢分类　第 2 部分：按主要质量等级分类和主要性能或使用特性的分类》（GB/T

13304.2—2008）将非合金钢、低合金钢、合金钢按主要质量等级分类如下：

（1）非合金钢分为：普通质量非合金钢、优质非合金钢、特殊质量非合金钢。

1）普通质量非合金钢，如碳素结构钢 Q215、Q235、Q275 的 A 级与 B 级、碳素钢钢筋 HPB300、普通碳素钢盘条（C 级除外）、一般用途低碳钢丝等。

2）优质非合金钢，如碳素结构钢中除普通质量 A 级与 B 级外的所有牌号、大部分优质碳素结构钢、盘条钢等。

3）特殊质量非合金钢，如 65Mn、70Mn、70、75、80、85 等优质碳素钢。

（2）低合金钢分为：普通质量低合金钢、优质低合金钢、特殊质量低合金钢。

1）普通质量低合金钢，如一般用途低合金结构钢、一般低合金钢钢筋等。

2）优质低合金钢，如一般用途低合金结构钢等。

3）特殊质量低合金钢，如一般用途低合金结构钢、预应力混凝土用钢等。

（3）合金钢分为：优质合金钢、特殊质量合金钢。

1）优质合金钢，如合金钢钢筋等。

2）特殊质量合金钢，如预应力用钢等。

7.2　钢材的主要技术性能

7.2.1　钢材的力学性能

1. 拉伸性能

45 "钢筋的所有试验"试验视频、试验指导书、试验报告

拉伸性能是钢材的重要性能，可用低碳钢拉伸试验得到的应力 R 与应变 ε 关系来描述（图 7.1）。钢材从拉伸到拉断的全过程分为 4 个阶段：弹性阶段（OA）、屈服阶段（AB）、强化阶段（BC）和颈缩阶段（CD）。

（1）弹性阶段。图 7.1 可以看出，钢材在静荷载 F 作用下，受拉的 OA 阶段，应力和应变成正比，称为弹性阶段，具有这种变形特征称为弹性。弹性阶段的最高点（A）对应的应力称为弹性极限（比例极限），用 R_p 表示；应力和应变的比值称为弹性模量 E，即 $E = R_p / \varepsilon_p$（单位 MPa）。弹性模量 E 是衡量钢材抵抗变形能力的指

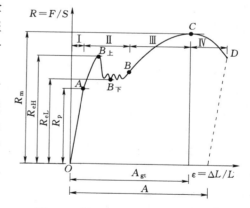

图 7.1　低碳钢受拉应力-应变曲线

标，E 越大，在一定应力下，产生的弹性变形越小；反之，则越大。工程上，弹性模量反映钢材的刚度，是钢材在受力条件下计算结构变形的重要指标。工程常用碳素结构钢 Q235 的 $R_p = 180 \sim 200\text{MPa}$，$E = (2.0 \sim 2.1) \times 10^5 \text{MPa}$。

（2）屈服阶段。当应力超过弹性极限后，应力与应变不再成正比，钢材丧失对变形的抵抗能力，应力的增长滞后于应变的增长。这一阶段开始时的图形接近直线，后来形成接近水平的锯齿线，应力在很小的范围变化，应变急剧增加，此阶段称为屈服

阶段（AB）。在屈服阶段，试样发生屈服而力首次下降前的最大应力称为上屈服强度 R_{eH}；不计初始瞬时效应时的最小应力称为下屈服强度 R_{eL}。因上屈服强度不稳定，通常以下屈服强度 R_{eL} 作为钢材的屈服强度（也有用 R_{eH} 的）。中、高碳钢没有明显的屈服阶段，通常以残余变形为 0.2% 的应力作为屈服强度，用 $R_{P0.2}$ 表示（图 7.2）。屈服强度对钢材的使用有重要意义，当构件的实际应力达到屈服强度后，尽管尚未断裂，但由于变形迅速增长，已不能满足使用要求，因此设计中一般以屈服强度作为钢材强度的取值依据。

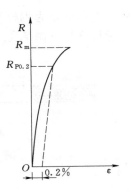

图 7.2 硬钢受拉应力-应变曲线

（3）强化阶段。当钢材屈服到一定程度后，由于钢材内部组织产生晶格畸变、晶粒破碎等原因，抵抗变形能力重新增强，钢材进入强化阶段（BC）。钢材能承受的最大拉应力，即试件拉断前的最大应力 R_m，称为抗拉强度。

抗拉强度 R_m 虽不能直接作为计算的依据，但屈服强度和抗拉强度的比值即屈强比（R_{eL}/R_m），工程上有重要意义。屈强比越小，结构的安全可靠性越高，即防止结构破坏的潜力越大，但钢材强度有效利用率低，如抗地震（E）热轧带肋钢筋要求屈强比≤0.80（强屈比≥1.25），目的是有充足的抗震强度储备；此值大时，钢材强度有效利用率高，但安全可靠性差。故钢材的屈强比既不能太小，也不能太大，合理的屈强比一般在 0.60～0.75 之间。屈服强度和抗拉强度是钢材力学性质的主要检验指标。

（4）颈缩阶段。超过最高点 C 点后，塑性变形迅速增大，在试件最薄弱处的截面将显著缩小，出现"颈缩显现"，此阶段为颈缩阶段（破坏阶段）（CD）。

工程中常用断后伸长率 A 表征钢材的塑性（图 7.1、图 7.3）。断后伸长率 A 是指试件拉断后的伸长值与原标距之比，按式（7.1）计算：

$$A = \frac{L_1 - L_0}{L_0} \times 100\% \tag{7.1}$$

式中　A——试件的断后伸长率，%；

L_0——拉伸前的标距（YY）（标定在颈缩断口区域），mm；

L_1——拉断后的标距（YY），mm。

断后伸长率 A 是衡量钢材塑性的重要指标。A 越大，说明钢材塑性越好。钢材塑性变形能力强，可使应力重新分布，避免应力集中，结构安全性增大。钢材拉伸时塑性变形在试件标距内的分布是不均匀的，颈缩处的伸长较大。所以标距 L_0 越大，断后颈缩处的伸长值在总伸长值所占比例就越小，计算得到的 A 也越小。对于同一钢材，$A_{80mm} > A_{100mm}$（下标 80mm、100mm 表示 $L_0 = 80mm$、$L_0 = 100mm$）。

断后伸长率 A 只反映颈缩断口区域的残余变形，不反映颈缩发生前全长的平均变形，也未反映已回缩的弹性变形，与钢材拉断时的应变状态相去甚远，且各类钢对颈缩的反应不同，加上断口拼接量测误差，难以真实反映钢材的塑性。为此，以钢材的最大力总延伸率 A_{gt}（均匀延伸率）作为钢材塑性指标更科学。断后伸长率、均匀延伸率均可作为钢材塑性指标。A_{gt} 为拉断后非颈缩断口区域的残余应变加上已回复的弹性变形（图 7.1、图 7.3），按式（7.2）计算：

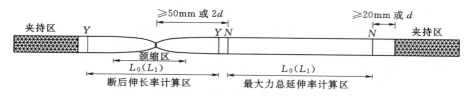

图 7.3 钢材断后伸长率、最大力总延伸率测定示意图

$$A_{gt} = \left(\frac{L_1 - L_0}{L_0} + \frac{F_m}{S_0 E} \right) \times 100\% \tag{7.2}$$

式中 A_{gt}——最大力总延伸率，%；

L_0——拉伸前两标记间的距离（NN）（标定在非颈缩断口区域），mm；

L_1——断后两标记间的距离（NN），mm；

F_m——最大拉力，N；

S_0——钢材拉伸前的截面积，mm^2；

E——钢材的弹性模量，MPa。

低碳钢的断后伸长率 A 约为 $20\% \sim 35\%$，热轧钢筋最大力总延伸率 A_{gt} 应大于 7.5%。

2. 冲击韧性

冲击韧性也称韧性，是指钢材抵抗冲击荷载而不破坏的能力。用于重要结构的钢材，特别是承受冲击振动荷载结构所用的钢材，必须保证冲击韧性。

国家标准规定是以刻槽的标准试件，在冲击试验机的摆锤冲击下，以破坏后缺口处单位面积上所消耗的功来表示，符号 a_k（单位 J/cm^2）（图 7.4）。可用式（7.3）计算，即

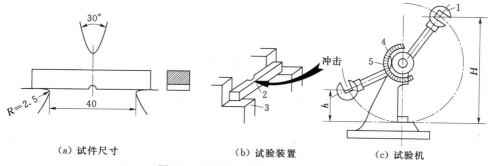

（a）试件尺寸   （b）试验装置   （c）试验机

图 7.4 V 形缺口冲击韧性试验图

1—摆锤；2—试件；3—试验台；4—刻度盘；5—指针

$$a_k = \frac{mg(H - h)}{A_0} \tag{7.3}$$

式中 a_k——钢材的冲击韧性，J/cm^2；

m——摆锤的质量，kg；

g——重力加速度，$g=9.81\mathrm{m/s^2}$；

H——摆锤冲击前摆起的高度，m；

h——摆锤冲击后摆起的高度，m；

A_0——试件 V 形缺口处截面积，$\mathrm{mm^2}$。

a_k 越大，冲断试件消耗的能量或者说钢材断裂前吸收的能量越多，说明钢材的韧性越好。

钢材的冲击韧性与钢的化学成分、冶炼与加工有关。一般来说，钢中的 S、P 含量越高，夹杂物以及焊接中形成的微裂纹等都会降低冲击韧性。此外，钢材的冲击韧性还受温度和时间的影响。常温下，随温度降低，冲击韧性降低，此时钢件断口呈韧性断裂状；当温度降至某一温度范围时，a_k 突然发生明显下降，钢材开始呈脆性断裂，这种性质称为冷脆性。发生冷脆性时的温度（范围）称为脆性临界温度（范围）。低于这一温度时，降低趋势又缓和，但此时 a_k 值很小（图 7.5）。在北方严寒地区选用钢材时，必须对钢材的冷脆性进行评定，此时选用的脆性临界温度应比环境最低温度低些。由于脆性临界温度的测定较复杂，标准中通常根据气温条件测定 $-20℃$ 或 $-40℃$ 的冲击性指标。

随时间的延长，钢材的强度和硬度提高，而塑性和冲击韧性下降的现象称为时效。完成时效的过程可达数十年，但钢材如经冷加工或使用中受振动和反复荷载的影响，时效可迅速发展。因时效导致钢材性能改变的程度，称为时效敏感性。时效敏感性越大的钢材，经过时效后冲击韧性的降低越显著。为保证安全，对于承受动荷载的重要结构，应当选用时效敏感性小的钢材。

总之，对于直接承受动荷载，而且可能在负温下工作的重要结构，必须按照有关规范要求进行钢材的冲击韧性检验。

3. 硬度

硬度是钢材在表面局部体积内，抵抗其他更硬物体压入产生塑性变形的能力。硬度与抗拉强度有一定的关系。测定钢材硬度的方法很多，最常用的有布氏硬度，用 HB 表示。HB 为规定试验力 F 除以硬质压印球经规定的保持时间压入被测钢材压痕的表面积（图 7.6）。一般来说，硬度越高，耐磨性越好，强度也越大。试验表明，其抗拉强度与布氏硬度的经验关系式：当 HB$<$175 时，$R_\mathrm{m}\approx3.6\mathrm{HB}$；当 HB$>$175 时，$R_\mathrm{m}\approx3.5\mathrm{HB}$。

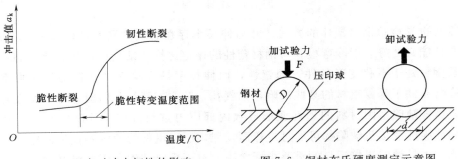

图 7.5 温度对冲击韧性的影响　　　　图 7.6 钢材布氏硬度测定示意图

4. 疲劳强度

钢材在交变荷载反复作用下，在远低于屈服强度时突然发生破坏，这种现象称为疲劳破坏。钢材疲劳破坏指标用疲劳强度（疲劳极限）表示。一般将钢材在荷载交变 1×10^7 次时不破坏所能承受的最大应力定义为疲劳强度。在设计承受交变荷载且须进行疲劳验算的结构时，应当了解钢材的疲劳强度。

钢材的疲劳破坏主要是在应力集中的地方出现疲劳裂缝，并不断扩大，直至突然产生瞬间疲劳断裂。钢材的内部组织状态、化学偏析、表面质量、受力状态、屈服强度和抗拉强度大小及受腐蚀介质侵蚀的程度等，都影响其疲劳强度。

7.2.2　钢材的工艺性能

1. 冷弯性能

冷弯性能是指常温下钢材承受弯曲变形的能力。冷弯性能既是钢材的力学性能也是工艺性能。

弯曲角度 φ 及弯芯直径 d 与钢材厚度（或直径）a 的比值（d/a）称为钢材冷弯制度（图 7.7）。试验时采用的 φ 越大、d/a 越小，表示对冷弯性能的要求越高。冷弯检验是按规定的 φ 和 d/a 弯曲后，不使用放大仪器观察，试样弯曲外表面无可见裂纹，评定为冷弯性能合格。

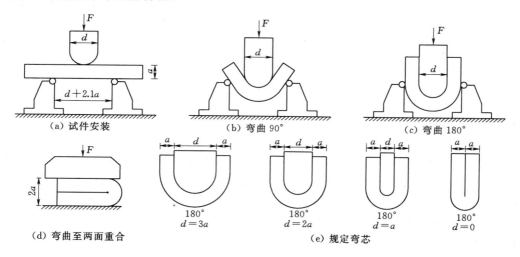

图 7.7　钢材冷弯

冷弯也是检验钢材塑性的方法，并与伸长率存在有机的联系，伸长率大的钢材，其冷弯性能必然好。但冷弯检验对钢材塑性的评定比拉伸试验更严格、更敏感，因为冷弯是钢材处于不利变形条件下的塑性，而伸长率是反映钢材在较均匀变形下的塑性。冷弯有助于暴露钢材的某些缺陷，如气孔、杂质、裂纹和内应力等，而在拉力试验中，这些缺陷常因材料的塑性变形导致内部应力重新分布而反映不出来。在焊接时，局部脆性及接头缺陷都可通过冷弯而发现，所以钢材的冷弯不仅是评定塑性、加工性能，也是评定焊接质量的重要指标之一。对于重要结构和弯曲成型的钢材，冷弯必须合格。

2. 焊接性能

钢材的可焊性是指钢材是否适应通常的焊接方法与工艺的性能。可焊性的好坏，主要取决于钢材的化学成分。含碳量小于 0.25% 的碳素钢具有良好的可焊性。加入合金元素（如硅、锰、钒、钛等）将增大焊接处的硬脆性，降低可焊性。

7.2.3　钢材的强化

改变化学成分或晶体组织、在常温下对钢材进行不同形式的冷加工或用改变温度的方法对钢材进行热处理均可以提高钢的强度，这些过程统称为钢材的强化。

1. 冷加工强化

常温下对钢材进行机械加工，使其产生塑性变形，从而达到提高强度、节约钢材的目的。冷加工前后的钢截面和形状变化越大，则钢性能变化的程度越大。

钢材常见的冷加工方式有：冷拉、冷拔、冷轧、冷扭、刻痕等。

（1）冷拉。未经冷拉的钢材应力-应变曲线为 $OBKCD$。若钢材被拉伸超过屈服强度至 K 点时，放松拉力，由于钢已产生塑性变形，故曲线沿 KO_1 下降至 O_1 而不能回到原点 O。此时重新受拉，则其应力-应变曲线将为 O_1KCD，即以 K 点为新的屈服强度（图 7.8）。屈服强度得到了提高，但伸长率降低。

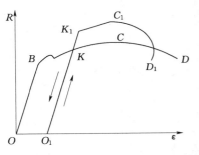

图 7.8　钢筋冷拉前后
应力-应变图

钢材经冷拉后在常温下搁置 15～20d，或蒸汽（或电热法）加热至 100～200℃ 保持 2h 以内，然后重新拉伸，其应力-应变曲线为 $O_1K_1C_1D_1$，即 K_1 点成为新的屈服强度，屈服强度得到进一步提高，抗拉强度（C_1）及硬度也提高，而塑性、韧性继续降低，这一现象称为时效。完成时效过程，前者称为自然时效，后者称为人工时效。时效还可使冷拉损失的弹性模量基本恢复。

钢材的时效是普遍而长期的过程，未经拉伸的钢材同样存在时效问题，冷拉只是加速了时效发展而已。钢材使用中经常受到振动、冲击荷载作用时，时效将迅速发展。一般强度较低的钢材采用自然时效，而强度较高的钢材采用人工时效。在一定范围内，冷加工变形程度越大，屈服强度提高越多，而塑性和韧性降低也越多。

冷加工和时效之所以能提高钢的强度，是因为冷拉塑性变形使晶粒细化、晶格歪曲，增大了位移阻力；时效使铁与氮、氧的化合物迁移到界面上，增大了抵抗力。

冷拉钢筋由于塑性、韧性降低而硬脆性增加，在负温和冲击或重复荷载作用下，不宜使用冷拉钢筋；否则易发生脆断。

（2）冷拔。冷拔是将直径为 8mm 以下的 Q235（或 Q215）圆盘条从截面小于钢筋截面的钨合金拔丝模中强力拔出。冷拔不仅受拉，同时还将受到挤压作用（图 7.9），使钢的强度提高，长度伸

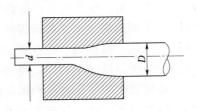

图 7.9　冷拔减径

长，同时变得硬脆。

（3）冷轧。冷轧是使钢通过硬质轧辊，在钢表面轧制出呈一定规律分布的轧痕。冷轧钢强度提高，塑性、韧性显著降低。

2. 热处理强化

热处理是按一定制度对钢进行加热、保温、冷却，以使钢性能按要求改变的过程。热处理可改变钢的晶体组织及显微结构或消除由于冷加工产生的内应力，从而改善钢强度等力学性能。常用的热处理方法有淬火、回火、退火、正火四种。

7.2.4 钢材的化学成分对其性能的影响

1. 碳（C）

含碳量对钢性能影响大（图7.10）。含碳量增加，钢的强度和硬度提高，而塑性和韧性降低。含碳量增至0.8%时，强度最大，含碳量超过0.8%，强度反而下降。此外，含碳量过高还会增加钢的冷脆性和时效敏感性，降低抗大气腐蚀性和可焊性。

2. 硅（Si）、锰（Mn）

硅和锰是炼钢时为了脱氧去硫而有意加入的元素。硅与氧的结合力很大，因而能夺取氧化铁中的氧形成二氧化硅进入钢渣，其余大部分硅溶于铁素体中。当硅含量小于1%时，可提高钢的强度，对塑性、韧性影响不大；含量超过1%时，塑性、韧性显著降低，焊接性变差，并增加冷脆性。锰能脱氧去硫，故能消除钢的热脆性，改善热加工性

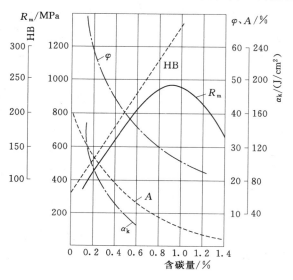

图 7.10 含碳量对碳素钢性能的影响
R_m—抗拉强度；α_k—冲击韧性；A—伸长率；HB—硬度

能。若锰作为合金元素加入钢中，其含量达到0.8%～1.2%或者更高时，成为硬度大、耐磨性好、耐蚀性强的锰钢。锰含量高于1.0%时，会降低钢的焊接性。

3. 硫（S）、磷（P）、氧（O）、氮（N）

硫在钢中以FeS形式存在，FeS是低熔点化合物，当钢进行热加工或焊接时，FeS已经熔化，使钢内部产生裂纹，这种在高温下产生裂纹的特性称为热脆性。热脆性降低了钢的热加工性和可焊性。此外，硫偏析较严重，降低了冲击韧性、疲劳强度和抗腐蚀性。硫在钢中是有害元素，其含量严格限制，要求在0.050%以下。氧对钢性能的影响与硫基本相同，也是有害元素。

磷能使钢的屈服强度和抗拉强度提高，但能明显降低塑性和韧性，特别是低温下冲击韧性显著下降，这种现象称为冷脆性。磷偏析较严重，使冷弯性能、可焊性降低。磷也是有害元素，其含量严格限制，如普通碳素钢的含磷量不得超过0.045%。

氮对钢性能的影响与磷基本相同，其含量应尽量减少。

4. 铝（Al）、铌（Nb）、钛（Ti）、钒（V）

这 4 种元素均为炼钢时的脱氧剂，也是合金钢常用的合金元素。适量加入这些元素，可改善钢的组织结构、细化晶粒，提高钢的强度、改善韧性。不锈钢中的铬（Cr）、镍（Ni）等合金元素较多。

7.3　建筑钢材的标准与选用

7.3.1　钢结构用钢

1. 碳素结构钢

（1）碳素结构钢的牌号及其表示方法。《碳素结构钢》（GB/T 700—2006）规定，牌号由代表屈服强度的字母、屈服强度数值、质量等级符号、脱氧方法等 4 部分按顺序组成，如 Q235AF。"Q"（Q—屈服强度的"屈"字汉语拼音的首字母）代表屈服强度，其值有 195MPa、215MPa、235MPa 和 275MPa 等 4 种；质量等级按 S、P 含量由多到少，分为 A、B、C、D 等 4 级；按脱氧方法分为：沸腾钢（F）、镇静钢（Z）、特殊镇静钢（TZ）。"Z"和"TZ"在钢牌号中可以省略。如：质量等级为 C 级 Q235 镇静钢，其牌号表示为 Q235C。

（2）碳素结构钢的技术要求。碳素结构钢的技术要求包括化学成分、力学性能、冶炼方法、交货状态及表面质量五个方面。

1）牌号和化学成分（熔炼分析）应符合表 7.1 规定。

表 7.1　　　　　　碳素结构钢牌号和化学成分（GB/T 700—2006）

牌号	统一数字代号①	等级	厚度（或直径）/mm	脱氧方法	化学成分（质量分数）/%，不大于				
					C	Si	Mn	P	S
Q195	U11952	—	—	F、Z	0.12	0.30	0.50	0.035	0.040
Q215	U12152	A	—	F、Z	0.15	0.35	1.20	0.045	0.050
	U12155	B							0.045
Q235	U12352	A	—	F、Z	0.22	0.35	1.40	0.045	0.050
	U12355	B			0.20②				0.045
	U12358	C		Z	0.17			0.040	0.040
	U12359	D		TZ				0.035	0.035
Q275	U12752	A	—	F、Z	0.24	0.35	1.50	0.045	0.050
	U12755	B	≤40	Z	0.21			0.045	0.045
			>40		0.22				
	U12758	C	—	Z	0.20			0.040	0.040
	U12759	D		TZ				0.035	0.035

① 表中为镇静钢、特殊镇静钢牌号的统一数字，沸腾钢牌号的统一数字代号如下：Q195F - U11950；Q215AF - U12150，Q215BF - U12153；Q235AF - U12350，Q235BF - U12353；Q275AF - U12750。

② 经需方同意，Q235B 的碳含量可不大于 0.22%。

2）拉伸试验、冲击试验指标应符合表 7.2 规定。

3）冷弯性能应符合表 7.3 规定。

4）由氧气转炉或电炉冶炼。

5）一般以热轧、控轧或正火状态交货。

6）表面质量应符合型钢、钢板、钢带、钢管和钢棒等产品标准的规定。

表 7.2　碳素结构钢拉伸试验、冲击试验指标（GB/T 700—2006）

牌号	等级	屈服强度[①] R_{eH}/MPa，不小于						抗拉强度[②] R_m/MPa	断后伸长率 A/%，不小于					冲击试验（V 型缺口）	
		厚度（或直径）/mm							厚度（或直径）/mm					温度/℃	V 形冲击功（纵向）/J，不小于
		≤16	>16~40	>40~60	>60~100	>100~150	>150~200		≤40	>40~60	>60~100	>100~150	>150~200		
Q195	—	195	185	—	—	—	—	315~430	33	—	—	—	—	—	—
Q215	A	215	205	195	185	175	165	335~450	31	30	29	27	26	—	—
	B													+20	27
Q235	A	235	225	215	215	195	185	370~500	26	25	24	22	21	—	—
	B													+20	27[③]
	C													0	
	D													-20	
Q275	A	275	265	255	245	225	215	410~540	22	21	20	18	17	—	—
	B													+20	27
	C													0	
	D													-20	

①　Q195 的屈服强度值仅供参考，不作交货条件。

②　厚度大于 100mm 的钢材，抗拉强度下限允许降低 20MPa。宽带钢（包括剪切钢板）抗拉强度上限不作交货条件。

③　厚度小于 25mm 的 Q235B 级钢材，如供方能保证冲击吸收功值合格，经需方同意，可不作检验。

表 7.3　碳素结构钢的冷弯性能（GB/T 700—2006）

牌号	试样方向	冷弯试验 180°　B=2a[①]	
		钢材厚度（或直径）a[②]/mm	
		≤60	>60~100
		弯芯直径 d	
Q195	纵	0	—
	横	0.5a	
Q215	纵	0.5a	1.5a
	横	a	2a
Q235	纵	a	2a
	横	1.5a	2.5a
Q275	纵	1.5a	2.5a
	横	2a	3a

①　B 为试样宽度，a 为试样厚度（或直径）。

②　钢材厚度（或直径）大于 100mm 时，弯曲试验由双方协商确定。

（3）碳素结构钢的特性与选用。碳素结构钢分为 4 个牌号，每个牌号又分为不同的质量等级。牌号越大，含碳量越高，其强度、硬度越高，但塑性、韧性越低；质量等级根据硫、磷含量分为 D、C、B、A 级钢，D、C 级钢的质量优于 B、A 级钢。脱氧程度充分的钢质量好。

Q195、Q215 强度低，塑性和韧性较好，加工性能与焊接性能好，主要用于轧制薄板和盘条，也可制作钢钉、铆钉、管坯和螺栓等。Q215 经加工可代替 Q235 使用。

Q235 强度较高，韧性和塑性以及加工性能好，能满足一般钢结构和钢筋混凝土结构用钢要求，且冶炼方便、成本较低，大量用于制作型钢、钢板、钢带、钢棒和钢筋等。Q235A 一般仅适用于静荷载结构；Q235C 和 Q235D 可用于重要的焊接结构，其中 Q235D 可用于承受振动、冲击荷载，也能用于负温条件。

Q275 强度较高，但塑性、韧性和可焊性较差，不易焊接和冷加工，可用于制作机械零件、螺栓配件和工具，也可轧成带肋钢筋。

2. 低合金高强度结构钢

为了改善钢的力学性能和工艺性能，或为了得到某种特殊的理化性能，在炼钢时加入一定量的合金元素，得到合金钢。低合金钢具有强度高、耐磨性好、塑性和低温冲击韧性好、耐腐蚀等特点，它是综合性能较为理想的钢材。合金元素有硅（Si）、锰（Mn）、镍（Ni）、铬（Cr）、钒（V）、钛（Ti）、铌（Nb）、钼（Mo）等，添加总量小于 5%。

（1）低合金高强度结构钢的交货状态及冶炼方法。交货状态分为热轧（AR 或 WAR）、正火（N）、正火轧制（＋N）、热机械轧制（M）四种状态。表示钢牌号时，AR 或 WAR 可省略；交货状态为正火（N）或正火轧制（＋N）状态时，代号均用 N 表示。由氧气转炉或电炉冶炼，必要时可进行炉外精炼。

（2）低合金高强度结构钢牌号表示方法。《低合金高强度结构钢》（GB/T 1591—2018）规定，牌号表示由屈服强度字母"Q"、规定的最小上屈服强度值、交货状态代号、质量等级符号（B、C、D、E、F）四部分组成。如 Q355ND 表示最小上屈服强度为 355MPa，以正火或正火轧制状态交货的质量等级为 D 的低合金高强度结构钢；又如 Q355D 表示最小上屈服强度为 355MPa，以热轧状态交货的质量等级为 D 的低合金高强度结构钢。

Q＋规定的最小上屈服强度值＋交货状态代号，称为钢级。如 Q355N、Q355 等。

规定的最小上屈服强度值有 355MPa、390MPa、420MPa、460MPa、500MPa、550MPa、620MPa、690MPa 八级。

（3）低合金高强度结构钢的技术要求。

1）牌号和化学成分。热轧钢，正火、正火轧制钢，热机械轧制钢的牌号和化学成分见《低合金高强度结构钢》（GB/T 1591—2018）。

2）拉伸性能。

a. 热轧钢。热轧钢拉伸性能应符合表 7.4、表 7.5 的规定。

b. 正火、正火轧制钢。正火、正火轧制钢拉伸性能应符合表 7.6 的规定。

c. 热机械轧制钢。热机械轧制钢拉伸性能应符合表 7.7 的规定。

3）冲击性能。低合金高强度结构钢的夏比（Ｖ型）冲击试验应符合表 7.8 的规定。

4）弯曲性能。低合金高强度结构钢弯曲性能应符合表 7.9 的规定。

表 7.4　　　　　　　　　热轧钢拉伸性能（GB/T 1591—2018）

牌　号		上屈服强度 R_{eH}[①]/MPa，不小于									抗拉强度 R_m/MPa			
钢级	质量等级	公称厚度或直径/mm												
		≤16	>16~40	>40~63	>63~80	>80~100	>100~150	>150~200	>200~250	>250~400	≤100	>100~150	>150~250	>250~400
Q355	B、C	355	345	335	325	315	295	285	275	—	470~630	450~600	450~600	—
	D									265[②]				450~600[②]
Q390	B、C、D	390	380	360	340	340	320	—	—	—	490~650	470~620	—	—
Q420[③]	B、C	420	410	390	370	370	350	—	—	—	520~680	500~650	—	—
Q460[③]	C	460	450	430	410	410	390	—	—	—	550~720	530~700	—	—

① 当屈服不明显时，可用规定塑性延伸强度 $R_{P0.2}$ 代替上屈服强度。
② 只适用于质量等级为 D 的钢板。
③ 只适用于型钢与棒材。

表 7.5　　　　　　　　　热轧钢的伸长率（GB/T 1591—2018）

牌　号			断后伸长率 A/%，不小于					
钢级	质量等级	方向	试样公称厚度或直径/mm					
			≤40	>40~63	>63~100	>100~150	>150~250	>250~400
Q355	B、C、D	纵向	22	21	20	18	17	17[①]
		横向	20	19	18	18	17	17[①]
Q390	B、C、D	纵向	21	20	20	19	—	—
		横向	20	19	19	18	—	—
Q420[②]	B、C	纵向	20	19	19	19	—	—
Q460[②]	C	纵向	18	17	17	17	—	—

① 只适用于质量等级为 D 的钢板。
② 只适用于型钢与棒材。

表 7.6　正火、正火轧制钢的拉伸性能（GB/T 1591—2018）

牌号		上屈服强度 R_{eH}[①]/MPa，不小于								抗拉强度 R_m/MPa			断后伸长率 A/%，不小于					
		公称厚度或直径/mm																
钢级	质量等级	≤16	>16~40	>40~63	>63~80	>80~100	>100~150	>150~200	>200~250	≤100	>100~200	>200~250	≤16	>16~40	>40~63	>63~80	>80~200	>200~250
Q355N	B,C,D,E,F	355	345	335	325	315	295	285	275	470~630	450~600	450~600	22	22	22	21	21	21
Q390N	B,C,D,E	390	380	360	340	340	320	310	300	490~650	470~620	470~620	20	20	20	19	19	19
Q420N	B,C,D,E	420	400	390	370	360	340	330	320	520~680	500~650	500~650	19	19	19	18	18	18
Q460N	C,D,E	460	440	430	410	400	380	370	370	540~720	530~710	510~690	17	17	17	17	17	16

① 当屈服不明显时，可用规定塑性延伸强度 $R_{P0.2}$ 代替上屈服强度。

表 7.7　热机械轧制钢的拉伸性能（GB/T 1591—2018）

牌号		上屈服强度 R_{eH}[①]/MPa，不小于						抗拉强度 R_m/MPa					断后伸长率 A/%，不小于
		公称厚度或直径/mm											
钢级	质量等级	≤16	>16~40	>40~63	>63~80	>80~100	>100~120	≤40	>40~63	>63~80	>80~100	>100~120[②]	
Q355M	B、C、D、E、F	355	345	335	325	325	320	470~630	450~610	440~600	440~600	430~590	22
Q390M	B、C、D、E	390	380	360	340	340	335	490~650	480~640	470~630	460~620	450~610	20
Q420M	B、C、D、E	420	400	390	380	370	365	520~680	500~660	480~640	470~630	460~620	19
Q460M	C、D、E	460	440	430	410	400	385	540~720	530~710	510~690	500~680	490~660	17
Q500M	C、D、E	500	490	480	460	450	—	610~770	600~760	590~750	540~730	—	17
Q550M	C、D、E	550	540	530	510	500	—	670~830	620~810	600~790	590~780	—	16
Q620M	C、D、E	620	610	600	580	—	—	710~880	690~880	670~860	—	—	15
Q690M	C、D、E	690	680	670	650	—	—	770~940	750~920	730~900	—	—	14

① 当屈服不明显时，可用规定塑性延伸强度 $R_{P0.2}$ 代替上屈服强度。

② 对于型钢与棒材，厚度或直径不大于150mm。

表 7.8　　　　　　　低合金高强度结构钢夏比（V 型）冲击试验的温度和

冲击吸收能量（GB/T 1591—2018）

牌号			冲击吸收能量最小值 KV_2/J								
钢级	质量等级	20℃		0℃		−20℃		−40℃		−60℃	
		纵向	横向	纵向	横向	纵向	横向	纵向	横向	纵向	横向
Q355、Q390、Q420	B	34	27	—	—	—	—	—	—	—	—
Q355、Q390、Q420、Q460	C	—	—	34	27	—	—	—	—	—	—
Q355、Q390	D	—	—	—	—	34①	27①	—	—	—	—
Q355N、Q390N、Q420N	B	34	27	—	—	—	—	—	—	—	—
Q355N、Q390N、Q420N、Q460N	C	—	—	34	27	—	—	—	—	—	—
	D	55	31	47	27	40②	20	—	—	—	—
	E	63	40	55	34	47	27	31③	20③	—	—
Q355N	F	63	40	55	34	47	27	31	20	27	16
Q355M、Q390M、Q420M	B	34	27	—	—	—	—	—	—	—	—
Q355M、Q390M、Q420M、Q460M	C	—	—	34	27	—	—	—	—	—	—
	D	55	31	47	27	40②	20	—	—	—	—
	E	63	40	55	34	47	27	31③	20③	—	—
Q355M	F	63	40	55	34	47	27	31	20	27	16
Q500M、Q550M、Q620M、Q690M	C	—	—	55	34	—	—	—	—	—	—
	D	—	—	—	—	47②	27	—	—	—	—
	E	—	—	—	—	—	—	31③	20③	—	—

注　1. 当需方未指定试验温度时，正火、正火轧制和热机械轧制的 C、D、E、F 级钢材分别做 0℃、−20℃、−40℃、−60℃ 冲击。

　　2. 冲击试验取纵向试样。经供需双方协商，也可取横向试样。

①　仅适用于厚度大于 250mm 的 Q355D 钢板。

②　当需方指定时，D 级钢可做 −30℃ 冲击试验，其冲击吸收能量纵向不小于 27J。

③　当需方指定时，E 级钢可做 −50℃ 冲击试验，其冲击吸收能量纵向不小于 27J、横向不小于 16J。

表 7.9　　　　　　低合金高强度结构钢弯曲性能（GB/T 1591—2018）

牌号	试样方向	180°弯曲试验 ［D 为弯芯直径，a 为试样厚度（或直径）］	
		公称厚度或直径/mm	
		≤16	>16～100
全部牌号	对于公称宽度不小于 600mm 的钢板及钢带，取横向试样；其他钢材取纵向试样	$D=2a$	$D=3a$

　　（4）低合金高强度结构钢的性能与应用。Q355 钢综合性能较好，是钢结构常用钢号。与碳素结构钢 Q235 相比，Q355 承载力更高，并具有良好的承受动荷载和耐疲劳性能，但价格稍高。用低合金高强度结构钢代替碳素结构钢可节省钢材 15％～25％，并减轻结构自重。Q390 是推荐使用的钢号。

　　由于合金元素的强化作用，低合金结构钢不但具有较高的强度，且具有较好的塑性、韧性和可焊性，抗冲击、耐低温、耐腐蚀能力也好，且质量稳定，它是综合性能比较理想的钢材。低合金高强度结构钢主要用来轧制各种型钢、钢板、钢管及钢筋，广泛用于钢结构与钢筋混凝土结构中，特别是大型结构、重型结构、大跨度结构、高层建筑、桥梁工程、承受动荷载和冲击荷载的结构。

7.3.2 钢筋混凝土用钢

钢筋混凝土用钢主要有钢筋、钢棒、钢丝、钢绞线等。

1. 热轧钢筋

在钢筋混凝土结构中大量使用的钢筋为热轧钢筋。热轧钢筋具有较高的强度，以及一定的塑性、韧性、冷弯性和可焊性。

（1）热轧光圆钢筋。经热轧成型，横截面通常为圆形，表面光滑的成品钢筋，称为热轧光圆钢筋（hot rolled plain bars），用 HPB 表示。热轧光圆钢筋按力学性能特征值划分牌号，并以屈服强度特征值表示，牌号为 HPB300。特征值是指在无限多次的检验中，与某一规定概率所对应的分位值。公称直径为 6～22mm，推荐直径为 6mm、8mm、10mm、12mm、16mm、20mm。可直条或盘卷交货。

根据《钢筋混凝土用钢 第1部分：热轧光圆钢筋》（GB/T 1499.1—2017），热轧光圆钢筋的化学成分见表 7.10，力学性能见表 7.11。

表 7.10 　　　　　热轧光圆钢筋化学成分表 **（GB/T 1499.1—2017）**

牌号	化学成分（质量分数）/%，≤				
	C	Si	Mn	P	S
HPB300	0.25	0.55	1.50	0.045	0.045

表 7.11 　　　　　热轧光圆钢筋的力学性能 **（GB/T 1499.1—2017）**

牌号	下屈服强度 R_{eL} /MPa	抗拉强度 R_m /MPa	断后伸长率 A /%	最大力总延伸率 A_{gt}/%	冷弯试验180° （d 为弯芯直径 a 为钢筋直径）
	≥				
HPB300	300	420	25	10.0	$d=a$

注 1. 原始标距与截面积有 $L_0 = k\sqrt{s_0}$ 关系的试样称为比例试样（国际上 k 值为 5.65）。

　　2. $k=5.65$（$L_0=5d_0$）时，以 A 表示断后伸长率；若 $k=11.3$（$L_0=10d_0$）时，以 $A_{11.3}$ 表示断后伸长率。

　　3. 对于非比例试样，符号 A 应脚注原始标距，如 A_{80mm} 表示原始标距为 80mm 的断后伸长率。

　　4. 表中力学性能特征值，可作为交货检验的最小值。

（2）热轧带肋钢筋。经热轧成型，横截面为圆形，且表面带肋的成品钢筋，称为热轧带肋钢筋（hot rolled ribbed bars）。采用氧气转炉或电炉冶炼，必要时可采用炉外精炼。热轧带肋钢筋通常带有纵肋，也可不带纵肋（图 7.11）。

1）分为普通热轧带肋钢筋（HRB）和细晶粒热轧带肋钢筋（HRBF），按是否抗地震分为抗地震钢筋（E）与非抗地震钢筋。

2）按屈服强度特征值分为 400、500、600 级。

3）普通热轧带肋钢筋牌号为 HRB400、HRB500、HRB600、HRB400E、HRB500E；

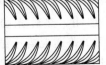

图 7.11 带肋钢筋

细晶粒热轧带肋钢筋牌号为 HRBF400、HRBF500、HRBF400E、HRBF500E。

4）公称直径为 6mm、8mm、10mm、12mm、14mm、16mm、18mm、20mm、22mm、25mm、28mm、32mm、36mm、40mm、50mm。通常直条交货，直径不大于 16mm 也可按盘卷交货；HRBF500、HRBF500E 的焊接工艺应由试验确定，HRB600 推荐采用机械连接方式。

5）表面标志。应在表面上轧上牌号标志、生产企业序号（许可证后 3 位数字）和公称直径毫米数字，还可以轧上厂名（汉语拼音字头）或商标。HRB400、HRB500、HRB600 分别以 4、5、6 表示；HRBF400、HRBF500 分别以 C4、C5 表示；HRB400E、HRB500E 分别以 4E、5E 表示；HRBF400E、HRBF500E 分别以 C4E、C5E 表示。

6）技术标准。根据《钢筋混凝土用钢　第 2 部分：热轧带肋钢筋》（GB/T 1499.2—2018），热轧带肋钢筋的化学成分、力学性能分别见表 7.12 和表 7.13。

表 7.12　　　　　热轧带肋钢筋化学成分表（GB/T 1499.2—2018）

牌　　号	化学成分（质量分数）/%，≤					碳当量 Ceq/%，≤
	C	Si	Mn	P	S	
HRB400、HRBF400、HRB400E、HRBF400E	0.25	0.80	1.60	0.045	0.045	0.54
HRB500、HRBF500、HRB500E、HRBF500E						0.55
HRB600	0.28					0.58

表 7.13　　　　　热轧带肋钢筋的力学性能（GB/T 1499.2—2018）

牌号	R_{eL} /MPa	R_m /MPa	A /%	A_{gt} /%	R_m°/R_{eL}°	R_{eL}°/R_{eL}	冷弯试验 180°	
	≥					≤	公称直径 a	弯芯直径 d
HRB400 HRBF400	400	540	16	7.5	—	—	6～25	4a
HRB400E HRBF400E			—	9.0	1.25	1.30	28～40	5a
							>40～50	6a
HRB500 HRBF500	500	630	15	7.5	—	—	6～25	6a
HRB500E HRBF500E			—	9.0	1.25	1.30	28～40	7a
							>40～50	8a
HRB600	600	730	14	7.5	—	—	6～25	6a
							28～40	7a
							>40～50	8a

注　R_m° 为钢筋实测抗拉强度；R_{eL}° 为钢筋实测下屈服强度。

7）热轧钢筋的选用。热轧光圆钢筋 HPB300 强度较低，但塑性及焊接性能好，便于冷加工，主要用于普通混凝土结构的受力筋和构造筋。

HRB400、HRBF400 热轧带肋钢筋性能优良，适合用作非预应力钢筋和预应力钢筋，是国家重点推广的更新换代产品，为钢筋混凝土结构的主要用筋。

　　HRB500、HRBF500 级钢筋是用优质合金钢轧制的，强度高，质量好，适宜用作预应力钢筋；HRB600 适宜用作非常重要工程的预应力钢筋。

　　8）热轧钢筋强度标准值与强度设计值。热轧钢筋强度标准值是指保证率不小于95%的屈服强度值，强度标准值一般相当于屈服强度特征值 R_{eL}。强度标准值除以分项系数 γ_s 得到抗拉强度设计值，延性较好的钢筋 $\gamma_s = 1.10$，强度高的钢筋安全储备更高 $\gamma_s = 1.15$。将热轧钢筋强度标准值与强度设计值列入表 7.14 中，以便在钢筋混凝土结构设计时选用。

表 7.14　　　　　　　　　热轧钢筋强度标准值与强度设计值　　　　　　　　单位：MPa

牌号	HPB300	HRB400	HRB500	HRB600
强度标准值 f_{yk}	300	400	500	600
抗拉强度设计值 f_y	270	360	435	520
抗压强度设计值 f_y'	270	360	410	490

注　适用于全部牌号的热轧带肋钢筋。

　　（3）低碳钢热轧圆盘条。低碳钢经热轧成型，表面光滑、以盘条状态交货的成品钢筋，称为低碳钢热轧圆盘条。牌号分 Q195、Q215、Q235、Q275。公称直径为 8～20mm。根据《低碳钢热轧圆盘条》（GB/T 701—2008），低碳钢热轧圆盘条的化学成分应符合表 7.15；力学性能应符合表 7.16。

表 7.15　　　　　　　低碳钢热轧圆盘条化学成分（GB/T 701—2008）

牌号	化学成分（质量分数）/%				
	C	Mn	Si	S	P
Q195	≤0.12	0.25～0.50	≤0.30	≤0.040	≤0.035
Q215	0.09～0.15	0.25～0.60	≤0.30	≤0.045	≤0.045
Q235	0.12～0.20	0.30～0.70			
Q275	0.14～0.22	0.40～1.00			

表 7.16　　　　　　　低碳钢热轧圆盘条的力学性能（GB/T 701—2008）

牌号	抗拉强度 R_m/MPa，不大于	断后伸长率 $A_{11.3}$/%，不小于	冷弯试验 180° a＝试样直径；d＝弯芯直径
Q195	410	30	$d = 0$
Q215	435	28	$d = 0$
Q235	500	23	$d = 0.5a$
Q275	540	21	$d = 1.5a$

　　低碳钢热轧圆盘条，也广泛应用于工程中。《低碳钢热轧圆盘条》（GB/T 701—2008）规定，盘条分一般用途盘条和供拉丝等深加工用盘条两类。箍筋、构造筋、一般受力筋可选 Q215、Q235、Q275 等牌号；拉丝用盘条可选 Q195、Q215、Q235 等牌号。

2. 预应力混凝土用热处理钢筋

热处理钢筋是将热轧带肋钢筋（中碳低合金钢）经淬火和高温回火调质处理而成的。公称直径 6mm、8.2mm、10mm；牌号 $40Si_2Mn$、$48Si_2Mn$、$45Si_2Cr$；分有纵肋和无纵肋两种，但都有横肋。钢筋热处理后卷成盘，开盘能自行伸直，按要求长度切断。不能用电焊切断，也不能焊接，以免引起强度下降或脆断。其特点是强度提高很多，而塑性降低不大，综合性能比较好。热处理钢筋具有强度高、制作方便、质量稳定、锚固性好、节省钢材等优点，可以代替高强钢丝，也可用于预应力混凝土梁、板结构及吊车梁等。

热处理钢筋的化学成分及力学性能应分别符合表 7.17 和表 7.18 的规定。

表 7.17 热处理钢筋的化学成分（GB 4463—1992）

牌号	化学成分/%					
	C	Si	Mn	Cr	P	S
$40Si_2Mn$	0.36～0.45	1.40～1.90	0.80～1.20	—	≤0.045	≤0.045
$48Si_2Mn$	0.44～0.53	1.40～1.90	0.80～1.20	—	≤0.045	≤0.045
$45Si_2Cr$	0.41～0.51	1.55～1.95	0.40～0.70	0.30～0.60	≤0.045	≤0.045

表 7.18 预应力混凝土用热处理钢筋的力学性能（GB 4463—1992）

公称直径/mm	牌号	屈服强度 R_{eL}/MPa	抗拉强度 R_m/MPa	断后伸长率 $A_{11.3}$/%	松弛性能/%	
					1000h	10h
6	$40Si_2Mn$					
8.2	$48Si_2Mn$	≥1325	≥1470	≥6	≤3.5	≤1.5
10	$45Si_2Cr$					

3. 钢筋混凝土用余热处理钢筋

热轧后利用热处理原理进行表面控制冷却，并利用芯部余热自身完成回火处理所得的成品带肋钢筋，称为钢筋混凝土用余热处理钢筋（RRB）。按屈服强度特征值分为 400 级、500 级，按用途分为可焊（W）和非可焊。通常带有纵肋、也可不带纵肋。公称直径为 8～50mm。按定尺长度交货，也可盘卷交货（每盘应是一条钢筋）。

根据《钢筋混凝土用余热处理钢筋》（GB 13014—2013），余热处理钢筋的化学成分见表 7.19，力学性能见表 7.20。

表 7.19 钢筋混凝土用余热处理钢筋的化学成分（GB 13014—2013）

牌号	化学成分（质量分数）/%，不大于					
	C	Si	Mn	P	S	Ceq
RRB400 RRB500	0.30	1.00	1.60	0.045	0.045	—
RRB400W	0.25	0.80	1.60	0.045	0.045	0.50

表 7.20 **钢筋混凝土用余热处理钢筋的力学性能（GB 13014—2013）**

牌号	R_{eL}/MPa	R_m/MPa	A/%	A_{gt}/%	牌号	冷弯 180°	
						试样直径 a/mm	弯芯直径 d/mm
	不小于						
RRB400	400	540	14	5.0	RRB400	8～25	$4a$
RRB500	500	630	13		RRB400W	28～40	$5a$
RRB400W	430	570	16	7.5	RRB500	8～25	$6a$

余热处理钢筋 RRB400（RRB400W）、RRB500 与热轧带肋钢筋 HRB400（HRBF400）、HRB500（HRBF500）的用途基本相同，可用于普通混凝土及预应力钢筋混凝土。它们的抗拉强度设计值、抗压强度设计值也一致。

4. 预应力混凝土用螺纹钢筋

预应力混凝土用螺纹钢筋是采用热轧、轧后余热处理或热处理等工艺生产的带有不连续外螺纹（无纵肋），用于预应力混凝土的直条钢筋（PSB）。以氧气转炉或电炉冶炼。在钢筋的任意截面处，均可用匹配形状的内螺纹连接器或锚具进行连接或锚固。公称直径为 15～75mm，推荐公称直径 25mm、32mm。

根据《预应力混凝土用螺纹钢筋》（GB/T 20065—2016），螺纹钢筋按屈服强度最小值分为 PSB785、PSB830、PSB930、PSB1080、PSB1200 五个牌号，其力学性能见表 7.21。螺纹钢筋的强度标准值指的是抗拉强度标准值，强度设计值用强度标准值除以分项系数 1.5 得到（表 7.22）。

表 7.21 **预应力混凝土用螺纹钢筋的力学性能（GB/T 20065—2016）**

牌号	屈服强度 R_{eL} /MPa	抗拉强度 R_m /MPa	断后伸长率 A /%	最大力总伸长率 A_{gt}/%	应力松弛性能	
					初始应力	1000h 后应力松弛率 V_t/%
	不小于					
PSB785	785	980	8	3.5	$0.7R_m$	≤4.0
PSB830	830	1030	7			
PSB930	930	1080	7			
PSB1080	1080	1230	6			
PSB1200	1200	1330	6			

表 7.22 **预应力混凝土用螺纹钢筋强度标准值与设计值** 单位：MPa

牌号	PSB785	PSB830	PSB930	PSB1080	PSB1200
强度标准值 f_{ptk}	980	1030	1080	1230	1330
抗拉强度设计值 f_{py}	650	685	720	820	885
抗压强度设计值 f'_{py}	400				

5. 预应力混凝土用钢棒

盘条经加工后加热到奥氏体化温度后快速冷却，然后在相变温度以下加热进行回火所得的钢棒，称为预应力混凝土用钢棒（PCB）。分光圆钢棒（P）（6～16mm）、螺旋槽钢棒（HG）（7.1mm、9.0mm、10.7mm、12.6mm、14.0mm）、螺旋肋钢棒（HR）（6～22mm）、带肋钢棒（R）（有纵肋与无纵肋）（6mm、8mm、10mm、12mm、14mm、16mm）。

钢棒按抗拉强度标准值分为1080、1230、1420、1570四级，并以抗拉强度标记产品。公称直径为9.0mm、公称抗拉强度为1420MPa，35级延性预应力混凝土用螺旋槽钢棒标记为：PCB9.0-1420-35-L-HG-GB/T 5223.3—2017。钢棒强度高、弹性模量大（200±10)GPa、应力松弛率低、与混凝土黏结性强，适用于预应力混凝土。取分项系数1.4（约数）得到钢棒抗拉强度设计值（表7.23）。

表7.23　　　　　　　　　　　　　钢棒强度标准值与设计值　　　　　　　　　　　单位：MPa

强度标准值 f_{ptk}	1080	1230	1420	1570
抗拉强度设计值 f_{py}	760	870	1005	1110
抗压强度设计值 f'_{py}	400			

6. 冷轧带肋钢筋

热轧圆盘条经冷轧后，在其表面带有沿长度方向均匀分布横肋的成品钢筋，称为冷轧带肋钢筋。冷轧带肋钢筋具有二面肋、三面肋或四面肋的横肋。按延性高低分冷轧带肋钢筋（CRB）、高延性冷轧带肋钢筋（CRBH）。按抗拉强度特征值划分为CRB550、CRB650、CRB800、CRB600H、CRB680H、CRB800H六个牌号。CRB550、CRB600H、CRB680H公称直径为4～12mm；CRB650、CRB800、CRB800H公称直径为4mm、5mm、6mm。通常按盘卷交货。根据《冷轧带肋钢筋》（GB/T 13788—2017），其力学性能应符合表7.24。

表7.24　　　　　　　冷轧带肋钢筋的力学性能（GB/T 13788—2017）

分类	牌号	规定塑性延伸强度，$R_{P0.2}$/MPa 不小于	抗拉强度 R_m/MPa 不小于	$R_m/R_{P0.2}$ 不小于	断后伸长率/%，不小于		最大力总延伸率/%，不小于	弯曲试验 180°	弯曲次数	松弛率（$R_{con}=0.7R_m$）/%，不大于 1000h
					A	A_{100mm}	A_{gt}			
普通钢筋混凝土	CRB550	500	550	1.05	11.0	—	2.5	$d=3a$	—	—
	CRB600H	540	600	1.05	14.0	—	5.0	$d=3a$	—	—
	CRB680H	600	680	1.05	14.0	—	5.0	$d=3a$	4	5
预应力混凝土	CRB650	585	650	1.05	—	4.0	2.5		3	8
	CRB800	720	800	1.05	—	4.0	2.5		3	8
	CRB800H	720	800	1.05	—	7.0	4.0		4	5

冷轧带肋钢筋具有强度高、与混凝土握裹力强等优点，同时成本较低，又克服了冷拉、冷拔钢筋握裹力低的缺点，因此冷轧带肋钢筋适用于普通钢筋混凝土结构和预应力钢筋混凝土结构，也适用于制造焊接网用冷轧带肋钢筋。CRB550、CRB600H为普通钢筋混凝土用钢筋；CRB650、CRB800、CRB800H为预应力混凝土用钢筋；CRB680H既为普通钢筋混凝土用钢筋，也可为预应力混凝土用钢筋。

普通钢筋混凝土用冷轧带肋钢筋的抗拉强度设计值为屈服强度标准值除以分项系数 1.25，预应力混凝土用冷轧带肋钢筋的抗拉强度设计值为抗拉强度除以分项系数 1.50。冷轧带肋钢筋强度设计值见表 7.25。

表 7.25　冷轧带肋钢筋强度标准值与设计值　　　　　　　　单位：MPa

设计值 ＼ 类别	普通钢筋混凝土用			预应力混凝土用		
	CRB550	CRB600H	CRB680H	CRB650	CRB800	CRB800H
抗拉强度设计值 f_{py}	400	415	480	430	530	530
抗压强度设计值 f'_{py}	380			380		

注　CRB600H 取屈服强度标准值为 520MPa 计算抗拉强度设计值。

7. 预应力混凝土用钢丝和钢绞线

预应力钢筋混凝土用钢丝和钢绞线，是用优质碳素结构钢经冷加工、再回火、冷轧或绞捻等加工工艺而制成的。

（1）预应力混凝土用钢丝。《预应力混凝土用钢丝》（GB/T 5223—2014）规定，钢丝是热轧盘条为原料，经冷加工或冷加工后进行连续的稳定化处理而制成。预应力钢丝按加工状态分为冷拉钢丝（WCD）和低松弛钢丝（WLR）两类；按外形分为光面钢丝（P）、螺旋肋钢丝（H）［图 7.12 （a）］、刻痕钢丝（I）［图 7.12 （b）］三种。冷拉钢丝公称直径为 4mm、5mm、6mm、7mm、8mm；低松弛钢丝（消除应力钢丝）公称直径为 4～12mm。

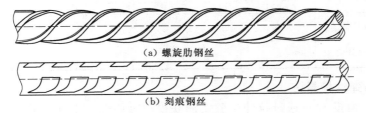

（a）螺旋肋钢丝

（b）刻痕钢丝

图 7.12　预应力钢丝

冷拉钢丝仅用于压力管道。冷拉钢丝是盘条通过拔丝等减径工艺经冷加工而形成的产品，以盘卷供货。其公称抗拉强度（标准值）为 1470MPa、1570MPa、1670MPa、1770MPa，初始力为最大力的 70% 时，1000h 应力松弛率应小于 7.5%。

低松弛钢丝用于压力管道、先张法和后张法制造高效能预应力混凝土结构。钢丝在塑性变形下经过短时热处理，得到低松弛钢丝。其公称抗拉强度为 1470MPa、1570MPa、1670MPa、1770MPa、1860MPa；初始力为最大力的 70%、80% 时，1000h 应力松弛率应分别小于 2.5%、4.5%；最大力总伸长率（L_0 = 200mm）应大于 3.5%。

预应力混凝土用钢丝具有质量稳定、安全可靠、无接头、施工方便等特点，主要用于大跨度的屋架、薄腹梁、吊车梁或桥梁等大型预应力钢筋混凝土结构，还可用于轨枕、压力管道等构件。

（2）预应力混凝土用钢绞线。预应力混凝土用钢绞线通常由冷拉光圆钢丝及刻痕钢丝捻制而成。由冷拉光圆钢丝捻制的为标准型钢绞线；由刻痕钢丝捻制的为刻痕钢绞线；捻制再经冷拔而成的为拔模钢绞线。钢绞线外接圆直径的名义尺寸为其公称直径。

《预应力混凝土用钢绞线》（GB/T 5224—2014）规定，钢绞线按结构分为 8 类：①用 2 根钢丝捻制的钢绞线 1×2；②用 3 根钢丝捻制的钢绞线 1×3；③用 3 根刻痕钢丝捻制的钢绞线 $1 \times 3I$；④用 7 根钢丝捻制的标准型钢绞线 1×7；⑤用 6 根刻痕钢丝和 1 根光圆中心钢丝捻制的钢绞线 $1 \times 7I$；⑥用 7 根钢丝捻制又经模拔的钢绞线 $(1 \times 7)C$；⑦用 19 根钢丝捻制的 $1+9+9$ 西鲁式钢绞线 $1 \times 19S$；⑧用 19 根钢丝捻制的 $1+6+6/6$ 瓦林吞式钢绞线 $1 \times 19W$。

钢绞线公称抗拉强度（标准值）为 1470～1960MPa，初始力为最大力的 70%、80% 时，1000h 应力松弛率应分别小于 2.5%、4.5%。

钢绞线具有强度高、塑性好，使用时不需要接头等优点，尤其适用于需要曲线配筋的预应力混凝土结构、大跨度或重荷载的屋架等。

（3）钢丝和钢绞线的强度标准值与设计值。预应力混凝土用钢丝和钢绞线的强度标准值与设计值见表 7.26。

表 7.26　　　　　　　钢丝和钢绞线的强度标准值与设计值　　　　　　单位：MPa

强度标准值 f_{ptk}	1470	1570	1670	1720	1770	1820	1860	1960
抗拉强度设计值 f_{py}	1040	1110	1180	1220	1250	1290	1320	1380
钢丝抗压强度设计值 f'_{py}	410							
钢绞线抗压强度设计值 f'_{py}	390							

7.3.3　钢筋弹性模量 E

钢筋弹性模量 E 可通过拉伸试验实测获得，钢筋混凝土结构设计或计算钢筋最大力总延伸率时，E 也可按表 7.27 取值。

表 7.27　　　　　　　　　钢 筋 弹 性 模 量 E　　　　　　单位：10^5MPa

钢筋种类	低碳钢热轧圆盘条 Q235	HRB400、HRBF400、HRB400E、HRBF400E	消除应力钢丝	钢绞线	钢棒	螺纹钢筋
弹性模量 E	2.1	2.0	2.05	1.95	2.0	2.0

7.3.4　钢材的选用原则

钢材的选用一般遵循以下原则：

（1）荷载性质。经常承受动力或振动荷载的结构，容易产生应力集中，从而引起疲劳破坏，需要选用材质高的钢材。

（2）使用温度。经常处于低温状态的结构，钢材容易发生冷脆性断裂，特别是焊接结构更甚，因而要求钢材具有良好的塑性和低温冲击韧性。

（3）连接方式。焊接结构，当温度变化和受力性质改变时，焊缝附近容易出现冷、热裂纹，使结构早期破坏。所以焊接结构对钢材的化学成分和力学性能要求较严格。

（4）钢材厚度。钢材力学性能一般随其厚度的增大而降低，经多次轧制后，内部晶体组织更紧密，强度更高，质量更好。故一般结构用的钢材厚度不宜超过 40mm。

（5）结构重要性。选择钢材要考虑结构使用的重要性，如大跨度、重要建筑物结构，应选择质量更好的钢材。

7.4　钢材的防火与防腐蚀

7.4.1　钢材的防火

钢材是一种不会燃烧的建筑材料，作为建筑材料在防火方面又存在一些难以避免的缺陷。它的力学性能，如屈服强度、抗拉强度及弹性模量等均会因温度的升高而急剧下降。

钢结构通常在 450～650℃ 温度中就会失去承载能力，发生很大的形变，导致钢柱、钢梁弯曲，因过大的形变而不能继续使用。一般不加保护的钢结构的耐火极限为 15min 左右，这一时间的长短还与构件吸热的速度有关。

要使钢材在实际应用中克服防火方面的不足，必须进行防火处理，其目的就是将钢结构的耐火极限提高到设计规范规定的极限范围。防止钢结构在火灾中迅速升温发生形变塌落，采用绝热、耐火材料阻隔火焰直接灼烧钢结构，降低热量传递的速度，推迟钢结构温升、强度变弱的时间等。下面介绍几种不同钢结构的防火保护措施。

（1）外包层。在钢结构外表添加外包层，可以现浇成型，也可以采用喷涂法。现浇成型的实体混凝土外包层通常用钢丝网或钢筋来加强，以限制收缩裂缝，并保证外壳的强度。喷涂法可以在施工现场对钢结构表面涂抹砂浆以形成保护层，砂浆可以是水泥石灰砂浆或是石膏砂浆，也可以掺入珍珠岩或石棉。同时外包层也可以用珍珠岩、石棉、石膏或石棉水泥、轻混凝土做成预制板，采用胶黏剂、钉子、螺栓固定在钢结构上。

（2）充水。空心型钢结构内充水是抵御火灾最有效的防护措施。这种方法能使钢结构在火灾中保持较低的温度，水在钢结构内循环，吸收材料自身受热的热量。受热的水经冷却后可以进行再循环，或由管道引入凉水来取代受热的水。

（3）屏蔽。钢结构设置在耐火材料组成的墙体或顶棚内，或将构件包藏在两片墙之间的空隙里，只要增加少许耐火材料或不增加即能达到防火的目的。这种防火方法较为经济。

（4）防火材料。采用钢结构防火涂料保护构件，这种方法具有防火隔热性能好、施工不受钢结构几何形体限制等优点，一般不需要添加辅助设施，且涂层质量轻，还有一定的美观装饰作用，属于现代的先进防火技术措施。

7.4.2　钢材防腐蚀

钢材表面与周围环境接触，在一定条件下，可发生作用而使钢材表面腐蚀。腐蚀可造成钢材受力截面减小，表面不平整导致应力集中，降低了钢材的承载能力。腐蚀还会使疲劳强度大为降低，尤其是显著降低钢材的冲击韧性，使钢材脆断。混凝土中的钢筋腐蚀后，产生体积膨胀，使混凝土顺筋开裂。因此为了确保钢材不产生腐蚀，必须采取防腐措施。防止钢材腐蚀的方法有以下 3 种。

（1）保护膜法。用保护膜使钢材与周围腐蚀性介质隔离，例如在钢材表面喷刷涂料、塑料或搪瓷等，或以金属镀层作为保护膜，如锌、锡、铬等。

（2）电化学保护法。无电流保护法是在钢铁上连接较钢铁更为活泼的金属如锌、镁，锌、镁比钢铁的电位低，所以锌、镁成为腐蚀电池的阳极遭到破坏（牺牲阳极），而钢铁结构得到保护。

外加电流保护法是在钢铁结构附近，安放一些废钢铁或其他难熔金属，如高硅铁及铅银合金等，将外加直流电源的负极接在被保护的钢铁结构上，正极接在难熔的金属上，通电后难熔金属成为阳极而被腐蚀，钢铁结构成为阴极得到保护。

（3）金化。在碳钢中加入能提高抗腐蚀能力的合金元素，如镍、铬、钛、铜等制成不同的合金钢。钢筋混凝土工程中，防止钢筋腐蚀最经济有效的方法是提高混凝土的密实度和碱度，以及保证钢筋有足够的保护层厚度。

【技能训练】

46　项目 7
建筑钢材
习题

1. 填空题

（1）建筑钢材按化学成分可分_____、_____、_____。

（2）断后伸长率是衡量钢材_____的指标；冷弯是对钢材_____更为严格的检验，通常将_____和_____称为冷弯制度。

（3）低碳钢拉伸经历了_____、_____、_____、_____四个阶段，确定了_____、_____、_____三大技术指标。结构设计时，通常以_____作为钢强度取值依据。

（4）钢材的屈强比等于_____；屈强比越大，则强度利用率越_____，结构安全性越_____。

（5）热轧带肋钢筋主要以_____划分牌号，牌号为_____的热轧带肋钢筋是钢筋混凝土结构的主要用筋。

（6）Q235AF 的性能比 Q235D_____。

（7）_____元素会增加钢的热脆性；_____元素会增加钢的冷脆性。

（8）同一钢筋，断后伸长率 A_{80mm}_____ A_{100mm}。

（9）承受动荷载作用结构、低温下工作结构，不宜选用质量等级为_____的钢和脱氧程度为_____的钢。

（10）承受动荷载的重要结构，应选用时效敏感性_____的钢材；钢材的脆性临界温度应比使用环境最低温度_____。

（11）_____适用于需要曲线配筋的预应力混凝土结构、大跨度或重荷载的屋架等。

（12）热轧钢筋屈服强度特征值涉及了_____概念；钢筋拉伸试验合格，要求钢筋实测屈服强度_____屈服强度特征值。

(13) 钢经冷加工后，其屈服强度_____，弹性模量_____，塑性、韧性_____。

(14) 承受交变荷载的结构（如厂房的吊车梁），选择钢材时，应考虑_____。

2. 选择题

(1) 碳素结构钢随牌号增大，钢材的（　　）。

    A. 强度增加、塑性增加　　　　　　　　B. 强度降低、塑性增加

    C. 强度降低、塑性降低　　　　　　　　D. 强度增加、塑性降低

(2) 在低碳钢的应力-应变图中，有线性关系的是（　　）。

    A. 弹性阶段　　　　B. 屈服阶段　　　　C. 强化阶段　　　　D. 颈缩阶段

(3) 钢材抵抗冲击振动荷载的能力称为（　　）。

    A. 塑性　　　　　　B. 冲击韧性　　　　C. 弹性　　　　　　D. 硬度

(4) 常用（　　）轧制成钢板、钢管、型钢来建造桥梁、高层建筑及大跨度结构。

    A. 碳素钢　　　　　B. 低合金钢　　　　C. 冷轧钢　　　　　D. 高合金钢

(5) 工程中，钢筋混凝土用量最大的钢筋品种是（　　）。

    A. 热轧钢筋　　　　B. 热处理钢筋　　　C. 余热处理钢筋　　D. 冷轧钢筋

(6) 碳素结构钢，（　　）大量用于制作型钢、钢板、钢带、钢棒和钢筋等。

    A. Q195　　　　　　B. Q215　　　　　　C. Q235　　　　　　D. Q275

(7) 工程中用钢筋多由（　　）轧制而成。

    A. 普通碳素钢　　　B. 低合金钢　　　　C. 优质碳素钢　　　D. 高合金钢

(8) 用于预应力混凝土的钢筋，要求钢筋（　　）。

    A. 强度高　　　　　B. 应力松弛率低　　C. 与混凝土的黏结性好　　D. ABC

(9) 热轧带肋钢筋屈服强度特征值 R_{eL}、实测屈服强度 R_{eL}°、抗拉强度设计值 f_y 的关系为（　　）。

    A. $R_{eL} > R_{eL}^{\circ} > f_y$　　　　　　　　B. $R_{eL}^{\circ} > R_{eL} > f_y$

    C. $f_y > R_{eL}^{\circ} > R_{eL}$　　　　　　　　D. $R_{eL}^{\circ} > f_y > R_{eL}$

(10) 负温下承受动荷载的钢材，要求低温冲击韧性好，判断指标是（　　）。

    A. 屈服强度　　　　B. 弹性模量　　　　C. 脆性临界温度　　D. 布氏硬度

(11) 预应力钢筋混凝土不能选用（　　）。

    A. HRB500　　　　　B. PSB830　　　　　C. CRB650　　　　　D. Q195

(12) （　　）能揭示钢材内部是否存在组织不均匀、内应力、夹杂物等缺陷。

    A. 拉伸试验　　　　B. 冲击试验　　　　C. 疲劳试验　　　　D. 冷弯试验

(13) （　　）可消除钢的热脆性，提高强度、硬度、耐磨性、耐腐蚀性。

    A. Mn　　　　　　　B. Si　　　　　　　C. Cr　　　　　　　D. O

(14) 直径 16mm 的同一钢筋，其断后伸长率有（　　）。

    A. $A_{180mm} > A_{100mm} > A_{11.3} > A$　　　　B. $A_{180mm} > A_{11.3} > A > A_{100mm}$

    C. $A > A_{100mm} > A_{11.3} > A_{180mm}$　　　　D. $A > A_{11.3} > A_{100mm} > A_{180mm}$

3. 问答题

（1）化学成分对钢材的性能有何影响？

（2）低碳钢拉伸试验分几个阶段？各阶段有哪些特点？确定了哪些技术指标？

（3）为何说屈服强度、抗拉强度和伸长率是钢材的重要技术性能指标？

（4）何谓钢冷加工强化和时效处理？经冷加工和时效后，其性能有何变化？

（5）冷弯与冲击韧性试验在选用钢材上有何实际意义？

（6）碳素结构钢如何划分牌号？碳素结构钢有什么特点？

（7）低合金高强度结构钢的牌号如何表示？各有什么特点？为何广泛使用？

（8）热轧带肋钢筋分为几个牌号？各牌号钢筋的应用范围如何？

（9）预应力混凝土用钢丝、钢绞线有何特点？

（10）预应力混凝土用钢筋有何要求？试列举至少 5 种可用于预应力混凝土的钢筋。

（11）钢筋抗拉强度设计值是如何确定的？

4. 计算题

47　项目 7
建筑钢材
习题答案

公称直径 16mm 的 HRB400E 比例试样，弹性模量 $E = 2.0 \times 10^5 \, \text{MPa}$。试样拉伸前后的计算区满足标准要求（图 7.3）。最大力总延伸率计算区长度部分 $NN = 120\text{mm}$；试验测得下屈服荷载为 95.6kN，最大荷载为 122.3kN；拉断后 $YY = 94.6\text{mm}$，$NN = 132.7\text{mm}$。计算钢筋的 R_{eL}°、R_{m}°、A、A_{gt}、$R_{\text{m}}^\circ / R_{\text{eL}}^\circ$、$R_{\text{eL}}^\circ / R_{\text{eL}}$，并判断这些指标是否合格及试样是否合格。

项目 8

防 水 材 料

【教学目标】

　　掌握石油沥青的技术性质、技术标准及选用；掌握常用改性沥青、防水卷材、防水涂料、密封材料的技术性能及选用。

【教学要求】

知识要点	能 力 目 标	权重
石油沥青	掌握石油沥青的黏滞性、塑性、温度敏感性、大气稳定性等技术性质；掌握道路石油沥青、建筑石油沥青、防水防潮石油沥青的技术标准；掌握石油沥青的选用与掺配	40%
改性沥青	理解石油沥青的改性原理、改性方法	10%
防水卷材	掌握高聚物改性沥青防水卷材的技术性能及适用范围；掌握常用高分子防水卷材的特性及选用	25%
防水涂料、密封材料	理解沥青类防水涂料、高聚物改性沥青防水涂料的性能及选用；理解常用密封材料的性能及适用范围	25%

48 项目 8
课件

【基本知识学习】

　　防水材料是工程中广泛应用的能够防止雨水、地下水、地表水与其他水分渗透的材料。防水材料按状态分沥青、防水卷材、防水涂料、防水黏结材料和防水密封材料等。

8.1　沥青

　　沥青是一种憎水性的有机胶凝材料。常温下呈黑色或黑褐色的黏稠状液体、半固体或固体。沥青具有良好的不透水性、黏结性、塑性、抗冲击性、耐化学腐蚀性及电绝缘性等。目前工程中大量应用石油沥青，也少量使用煤沥青。

8.1.1　石油沥青

　　石油沥青是石油经蒸馏等工序提炼出各种轻质油（如汽油、煤油、柴油等）及润滑油后得到的渣油，或再经加工而得到的物质。

1. 石油沥青组分与结构

（1）石油沥青的组分。石油沥青是由多种高分子的碳氢化合物及其衍生物组成的复杂混合物。沥青的主要成分是碳和氢，碳占 70%～85%，氢占 10%～15%，其余为少量的氧、硫、氮等，约占 5%。沥青具有同分异构特点，化学组成相同，其物理力学性质相差悬殊。因此，沥青一般不做化学分析，只是从使用角度出发，将化学成分接近以及物理力学性质有一定关系的成分，划分为若干组，这些组称为组分或组丛。沥青的组分主要有油分、树脂和地沥青质。

1）油分。油分为淡黄色至红褐色的黏性液体，分子量为 100～500，密度为 0.70～1.00g/cm³，含量 40%～60%，溶于大多数有机溶剂，但不溶于酒精。油分决定沥青的流动性。

2）树脂。树脂又称为沥青脂胶，为黄色至黑褐色的黏稠状半固体，分子量为 600～1000，密度为 1.0～1.1g/cm³，其含量为 15%～30%。树脂中绝大多数为中性树脂，中性树脂能溶于三氯甲烷、汽油和苯等有机溶剂。另外，树脂中还有少量的酸性树脂，含量 10% 以下，是油分氧化后的产物，具有酸性，易溶于酒精、氯仿。酸性树脂是沥青中的表面活性物质，它提高了沥青与矿物材料的黏结力。树脂决定沥青塑性和黏性。

3）地沥青质。地沥青质是深褐色至黑褐色无定形固体粉末，分子量为 1000～6000，密度为 1.1～1.5g/cm³，含量为 10%～30%，能溶于二硫化碳、氯仿和苯，但不溶于汽油和石油醚。地沥青质决定沥青黏性和温度敏感性。

除上述 3 种主要组分外，石油沥青中还有少量的沥青碳或似碳物，为无定形的黑色固体粉末，分子量最大，含量不多，一般为 2%～3%。它们是在沥青加工过程中，由于过热或深度氧化脱氢而生成的。沥青碳或似碳物会降低沥青的黏结力和塑性。

此外，石油沥青中还含有石蜡，它会降低沥青的黏性和塑性，同时增加温度敏感性，所以石蜡是石油沥青的有害成分。

（2）石油沥青的结构。石油沥青的胶体结构中，油分和树脂可以互相溶解，树脂能浸润地沥青质，在地沥青质超细颗粒的表面形成树脂薄膜。所以石油沥青的结构是以地沥青质为核心，周围吸附部分树脂和油分的互溶物而构成胶团，无数胶团分散在油分中形成胶体结构。

石油沥青的各组分相对含量不同，形成的胶体结构也不同。

1）溶胶结构。油分和树脂含量较多，胶团间的距离较大，引力小，相对运动较容易，所形成的沥青结构称为溶胶结构（液态或黏稠态）。溶胶结构沥青的特点是流动性、塑性和温度敏感性大，黏性小，开裂后自行愈合能力强。

2）凝胶结构。地沥青质含量较多，胶团也多。胶团间的距离小，引力大，相对移动比较困难，所形成的沥青结构称为凝胶结构（固态）。凝胶结构沥青的特点是黏性大，塑性和温度敏感性小，开裂后自行愈合能力差。建筑石油沥青多属于凝胶结构。

3）溶-凝胶结构。地沥青质含量适宜，胶团间的距离适中，相互有一定的引力，形成介于溶胶和凝胶二者之间的结构，称为溶-凝胶结构（半固态）。溶-凝胶结构沥青的特点介于溶胶和凝胶二者之间。道路石油沥青多属于溶-凝胶结构。

石油沥青的结构除与组分的相对含量有关外，还与温度有关。

2. 石油沥青的技术性质

（1）防水性。石油沥青是憎水性的胶凝材料，本身结构致密，不溶于水，同时具有良好的塑性以及与矿物材料的黏附性和黏结力，故它具有良好的防水性。

（2）黏滞性（黏性）。黏滞性是指沥青在外力作用下，抵抗变形的能力。黏滞性也是沥青软硬、稀稠程度的反映。沥青在常温下的状态不同，黏滞性的指标也不同。对于在常温下呈固态或半固态的石油沥青，其以针入度来表示黏滞性的大小；对于在常温下呈黏稠态的石油沥青，以黏滞度来表示其黏滞性的大小。针入度是在规定温度（25℃）条件下，以规定质量（100g）的标准针，经历规定时间（5s）贯入试样中的深度，单位度（1/10mm）（图 8.1）。针入度越大，则沥青的黏滞性越小。针入度是石油沥青的重要技术指标之一。

黏滞度是在规定温度（25℃或60℃）条件下，通过规定流孔直径（3mm、4mm、5mm 或 10mm）流出 $50cm^3$ 沥青所需要的时间（s），如图 8.2 所示。常用符号"$C_t^d T$"来表示，d 为流孔直径，t 为试样温度，T 为流出 $50cm^3$ 沥青的时间。黏滞度越大，则沥青的黏滞性也越大。石油沥青黏滞性的大小与其组分的相对含量及温度有关。如地沥青质含量较多，则黏滞性大；温度下降，黏滞性随之增加；反之降低。

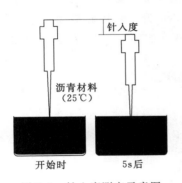

图 8.1　针入度测定示意图

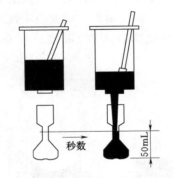

图 8.2　黏滞度测定示意图

（3）塑性。塑性是指沥青在外力作用下，产生变形而不破坏，除去外力后，仍保持变形后形状的性质。塑性用延度来表示。延度是将沥青试样制成"∞"字形标准试件（中间最小截面积 $1cm^2$），置于延度仪内 25℃的水中，以 5cm/min 的速度拉伸，用拉断时的伸长度来表示，以 cm 为单位，如图 8.3 所示。延度越大，则沥青的塑性越好。延度也是沥青的重要技术指标之一。石油沥青的塑性与其组分、温度、厚度及拉伸速度有关。当树脂含量较多，且其他组分含量又适当时，则塑性较大；温度升高，则塑

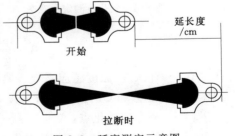

图 8.3　延度测定示意图

性增大；膜层厚度越厚，则塑性越大；拉伸速度越快，则塑性越大。

（4）温度敏感性。温度敏感性是指石油沥青的黏滞性和塑性随温度升降而变化的性能。沥青是高分子非晶态物质，没有固定的熔点，随着温度的升降发生状态变化（固体→半固体→液体或液体→半固体→固体）。温度变化相同，黏滞性和塑性变化小的沥青，则其温度敏感性小；反之，温度敏感性大。软化点、脆点、针入度指数是表征沥青温度敏感性的参数。

1）软化点。软化点（$T_{软}$）表示沥青高温敏感性，用软化点测定仪测定。将沥青熔化注入标准铜环（直径约 15.88mm、高约 6mm）内，冷却后在试样上放一标准钢球（直径 9.53mm、质量 3.5g），置于水或甘油中，以规定的升温速度（5℃/min）加热，当沥青软化下垂至规定距离（25.4mm）时的温度，即为软化点（℃），如图 8.4 所示。软化点越高，则沥青的高温敏感性越小。

2）脆点。脆点（$T_{脆}$）表示沥青低温敏感性。脆点是指沥青从黏弹体转到弹脆体（玻璃态）过程中的某一规定状态的相应温度（℃），用弗拉斯脆点试验测定。沥青低温下受荷载，常表现出脆性破坏。脆点越低，低温敏感性越小，其低温变形能力也越强。

显然，$\Delta T = T_{软} - T_{脆}$ 越大，则沥青的温度敏感性越小。

3）针入度指数。温度敏感性还可以用针入度指数 P.I. 表示。试验表明，沥青针入度的对数与温度成直线关系，直线的斜率表示沥青黏度（以针入度的对数表示）对温度的变化率，斜率越大，温度稳定性越差。因此，可用此斜率作为温度稳定性的评定指标，并称之为针入度-温度感应系数 A，如图 8.5 所示。A 可用式（8.1）计算，即

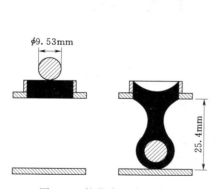

图 8.4　软化点测定示意图

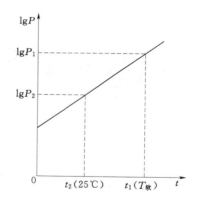

图 8.5　针入度对数与温度的关系

$$A = \frac{\lg 800 - \lg P_{25℃}}{T_{软} - 25} \tag{8.1}$$

式中　A——针入度-温度感应系数。典型溶-凝胶结构沥青 $A = 0.04$；

　　　$P_{25℃}$——温度 25℃ 时沥青的针入度，图中 $P_2 = P_{25℃}$；

　　　$T_{软}$——沥青的软化点，℃；

　　　800——所有沥青加热到其软化点温度时的针入度均为 800 度，图中 $P_1 =$

800 度。

测出沥青的软化点 $T_{软}$、25℃时的针入度 $P_{25℃}$ 代入式（8.1）中，即可求得该沥青的针入度-温度感应系数 A，A 越小，温度稳定性越好。

按式（8.1）求得的 A，通常为一小数，使用不方便。故引入针入度指数 P.I.。因典型溶-凝胶结构沥青 $A=0.04$，为使典型溶-凝胶结构沥青的 P.I. 为 0，且使 P.I. 的变化范围为 $-10\sim+20$，令 P.I. 与 A 的关系为式（8.2）。

$$\text{P. I.} = \frac{30}{1+50A} - 10 \tag{8.2}$$

P.I. 值越大，则沥青的温度敏感性越小（即温度稳定性越好）。沥青的温度敏感性与其组分及含蜡量有关。沥青中的沥青质含量较多，其温度敏感性较小；沥青中含蜡较多，其温度敏感性较大。

还可根据沥青的针入度指数 P.I.，对沥青的胶体结构类型做出判断。

P. I. <-2　　　　　　溶胶型沥青。

$-2<$ P. I. $<+2$　　　溶-凝胶型沥青。

P. I. $>+2$　　　　　　凝胶型沥青。

（5）大气稳定性。大气稳定性是指沥青在热、阳光、氧气等大气因素的长期综合作用下，抵抗老化的性能。在大气因素的综合作用下，沥青中低分子组分向高分子组分转变，且树脂转变为地沥青质比油分转变为树脂的速度快得多，油分和树脂逐渐减少，地沥青质逐渐增多，使沥青的流动性、塑性和黏结性降低，硬脆性增大，这种现象称为石油沥青的"老化"，所以大气稳定性即为沥青抵抗老化的性能，也是沥青的耐久性。

道路石油沥青的大气稳定性以薄膜烘箱试验（163℃，5h）质量变化、针入度比、延度来表示；建筑石油沥青、防水防潮石油沥青的大气稳定性以蒸发试验（163℃，5h）质量变化、针入度比来表示。先在 25℃ 下测定沥青的质量及其针入度，然后将沥青薄膜或试样在 163℃ 中蒸发 5h（加速试验），待冷却至 25℃ 后再测定其质量及针入度。蒸发损失的质量占原质量的百分率，称为质量变化（%）；蒸发后针入度占原针入度的百分率，称为针入度比。质量变化越小和针入度比越大，则沥青的大气稳定性越好。

为评定沥青的品质和施工安全，还应了解石油沥青的溶解度、闪点和燃点。

溶解度是指石油沥青在三氯乙烯、四氯化碳或苯中溶解的百分率，以表示石油沥青中有效物质的含量，即纯净程度。石油沥青的不溶物会降低其性能，视为有害物质。

闪点是指沥青加热至挥发出的可燃气体和空气的混合物，在规定条件下与火焰接触，初次闪火（有蓝色光）时沥青的温度（℃）。

燃点是指沥青加热至挥发出的可燃气体和空气的混合物，与火焰接触能持续燃烧 5s 以上时沥青的温度（℃）。

闪点和燃点的高低，表明沥青引起火灾或爆炸的可能性的大小，它关系到运输、储存和加热使用方面的安全。假如某石油沥青的闪点为 230℃，在熬制沥青时一般加热温度应控制在185～200℃，为安全起见，沥青加热时还应与火焰隔离。

3. 石油沥青的技术标准

工程使用的石油沥青有道路石油沥青、建筑石油沥青和防水防潮石油沥青三种。

道路石油沥青和建筑石油沥青的牌号是按照针入度、延度和软化点等技术指标划分的，并以针入度值表示。各品种各牌号沥青的技术要求见表8.1。

在同一品种石油沥青中，牌号越大，针入度越大（黏滞性越小）、延度越大（塑性越好）、软化点越低（温度敏感性越大）、大气稳定性越好。

防水防潮石油沥青的牌号是按照针入度指数、针入度、软化点、脆点等技术指标划分，并以针入度指数表示。其各牌号的技术要求见表8.1。

防水防潮石油沥青的牌号越大，针入度指数越大（温度敏感性越小）、脆点越低、应用温度范围越宽、大气稳定性越好。防水防潮石油沥青的针入度均与30号建筑石油沥青相近，但软化点比30号沥青高15～30℃，所以质量优于建筑石油沥青。

表 8.1　　　　　　　　　　　石油沥青的技术标准

项　　目	道路石油沥青 (SH/T 0522—2010)					建筑石油沥青 (GB/T 494—2010)			防水防潮石油沥青 (SH/T 0002—1990)			
	200	180	140	100	60	40	30	10	3 号	4 号	5 号	6 号
针入度（25℃，100g，5s）/1/10mm	200~300	150~200	110~150	80~110	50~80	36~50	26~35	10~25	25~45	20~40	20~40	30~50
延度（25℃）/cm	≥20	≥100	≥100	≥90	≥70	≥3.5	≥2.5	≥1.5	—	—	—	—
软化点/℃	30~48	35~48	38~51	42~55	45~58	≥60	≥75	≥95	≥85	≥90	≥100	≥95
针入度指数	—					—			≥3	≥4	≥5	≥6
溶解度/%	≥99.0					≥99.0			≥98	≥98	≥95	≥92
闪点/℃	≥180	≥200	≥230			≥260			≥250	≥270	≥270	≥270
脆点/℃	—					—	报告	报告	≤-5	≤-10	≤-15	≤-20
密度（25℃）/(g/cm³)	报告					报告						
蜡含量/%	≤4.5											
163℃，5h 蒸发												
质量变化/%	—					≤1			≤1			
针入度比/%	—					≥65			—			
薄膜烘箱试验（163℃，5h）												
质量变化/%	≤1.3	≤1.3	≤1.3	≤1.2	≤1.0							
针入度比/%	报告											
延度（25℃）/cm	报告											

4. 石油沥青的选用

选用沥青材料的原则是，根据工程性质（道路、房屋、防腐）、使用部位以及气候条件选用不同品种和牌号的沥青。在满足主要技术性能要求的前提下，应选用较大牌号的石油沥青，以保证其具有较长的使用年限。

道路石油沥青具有黏滞性小、塑性好等特点，多用于拌制沥青混凝土和沥青砂浆等，用于道路路面或车间地面等工程。道路石油沥青还可用作密封材料、黏结剂及沥青涂料等。工程中，有时用 60 号沥青与建筑石油沥青掺配使用。

建筑石油沥青具有黏滞性较大、塑性较差、温度敏感性较小等特点，主要用作制造防水卷材、防水涂料和沥青胶等，用于屋面及地下防水、沟槽防水、防腐蚀及管道防腐等工程。对于屋面防水工程，应防止沥青因软化而流淌。由于沥青吸热，在夏天高温季节，一般屋面沥青防水层的温度高于当地环境气温 25～30℃；为避免夏季流淌，一般屋面用沥青的软化点应高于当地屋面最高温度 20℃以上。

防水防潮石油沥青具有温度敏感性较小的特点，特别适合用作防水卷材的涂料及屋面与地下防水的黏结材料。其中 3 号沥青温度敏感性一般，适用于一般温度下的室内及地下防水工程；4 号沥青温度敏感性较小，适用于一般地区可行走的缓坡屋面防水；5 号沥青温度敏感性小，适用于一般地区暴露屋顶或气温较高地区的屋面防水；6 号沥青温度敏感性最小，适用于一般地区，特别是用于寒冷地区的屋面及其他防水工程。

当沥青不能满足技术要求时，可将两种或三种同产源的沥青进行掺配使用。

【例 8.1】 现需软化点为 T 的沥青，只有软化点为 $T_1(T_1<T)$ 的软沥青与软化点为 $T_2(T_2>T)$ 的硬沥青，试计算软沥青与硬沥青的初步掺配比例。

解 设软沥青需 $P_1\%$，则硬沥青需 $P_2\%=1-P_1\%$。由质量守恒与能量守恒得

$$T_1\times P_1\%+T_2\times(1-P_1\%)=T\times 1 \tag{8.3}$$

得

$$P_1\%=\frac{T_2-T}{T_2-T_1}$$

$$P_2\%=1-P_1\%$$

由［例 8.1］可知，两种沥青初步掺配比例可按式（8.3）和式（8.4）计算。

$$P_1=\frac{T_2-T}{T_2-T_1}\times 100 \tag{8.4}$$

$$P_2=100-P_1 \tag{8.5}$$

式中　P_1——低软化点沥青的用量，%；

P_2——高软化点沥青的用量，%；

T_1——低软化点沥青软化点值，℃；

T_2——高软化点沥青软化点值，℃；

T——要求沥青达到的软化点值，℃。

式（8.3）呈线性关系，故可用十字交叉法计算软硬沥青的初步掺配比例。按式（8.4）和式（8.5）得到的初步掺配沥青，其软化点总是低于计算软化点，这是因为掺配后

的沥青破坏了原来两种沥青的胶体结构，两种沥青的加入量并非简单的线性关系。

若用三种沥青时，可先求出两种沥青的配比，然后再与第三种沥青进行配比计算。

以计算出的初步掺配比例为中心，在其±5％～±10％的邻近掺配范围内，分别进行不少于 3 组的试配试验，测定掺配后沥青的软化点，然后绘制"掺配比-软化点"曲线，从曲线上确定实际掺配比例。

8.1.2　煤沥青

烟煤炼焦或制煤气时，从干馏所挥发的物质中冷凝出煤焦油，将煤焦油再继续蒸馏提炼出轻油、中油、重油和蒽油后所剩的残渣，称为煤沥青。按软化点不同，分为低温煤沥青（$T_软=35～75℃$）、中温煤沥青（$T_软=75～95℃$）和高温煤沥青（$T_软=95～120℃$）。工程上使用的煤沥青多为黏稠或半固体的低温煤沥青。煤沥青的技术性质应满足《煤沥青》（GB 2290—2012）规定。

1. 煤沥青特性

煤沥青是由不饱和的碳氢化合物及其非金属衍生物所组成的复杂混合物。它的主要组分为油分、树脂、游离碳等，常含有少量的酸、碱物质。由于煤沥青的组分与石油沥青不同，故其性质也不相同。煤沥青的主要特性如下：

（1）塑性较差。煤沥青含较多的游离碳，故其塑性较差，使用中易因变形而开裂。

（2）温度敏感性大。煤沥青含较多的可溶性树脂，受热易软化，故温度敏感性大。

（3）大气稳定性差。煤沥青含较多化学稳定性差的成分和挥发性成分，易老化。

（4）与矿料的黏结较强。煤沥青中的酸、碱物质是表面活性物质，故与矿料的黏结较强。

（5）防腐性好。煤沥青含有酚、蒽油等有毒物质，所以防腐能力较强，适用于木材的防腐处理。

（6）有毒、有臭味。煤沥青在施工中应防止中毒。

2. 煤沥青与石油沥青的简易鉴别方法

煤沥青与石油沥青的简易鉴别方法参见表 8.2。

表 8.2　　　　　　　　　　　煤沥青与石油沥青的简易鉴别

鉴别方法	煤 沥 青	石 油 沥 青
密度/（g/cm³）	大于 1.10	接近于 1.0
锤击	声清脆，韧性差	声沙哑，有弹性感，韧性较好
燃烧	烟呈黄色，有刺激性臭味	烟无色，有松香味
溶液比色	用 30～50 倍汽油或煤油溶解后，滴于滤纸上，斑点分内外两圈，内圈呈黑色，外圈呈棕色或黄色	按左述方法，斑点完全散开，呈均匀的棕色

8.1.3　改性沥青

工程中使用的沥青应具备较好的综合性能，如在高温下要有足够的强度和热稳定性；低温下应有良好的柔韧性；在加工和使用条件下具有抗"老化"能力；与各种矿物质材料具有良好的黏结性等。但沥青本身不能完全满足这些要求，使得沥青防水工程漏水严重，使用寿命短。为此，常用下述方法对沥青进行改性，以满足使用要求。

1. 矿物填充料改性

在沥青中加入一定数量的矿物填充料，可以提高沥青的黏滞性和耐热性，减小沥青的温度敏感性，同时也可以减少沥青的用量。

常用的矿物填充料有粉状和纤维状两类。粉状的有滑石粉、石灰石粉、白云石粉、磨细砂、粉煤灰和水泥等；纤维状的有石棉粉等。

粉状矿物填充料加入沥青中，由于沥青对矿物填充料表面的浸润、黏附，形成大量的结构沥青，从而提高了沥青的大气稳定性，降低了温度敏感性。

石棉粉加入沥青中，因石棉具有弹性以及耐酸、耐碱、耐热性能，是热和电的不良导体，内部有很多微孔，吸油（沥青）量大，故可提高沥青的抗拉强度和耐热性。

一般矿物填充料的掺量为 20%～40%。

2. 聚合物改性

用聚合物改性沥青，可以提高沥青的强度、塑性、耐热性、黏结性和抗老化性。主要用于生产防水卷材、密封材料和防水涂料。用于沥青改性的合成树脂主要有 SBS、APP，也可用 PVC、PE、古马隆树脂等。

（1）苯乙烯-丁二烯-苯乙烯（SBS）改性沥青。SBS 是热塑性弹性体，常温下具有橡胶的弹性，在高温下又能像塑料那样熔融流动，称为可塑材料。用 SBS 改性的沥青具有热不黏冷不脆、塑性好、抗老化性能高等特性。是目前应用最成功和用量最大的改性沥青。SBS 的掺量一般为 5%～10%。主要用于制作防水卷材，也可用于密封材料或防水涂料等。

（2）无规聚丙烯（APP）改性沥青。APP 在常温下为白色橡胶状物质，无明显的熔点。APP 改性沥青具有良好的弹塑性、低温柔韧性、耐冲击性和抗老化等性能。它主要用于防水卷材。制备方法：先将沥青加热熔化，再加入 APP，并强力搅拌均匀而成。

3. 其他改性

（1）再生橡胶改性沥青。再生橡胶改性沥青具有一定的弹性、塑性，良好的黏结力、气密性、低温柔韧性和抗老化等性能，而且价格低廉。它可用于防水卷材、片材、密封材料、胶黏剂和涂料等。制备方法：将废旧橡胶加工成直径为 1.5mm 或更小颗粒，然后与沥青混合，经加热脱硫而成。此外还可使用丁基橡胶、丁苯橡胶、氯丁橡胶等改性材料。

（2）橡胶和树脂共混改性沥青。用橡胶和树脂两种改性材料同时改善沥青的性质，使其同时具有橡胶和树脂的特性。由于橡胶和树脂的混溶性较好，故改性效果良好。橡胶、树脂和沥青在加热熔融状态下，沥青与高分子聚合物之间发生相互侵入和扩散，沥青分子填充在聚合物大分子的间隙内，同时聚合物分子的某些链接扩散进入沥青的分子中，形成凝聚的网状混合结构，从而获得较优良的性能。橡胶和树脂共混改性沥青的原料品种、配比、制作工艺不同，其性能也不相同。它可用于防水卷材、片材、密封材料和涂料等。

8.2　防水卷材

8.2.1　高聚物改性沥青防水卷材

以合成高分子聚合物改性沥青为涂盖层，纤维毡、纤维织物或塑料薄膜为胎体，粉状、粒状、片状或薄膜材料为覆面材料制成可卷曲的片状防水材料，称为高聚物改性沥青防水卷材。

1. SBS 弹性体改性沥青防水卷材

SBS 弹性体改性沥青防水卷材是以聚酯毡、玻纤毡、玻纤增强聚酯毡为胎基，以 SBS 热塑性弹性体改性的石油沥青浸渍胎基，两面覆以隔离材料所制成的弹性体防水卷材。隔离材料通常有细砂、矿物粒（片）料或覆盖聚乙烯膜。

SBS 改性沥青防水卷材按胎基材料主要分为聚酯胎（PY）、玻纤胎（G）和玻纤增强聚酯胎（PYG）三种；按上表面隔离材料又分为聚乙烯膜（PE）、细砂（S）及矿物粒（片）料（M）三种；按物理力学性能分为 I 型和 II 型两种。

SBS 改性沥青防水卷材具有良好的不透水性和低温柔韧性，在 $-15 \sim -25\,^{\circ}\text{C}$ 下仍保持其韧性；同时还具有耐腐蚀性、耐热性以及抗拉强度高、延伸率较大等优点。

SBS 改性沥青防水卷材的规格：公称宽度为 1000mm；聚酯胎卷材公称厚度为 3mm、4mm 和 5mm 三种；玻纤胎卷材公称厚度为 3mm 和 4mm 两种；玻纤增强聚酯胎公称厚度为 5mm；每卷面积有 15m^2、10m^2 和 7.5m^2 三种。

SBS 改性沥青防水卷材按名称、型号、胎基、上表面材料、下表面材料、厚度、面积和标准标号顺序标记。例如 10m^2 面积、3mm 厚上表面为矿物粒料、下表面为聚乙烯膜聚酯毡 I 型弹性体改性沥青防水卷材标记为：SBS I PY M PE 3 10 GB 18242。

SBS 改性沥青防水卷材性能应满足《弹性体改性沥青防水卷材》（GB 18242—2008）的规定（表 8.3 和表 8.4）。

表 8.3　　　　改性沥青防水卷材面积、单位面积质量及厚度
（GB 18242—2008、GB 18243—2008）

规格（公称厚度）/mm		3			4			5		
上表面材料		PE	S	M	PE	S	M	PE	S	M
下表面材料		PE	PE、S		PE	PE、S		PE	PE、S	
面积/(m²/卷)	公称面积	10、15			10、7.5			7.5		
	偏差	±0.10			±0.10			±0.10		
单位面积质量/(kg/m²)		≥3.3	≥3.5	≥4.0	≥4.3	≥4.5	≥5.0	≥5.3	≥5.5	≥6.0
厚度/mm	平均值	≥3.0			≥4.0			≥5.0		
	最小单值	2.7			3.7			4.7		

表 8.4　　　　弹性体改性沥青防水卷材技术性能（GB 18242—2008）

序号	项　　目		指　　标				
			I		II		
			PY	G	PY	G	PYG
1	可溶物含量/(g/m²)	3mm	≥2100				—
		4mm	≥2900				—
		5mm	≥3500				
2	不透水性	压力/MPa	≥0.3	≥0.2	≥0.3		
		保持时间/min	30				
3	耐热度（≤2mm）		90℃		105℃		
			无流滴、滴落				
4	拉力	最大峰拉力/(N/50mm)	≥500	≥350	≥800	≥500	≥900
		次高峰拉力/(N/50mm)					≥800
		试验现象	拉伸过程中，试件中部无沥青涂盖层开裂或与基胎分离现象				
5	延伸性	最大峰时延伸率/%	≥30	—	≥40		—
		第二峰时延伸率/%	—				≥15
6	低温柔韧度/℃		—20		—25		
			无裂纹				
7	浸水后质量增加/%	PE、S	≤1.0				
		M	≤2.0				
8	热老化	拉力保持率/%	≥90				
		延伸率保持率/%	≥80				
		低温柔韧度/℃	—15		—20		
			无裂纹				
		尺寸变化率/%	≤0.7	—	≤0.7	—	≤0.3
		质量损失/%	≤1.0				

　　SBS 改性沥青防水卷材适用于工业与民用建筑的屋面及地下、卫生间等的防水、防潮以及游泳池、隧道、蓄水池等的防水工程，尤其适用于寒冷地区和结构变形频繁的建筑物防水，并可用于 I 级防水工程。玻纤增强聚酯毡卷材可用于机械固定单层防水；玻纤毡卷材适用于多层防水中的底层防水；外露使用采用上表面隔离材料为不透明的矿物粒料的防水卷材；地下工程采用表面隔离材料为细砂的防水卷材。可采用热熔法、自黏法施工，也可用胶黏剂进行冷黏法施工。

　　2. APP 塑性体改性沥青防水卷材

　　APP 塑性体改性沥青防水卷材是以聚酯毡、玻纤毡、玻纤增强聚酯毡为胎基，以 APP 或聚烯烃类聚合物（APAO、APO 等）改性的石油沥青浸渍胎基，两面覆以隔离材料所制成的防水卷材。它是塑性体防水卷材的一种。按物理力学性能分为 I 型和Ⅱ型两种。APP 改性沥青防水卷材的胎基、表面覆盖材料与 SBS 改性沥青防水卷材相同。APP 改性沥青防水卷材的规格与 SBS 改性沥青防水卷材相同。

塑性体沥青防水卷材性能应满足《塑性体改性沥青防水卷材》（GB 18243—2008）的规定（表 8.3 和表 8.5）。

表 8.5　塑性体改性沥青防水卷材技术性能（GB 18243—2008）

序号	项　目			指　标				
				Ⅰ		Ⅱ		
				PY	G	PY	G	PYG
1	可溶物含量/(g/m²)		3mm	≥2100			—	
			4mm	≥2900			—	
			5mm			≥3500		
			试验现象	—	胎基不燃	—	胎基不燃	—
2	不透水性		压力/MPa	≥0.3	≥0.2	≥0.3		
			保持时间/min	30				
3	耐热度（≤2mm）			110℃		130℃		
				无流滴、滴落				
4	拉力		最大峰拉力/(N/50mm)	≥500	≥350	≥800	≥500	≥900
			次高峰拉力/(N/50mm)	—	—	—	—	≥800
			试验现象	拉伸过程中，试件中部无沥青涂盖层开裂或与胎基分离现象				
5	延伸性		最大峰时延伸率/%	≥25	—	≥40	—	—
			第二峰时延伸率/%	—	—	—	—	≥15
6	低温柔韧度/℃			−7		−15		
				无裂纹				
7	浸水后质量增加/%		PE、S	≤1.0				
			M	≤2.0				
8	热老化		拉力保持率/%	≥90				
			延伸率保持率/%	≥80				
			低温柔韧度/℃	−2		−10		
				无裂纹				
			尺寸变化率/%	≤0.7	—	≤0.7	—	≤0.3
			质量损失/%	≤1.0				

APP 塑性体改性沥青防水卷材的标记：按名称、型号、胎基、上表面材料、下表面材料、厚度、面积和标准标号顺序。例如 10m² 面积、3mm 厚上表面为矿物粒料、下表面为聚乙烯膜聚酯毡Ⅰ型塑性体改性沥青防水卷材标记为：APP Ⅰ PY M

PE 3 10 GB 18243。

与弹性体沥青防水卷材相比，塑性体沥青防水卷材具有更高的耐热性，但低温柔韧性较差，其他性质基本相同。

塑性体沥青防水卷材的适用范围与弹性体沥青防水卷材基本相同外，尤其适用于高温或有强烈太阳辐射地区的建筑物防水。塑性体沥青防水卷材可采用热熔法、自黏法施工，也可用胶黏剂进行冷黏法施工。

8.2.2　高分子防水卷材

高分子防水卷材是以合成橡胶、合成树脂或两者的共混体为基材，加入适量的化学助剂和填充料等，经不同工序（混炼、压延或挤出等）加工而成的可弯曲的片状防水材料。目前，高分子防水卷材的主要品种有橡胶系列（三元乙丙橡胶、聚氨酯、丁基橡胶等）防水卷材、塑料系列（聚乙烯、聚氯乙烯等）防水卷材和橡胶塑料共混系列防水卷材三大类，其中又可分为加筋增强型和非加筋增强型两种。高分子防水卷材的分类、规格以及技术要求应符合《高分子防水材料　第 1 部分：片材》（GB 18173.1—2012）的要求。常用的高分子防水卷材有三元乙丙橡胶防水卷材、聚氯乙烯（PVC）塑料防水卷材、氯化聚乙烯防水卷材和氯化聚乙烯-橡胶共混防水卷材等。

1. 三元乙丙（EPDM）橡胶防水卷材

三元乙丙橡胶防水卷材以三元乙丙橡胶为主料，掺入适量的硫化剂、促进剂、软化剂、填充剂等，经密炼、压延或挤出成型、硫化和分卷包装等工序制成的高弹性防水卷材。

三元乙丙橡胶防水卷材具有优良的耐候性、耐臭氧性和耐热性，同时还具有抗老化性能很好（使用寿命 20 年以上）、质量轻（$1.2\sim2.0kg/m^2$）、抗拉强度高、断裂伸长率大、低温柔韧性好以及耐酸碱腐蚀的优点，属于高档防水材料。

三元乙丙橡胶防水卷材适用范围广，可用于防水要求高、耐久年限长的工业与民用建筑的屋面、卫生间等防水工程；也可用于桥梁、隧道、地下室、蓄水池等工程的防水。

2. 聚氯乙烯（PVC）塑料防水卷材

PVC 防水卷材是以聚氯乙烯树脂为主料，掺入填充料和适量的改性剂、增塑剂及其他助剂，经混炼、压延或挤出成型、分卷包装等工序制成的柔性防水卷材。是目前我国用量较大的一种卷材。该种防水卷材具有抗拉强度高、断裂伸长率大、低温柔韧性好、使用寿命长，同时尺寸稳定性、耐热性、耐腐蚀性和耐细菌性等均较好。PVC 防水卷材主要用于建筑工程的屋面防水，也可用于水池、堤坝等防水工程。

3. 氯化聚乙烯（CPE）防水卷材

氯化聚乙烯防水卷材是以氯化聚乙烯为主料制成的防水卷材，包括无复合层、用纤维单面复合及织物内增强的氯化聚乙烯防水卷材。属于非硫化型高档防水卷材。

氯化聚乙烯防水卷材按有无复合层分类，无复合层的为 N 类，用纤维复合的为 L 类，织物内增强的为 W 类。每类产品按理化性能分为Ⅰ型和Ⅱ型。Ⅰ型防水卷材属于非增强型的；Ⅱ型防水卷材属于增强型的。氯化聚乙烯防水卷材的技术性能应符合《氯化聚乙烯防水卷材》（GB 12953—2003）的规定。

4. 氯化聚乙烯-橡胶共混防水卷材

氯化聚乙烯-橡胶共混防水卷材是以氯化聚乙烯树脂和合成橡胶共混物为主体，加入适量的硫化剂、促进剂、稳定剂、软化剂和填充料等，经混炼、过滤、压延或挤出成型、硫化等工序制成的高弹性防水卷材。

氯化聚乙烯-橡胶共混防水卷材兼有塑料和橡胶的特点，具有强度高（抗拉强度在 7.5MPa 以上）、抗老化性能好（使用寿命 20 年以上）、断裂伸长率高（达 450% 以上）以及低温柔韧性好（脆性温度在 −40℃ 以下）等特性，因此特别适用于寒冷地区或变形较大的建筑防水工程，也可用于有保护层的屋面、地下室、储水池等防水工程。这种卷材采用黏结剂冷粘施工。

合成高分子防水卷材除以上几个品种外，还有氯丁橡胶、丁基橡胶、聚乙烯（PE）、氯磺化聚乙烯、聚乙烯-三元乙丙橡胶共混等多种防水卷材。它们所用的基材不同，其性能差别较大。

8.3　防水涂料

8.3.1　沥青类防水涂料

1. 冷底子油

冷底子油是用汽油、煤油、柴油、工业苯等有机溶剂与沥青材料溶合制得的沥青涂料。它的黏度小，能渗入到木材、砂浆、混凝土等材料的毛细孔隙中，待溶剂挥发后，沥青微粒在材料表面上聚拢，形成一层连续的沥青膜层，并与基材牢固结合，使基面具有一定的憎水性，为黏结同类材料创造了有利条件。因它多在常温下用于防水工程的底层，故称为冷底子油。

冷底子油的制备方法：先将石油沥青加热至 180～200℃ 脱水，直至不起沫为止，然后冷却至 130～140℃，加入约占溶剂 10% 的煤油（或柴油），待沥青温度降至 70℃ 左右时，再加入全部溶剂（多为汽油），搅拌均匀即可。其配比为 30 号或 10 号的石油沥青占 30%～40%，有机溶剂占 70%～60%。

2. 沥青胶

沥青胶又称沥青玛琋脂，是沥青与适量的粉状或纤维状矿物质填充料的混合物。

沥青胶常用 10 号或 30 号的石油沥青配制。填料有粉状（如滑石粉、石灰石粉、白云粉等）、纤维状（如石棉屑、木纤维等），或两者混用。掺入填料的目的是提高其耐热性、黏结性和大气稳定性，也可以节约沥青。矿料的用量一般为 10%～30%，一般矿粉用量越多，沥青胶的耐热性越好，黏结力越大；但柔韧性降低，施工流动性变差。掺入纤维状的矿料可提高柔韧性和抗裂性。

沥青胶的主要技术性能有耐热性、柔韧性和黏结力等。《屋面工程质量验收规范》（GB 50207—2012）提出了各标号沥青胶的技术要求（表 8.6）。

表 8.6 　　　　　　　　**石油沥青胶的技术要求（GB 50207—2012）**

指标名称	石油沥青胶					
	S-60	S-65	S-70	S-75	S-80	S-85
耐热性	用 2mm 厚的沥青胶粘合两张沥青油纸，以不低于下列温度（℃）、在 100%（成 45°角）的坡度上，停放 5h，沥青胶不应流出，油纸不应滑动					
	60	65	70	75	80	85
柔韧性	涂在沥青油纸上的 2mm 厚的沥青胶层，在（18±2）℃时，围绕下列直径（mm）的圆棒以 5s 且均衡速度弯曲成半周，沥青胶结材料不应有裂纹					
	10	15	15	20	25	30
黏结力	将两张用沥青胶粘贴在一起的沥青油纸揭开时，若被撕开的面积超过粘贴面积的 1/2 时，则认为黏结力不合格，否则即为合格					

沥青胶分热用和冷用两种，一般工地施工时热用较多，冷用较少。

配制热用沥青胶时，先将矿粉加热至 100～110℃，然后将矿粉慢慢地加入到已熔化脱水的沥青中，继续加热并搅拌均匀即可。热用沥青胶需加热至约 180℃时使用。配制冷用沥青胶时，先将占沥青胶 40%～50% 的沥青熔化脱水后，加入 25%～30% 的溶剂（一般为绿油），再加入 10%～30% 的填料，搅拌均匀即可，在常温下使用。

沥青胶主要用于粘贴防水卷材，也可用于防水涂层、沥青砂浆防水层的底层及接头密封等。用于屋面防水时，应根据屋面坡度及历年室外最高气温等条件来选择（表8.7）。

表 8.7 　　　　　　　　**沥青胶选用标号（GB 50207—2012）**

材料名称	屋面坡度/%	历年极端最高气温/℃	沥青胶标号
石油沥青胶	2～3	<38	S-60
		38～41	S-65
		41～45	S-70
	3～15	<38	S-65
		38～41	S-70
		41～45	S-75
	15～25	<38	S-75
		38～41	S-80
		41～45	S-85

注　1. 卷材层上有块体保护层或整体刚性保护层，沥青胶标号可较本表降低 5 号。
　　2. 屋面受其他热源影响（如高温车间等）或屋面坡度超过 25% 时，应将沥青胶的标号适当提高。

3. 水乳型沥青防水涂料

水乳型沥青防水涂料是指以沥青为基料，矿物胶体为乳化剂，在机械强制搅拌下将沥青乳化制成的水乳型沥青基厚质防水涂料。按性能分为 L 型与 H 型。常用的有石灰乳化沥青、膨润土沥青乳液和水乳石棉沥青防水涂料等。其性能应符合《水乳型沥青防水涂料》（JC/T 408—2005）的规定（表 8.8）。

按产品类型与标准号顺序标记，如：水乳型沥青防水涂料 H JC/T 408—2005。

表 8.8　　　　　水乳型沥青防水涂料质量指标（JC/T 408—2005）

项　目	L 型	H 型	项　目		L 型	H 型
固体含量/%	≥45		低温柔度/℃	标准条件	−15	0
耐热度/℃	80±2	110±2		碱处理		
	无流淌、滑动、滴落			热处理	−10	5
不透水性	0.1MPa，30min 无渗水			紫外线处理		
黏结强度/MPa	≥0.3		断裂伸长率/%	标准条件		
表干时间/h	≤8			碱处理	≥600	
实干时间/h	≤24			热处理		
				紫外线处理		

水乳型沥青防水涂料为水性、单组分涂料，具有无毒、不燃、可在潮湿基层上施工等特点。它们主要用于Ⅲ级和Ⅳ级防水等级的工业与民用建筑的屋面防水、地下混凝土的防水防潮以及卫生间的防水等。

8.3.2　高聚物改性沥青类防水涂料

高聚物改性沥青防水涂料是以沥青为基料，用合成高分子聚合物进行改性，制成的水乳型或溶剂型防水涂料。品种有再生橡胶改性沥青防水涂料、水乳型氯丁橡胶沥青防水涂料和 SBS 改性沥青防水涂料三种。

这类涂料由于用橡胶进行改性，所以在柔韧性、抗裂性、拉伸强度、耐高低温性能、使用寿命等方面比沥青基涂料都有很大改善，具有成膜快、强度高、耐候性和抗裂性好、难燃、无毒等优点，适用于Ⅱ级及其以下防水等级的屋面、地面、地下室和卫生间等部位的防水工程。

8.3.3　合成高分子防水涂料

1. 聚氨酯涂膜防水涂料

聚氨酯涂膜防水涂料具有优良的耐油、耐磨、耐臭氧、耐海水侵蚀及一定的耐碱性能，柔软且富有弹性，对基层开裂和伸缩的适应性强，黏结性能好，并且固化前为无定形的黏稠物质，对于复杂的部位容易施工。因此，它是目前世界上最常用及最有发展前途的高分子防水涂料。缺点：价格较贵；不易维修；有一定的可燃性及毒性。

聚氨酯涂膜防水涂料广泛用于屋面、地下工程、卫生间、游泳池等的防水，也可用于室内隔水层及接缝密封，还可用作金属管道、防腐地坪、防腐池的防腐处理等。

2. 水性丙烯酸酯防水涂料

水性丙烯酸酯防水涂料的优点是具有优良的耐候性、耐热性和耐紫外线性，在−30～80℃性能基本无变化，延伸性能好，可达 250%，能适应基层一定幅度的开裂变形；一般为白色，可通过着色使之具有各种色彩，兼具防水、装饰和隔热效果；以水为分散介质，无毒、无味、不燃，安全可靠；可在常温下作业，也可在稍潮湿而无积水的表面施工，施工简单，维修方便，不污染环境。

3. 硅橡胶防水涂料

该类涂料兼有涂膜防水材料和渗透防水材料两者的优良特性，具有良好的防水性、抗渗透性、成膜性、弹性、黏结性、延伸性和耐高低温性，适应基层变形能力强。可渗入基底，与之牢固黏结，成膜速度快；可在潮湿基层上施工，可刷涂、喷涂或滚涂。但需注意：要求基层有较好的平整度；固体含量低，一次涂刷层较薄；气温低于5℃不宜施工。硅橡胶防水涂料适用于各类工程，尤其是屋面、地下工程的防水、防潮、防渗与维修。

4. 聚氯乙烯防水涂料

聚氯乙烯防水涂料是以聚氯乙烯和煤焦油为基料，加入适量的防老化剂、增塑剂、稳定剂、乳化剂，以水为分散介质所制成的水乳型防水涂料。施工时，一般要铺设玻纤布、聚酯无纺布等胎体进行增强。

聚氯乙烯防水涂料弹塑性好，耐寒、耐化学腐蚀、耐老化及成品稳定性好，可在潮湿的基层上冷施工，防水层的总造价低。聚氯乙烯防水涂料可用于一般工程的防水、防渗及金属管道的防腐工程。

8.4　建筑密封材料

8.4.1　概述

建筑密封材料是能承受位移以达到气密、水密目的而嵌入建筑接缝中的材料。建筑密封材料按性能分为弹性密封材料和塑性密封材料；按使用时的组分分为单组分密封材料和多组分密封材料；按组成材料分为改性沥青密封材料和合成高分子密封材料。

建筑密封材料应具有水密性和气密性，良好的黏结性、耐高低温性和耐老化性能，具有一定的弹塑性和拉伸-压缩循环性能。

选用密封材料时，应根据被黏结基层的材质、表面状态和性质来选择黏结性良好的密封材料。建筑物中不同部位的接缝，对密封材料的要求不同，如室外的接缝要求密封材料具有较高的耐候性，伸缩缝要求密封材料具有较好的弹塑性和拉伸-压缩循环性能。

8.4.2　建筑防水沥青嵌缝油膏

建筑防水沥青嵌缝油膏是以石油沥青为基料，加入改性材料（废橡胶粉和硫化鱼油）、稀释剂（松焦油、松节重油和机油）及填充料（石棉绒和滑石粉）等混合制成的膏状材料。沥青嵌缝油膏按耐热度和低温柔性分为702和801两个型号，其性能应满足《建筑防水沥青嵌缝油膏》（JC/T 207—2011）（表8.9）。

按产品型号与标准号顺序标记，如：建筑防水沥青嵌缝油膏801 JC/T 207—2011。

沥青嵌缝油膏具有较好的耐热性、黏结性、保油性和低温柔韧性，因此广泛用于各种屋面板、空心板和墙板的接缝处防水密封；也可以用于混凝土跑道、道路、桥梁及各种构筑物的伸缩缝、施工缝等的嵌缝密封材料。使用建筑防水沥青嵌缝油膏时，缝内应洁净干燥，先涂刷冷底子油一道，待其干燥后再嵌填油膏。为提高油膏的抗老化性能，可在其表面加石油沥青、砂浆、塑料等覆盖层。

表 8.9　　　　　　建筑防水沥青嵌缝油膏的技术性能要求（JC/T 207—2011）

序号	指标名称		技术指标	
			702	801
1	密度/(g/cm³)		规定值±0.1	
2	施工度/mm		≥22.0	≥20.0
3	耐热度	温度/℃	70	80
		下垂值/mm	≤4	
4	低温柔性	温度/℃	−20	−10
		黏结状况	无裂纹和剥离现象	
5	拉伸黏结性/%		≥125	
6	浸水后拉伸黏结性/%		≥125	
7	渗出性	渗出幅度/mm	≤5	
		渗油张数/张	≤4	
8	挥发性/%		2.8	

8.4.3　丙烯酸酯建筑密封胶

丙烯酸酯建筑密封胶是以丙烯酸乳液为胶结剂，掺入少量表面活性剂、增塑剂、分散剂、改性剂及颜料、填料等配制而成，有溶剂型和水乳型两种。这里介绍单组分水乳型密封胶。

丙烯酸酯密封胶按位移能力分为 12.5（位移能力为 12.5%）与 7.5（位移能力为 7.5%）两个级别；12.5 密封胶又分为弹性体（12.5E）（弹性恢复率≥40%）与塑性体（12.5P 和 7.5P）（弹性恢复率＜40%）。

按名称、级别、次级别、标准号顺序标记。例如：12.5E 丙烯酸酯建筑密封胶标记为，丙烯酸酯建筑密封胶 12.5E JC/T 484—2006。

其技术性能应符合《丙烯酸酯建筑密封膏》（JC/T 484—2006）（表 8.10）。

表 8.10　　　　　丙烯酸酯建筑密封胶技术性能要求（JC/T 484—2006）

项目	12.5E	12.5P	7.5P	项目	12.5E	12.5P	7.5P
密度/(g/cm³)	规定值±0.1			断裂伸长率/%	—	≥100	
下垂值/mm	≤3			浸水后断裂伸长率/%	—	≥100	
表干时间/h	≤1			体积变化率/%	≤30		
挤出率/(mL/min)	≥100			定伸黏结性	无破坏	—	—
弹性恢复率/%	≥40	报告实测值		浸水后定伸黏结性	无破坏	—	—
低温柔韧性/℃	−20	−5		冷拉-热压后黏结性	无破坏	—	—

丙烯酸酯密封胶在一般建筑材料（如砖、砂浆、混凝土、大理石、花岗石等）上不产生污染。该种密封胶具有优良的抗紫外线性能，尤其是对于透过玻璃的紫外线。它的延伸率很好，初期固化阶段为 200%～600%，经过热老化、气候老化试验后达到完全固化时为 100%～350%。在−34～80℃温度范围内具有良好的性能，在美国

和加拿大寒冷地区使用 17 年，还保持令人满意的性能；它还具有自密性，而且价格比橡胶类密封膏便宜，属于中等价格及性能的产品。

12.5E 密封胶主要用于屋面、墙板等接缝密封；12.5P 和 7.5P 密封胶主要用于一般装饰装修工程的门、窗填缝。丙烯酸酯密封胶的耐水性不是很好，故不宜用于长期浸泡在水中的工程，如水池、污水处理厂、堤坝等水下接缝；丙烯酸酯密封胶的抗疲劳性较差，不宜用于频繁受振动的工程，如广场、公路、桥面等交通工程的接缝。

丙烯酸类树脂密封膏一般在常温下用挤枪嵌填于各种清洁、干燥的缝内，为节省密封胶，缝宽不宜太大，一般为 9～15mm。

8.4.4　聚氨酯建筑密封胶

聚氨酯建筑密封胶分为单组分（Ⅰ）与多组分（Ⅱ）两个品种。按产品流动性分为非下垂型（N）和自流平型（L）两个类型；按位移能力分为 25、20 两个级别；按拉伸模量分为高模量（HM）和低模量（LM）两个次级别。

按名称、品种、类型、级别、次级别、标准号顺序标记。例如：25 级低模量单组分非下垂型聚氨酯建筑密封胶标记为：聚氨酯建筑密封胶 Ⅰ N 25LM JC/T 482—2003。

制备双组分聚氨酯密封胶必须采用两步法合成，即由多异氰酸酯与聚醚通过加聚反应制成预聚体，再加入固化剂、助剂等在常温下交联固化成的高弹性密封胶。

聚氨酯密封胶的性能应符合《聚氨酯建筑密封胶》（JC/T 482—2003）的规定（表 8.11）。

聚氨酯密封胶具有模量低、延伸率大、弹性高、黏性好、耐低温、耐水、耐酸碱、抗疲劳、使用年限长等优点；与混凝土的黏结性很好，同时不必打底，虽然混凝土是多孔的，但吸水也不影响黏结；聚氨酯密封胶在弹性建筑密封胶中价格较低。

表 8.11　　聚氨酯建筑密封胶的主要技术要求（JC/T 482—2003）

项　目	20HM	25LM	20LM	项　目		20HM	25LM	20LM
密度/(g/cm³)	规定值±0.1			流动性	下垂度（N 型）/mm	≤3		
弹性恢复率/%	≥70				流平性（L 型）	光滑平整		
适用期/h（多组分产品）	≥1 或供需双方商定			拉伸模量/MPa	23℃	>0.4 或 >0.6	≤0.4 和 ≤0.6	
					−20℃			
挤出率/(mL/min)（单组分产品）	≥80			定伸黏结性、浸水后定伸黏结性、冷拉-热压后黏结性		无破坏		
表干时间/h	≤24			质量损失率/%		≤7		

聚氨酯密封胶广泛用于屋面板、外墙板、混凝土建筑物沉降缝、伸缩缝的密封；阳台、窗框、卫生间等部位的防水密封；以及给排水管道、蓄水池、游泳池、道路桥梁、地下铁路等工程的接缝密封与渗漏修补。

聚氨酯密封胶，可掺加大量的稀释剂，如煤焦油、重油、沥青等，可以配制成防水涂料，涂刷于需防水的基层上，对新建和维修工程特别有用。

8.4.5 聚硫建筑密封胶

聚硫建筑密封胶以 LP 液态聚硫橡胶为基料，加入硫化剂、增塑剂、填充料等拌制成均匀的胶状体。按产品流动性分为非下垂型（N）和自流平型（L）两个类型；按位移能力分为 25、20 两个级别；按拉伸模量分为高模量（HM）和低模量（LM）两个次级别。

硫化剂有氧化铅、氧化镁、氧化钛以及异丙苯过氧化氢等。

填充料可用来增加聚合物的强度、延伸度或稠度。填充料 pH 值在配料中十分重要，因为碱性填充料能促进硫化，酸性填充料（如某些黏土）可使聚合物本身解聚。炭黑是最常用的填充料。碳酸钙粉、煅烧氧化硅、沉积硅酸钙、锌钡白、铝粉等都可作填充料。

增塑剂有氯化石蜡、酯类、酯醚类及邻硝基联苯等。

按名称、类型、级别、次级别、标准号顺序标记。例如：25 级低模量非下垂型的聚硫建筑密封胶标记为：聚硫建筑密封胶 N 25LM JC/T 483—2006。

聚硫密封胶的性能应符合《聚硫建筑密封胶》（JC/T 483—2006）规定（表 8.12）。

表 8.12　　　　　聚硫建筑密封胶的主要技术要求（JC/T 483—2006）

项　　目	20HM	25LM	20LM	项　　目		20HM	25LM	20LM
密度/(g/cm³)	规定值±0.1			流动性	下垂度（N 型）/mm	≤3		
表干时间/h	≤24				流平性（L 型）	光滑平整		
质量损失率/%	≤5			拉伸模量/MPa	23℃	>0.4 或 >0.6	≤0.4 和≤0.6	
					−20℃			
适用期/h	≥2			定伸黏结性、浸水后定伸黏结性		无破坏		
弹性恢复率/%	≥70			冷拉-热压后黏结性		无破坏		

聚硫建筑密封胶具有黏结力强、适应温度范围宽（−40~80℃）、低温柔韧性好、抗紫外线曝晒以及抗冰雪和水浸能力强等优点。聚硫密封胶适用于各种建筑的防水密封，特别适用于长期浸泡在水中的工程（如水库、堤坝、游泳池等）、严寒地区的工程或冷库、受疲劳荷载作用的工程（如桥梁、公路与机场跑道等），它是一种优质的密封材料。

8.4.6 硅酮建筑密封胶和改性硅酮建筑密封胶

硅酮建筑密封胶（SR）是以聚硅氧烷为主要成分，室温固化的单组分和多组分密封胶；改性硅酮建筑密封胶（MS）是以端硅烷基聚醚为主要成分，室温固化的单组分和多组分密封胶。它们分为单组分（Ⅰ）与多组分（Ⅱ）两个类型；按产品位移能力分为 50、35、25、20 四个级别；按拉伸模量分为高模量（HM）和低模量（LM）两个次级别；按用途分类见表 8.13。

按名称、标准号、类型、级别、次级别顺序标记。例如：单组分、镶装玻璃用、25 级、高模量的硅酮建筑密封胶标记为：硅酮建筑密封胶（SR）GB/T 14683 - Ⅰ - Gn - 25HM。

表 8.13　硅酮建筑密封胶和改性硅酮建筑密封胶按用途分类（GB/T 14683—2017）

硅酮建筑密封胶（SR）			改性硅酮建筑密封胶（MS）	
F 类	Gn 类	Gw 类	F 类	R 类
建筑接缝用	镶装玻璃用	建筑幕墙非结构性装配用	建筑接缝用	干缩位移接缝用

硅酮密封胶、改性硅酮密封胶的理化性能应符合《硅酮建筑密封胶》（GB/T 14683—2017）的规定（表 8.14、表 8.15）。

表 8.14　硅酮建筑密封胶（SR）的理化性能（GB/T 14683—2017）

项　目		50LM	50HM	35LM	35HM	25LM	25HM	20LM	20HM
密度/(g/cm³)		规定值±0.1							
下垂度/mm		≤3							
表干时间/h		≤3 或供需方商定的指标							
挤出率/(mL/min)		≥150							
适用期（多组分产品）		供需双方商定							
弹性恢复率/%		≥80							
质量损失率/%		≤8							
拉伸模量 /MPa	23℃	≤0.4 和	>0.4 或	≤0.4 和	>0.4 或	≤0.4 和	>0.4 或	≤0.4 和	>0.4 或
	−20℃	≤0.6	>0.6	≤0.6	>0.6	≤0.6	>0.6	≤0.6	>0.6
定伸黏结性、浸水后定伸黏结性、冷拉-热压后黏结性、紫外线辐照后黏结性（Gn 类）、浸水光照后黏结性（Gw 类）		无破坏							
烷烃增塑剂（Gw 类）		不得检出							

表 8.15　改性硅酮建筑密封胶（MS）的理化性能（GB/T 14683—2017）

项　目		25LM	25HM	20LM	20HM	20LM-R
密度/(g/cm³)		规定值±0.1				
下垂度/mm		≤3				
表干时间/h		≤24				
挤出率（单组分产品)/(mL/min)		≥150				
适用期（多组分产品)/min		≥30 或供需双方商定值				
弹性恢复率/%		≥70	≥70	≥60	≥60	—
定伸永久变形/%		—	—	—	—	>50
质量损失率/%		≤5				
拉伸模量/MPa	23℃	≤0.4 和	>0.4 或	≤0.4 和	>0.4 或	≤0.4 和
	−20℃	≤0.6	>0.6	≤0.6	>0.6	≤0.6
定伸黏结性、浸水后定伸黏结性、冷拉-热压后黏结性		无破坏				

硅酮密封胶、改性硅酮建筑密封胶具有优异的耐热性、耐寒性，使用温度为 −50～250℃，并具有良好的耐候性，使用寿命 30 年以上；与各种材料都有较好的黏结性能，耐拉伸-压缩疲劳性强，耐水性好。其应用见表 8.13。

【技能训练】

49 项目 8 防水材料 习题

1. 填空题

（1）石油沥青的组分分为_____、_____和_____ 3 个主要组分。

（2）石油沥青的结构分为_____、_____和_____ 3 种，其中_____结构的沥青性能较好。

（3）同一类石油沥青随牌号增加，其黏滞性_____，延度_____而软化点_____。

（4）石油沥青在大气因素的作用下，低分子量化合物向高分子量化合物递变，使沥青塑性降低、脆性增加，这种现象称为石油沥青的_____。

（5）在沥青中加入一定数量的矿物填充料，可以提高沥青的_____和_____，减小沥青的_____，同时也可以减少沥青的用量。

（6）用聚合物改性沥青，可以提高沥青的强度、_____、_____、_____和抗老化性。

（7）已知某石油沥青针入度的常用对数与温度呈线性关系，其 15℃时的针入度为 42 度，35℃时的针入度为 213 度。则其针入度指数 P. I. 为_____。

2. 选择题

（1）道路石油沥青、建筑石油沥青的牌号是按照针入度、延度、软化点等技术指标划分，并以（　　）来表示。

A. 针入度 　　 B. 延度 　　 C. 软化点 　　 D. 闪点

（2）高温或有强烈太阳辐射地区的建筑物防水宜选用（　　）。

A. SBS 改性沥青防水卷材 　　 B. APP 改性沥青防水卷材

C. 氯化聚乙烯-橡胶共混防水卷材 　　 D. 沥青复合胎柔性防水卷材

（3）用于游泳池、公路接缝，密封性能最好的密封材料是（　　）。

A. 沥青嵌缝油膏 　　 B. 丙烯酸类密封胶

C. 聚氨酯密封胶 　　 D. 聚氯乙烯接缝胶

（4）关于三元乙丙橡胶（EPDM）防水卷材的性能，不正确的是（　　）。

A. 质量大 　　 B. 耐酸碱腐蚀、低温柔韧性好

C. 抗拉强度高、断裂伸长率大 　　 D. 耐候性、耐臭氧性和耐热性好

（5）不可用于屋面防水工程中的沥青是（　　）。

A. 煤沥青 　　 B. 建筑石油沥青

C. SBS 改性沥青 　　 D. 60 号道路石油沥青

（6）沥青胶的标号主要根据其（　　）划分。

A. 柔韧性 　　 B. 黏度 　　 C. 耐热性 　　 D. 黏结力

（7）长期浸泡在水中的工程，不宜选用（　　）嵌缝。

    A. 聚硫密封胶　　　　　　　　　　　　B. 聚氨酯密封胶

    C. 硅酮密封胶　　　　　　　　　　　　D. 丙烯酸酯密封胶

（8）聚氨酯密封胶用途广泛。关于它的性能，不准确的是（　　）。

    A. 耐寒耐水耐酸碱　　　　　　　　　　B. 与基层黏结性好

    C. 耐疲劳荷载且适应建筑物的变形　　　D. 价格昂贵

（9）不宜用于建筑沉降缝、伸缩缝的密封胶是（　　）。

    A. 聚硫密封胶　　　　　　　　　　　　B. 丙烯酸酯密封胶

    C. 硅酮密封胶　　　　　　　　　　　　D. 聚氨酯密封胶

3. 问答题

（1）石油沥青的主要技术性质有哪些？各用什么指标表示？

（2）道路石油沥青、建筑石油沥青、防水防潮石油沥青的应用范围如何？

（3）沥青为什么会老化？如何延缓其老化？

（4）什么是冷底子油？什么是沥青胶？它们在防水工程中的作用如何？

（5）什么是 SBS 改性沥青防水卷材？什么是 APP 改性沥青防水卷材？二者的应用范围有何区别？

（6）请列举至少 3 种高分子防水卷材，并描述它们的性能及适用范围。

（7）沥青嵌缝油膏、丙烯酸酯密封胶、聚氨酯密封胶、聚硫密封胶、硅酮密封胶各有什么性能特点？它们的应用范围如何？

4. 计算题

（1）某防水工程需要软化点 70℃ 的石油沥青 12kg，现有 60 号和 10 号石油沥青，测得它们的软化点分别为 52℃ 和 103℃，求这两种牌号石油沥青的初步掺配比例？这两种牌号石油沥青各需多少？

（2）现测得某防水防潮石油沥青的软化点为 102℃，25℃ 条件下的针入度为 27 度。求该石油沥青的针入度指数 P.I. 为多大？并判断该石油沥青的胶体结构类型。

50　项目8
防水材料
习题答案

项目 9

墙 体 材 料

51 项目9
课件

【教学目标】

理解墙用砖、砌块、板材的主要品种、技术性能、应用范围。

【教学要求】

知识要点	能力目标	权重
墙用砖、砌块、板材	理解墙用砖、砌块、板材的主要品种、技术性能、应用范围	100%

【基本知识学习】

9.1 墙用砖

墙用砖是指以黏土、工业废料或其他地方资源为原料，以不同工艺制造而成的，用于砌筑墙体的建筑材料。墙用砖按工艺不同可分为烧结砖和非烧结砖两种。烧结砖包括烧结普通砖、烧结多孔砖及烧结空心砖；非烧结砖包括蒸压灰砂砖、粉煤灰砖等。按原料分为黏土砖、粉煤灰砖等；按有无穿孔及孔洞率大小分为实心砖、多孔砖和空心砖等。

9.1.1 烧结普通砖（FCB）

烧结普通砖是以黏土、页岩、煤矸石、粉煤灰、建筑渣土、淤泥等为原料，经过制备、成型、干燥和焙烧而成。分为黏土砖（N）、页岩砖（Y）、煤矸石砖（M）、粉煤灰砖（F）、建筑渣土砖（Z）、淤泥砖（U）、污泥砖（W）、固体废弃物砖（G）等。

1. 生产工艺

烧结黏土砖的原料是以砂质黏土为主，其主要成分为 SiO_2、Al_2O_3 及 Fe_2O_3 等。黏土的可塑性与烧结性，是黏土砖制坯与烧成的工艺基础，工艺流程为：

$$采土 \rightarrow 配料调制 \rightarrow 制坯 \rightarrow 干燥 \rightarrow 焙烧 \rightarrow 成品$$

当焙烧时在氧化气氛中烧成的，为红砖；在还原气氛中闷窑，红色高价氧化铁（Fe_2O_3）还原成青灰色的低价氧化亚铁（FeO），为青砖。红砖色浅、声哑、强度低、耐久性差；青砖色较深、声清脆、有弯曲等变形、耐久性较好。

煅烧温度低、时间不足形成欠火砖。欠火砖色浅、声哑、土心、抗风化性能及耐

240

久性差。煅烧温度过高、时间过长，则形成过火砖。过火砖色深、声脆、强度高、耐久性好，但易产生酥砖和螺纹砖。欠火砖、酥砖和螺纹砖不得作为合格品出厂。

把煤渣、粉煤灰等掺入制坯黏土中，作为内燃材料，当砖焙烧到一定温度时，内燃材料在坯体内也进行燃烧，这样烧成的砖称为内燃砖。内燃砖比外燃砖节省大量能源，节约黏土 5%～10%，强度提高 20%左右；表观密度减小，热导率降低，还利用了大量工业废渣，是一种比较理想的烧结普通砖。

烧结黏土砖的缺点是制砖取土，大量毁坏农田，且自重大，烧砖能耗高，成品尺寸小，施工效率低，抗震性差等，所以，国家大力推广墙体材料改革，以空心砖、工业废渣砖及砌块、轻质板材来代替黏土砖。

以页岩、煤矸石、粉煤灰、建筑渣土、淤泥等原料来替代黏土制砖，可保护农田，改善环境，节约资源。

2. 技术要求

烧结普通砖的技术要求应符合《烧结普通砖》（GB/T 5101—2017）。其技术要求包括外观质量、强度等级和耐久性能等。烧结普通砖分合格品与不合格品。

（1）外观指标。烧结普通砖的外形为直角六面体，公称尺寸为 240mm×115mm×53mm，其他尺寸由供需双方商定。240mm×115mm 的平面称为大面，240mm×53mm 的平面称为条面，115mm×53mm 的平面称为顶面（图 9.1）。4 块砖长加上 4 个砌筑砂浆层 10mm（灰缝 10mm）为 1m；8 块砖宽加上 8 个灰缝为 1m；16 块砖厚加上 16 个灰缝为 1m。因此，$1m^3$ 砖砌体理论上需砖 4×8×16＝512

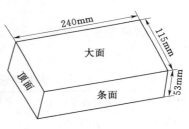

图 9.1　砖的尺寸及平面名称

块。合格品砖的尺寸偏差与外观质量应满足表 9.1 和表 9.2，否则为不合格品。

表 9.1　　　　　　　　烧结普通砖尺寸偏差（GB/T 5101—2017）　　　　　单位：mm

公　称　尺　寸	样本平均偏差	样　本　极　差
240	±2.0	≤6.0
115	±1.5	≤5.0
53	±1.5	≤4.0

表 9.2　　　　　　　　烧结普通砖外观质量（GB/T 5101—2017）　　　　　单位：mm

项　　　目	指标	项　　　目	指标
两条面高度差	≤2	裂纹长度	
弯曲	≤2	a. 大面上宽度方向及其延伸至条面的长度	≤30
杂质凸出高度	≤2	b. 大面上长度方向及其延伸至顶面的长度或条顶面上水平裂纹的长度	≤50
缺棱掉角的 3 个破坏尺寸	不得同时大于 5.0	完整面，不少于	一个条面和一个顶面

注　凡有下列缺陷之一者，不得称为完整面：
（1）缺损在条面或顶面上造成的破坏面尺寸同时大于 10mm×10mm。
（2）条面或顶面上裂纹宽度大于 1mm，其长度超过 30mm。
（3）压陷、粘底、焦花在条面或顶面上的凹陷或凸出超过 2mm，区域尺寸同时大于 10mm×10m。

（2）强度等级。烧结普通砖分 MU10、MU15、MU20、MU25、MU30 五个强度等级，由 10 块砖样试件的抗压强度值评定。

1）测定每块试件的抗压强度 f_i。

$$f_i = \frac{P}{LB}$$

式中　P——试件的最大破坏荷载，N；

　　L、B——受压面（连接面）的长度、宽度，mm。

2）计算 10 块试件的抗压强度平均值 $\overline{f}$。

$$\overline{f} = \frac{1}{10} \sum_{i=1}^{10} f_i$$

3）计算强度标准差 S。

$$S = \sqrt{\frac{1}{9} \sum_{i=1}^{10} (f_i - \overline{f})^2}$$

4）计算强度标准值 f_k。

$$f_k = \overline{f} - 1.83S$$

5）砖的强度等级评定。按抗压强度平均值 $\overline{f}$ 与强度标准值 f_k 评定砖的强度等级（表 9.3）。

表 9.3　　　　　　烧结普通砖强度等级（GB/T 5101—2017）　　　　　　单位：MPa

强度等级	抗压强度平均值 $\overline{f}$	强度标准值 f_k	强度等级	抗压强度平均值 $\overline{f}$	强度标准值 f_k
MU30	≥30.0	≥22.0	MU15	≥15.0	≥10.0
MU25	≥25.0	≥18.0	MU10	≥10.0	≥6.5
MU20	≥20.0	≥14.0			

（3）耐久性能。砖的耐久性能由抗冻试验、泛霜试验、石灰爆裂试验和吸水率试验确定。

1）抗风化性能及抗冻性。抗风化性能是指烧结普通砖在干湿交替、温度变化、冻融循环等物理因素作用下不破坏并保持原有性质的能力。抗风化性能好的砖使用寿命长。砖的抗风化性能除了与砖本身性质有关外，与所处环境的风化指数也有关。风化指数是指日气温从正温降至负温或负温升至正温的每年平均天数，与每年从霜冻之日起至消失霜冻之日止这一期间降雨总量（以 mm 计）的平均值的乘积。风化指数≥12700 为严重风化区，风化指数＜12700 为非严重风化区。我国黑龙江、吉林、辽宁、内蒙古、新疆、宁夏、甘肃、青海、陕西、山西、河北、北京、天津、西藏共 14 个省（直辖市、自治区）为严重风化区，其他为非严重风化区。严重风化区中的黑龙江、吉林、辽宁、内蒙古、新疆 5 个地区的砖必须进行冻融试验，其他地区的砖的抗风化性能符合表 9.4 规定时可不做冻融试验，否则，必须进行冻融试验。冻融试验是将吸水饱和的 5 块砖，在 $-15 \sim -20$℃ 条件下冻结 3h，再放入 $10 \sim 20$℃ 水中融化 2h 以上，称为一个冻融循环。25 次冻融循环试验后，若单块砖的质量损失不超过 2%，冻融试验后每块砖样不出现裂纹、分层、掉皮、缺棱、掉角等冻坏现象时，冻融试验合格。

表 9.4 烧结普通砖抗风化性能 （GB/T 5101—2017）

项目 砖种类	严重风化区				非严重风化区			
	5h沸煮吸水率/%		饱和系数		5h沸煮吸水率/%		饱和系数	
	平均值	单块最大值	平均值	单块最大值	平均值	单块最大值	平均值	单块最大值
黏土砖、建筑渣土砖	≤18	≤20	≤0.85	≤0.87	≤19	≤20	≤0.88	≤0.90
粉煤灰砖	≤21	≤23			≤23	≤25		
页岩砖	≤16	≤18	≤0.74	≤0.77	≤18	≤20	≤0.78	≤0.80
煤矸石砖								

注 饱和系数为 24h 浸水吸水率与 5h 沸煮吸水率之比。

2）泛霜。泛霜是指原料中的可溶性盐类，随着砖内水分蒸发而在砖表面产生的盐析现象，一般在砖表面形成絮团状斑点的白色粉末。轻微泛霜就能对清水墙建筑外观产生较大的影响；中等程度泛霜的砖用于潮湿部位时，使用数年后因盐析结晶膨胀将使砖体的表面产生粉化剥落，在干燥环境中使用约 10 年后也将脱落；严重泛霜对建筑结构的破坏性更大。标准规定，抽取的砖样中每块不允许出现严重泛霜（表9.5）。

3）石灰爆裂。当砖的原料含有石灰石时，则焙烧砖时石灰石会被烧成生石灰留在砖内，且生石灰多已过烧。生石灰会吸收外界水分，熟化并产生体积膨胀，导致砖发生膨胀性破坏，称为石灰爆裂。石灰爆裂影响砖质量，降低砌体强度。石灰爆裂需满足表 9.5。

4）放射性物质镭、钍、钾。

烧结普通砖的放射性物质镭、钍、钾，必须符合《建筑材料放射性核素限量》（GB 6566—2010）的规定，目的是保证安全使用。

表 9.5 烧结普通砖泛霜、石灰爆裂要求 （GB/T 5101—2017）

泛霜	抽取的砖样中每块不允许出现严重泛霜
石灰爆裂	（1）最大破坏尺寸大于 2mm 且不大于 15mm 的爆裂区域，每组砖样不得多于 15 处，其中大于 10mm 的不得多于 7 处。 （2）不允许出现最大破坏尺寸大于 15mm 的爆裂区域。 （3）试验后强度损失不得大于 5MPa

3．产品标记

烧结普通砖的产品标记按产品名称、类别、强度等级和标准代号顺序写出。例如，烧结普通砖，强度等级 MU15 的黏土砖，标记为：FCB N MU15 GB/T 5101。

4．烧结普通砖的应用

烧结普通砖既具有一定强度与耐久性，又具有良好的保温性能，是传统的墙体材料。主要用于砌筑工程的承重墙体、柱、拱、烟沟、基础等，有时也用于小型水利工程，如闸墩、涵管、渡槽、挡土墙等。

9.1.2 烧结多孔砖（或多孔砌块）、烧结空心砖（或空心砌块）

烧结多孔砖（或多孔砌块）、烧结空心砖（或空心砌块）与烧结普通砖相比，可减轻墙体自重 20％～35％，可降低造价 20％，并提高工效，还可改善墙体的绝热和吸声性能，同时节约黏土原料、燃料，提高产量。它们的原料和生产工艺基本与烧结普通砖相同，所不同的是对原料的可塑性要求较高，生产时在挤泥机的出口内设有成孔芯头，以便在挤出的泥坯中形成孔洞。

　　1. 烧结多孔砖（或多孔砌块）

　　烧结多孔砖（或多孔砌块），是以黏土、页岩、煤矸石、淤泥、固体废弃物等为主要原料，经焙烧而成的具有竖向孔且孔洞率大、孔的尺寸小而数量多的承重墙体材料。烧结多孔砖孔洞率不小于 28％。多孔砌块孔洞率不小于 33％。

　　烧结多孔砖（或多孔砌块）的外形为直角六面体，规格尺寸应符合《烧结多孔砖和多孔砌块》（GB 13544—2011）。砖的长度、宽度、高度（单位为 mm）应符合：290、240、190、180、140、115、90；砌块的长度、宽度、高度（单位为 mm）应符合：490、440、390、340、290、240、190、180、140、115、90。产品还有配砖，配套使用。较常用的为 190mm×190mm×90mm（M 型），240mm×115mm×90mm（P 型）；两种规格如图 9.2 所示。

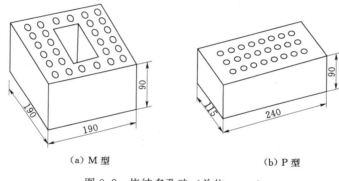

（a）M 型　　　　　　　　（b）P 型

图 9.2　烧结多孔砖（单位：mm）

　　烧结多孔砖（或多孔砌块）分为 MU30、MU25、MU20、MU15、MU10 五个强度等级，其强度要求应符合表 9.3 规定（与烧结普通砖相同）；泛霜和石灰爆裂要求见表 9.5（与烧结普通砖相同）；尺寸偏差、外观质量要求见表 9.6 和表 9.7；抗风化性能要求见表 9.8。烧结多孔砖（或多孔砌块）按强度、外观质量等分为合格品与不合格品。

　　烧结多孔砖按体积密度分为 1000、1100、1200、1300 四个密度等级，多孔砌块分为 900、1000、1100、1200 四个密度等级。

表 9.6　　　　　　　　烧结多孔砖、多孔砌块尺寸偏差（GB 13544—2011）　　　　单位：mm

尺寸	样本平均偏差	样本极差	尺寸	样本平均偏差	样本极差
＞400	±3.0	≤10.0	100～200	±2.0	≤7.0
300～400	±2.5	≤9.0	＜100	±1.5	≤6.0
200～300	±2.5	≤8.0			

表 9.7　　　　烧结多孔砖、多孔砌块外观质量（GB 13544—2011）

项　　目		指标
完整面不得少于		一条面和一顶面
缺棱掉角的三个破坏尺寸不得同时大于/mm		30
裂纹长度/mm	（1）大面上深入孔壁 15mm 以上宽度方向及其延伸到条面的长度	≤80
	（2）大面上深入孔壁 15mm 以上长度方向及其延伸到顶面的长度	≤100
	（3）条、顶面上的水平裂纹	≤100
杂质在砖或砌块上造成的凸出高度/mm		≤5

注　1. 为装饰而施加的色差、凹凸纹、拉毛、压花等不算缺陷。
　　2. 凡有下列缺陷之一者，不能称为完整面：
（1）缺损在条面或顶面上造成的破坏面尺寸同时大于 20mm×30mm。
（2）条面或顶面上裂纹宽度大于 1mm，其长度超过 70mm。
（3）压陷、焦花、粘底在条面或顶面上的凹陷或凸出超过 2mm，区域尺寸同时大于 20mm×30mm。

表 9.8　　　　烧结多孔砖、多孔砌块抗风化性能（GB 13544—2011）　　　单位：mm

项目　　种类	严 重 风 化 区				非 严 重 风 化 区			
	5h 沸煮吸水率/%		饱和系数		5h 沸煮吸水率/%		饱和系数	
	平均值	单块最大值	平均值	单块最大值	平均值	单块最大值	平均值	单块最大值
黏土砖和砌块	≤21	≤23	≤0.85	≤0.87	≤23	≤25	≤0.88	≤0.90
粉煤灰砖和砌块	≤23	≤25			≤30	≤32		
页岩砖和砌块	≤16	≤18	≤0.74	≤0.77	≤18	≤20	≤0.78	≤0.80
煤矸石砖和砌块	≤19	≤21			≤21	≤23		

注　粉煤灰掺入量（体积比）小于 30% 时，按黏土砖规定判定。

　　烧结多孔砖（或多孔砌块）不允许有欠火砖、酥砖。

　　烧结多孔砖、多孔砌块产品标记按名称、品种、规格、强度等级、密度等级和标准代号顺序编写。如：规格尺寸 290mm×140mm×90mm、强度等级 MU25、密度 1200 级的黏土烧结多孔砖，标记为：烧结多孔砖 N 290×140×90 MU25 1200 GB 13544。

　　2. 烧结空心砖（或空心砌块）

　　烧结空心砖（或空心砌块），为直角六面体，孔洞率大于或等于 40%（图 9.3）。烧结空心砖原称"水平孔空心砖"或"非承重空心砖"，在与砂浆的接合面上设有增加结合力的深度 1mm 以上的凹线槽，孔洞采用矩形条孔或其他孔形，且平行于大面和条面。其尺寸及其允许偏差应满足《烧结空心砖和空心砌块》（GB 13545—2014）（表 9.9 和表 9.10），外观质量也需符合标准要求；抗风化要求与烧结多孔砖（或多孔砌块）一致。

表 9.9　　　　烧结空心砖和空心砌块尺寸（GB 13545—2014）　　　单位：mm

长度规格尺寸	宽度规格尺寸	高度（厚度）规格尺寸
390、290、240、190、180（175）、140	190、180（175）、140、115	180（175）、140、115、90

表 9.10　　　　烧结空心砖和空心砌块尺寸偏差（GB 13545—2014）　　　单位：mm

尺寸	样本平均偏差	样本极差	尺寸	样本平均偏差	样本极差
>300	±3.0	≤7.0	100～200	±2.0	≤5.0
>200～300	±2.5	≤6.0	<100	±1.7	≤4.0

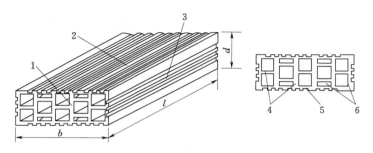

图 9.3　烧结空心砖外形图

l—长度；b—宽度；d—高度；

1—顶面；2—大面；3—条面；4—勒；5—凹线槽；6—外壁

烧结空心砖（或空心砌块）按体积密度分为 800、900、1000、1100 四个级别。

烧结空心砖（或空心砌块）分为 MU10.0、MU7.5、MU5.0、MU3.5 四个强度等级（表 9.11）。产品中不允许有欠火砖、酥砖。

表 9.11　　　　烧结空心砖、空心砌块强度等级（GB 13545—2014）

强度等级	抗压强度平均值 $\overline{f}$	变异系数 $\delta \leq 0.21$ 强度标准值 f_k	变异系数 $\delta > 0.21$ 单块最小抗压强度值 f_{min}
MU10.0	≥10.0	≥7.0	≥8.0
MU7.5	≥7.5	≥5.0	≥5.8
MU5.0	≥5.0	≥3.5	≥4.0
MU3.5	≥3.5	≥2.5	≥2.8

注　变异系数 δ 为强度标准差 S 与强度平均值 $\overline{f}$ 之比。

按产品名称、类别、规格、密度等级、强度等级和标准代号顺序标记，如：尺寸 290mm×190mm×90mm，体积密度 800，强度等级 MU7.5 的页岩空心砖标记为：Y（290×190×90）800 MU7.5 GB 13545。

烧结多孔砖、多孔砌块可用于承重墙与非承重墙；烧结空心砖、空心砌块，质量较轻，强度不高，因而多用作非承重墙，如多层建筑内隔墙或框架结构的填充墙等。

9.1.3　非烧结砖

不经焙烧而制成的砖均为非烧结砖。原料与水拌和，经压制成型，常压或高压蒸汽养护而成。常用的非烧结砖有蒸压灰砂砖、蒸压粉煤灰砖、蒸压炉渣砖等。

1. 蒸压灰砂实心砖和实心砌块

（1）原材料与生产工艺。砂用量应不小于 75%，生石灰用量应不小于 8%，允许掺加不超过 15% 的粉煤灰。尽可能采用大吨位压力机进行坯体成型，在不低于

174.5℃湿热条件的蒸养时间应不少于7h。

（2）分类。分蒸压灰砂实心砖（LSSB）、蒸压灰砂实心砌块（LSSU）、大型蒸压灰砂实心砌块（简称大型实心砌块）（LLSS）。大型实心砌块是指空心率小于15%，长度不小于500mm或高度不小于300mm的蒸压灰砂砌块。

（3）规格尺寸。考虑砌筑灰缝的宽度与厚度要求，由供需双方协商并在订货合约中确定其尺寸。标准尺寸240mm×115mm×53mm。外观质量及尺寸允许偏差见表9.12。同批次产品，长度、宽度、高度的极值差均不应超过2mm。

（4）强度等级。按抗压强度分MU10、MU15、MU20、MU25、MU30五个强度等级，强度应符合表9.13的规定。

（5）抗冻性。抗冻性应符合表9.14的规定。

表9.12　蒸压灰砂实心砖和实心砌块外观质量及尺寸允许偏差（GB/T 11945—2019）

项 目 名 称		允 许 范 围		
弯曲/mm		≤2		
缺棱掉角	三个方向最大投影尺寸/mm	实心砖（LSSB）	≤10	
		实心砌块（LSSU）	≤20	
		大型实心砌块（LLSS）	≤30	
裂纹延伸的投影尺寸累计/mm		实心砖（LSSB）	≤20	
		实心砌块（LSSU）	≤40	
		大型实心砌块（LLSS）	≤60	
尺寸允许偏差			长度/mm	宽度/mm	高度/mm
	实心砖（LSSB）		±2	±1
	实心砌块（LSSU）		±2	+1，－2
	大型实心砌块（LLSS）	±3	±2	±2

表9.13　蒸压灰砂实心砖和实心砌块强度指标（GB/T 11945—2019）

强度等级	抗压强度/MPa		强度等级	抗压强度/MPa	
	平均值	单个最小值		平均值	单个最小值
MU10	≥10.0	≥8.5	MU25	≥25.0	≥21.2
MU15	≥15.0	≥12.8	MU30	≥30.0	≥25.2
MU20	≥20.0	≥17.0			

表9.14　蒸压灰砂实心砖和实心砌块抗冻指标（GB/T 11945—2019）

使用地区	抗冻指标	干质量损失率/%	抗压强度损失率/%
夏热冬暖地区	D15		
温和与夏热冬冷地区	D25	平均值≤3.0	平均值≤15
寒冷地区	D35	单个最大值≤4.0	单个最大值≤20
严寒地区	D50		

（6）颜色。分为本色（N）、彩色（C）两类。

（7）标记。按代号、颜色、等级、规格尺寸和标准编号的顺序标记。

示例1：规格尺寸240mm×115mm×53mm，强度等级MU15的本色实心砖（标准砖），标记为：LSSB－N MU15 240×115×53 GB/T 11945—2019。

示例 2：规格尺寸 295mm×240mm×195mm，强度等级 MU20 的彩色实心砌块，标记为：LSSU－C MU20 295×240×195 GB/T 11945—2019。

示例 3：规格尺寸 997mm×200mm×497mm，强度等级 MU25 的本色大型实心砌块，标记为：LLSS－N MU25 997×200×497 GB/T 11945—2019。

（8）线性干燥收缩率。①形式检验的线性干燥收缩率应不大于 0.050%；②出厂检验的线性干燥收缩率与最近一次同一块型有效形式检验时的线性干燥收缩率的比值应不小于 0.5（年平均相对湿度 70% 及以上地区）或 0.7（年平均相对湿度 70% 以下地区）。

（9）吸水率应不大于 12%；碳化系数应不小于 0.85；软化系数应不小于 0.85；放射性核素限量应符合 GB 6566 的规定。

蒸压灰砂实心砖和实心砌块不应用于长期受热 200℃ 以上，受急冷急热交替或有酸性介质侵蚀的建筑部位。

2. 蒸压粉煤灰砖（AFB）

以粉煤灰、石灰为主要原料，掺加适量石膏和骨料经坯料制备、压制成型、高压蒸汽养护而成的实心砖称为蒸压粉煤灰砖，公称尺寸 240mm×115mm×53mm。《蒸压粉煤灰砖》(JC/T 239—2014) 规定，根据砖的抗压强度和抗折强度分为 MU30、MU25、MU20、MU15、MU10 五个强度等级（表 9.15）。

表 9.15　　　　　　　　蒸压粉煤灰砖强度指标（JC/T 239—2014）

强度级别	抗压强度/MPa		抗折强度/MPa	
	平均值	单块最小值	平均值	单块最小值
MU30	≥30.0	≥24.0	≥4.8	≥3.8
MU25	≥25.0	≥20.0	≥4.5	≥3.6
MU20	≥20.0	≥16.0	≥4.0	≥3.2
MU15	≥15.0	≥12.0	≥3.7	≥3.0
MU10	≥10.0	≥8.0	≥2.5	≥2.0

蒸压粉煤灰砖的尺寸偏差、外观质量应符合标准规定。干燥收缩值应不大于 0.50mm/m；碳化系数应不小于 0.85；吸水率应不大于 20%。蒸压粉煤灰砖的抗冻等级以质量损失不超过 5%、强度损失不超过 25% 所能承受的冻融循环次数表示。夏热冬暖地区、夏热冬冷地区、寒冷地区、严寒地区所用的蒸压粉煤灰砖抗冻等级分别不得低于 D15、D25、D35、D50。

蒸压粉煤灰砖按产品代号、规格尺寸、强度等级、标准代号顺序标记，如 240mm×115mm×53mm、MU20 砖的标记为：AFB 240×115×53 MU20 JC/T 239。

蒸压粉煤灰砖生产优势是大量利用工业废料，节约黏土资源，一般用于工业与民用建筑的墙体和基础。用粉煤灰砖砌筑的建筑物，应适当增设圈梁及伸缩缝，或采用其他措施，以避免或减少收缩裂缝的产生；不得用于长期受热（200℃ 以上）、受急冷急热和有酸性介质侵蚀的建筑部位。

9.2　墙用砌块

　　砌块是用于墙体砌筑、形体大于砌墙砖的人造块材。砌块适用性强、原料来源广、制作及使用方便。9.1.2已介绍了烧结多孔砌块、烧结空心砌块，这里介绍混凝土空心砌块、蒸压加气混凝土砌块、粉煤灰砌块等几种非烧结砌块。

9.2.1　普通混凝土小型砌块

　　普通混凝土小型砌块是以水泥、矿物掺合料、砂、石为原料，加水搅拌、振动成型、养护等工艺制成的墙体材料，包括空心砌块（H）（空心率不小于25％）与实心砌块（S）（空心率小于25％）；按是否承重分为承重砌块（L）和非承重砌块（N）。

　　根据《普通混凝土小型砌块》（GB/T 8239—2014），普通混凝土小型砌块尺寸规格见表9.16，最小外壁厚应不小于30mm，最小肋厚应不小于25mm，外形如图9.4所示。

　　《普通混凝土小型砌块》（GB/T 8239—2014）按抗压强度将砌块分为MU5.0、MU7.5、MU10.0、MU15.0、MU20.0、MU25.0、MU30.0、MU35.0、MU40.0九个强度等级（表9.17）。用于承重墙与非承重墙的砌块应满足表9.18的强度等级要求。

　　L类砌块吸水率应不大于10％，N类砌块吸水率应不大于14％。软化系数应不小于0.85，碳化系数应不小于0.85。L类砌块线性干燥收缩值应不大于0.45mm/m，N类砌块线性干燥收缩值应不大于0.65mm/m。抗冻性应满足规范要求。

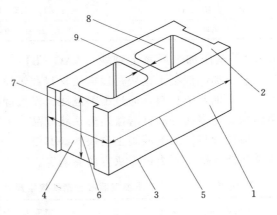

图9.4　混凝土小型空心砌块
1—条面；2—坐浆面；3—铺浆面（勒厚较大的面）；
4—顶面；5—长度；6—宽度；
7—高度；8—壁；9—勒

　　普通混凝土小型砌块按砌块种类、规格尺寸、强度等级、标准代号顺序标记，如390mm×190mm×190mm、MU15的承重结构用实心砌块，标记为：LS 390×190×190 MU15 GB/T 8239。

　　混凝土小型砌块的优点是质量轻、生产简便、施工速度快、适用性强、造价低等。一般用于多层建筑的内墙与外墙。但由于混凝土砌块的温度变形和干湿变形值都比黏土砖大，为防止墙体开裂，应根据建筑的具体情况设置伸缩缝，在必要的部位增加构造钢筋。施工时应注意底面朝上砌筑（反砌），砌块之间应对孔错缝搭接，灰缝宽度一般应为10～15mm。砌筑时一般不宜浇水，但在气候特别干燥炎热时，可在砌筑前稍喷水湿润。

表 9.16　　　　　　普通混凝土小型砌块尺寸（GB/T 8239—2014）　　　　　单位：mm

长度	宽度	高度（厚度）
390	90、120、140、190、240、290	90、140、190

表 9.17　　　　　　混凝土小型空心砌块强度等级（GB/T 8239—2014）

强度等级	抗压强度/MPa		强度等级	抗压强度/MPa	
	平均值	单块最小值		平均值	单块最小值
MU5.0	≥5.0	≥4.0	MU25.0	≥25.0	≥20.0
MU7.5	≥7.5	≥6.0	MU30.0	≥30.0	≥24.0
MU10.0	≥10.0	≥8.0	MU35.0	≥35.0	≥28.0
MU15.0	≥15.0	≥12.0	MU40.0	≥40.0	≥32.0
MU20.0	≥20.0	≥16.0			

表 9.18　　　用于承重墙与非承重墙的砌块强度等级要求（GB/T 8239—2014）　　　单位：MPa

砌块种类	承重砌块（L）	非承重砌块（N）
空心砌块（H）	7.5、10.0、15.0、20.0、25.0	5.0、7.5、10.0
实心砌块（S）	15.0、20.0、25.0、30.0、35.0、40.0	10.0、15.0、20.0

9.2.2　蒸压加气混凝土砌块（AAC－B）

蒸压加气混凝土砌块是以硅质材料和钙质材料为主要原材料，掺加发气剂（如铝粉）及其他调节材料，通过配料浇注、发气静停、切割、蒸压养护等工艺制成的用于墙体砌筑的多孔轻质硅酸盐矩形块状制品。

根据《蒸压加气混凝土砌块》（GB/T 11968—2020），常用的规格尺寸见表 9.19。如需其他规格，可由供需双方协商确定。

表 9.19　　　　　　蒸压加气混凝土砌块规格尺寸（GB/T 11968—2020）　　　　　单位：mm

长度 L	宽度 B	高度 H
600	100、120、125、150、180、200、240、250、300	200、240、250、300

《蒸压加气混凝土砌块》（GB/T 11968—2020）规定，砌块按抗压强度平均值与最小值划分级别，并以平均值表示，分为 A1.5、A2.0、A2.5、A3.5、A5.0 五个级别，A1.5、A2.0 适用于建筑保温。砌块按平均干密度分为 B03、B04、B05、B06、B07 五个级别，B03、B04 适用于建筑保温。砌块按尺寸偏差与外观质量分为Ⅰ型和Ⅱ型，Ⅰ型用于薄灰缝砌筑，Ⅱ型用于厚灰缝砌筑。

产品以代号（AAC－B）、强度和干密度分级、规格尺寸和标准编号标记，如抗压强度为 A3.5、干密度 B05、规格尺寸为 600mm×200mm×250mm 的Ⅰ型砌块，标记为：AAC－B A3.5B05 600×200×250（Ⅰ）GB/T 11968。

蒸压加气混凝土砌块作为墙体材料，具有质量轻、绝热性能好、吸声、加工方便、施工效率高、适应性强等优点。可使建筑物自重减轻 2/5～1/2，不仅降低造价，而且还可提高建筑物抗震能力。热导率仅为黏土砖的 1/5，普通混凝土的 1/9，因此具有极好的保温性能；可加工成各种规格和形状，以适应各种建筑结构体系；加气混凝土原料中的硅质材料利用工业废料，对环境保护有重要意义。

9.2.3　粉煤灰砌块（FB）

52　建材
趣知识5
你搬得动吗？

粉煤灰砌块是以粉煤灰、石灰、石膏和骨料（炉渣、矿渣）为原料，加水搅拌、振动成型、蒸汽养护而成的密实砌块。《粉煤灰砌块》（JC 238—1991）规定，砌块的主规格外形尺寸为 880mm×380mm×240mm、880mm×430mm×240mm 两种；砌块端面应加灌浆槽，坐浆面宜设抗剪槽。砌块的强度等级按其立方体抗压强度分为 10 级和 13 级，其立方体抗压强度、碳化后强度、抗冻性能和表观密度应符合表 9.20 的规定。砌块按外观质量、尺寸偏差、干缩性能分为一等品（B）和合格品（C）；并按其产品名称、规格、强度等级、产品等级和标准代号顺序标记，如 880mm×380mm×240mm、强度等级为 10 级、一等品砌块标记为：FB880×380×240 - 10B - JC 238。

粉煤灰砌块的导热性能比水泥混凝土砌块低，其热导率为 $0.465\sim0.582\text{W}/(\text{m}\cdot\text{K})$。因此，砌体有较好的热工性能，适用于民用与工业建筑的墙体和基础。

表 9.20　　　粉煤灰砌块强度、抗冻性能和表观密度指标（JC 238—1991）

项　　目	指　　标	
	10 级	13 级
抗压强度/MPa	3 块试件平均值≥10.0	3 块试件平均值≥13.0
	单块最小值≥8.0	单块最小值≥10.5
人工碳化后强度/MPa	≥6.0	≥7.5
抗冻性	冻融循环结束后，外观无明显疏松、剥落或裂缝；强度损失不大于20%	
表观密度/(kg/m³)	不超过设计密度10%	
干缩值/(mm/m)	≤0.75	≤0.90

9.3　墙用板材

9.3.1　石膏类墙用板材

1. 纸面石膏板

纸面石膏板是以建筑石膏为主要原料，并掺入适量纤维、黏结剂、缓凝剂、发泡剂等，搅拌均匀制成芯材，以特制的护面纸作为面层的一种轻质板材。它的常用规格是 1200mm×800mm×30mm，固定在木架或者钢结构架上，作为室内隔墙，表面涂刷耐水材料或贴塑料壁纸，以增加防水性和装饰作用。

2. 石膏空心板

石膏空心板强度高，用于住宅和公共建筑的内墙和隔墙等，安装时不需要龙骨。

3. 纤维石膏板

纤维石膏板是以建筑石膏为主要原料掺加适量的纤维增强材料而制成。这种板的抗弯强度高，可用于内墙和隔墙，也可用来替代木材制作家具。

石膏类砌块或板材无需蒸汽养护，也不得进行蒸汽养护。

9.3.2 水泥类墙用板材

1. 预应力混凝土空心墙板

预应力混凝土空心墙板是用高强度低松弛预应力钢丝或钢绞线、52.5R 级水泥及砂、石为原料，经过张拉、搅拌、挤压、养护、放张、切割而成的混凝土制品。板宽 600～1200mm，板长 1000～1900mm，板厚 200～480mm。可用于承重、非承重外墙板、内墙板，还可增加保温吸声层（如 20～50mm 厚的聚苯乙烯泡沫层）、防水层和多种饰面层（如釉面砖、喷砂、水刷石等）。也可制成各种规格的楼板、屋面板、雨罩和阳台板等。

2. GRC 空心轻质墙板

GRC 空心轻质墙板是以玻璃纤维、水泥为原料，加工制成的一种空心轻质墙板，它重量轻、强度高、防潮、不燃、保温、隔声，并且加工性好，能锯、钉、钻、刨，施工方便，广泛地用于高层建筑的分室、分户及厨房、洗手间等非承重墙部位，替代烧结普通砖，可减轻建筑物的重量，增加实际使用面积，经济效益和社会效益良好。

3. 水泥刨花板

水泥刨花板是以水泥、木材刨花为主要原料，加入适量水和化学助剂，经搅拌、成型、加压、养护等工艺制成的薄型建筑板材。它的体积密度为 1100～1400kg/m³，具有质轻、高强、防水、防火、保温、隔音等性能，可用于建筑的内外墙板，天花板等。

4. 玻璃纤维增强水泥平板

纤维增强水泥平板是以低碱水泥、中碱玻璃纤维和短石棉为原料，在圆网机抄取成坯的薄型建筑平板，简称 TK 板。按抗弯强度分为 10.0MPa、15.0MPa、20.0MPa 三种，具有质量轻、抗弯强度高、冲击强度高、不燃、耐水、不易变形和可加工、涂刷等性能，是一种用于框架的复合外墙和内墙板材。

5. 蒸压加气混凝土板

蒸压加气混凝土板的绝干容重不大于 500kg/m³，抗压强度不小于 4MPa。它的自重仅为混凝土的 1/5、砖的 1/4。同时，它不需要粉刷即可进行表面装修。用它做围护结构的建筑，可大幅度地减轻建筑物自重，减轻地震作用力，从而在保证提高结构安全度的情况下减少结构材料用量，降低工程费用。特别是在钢结构工程中采用蒸压加气混凝土板作围护结构就更能发挥其自重轻、强度高、延性好、抗震能力强的优越性。

9.3.3 复合墙板

将不同功能的材料分层复合而成的墙板，称为复合墙板。其优点在于充分发挥所用材料各自的特长，减轻墙体自重，提高使用功能。复合墙板主要用于外墙和分户墙，有承重和非承重之分。

复合外墙板一般由外层、中间层和内层组成。内层为饰面层，外层为防水和装饰层，中间夹层为保温、隔音层。内外层之间，多用龙骨或板肋连接。墙板的承重层可设在板的内侧或外侧，单纯承重的复合墙板靠面层承重。如加气混凝土夹层外墙板、混凝土保温材料夹心外墙板、钢丝网水泥复合外墙板、彩钢夹芯复合板等，都是复合墙板。

1. 混凝土夹芯板

混凝土夹芯板以 20～30mm 厚的钢筋混凝土作内外表面层，中间填以岩棉毡及泡沫混凝土等保温材料，两层面板可采用纤维板、FC 板、硅钙板等薄板，既具有承重又有保温隔热的性能，是一种新型建筑材料。以外形尺寸 2400mm×1220mm×76mm 的泡沫混凝土复合夹芯板材为例，性能为：面密度 90kg/m²、抗弯破坏荷载 6.6kN/m²（跨度 2.3m）、挠跨比 1/750、干燥收缩 0.52mm/m、耐火极限 76min、隔声指数 45.2dB。

2. 彩钢夹芯复合板

彩钢夹芯复合板是采用优质彩钢板和轻质内芯材料，利用单面或双面外层，形成强度高、质量轻、隔热保温效果好的一种新型建筑材料。被广泛使用于工业厂房、大型仓库、大跨度屋面、墙面、简易板房、售货亭、冷库、净化室、空调室等场所。

【技能训练】

1. 填空题

（1）目前，所用的墙体材料有_____、_____和_____三大类。

（2）烧结普通砖的外形为直角六面体，其公称尺寸为_____。

（3）烧结普通砖按抗压强度分为_____、_____、_____、_____和_____五个强度等级。

（4）蒸压加气混凝土砌块有_____、_____、_____、_____、_____和_____等优良性能。

（5）黏土的_____与_____等性能，是黏土砖制坯与烧成的工艺基础。

2. 选择题

（1）蒸压加气混凝土砌块常用（   ）作为发气剂。

　　A. 镁粉　　　　　B. 铝粉　　　　　C. 电石粉　　　　　D. 漂白粉

（2）烧结空心砖是指孔洞率大于等于（   ）的砖。

　　A. 20%　　　　　B. 30%　　　　　C. 35%　　　　　D. 40%

（3）A5.0 表示蒸压加气混凝土砌块的（   ）。

　　A. 强度级别　　　B. 容重级别　　　C. 保温级别　　　D. 隔声级别

（4）蒸压灰砂砖是以（   ）为主要原料，经配料、成型、蒸压养护而成。

　　A. 水泥、粉煤灰　B. 水泥、砂　　　C. 石灰、砂　　　D. 粉煤灰、砂

（5）砌筑 1m³ 的砖墙体需烧结普通砖（   ）块（不计损耗）。

　　A. 360　　　　　B. 482　　　　　C. 512　　　　　D. 1024

（6）（   ）生产过程中不能蒸汽养护。

　　A. 加气混凝土砌块　　　　　　　B. 灰砂砖

　　C. 粉煤灰砌块　　　　　　　　　D. 石膏砌块

3. 问答题

（1）烧结普通砖的强度等级是怎样划分的？怎样判断其是否为合格品？

（2）什么叫泛霜（盐析）？什么叫石灰爆裂？它们对烧结普通砖的危害是什么？

（3）为何蒸压加气混凝土砌块广泛用于墙体材料？你校教学楼的墙体材料是什么？

（4）常用墙用板材有哪些？各有什么特点？

（5）砖、砌块的长、宽、厚的尺寸怎样确定？砖与砌块的尺寸是怎样匹配的？

4. 计算题

（1）试计算砌筑 $360m^2$ 二四墙砖墙（24cm 厚墙体）需烧结普通砖多少块（不计损耗）？需砌筑砂浆多少方？为配制砌筑砂浆，需购进含水率 3.2%（干堆积密度为 $1480kg/m^3$）的砂多少吨？

（2）运来 MU15 烧结普通砖一批，取 10 块砖，制成抗压试样（试样受压面积为 $110mm \times 115mm$），测得其抗压破坏荷载见表 9.21。问该批砖强度是否合格？

54 项目 9 墙体材料 习题答案

表 9.21 砖样的抗压破坏荷载

编号	1	2	3	4	5	6	7	8	9	10
抗压破坏荷载/kN	231	237	198	242	197	210	202	248	192	218

建 筑 装 饰 材 料

55 项目 10
课件

【教学目标】

　　理解装饰材料的选择原则；了解装饰石材的主要种类、性能指标及选用；了解装饰陶瓷、玻璃的主要品种、性能及适用范围；了解装饰涂料的主要品种、性能及选用。

【教学要求】

知识要点	能 力 目 标	权重
装饰材料的选择原则	理解选择装饰材料必须满足的基本原则	10%
装饰石材	了解天然大理石、花岗石、人造石材的特性及适用范围	30%
装饰陶瓷、玻璃	了解装饰陶瓷、玻璃的主要品种、性能及选用	30%
装饰涂料	了解主要装饰涂料的品种、性能及选用	30%

【基本知识学习】

　　建筑装饰材料是铺设或涂刷在建筑物表面，起装饰效果的材料。

　　建筑装饰材料是建筑装饰的物质基础，装饰工程总体效果的实现，无不通过运用各种装饰材料以及室内配套产品的质感、色彩、图案等体现出来。正确、恰当地选择装饰材料在建筑装饰工程中占有举足轻重的作用。

10.1　概述

10.1.1　建筑装饰材料的分类

　　为能合理、科学地选择和使用建筑装饰材料，必须对其进行科学分类。

　　1. 按化学成分分类

　　装饰材料按化学成分分类，可反映各种材料的不同本质，便于进行材料的研究与选用。按化学成分装饰材料可分为无机装饰材料、有机装饰材料和复合装饰材料三大类。

　　2. 按装饰部位分类

　　按装饰部位分类是较实用的分类方法。根据不同的装饰部位，装饰材料分为外墙

255

装饰材料、内墙装饰材料、地面装饰材料、顶棚装饰材料。

3. 按装饰材料的燃烧性能分类

按装饰材料的燃烧性能，分为 A 级、B1 级、B2 级和 B3 级四种。A 级材料具有不燃性，如金属材料及无机矿物材料等；B3 级材料具有易燃性，如塑料制品、纤维织物等。

10.1.2　建筑装饰材料的选择原则

建筑装饰材料种类众多，品种、性能各异，用途及价格也不尽相同，所以装饰材料的选择显得尤为重要。

选择装饰材料重在合理搭配，充分运用材料的装饰性，以体现地方特色、民族传统、个人风格和现代新材料、新技术的魅力。因此，选择装饰材料一般应该考虑以下 5 个方面的原则。

1. 装饰材料的装饰性原则

装饰材料的选择搭配首先必须满足装饰美化的要求，并要符合人们的审美情趣，也就是要考虑材料的装饰性。装饰性是指材料的外观特性给人的心理感觉。一般包括材料的颜色、光泽度、透明性、表面组织、形状和尺寸五方面。

（1）材料的颜色。颜色是对装饰材料效果最突出、最明显的反映，是构成建筑物外观乃至影响周围环境的主要因素。选择颜色时，应考虑空间的性质、使用空间的人、地方特色和民族风格等方面。

（2）材料的光泽度。材料的光泽度反映了材料的表面质感。光泽度大的材料，其质感光滑、细腻，光泽度小的材料感觉粗糙。

（3）材料的透明性。材料的透明性是指光线透过物体表面时所表现出的光学特征。能透过光线的物体为透明体，如普通平板玻璃；能透光但不能透视的物体为半透明体，如磨砂玻璃；不透光也不透视的物体为不透明体，如陶瓷材料。合理选用具有不同透明性的材料，可以产生意想不到的效果。如利用磨砂玻璃或压花玻璃作隔断或发光顶棚，既有采光和透光的作用，又可以遮挡视线和灯具。

（4）材料的表面组织。材料的表面组织是指材料表面呈现出的质感。表面组织呈现细致或粗糙、平整或凹凸、密实或疏松等质感效果，给人以不同的心理感受。如光滑细致的表面组织使人感觉细腻精美；粗糙不平的表面，给人带来粗犷豪放的感觉。

（5）材料的形状和尺寸。材料的形状和尺寸给人带来空间尺寸的大小和使用上是否舒适的感觉。装饰设计时，要根据人体尺寸及空间尺度合理选定材料的形状和尺寸。

总之，优美的装饰艺术效果，不在于多种材料的堆积，而是要在体察装饰材料内在构造和美学的基础上，精于选材，合理配置。

2. 装饰材料的功能性原则

根据建筑物和各个房间的不同使用性质来选定装饰材料，以充分发挥装饰材料所具有的特殊功能。例如，用于浴室和卫生间等部位的装饰材料应防水、易清洁；厨房的装饰材料则要求易擦洗、耐脏、防火，所以不宜选用纸制或布制材料，材料的表面也不宜有凹凸不平的花纹；卧室地面可以使用木地板或地毯等具有保温隔声效果的材料；公共场所就应该使用耐磨性很好的天然石材或陶瓷地砖。

3. 装饰材料的经济性原则

从经济角度考虑装饰材料的选择，应有一个总体的概念。既要考虑到一次性投资的多少，也要考虑到日后的维修费用，还要考虑装饰材料今后的发展趋势，保证整体上的经济合理性。一味追求高档材料，不但使造价昂贵，而且会因材料过多过杂，难以形成一定的艺术风格。对装饰材料合理组合和搭配，才能获得既美观又经济实惠的效果。

4. 装饰材料的耐久性原则

装饰材料处于建筑物的最外层，在使用过程中要承受各种环境因素的侵蚀作用，为保证装饰层的使用效果，装饰材料必须具备一定的耐久性。选择装饰材料时，应根据材料使用的部位和环境条件，提出相应的耐久性能要求，以达到满意的使用效果。

5. 装饰材料的绿色性原则

调查表明，人的一生约有 80%～90% 的时间是在室内活动，所以室内空气的质量与人体健康息息相关。一些装饰材料中含有大量的挥发性有机化合物（volatile organic compound，VOC），对人体健康造成极大的威胁。VOC 包括甲醛、苯、甲苯、二甲苯和芳烃类化合物，普遍存在于装饰材料中。医学研究表明，长期生活、工作在含有 VOC 气体的环境中，在感官、感情、认知功能等诸多方面都有不同程度的损害。国家有关部门非常重视装饰材料对室内空气质量的影响，2002 年以后，相继出台了国家与地方标准对一些装饰材料有害物质的限量加以规定，如《室内空气质量标准》（GB/T 1883—2022），全面规定了室内空气的物理性、化学性、生物性、放射性四类共 22 个指标的限量，为室内空气的评价提供了科学依据。

56　建材
趣知识6
可怕的 VOC

10.2　建筑装饰石材

建筑装饰石材包括天然石材和人造石材两大类。天然石材是指从天然岩体中开采出来的，并经加工成块状或板状材料的总称，是历史悠久的装饰材料。天然装饰石材不仅具有较高的强度、硬度、耐磨性、耐久性等性能，而且经过表面加工后可获得优良的装饰性。人造石材是一种人工合成的新型装饰材料，无论在材料生产、使用方面，还是在装饰效果、性能价格方面，都显示出极大的优越性，成为一种有发展前途的装饰材料。

10.2.1　天然石材

建筑装饰工程中常用的天然石材是大理石和花岗石。

1. 天然大理石

通常将具有与大理岩相似性能的各类碳酸盐岩或镁质碳酸盐岩，以及有关的变质岩统称为大理岩。可称为大理石的岩石有各种大理岩、火山凝灰岩、石灰岩、蛇纹岩、石膏岩等。

"大理石"是以云南的大理城命名的，大理以盛产大理石闻名中外。大理石属于变质岩的一种，主要造岩矿物为方解石（结晶碳酸钙）或白云石（结晶碳酸钙镁复岩）。主要成分为碳酸钙（CaO 占 50% 左右），酸性氧化物 SiO_2 很少，属碱性的结晶岩石。

（1）天然大理石的装饰特点。纯净的大理石晶莹剔透、洁白如玉、熠熠生辉，又称为汉白玉、白玉和苍山白玉，属于大理石中的珍品。一般大理石由于含有氧化铁、二氧化硅、云母、石墨、蛇纹石等杂质，使大理石呈现出灰、绿、黑、黄、红、褐等多种色彩和花纹，磨光后极为美丽典雅。大理石结晶程度差，表面不是呈细小的晶粒花样，而是呈云状、枝条状或脉状的花纹。所以一般在大理石的命名中都包括其花纹色调特征。

（2）天然大理石建筑板材的分类和命名。

1）天然大理石建筑板材的分类及等级。按矿物成分分为方解石大理石（FL）、白云石大理石（BL）、蛇纹石大理石（SL）；按形状分为毛光板（MG）、普型板（PX）、圆弧板（HM）、异型板（YX）；按加工分镜面板（JM）、粗面板（CM）。按加工质量、外观质量分为 A、B、C 三个等级。

2）天然大理石建筑板材的命名与标记。天然大理石建筑板材命名顺序：名称、类别、规格尺寸、等级、标准编号。例如，用房山汉白玉大理石荒料加工的 600mm×600mm×20mm 普型 A 级镜面板材，标记为：房山汉白玉大理石 BL PX JM 600×600×20 A GB/T 19766—2016。

（3）天然大理石建筑板材尺寸系列。普型板边长系列（mm）：300[a]、305[a]、400、500、600[a]、700、800、900、1000、1200；厚度系列（mm）：10[a]、12、15、18、20[a]、25、30、35、40、50（[a] 为常用规格）。圆弧板、异型板和特殊要求的普型板规格尺寸由供需双方商定。

（4）天然大理石建筑板材的物理力学性能。天然大理石建筑板材的性能应满足《天然大理石建筑板材》（GB/T 19766—2016）（表 10.1）。此外，同一批板材的色调和花纹应达到基本一致，不可以与标准样板有明显的差异。非定型配套产品，每一部位色调深浅可以逐步过渡，花纹特征基本协调。

表 10.1　　　　天然大理石建筑板材的性能指标（GB/T 19766—2016）

项　目	指　标		
	方解石大理石	白云石大理石	蛇纹石大理石
体积密度/(g/cm³)	≥2.60	≥2.80	≥2.56
吸水率/%	≤0.50	≤0.50	≤0.60
压缩强度（干燥、水饱和）/MPa	≥52	≥52	≥70
弯曲强度（干燥、水饱和）/MPa	≥7.0	≥7.0	≥7.0
耐磨性/(1/cm³)	≥10	≥10	≥10

（5）天然大理石建筑板材的应用。由于大多数大理石的主要成分为碳酸钙或碳酸镁等碱性物质，易受大气腐蚀，所以除个别品种（如汉白玉、艾叶青等）外，大理石一般不宜用作室外装饰。此外，大理石的硬度较低，较花岗岩易于切割、雕琢、磨光，但用于地面时，磨光面容易损坏，因此，多用于室内的墙面、柱面、柜面等，也可用于磨损不强烈的地面。

2. 天然花岗石

石材行业通常将具有与花岗岩相似性能的各种岩浆岩和以硅酸盐矿物为主的变质岩称为花岗岩。

（1）天然花岗石的装饰特点。花岗石的颜色由长石颜色和少量云母及其他深色矿物颜色而定，一般呈灰色、黄色、蔷薇色、淡红色、黑色或灰黑相间的颜色等。当其表面磨光后，会形成色泽深浅不同的美丽斑点状花纹，花纹的特点是晶粒细小均匀，并分布着繁星般的云母亮点与闪闪发光的石英结晶。而大理石结晶程度差，表面很少细小晶粒，而是圆圈状、枝条状或脉状的花纹，所以一般可以据此来区别两种石材。

装饰花岗石磨光板材光亮如镜，有华丽高贵的装饰效果。常见的花岗石磨光板材品种包括以下几个系列：

1）红色系列：四川红、贵妃红、印度红、牡丹红等。

2）黄红色系列：娱乐金麻、皇室金麻、黄金麻、樱花红等。

3）花白系列：白石化、太阳白麻、印度白金、中国白麻等。

4）黑色系列：淡青黑、黑金沙、夜玫瑰、中国黑等。

5）青色系列：芝麻青、济南青、竹叶青、蝴蝶绿等。

（2）天然花岗石建筑板材的分类、等级、命名标记。

1）天然花岗石建筑板材的分类和等级。按形状分为毛光板（MG）、普型板（PX）、圆弧板（HM）、异型板（YX）；按表面加工程度分镜面板（JM）、细面板（YG）、粗面板（CM）；按用途分为一般用途（一般性装饰用途）、功能用途（结构性承载用途或特殊功能要求）。

毛光板、普型板、圆弧板按规格尺寸偏差、平面度公差、角度公差及外观质量等，分为优等品（A）、一等品（B）、合格品（C）三个等级。

2）天然花岗石建筑板材的命名标记。天然花岗石建筑板材的命名顺序：名称、类别、规格尺寸、等级、标准编号。例如，用济南青花岗石荒料加工的 600mm × 600mm × 20mm、普型、镜面、优等品板材，标记为：济南青花岗石 PX JM 600 × 600 × 20 A GB/T 18601—2009。

（3）天然花岗石建筑板材尺寸系列。普型板边长系列（mm）：300^a、305^a、400、500、600^a、800、900、1000、1200、1500、1800；厚度系列（mm）：10^a、12、15、18、20^a、25、30、35、40、50（^{a} 为常用规格）。圆弧板、异型板和特殊要求的普型板规格尺寸由供需双方商定。

（4）天然花岗石建筑板材的物理力学性能。天然花岗石建筑板材的性能应满足《天然花岗石建筑板材》（GB/T 18601—2009）（表 10.2）。

（5）天然花岗石建筑板材的应用。天然花岗石结构致密、抗压强度高、吸水率低、耐磨性好、耐久性好，一般用于室内外墙面、地面、柱面、台阶、基座、踏步、檐口、纪念碑、铭牌等处。磨光花岗石极易打滑，所以北方不太适宜在室外使用磨光花岗石地面。花岗石中的石英在 573℃ 和 870℃ 会发生相变膨胀，因而耐火性不高。另外，某些花岗石（如印度红、杜鹃红）含有微量放射性元素，对这些花岗石应避免应用于室内。

表 10.2　　　　　　　　天然花岗石建筑板材的性能指标（GB/T 18601—2009）

项　　目	指　　标	
	一般用途	功能用途
体积密度/(g/cm^3)	≥2.56	≥2.56
吸水率/%	≤0.60	≤0.40
压缩强度（干燥、水饱和)/MPa	≥100	≥131
弯曲强度（干燥、水饱和)/MPa	≥8.0	≥8.3
耐磨性/(1/cm^3)	≥25	≥25

10.2.2　人造石材

人造石材（又称合成石）是以水泥或不饱和聚酯为胶黏剂，配以天然大理石或方解石、白云石、硅砂、玻璃粉等无机粉料，以及适量的阻燃剂、稳定剂、颜料等，经配料混合、浇筑、振捣、压缩、挤压等方法成型固化制成的一种人造石材。

1. 人造石材的分类

按照人造石材生产时所用的原材料，一般分为以下 4 种。

（1）水泥型人造石材。水泥型人造石材以各种水泥如普通水泥、硅酸盐水泥、矿渣水泥等为胶黏剂，砂为细骨料，碎大理石、花岗石、工业废渣等为粗骨料，经配料、搅拌、成型、加压蒸养、磨光、抛光而成。也有以铝酸盐水泥为胶黏剂的，因为铝酸盐水泥水化时产生了氢氧化铝凝胶，填充到人造石材的毛细孔中，形成很致密的结构，同时形成很光滑的表面层。水泥型人造石材的物理力学性能和表面的花纹色泽等装饰性能比天然石材稍差，但其价格较低。水磨石和各类花阶砖属于水泥型人造石材。

（2）树脂型人造石材。树脂型人造石材是以不饱和聚酯等有机胶凝材料为胶黏剂，与天然碎石、石粉、颜料或染料等搅拌混合，经浇筑成型，在固化剂作用下产生固化作用，经脱模、烘干、抛光等工序而制成。这种方法在国际上比较流行，我国也多采用此法生产人造石材。

（3）复合型人造石材。复合型人造石材的胶黏剂既有无机黏结材料，也有有机黏结材料。先用无机黏结剂将石粉等填料黏结成型，然后再将胚体在具有聚合功能的有机单体中浸渍，使其在一定条件下聚合形成复合型人造石材。无机黏结材料可采用各种水泥。有机单体可用苯乙烯、甲基丙烯酸甲酯、醋酸乙烯、丙烯腈等，单体可单独使用，也可组合使用。

（4）烧结型人造石材。烧结型人造石材的生产工艺与陶瓷的生产相似。将斜长石、石英、辉石、方解石等石粉、赤铁矿粉及部分高岭土等混合，用泥浆法制成坯料，用半干压法成型，然后在窑中以 1000℃ 左右温度烧结而成。这种人造石材性能稳定，耐久性好，但因要高温烧结，能耗大，造价较高，所以在工程实际中采用的很少。

2. 常用人造石材

（1）建筑水磨石板。

1）建筑水磨石板的特点。水磨石板是以水泥为胶凝材料制成的人造石材。其强度高，坚固耐用，花纹、颜色和图案等都可以任意配制，花色品种多，在施工时可根据要求组合成各种图案，装饰效果较好，施工方便，价格较低。

2）建筑水磨石板的用途。可以预制成各种形状的制品和板材，也可在现场浇筑，用作建筑物的地面、墙面、柱面、台面、窗台、台阶、踢脚和踏步等处。

（2）聚酯型人造石材。聚酯型人造石材是采用不饱和聚酯树脂为胶黏剂生产的树脂型人造石材。根据其表面花色、光泽不同又称为人造大理石、人造花岗石、人造玛瑙石或人造玉石等。

1）聚酯型人造石材的特点。它的装饰性好、强度高、耐磨性好，耐腐蚀性、耐污染性好，生产工艺简单、可加工性好，耐热性、耐候性差。

2）聚酯型人造石材的用途。它可以用作室内墙面、台面、地面、柱面、壁面、建筑浮雕等处的装饰，也可用作制作卫生洁具，例如浴缸、整体台式洗面盆、立柱式洗面盆、坐便器等，还可以作壁面等工艺品。

（3）石塑防滑地砖。石塑防滑地砖是一种新型的人造地面材料，是由聚氯乙烯（PVC）为主，经人工合成的复合型地面材料。石塑防滑地砖防滑性能好，脚感不像天然石材那样坚硬，有一定的韧性和保温性；表面可以做出不同的色泽、图案，装饰效果好；质量比天然石材轻，可以降低对地面的荷重；铺装方便。石塑防滑地砖特别适合于幼儿园、老人居住的房间、医院等的地面装饰，也可用于内墙面、柱面等处的装饰。

（4）微晶石材。微晶石材又称为微晶玻璃，它不是传统意义上用来采光的无机平板玻璃，是一种新型高档的豪华建筑装饰材料。

微晶玻璃装饰板是应用受控晶化高技术而得到的多晶体，其成分与天然花岗岩相同，属硅酸盐质。特点是结构致密、强度高、耐磨性好、耐腐蚀、吸水率低、无放射性污染。此外，微晶玻璃装饰板的颜色、纹理等装饰特性可以调整。

微晶玻璃装饰板由于其优异的装饰性能，使得产品一上市就得到消费者的欢迎，目前可以代替天然花岗石用于建筑物的墙面、地面、柱面和楼梯等处的装饰。

10.3　建筑装饰陶瓷

建筑装饰陶瓷自古就是一种优良的建筑装饰材料。在现代建筑工程中应用的建筑装饰陶瓷制品主要包括陶瓷墙地砖、釉面砖、卫生陶瓷、玻璃制品和园林陶瓷等。

10.3.1　概述

1. 陶瓷的概念和分类

陶瓷是指以黏土为主要原料，经过原料处理、成型、焙烧而成的无机非金属材料。根据生产时所用原料及特性的不同，陶瓷分为陶质制品、瓷质制品和炻质制品三类。

（1）陶质制品。陶质制品烧结程度相对较低，断面粗糙无光，不透明，敲击时声音粗哑。制品一般为多孔结构，吸水率较大（10%～22%），强度较低，抗冻性较差。陶质制品又根据原材料所含杂质的多少分为精陶制品和粗陶制品两种。

粗陶坯料一般是由一种或两种含杂质较多的黏土组成的，粗陶表面不施釉。建筑上所用的黏土砖、瓦、陶管及日用的瓦罐、瓦盆和缸器等均属于最普通的粗陶制品。

精陶制品多以可塑黏土、高岭土、长石、石英等为原料，经过素烧（无釉坯料在高温下的焙烧）和釉烧（在坯体表面施釉后再进行的焙烧）两次烧成，即精陶通常是上釉的，它的坯体常为白色或象牙色的多孔结构。一般釉面内墙砖和卫生洁具等为精陶制品。

（2）瓷质制品。瓷质制品是以杂质含量较少的高岭土为主要原料，经制坯焙烧而成。瓷质制品又分粗瓷制品和细瓷制品。瓷质制品结构致密，强度高，基本上不吸水，通常是洁白色，敲击时声音清脆，并有一定的半透明性，表面一般要施釉。餐茶具、工艺美术品和电瓷产品等都属于此类。

（3）炻质制品。炻质制品是介于陶质制品和瓷质制品之间的一类陶瓷制品，也称为半瓷。

根据坯体的致密程度，炻质制品又分为粗炻器和细炻器两类。建筑装饰陶瓷墙地砖、陶瓷锦砖等属于粗炻器。日用器皿、化工及电器工业用瓷均属细炻器。

2. 陶瓷的装饰

陶瓷的装饰方法有施釉和彩绘两种。

釉是施涂在坯体表面上的适当成分的釉料在高温下熔融，冷却后在陶瓷制品表面上形成的一层很薄的均匀连续的玻璃质层。釉可赋予陶瓷制品平滑、光洁的表面，改变坯体表面粗糙无光、易沾污和吸湿的特性，使制品表面不吸湿、不透气；釉层还可以提高陶瓷制品的机械强度、抗渗性、耐腐蚀性、抗沾污性和易清洁性等性能。

彩绘是在坯体上用人工或印刷、贴花转移等方法制成各种图案形成釉层部分的陶瓷装饰方法。根据彩绘形成在釉层下还是在釉层上分为釉下彩绘和釉上彩绘两种。釉下彩绘是在生坯或素烧后的坯体上进行彩绘，然后在其上施一层透明釉或半透明釉，再釉烧而成（釉烧在后）。釉上彩绘是在釉烧过坯体的釉层上用低温颜料进行彩绘，而后进行彩烧而成（釉烧在前）。

10.3.2　内墙面砖

内墙面砖是用于建筑物内墙装饰的薄板状精陶制品，又称釉面砖、瓷砖、瓷片。其表面平滑、光亮，颜色丰富，色彩图案五彩缤纷，是一种良好的内墙装饰材料。

1. 釉面砖的种类和特点

釉面砖品种多，主要有白色釉面砖、彩色釉面砖和图案釉面砖等，所施的釉料有白色釉、彩色釉、光亮釉、结晶釉和珠光釉等。釉面砖种类及特点见表10.3。

表 10.3　　　　　　　　　　釉面砖的种类及特点

种　类		代号	特　点
白色釉面砖		F、J	色纯白，釉面光亮，清洁大方
彩色釉面砖	有光彩色釉面砖	YG	釉面光亮晶莹，色彩丰富雅致
	无光彩色釉面砖	SHG	釉面半无光，不晃眼，色泽一致，柔和
装饰釉面砖	花釉砖	HY	在同一砖上施多种彩釉，色釉相互渗透，花纹千姿百态
	结晶釉砖	JJ	晶花辉映，纹理多姿
	斑纹釉砖	BW	斑纹釉面，丰富多彩
	大理石釉砖	LSH	具有天然大理石花纹，颜色丰富，美观大方
图案砖	白底图案砖	BT	在白色釉面砖上装饰各种图案，纹样清新，色彩明朗
	色底图案砖	YGT SHGT DYGT	在有光（YG）或无光（SHG）彩色釉面砖上装饰各种图案，产生浮雕、缎光、绒毛、彩漆等效果，做内墙装饰，别具风格
瓷砖画		—	以各种釉面砖拼成瓷砖画，或根据已有画稿烧制成釉面砖，拼成各种瓷砖画，画面清新优美，永不褪色

2. 釉面砖的技术要求

《陶瓷砖》（GB/T 4100—2015），对釉面砖的尺寸允许偏差、平整度允许偏差、直角边和直角度允许偏差、外观质量和色差都提出了要求，并根据外观质量和色差划分为优等品、一等品和合格品三个等级。

釉面砖物理力学性能要求：①吸水率不大于 21%；②耐急冷急热性合格，即经 130℃温差后釉面无破损、裂纹或剥离现象；③抗龟裂性合格，即在压力为（500±20)kPa，温度为（159±1)℃的蒸压釜中保持 1h 后，釉面不发生龟裂；④抗弯强度不小于 16MPa，当砖厚不小于 7.5mm 时，抗弯强度不小于 13MPa；⑤白度不小于 75%，如有需要，白度可由供需双方商定；⑥釉面砖的抗化学腐蚀性由供需双方商定。

3. 釉面砖的用途

釉面砖表面细腻光滑，色彩图案丰富，装饰效果好。此外，釉面砖还具有防水、耐火、耐腐蚀、热稳定性好、易清洁等优点。

釉面砖是多孔性的精陶坯体，若坯体吸收大量水分则会产生吸湿膨胀，但其表面的釉层膨胀性小。坯体膨胀会使釉面层处于张拉应力状态，当其超过釉面层的抗拉强度时，釉面层就会开裂。尤其在室外，经长期冻融，更易出现分层、脱落、掉皮的现象。所以釉面砖只能用于室内。又因其厚度较薄，强度较低等，也不用于地面。釉面砖多用于浴室、厨房、厕所的墙面、台面以及实验室、医院、游泳池等要求易清洁的场所。

10.3.3　陶瓷墙地砖

陶瓷墙地砖为陶瓷外墙面砖和室内外陶瓷地砖的统称。因为此类陶瓷制品通常可以墙地两用，所以统称为陶瓷墙地砖。陶瓷墙地砖属于粗炻类陶瓷制品，坯体带色。

陶瓷墙地砖根据表面施釉与否主要有彩色釉面陶瓷墙地砖、无釉陶瓷墙地砖。

1. 彩色釉面陶瓷墙地砖

彩色釉面陶瓷墙地砖是指适用于建筑物墙面、地面装饰用的有彩色釉面的陶瓷面砖，简称彩釉砖。

（1）彩釉砖的技术要求。《陶瓷砖》（GB/T 4100—2015），对面砖的技术要求包括尺寸允许偏差、表面质量、物理和力学性能提出了要求。彩釉砖按照表面质量和边直度、直角度、表面平整度分为优等品和合格品两个等级。

彩釉砖的物理力学性能要求：①吸水率平均值大于10%，单个值大于等于9%；②抗热震性应满足经10次热震试验不出现炸裂或裂纹；③抗釉裂性即有釉陶瓷砖经抗釉裂试验，釉面应无裂纹或剥落；④破坏强度：厚度大于等于7.5mm，破坏强度平均值大于等于600N；厚度小于7.5mm，破坏强度平均值大于等于200N且大于等于24.5MPa。

（2）彩釉砖的应用。彩釉砖广泛用于各类建筑物的外墙、柱面和地面的装饰。一般用于地面的彩釉砖应考虑砖的耐磨性，用于寒冷地区外墙的彩釉砖应选择吸水率小、抗冻性好的品种。

2. 无釉陶瓷地砖

无釉陶瓷地砖简称无釉砖，是专门用于铺地的耐磨炻质地面砖。无釉砖按照表面情况分为无光和有光两种，后者一般是经前者抛光而成。

（1）无釉砖的技术要求。《无釉陶瓷地砖》（JC 501—1993），对无釉砖的技术要求包括尺寸允许偏差、表面和结构质量及物理力学性能要求。无釉砖按表面质量（包括表面缺陷和色差）和结构质量（包括变形、夹层和背纹）分为优等品、一等品和合格品三个等级。

无釉砖的物理力学要求：①吸水率为3%～6%；②耐急冷急热性能，经3次急冷急热循环不出现炸裂或裂纹；③抗冻性，经20次冻融循环不出现破裂或裂纹；④抗弯强度不低于25MPa；⑤耐磨性，磨损量不大于345mm³。

（2）无釉砖的应用。无釉砖的颜色品种较多，表面有平面、浮雕面或防滑面等，具有坚固、防滑、抗冻、耐磨、易清洗和耐腐蚀等特点。广泛用于建筑物的地面、广场、庭院等的装饰。

10.4　建筑装饰玻璃

玻璃及其制品由过去单纯作采光材料，向多功能、多用途、多品种的方向发展。目前玻璃品种有平板玻璃、装饰玻璃、安全玻璃、热反射玻璃、中空玻璃等新型玻璃。

10.4.1　概述

玻璃是以石英砂、纯碱、石灰石和长石等为主要原料，同时添加一些辅助材料，经高温熔融，成型后快速冷却而成的非晶体固体材料。玻璃具有各向同性的性质。

1. 密度

普通玻璃的密度为 $2.45 \sim 2.55 \mathrm{g/cm^3}$，其密实度为 1，孔隙率为 0，故认为玻璃为绝对密实的材料。

2. **力学性质**

玻璃的抗压强度随化学组成不同而相差极大（$600 \sim 1600\mathrm{MPa}$），玻璃的抗拉强度通常为抗压强度的 $1/15 \sim 1/14$，约为 $40 \sim 120\mathrm{MPa}$。因此玻璃受冲击时易破碎，是典型的脆性材料。在常温下玻璃具有弹性，但弹性极限非常接近其断裂强度，所以脆而易碎。

3. **热工性质**

玻璃的导热性很差，与玻璃的化学组成有关，热导率一般为 $0.75 \sim 0.92\mathrm{W/(m \cdot K)}$，当玻璃温度急变时，由于导热性能差，热量传导不均匀，致使沿玻璃的厚度方向，膨胀或收缩量不同而产生内应力，当内应力超过玻璃的极限强度时，就会造成玻璃碎裂。由于玻璃的抗压强度远高于抗拉强度，所以其耐急冷性比耐急热性更差。

4. **化学稳定性**

一般玻璃具有较高的化学稳定性。

5. **玻璃的缺陷**

玻璃的缺陷有气体夹杂物（气泡）、固体夹杂物（结石）和玻璃态夹杂物（波筋、线道、疙瘩和砂粒）等。

10.4.2 平板玻璃

1. **普通窗用玻璃**

普通窗用玻璃通常为平板玻璃，又称为白片玻璃或净片玻璃，是工程中用量最大的玻璃，也是生产其他特殊性能玻璃的原料，故又称原片玻璃。普通窗用玻璃属于无色钠玻璃，按生产工艺主要分为拉引法玻璃和浮法玻璃，前者也称普通平板玻璃。普通平板玻璃既透光又透视，透光率达 85% 左右，具有一定的隔声、保温作用，质脆、抗冲击性差。

普通平板玻璃以标准箱计量，厚度为 2mm 的平板玻璃，每 $10\mathrm{m^2}$ 为一标准箱。普通平板玻璃由于其透光度高、价格低等优点，主要用于工程中的门窗采光，室内各种隔断、橱窗、橱柜、展台、玻璃搁架等，也作为钢化、夹层、夹丝、镀膜、中空等玻璃的原片。

浮法玻璃是用浮法工艺生产的平板玻璃。浮法玻璃具有表面光滑平整、厚薄均匀、光学畸变小、物象质量高的优点。浮法玻璃良好的表面平整度和光学均一性，避免了普通平板玻璃容易产生光学畸变的缺陷，适合于各类建筑，特别是高级宾馆、写字楼、大型商场和博物馆等建筑的门窗等，也可替代磨光玻璃使用。还可以作为其他玻璃的原片玻璃。

2. **磨光玻璃**

磨光玻璃又称镜面玻璃，是由普通平板玻璃经过机械研磨和抛光而成的表面平整光滑的平板玻璃。磨光的目的是消除由于表面不平引起的波筋、波纹等的外观缺陷，使从任何方向透视或反射物象均不出现光学畸变现象。磨光玻璃分为单面磨光和双面磨光两种。常用于大型高级门窗、橱窗及制镜工业。

因浮法玻璃可替代磨光玻璃，自浮法玻璃出现以后磨光玻璃用量大大减少。

3. 磨砂玻璃

磨砂玻璃又称毛玻璃、暗玻璃、漫射玻璃。是采用机械喷砂、手工研磨或者氢氟酸溶蚀等物理或化学方法将普通平板玻璃的单面或双面加工成均匀粗糙表面所得的玻璃。

磨砂玻璃表面粗糙，使透过的光线产生漫反射造成透光不透视的效果，且光线柔和，不刺目。一般用于建筑物的卫生间、浴室和办公室等需要隐秘或不受干扰的房间；也可用于室内隔断、黑板和灯箱透光片。

4. 彩色玻璃

彩色玻璃又称有色玻璃或饰面玻璃，分为透明、半透明和不透明三种。透明彩色玻璃是在玻璃原料中加入一定量的金属氧化物作为着色剂使玻璃带色。彩色玻璃的颜色有很多种，具有很好的装饰效果。半透明彩色玻璃又称为乳浊玻璃，是在玻璃原料中加入乳浊剂，经过热处理而成。它不透视但透明，可以制成各种颜色的饰面砖或饰面板。

透明和半透明彩色玻璃常用于建筑物的内外墙、隔断、门窗及对光线有特殊要求的部位。也可作为夹层玻璃等的原片，具有很好的装饰性和使用功能。

不透明彩色玻璃是在平板玻璃的表面经喷涂色釉后经热处理而成，也可以采用有机高分子涂料制成。它可用于建筑内外墙面，使表面光洁、明亮但又无漫射光，也可拼成不同图案，具有独特的装饰效果。

5. 釉面玻璃

釉面玻璃是一种不透明的彩色饰面玻璃，它以普通平板玻璃、浮法玻璃或磨光玻璃等为原片，表面涂敷一层易熔的彩色釉料，采用与陶瓷釉烧相似的工艺制成。釉面玻璃具有不透明的彩色表面、良好的化学稳定性和装饰性，可用于建筑物室内外墙体饰面层。

6. 压花玻璃

压花玻璃又称滚花玻璃，是在玻璃液硬化前经过刻有花纹的滚筒，使玻璃单面或双面压有深浅不同的各种花纹图案。在有花纹的一面，用气溶胶对表面进行喷涂处理，可使玻璃表面呈现如淡黄色、黄色、浅蓝色或橄榄色等多种色彩。经过喷涂处理的压花玻璃，不仅图案立体感增强，而且强度可提高 $50\% \sim 70\%$。除一般的压花玻璃外，还有彩色压花玻璃、彩色膜压花玻璃和真空镀膜压花玻璃等新型装饰玻璃品种。

压花玻璃由于花纹凹凸不平使光线产生漫反射而失去透视性，因而透光不透视；花纹图案多样，装饰效果良好。常用于办公室、浴室、卫生间等的门窗、隔断和屏风等。

7. 喷花玻璃

喷花玻璃又称胶花玻璃，是在平板玻璃表面上贴以花纹图案，抹上护面层后，再经喷砂处理，揭去花纹图案原稿后，即形成了透明与不透明相间的花纹图案。光线通过花纹图案部分时具有透光及透视的效果；通过磨砂部分时则产生漫反射，透光不透视，因此具有图案清新、雅致大方的装饰效果。喷花玻璃适用于室内门窗、隔断、玻璃屏风等。

8. 镭射玻璃

镭射玻璃又称激光玻璃，是以玻璃为基材，经激光表面微刻处理形成的新一代激光装饰材料。它采用激光全息变光技术原理，将摄影美术与雕塑的特点融为一体，使普通玻璃在白光条件下因物理衍射作用呈现五光十色的动态三维立体图像，形成上百种图案。

镭射玻璃广泛用于宾馆、酒店、歌舞厅等的内外墙贴面幕墙、地面、隔断及技术屏风等处，也可做招牌、灯饰、变光观赏雨缸等的外观装饰材料。

10.4.3　安全玻璃

安全玻璃是具有力学强度高、抗冲击能力好的玻璃。其主要品种有钢化玻璃、夹层玻璃和夹丝玻璃等。安全玻璃被击碎时，其碎块没有尖锐的棱角不会伤人或碎而不散不会伤人；安全玻璃兼具有防火、防盗、装饰等功能。

1. 钢化玻璃

钢化玻璃又称强化玻璃。钢化玻璃是利用物理或化学的方法在玻璃表面形成一个压应力层，而玻璃本身具有较高的抗压强度，不会造成玻璃破坏。当玻璃受到外力作用时，这个压应力层将部分拉应力抵消，避免玻璃破碎。因此，钢化玻璃具有较高的抗弯强度、抗冲击性和热稳定性，克服了普通玻璃性脆易碎的缺点。物理钢化玻璃，一旦局部发生破损，会应力释放，破碎成圆钝的小碎块而不致伤人，所以物理钢化玻璃为安全玻璃，但不能现场切割，必须按要求尺寸向厂家定做。化学钢化玻璃破损后仍然为带尖角的大碎块，不能作安全玻璃使用，但可任意切割。当两面温差较大时，钢化玻璃偶尔发生自爆现象，这是钢化玻璃特有的现象。

钢化玻璃由于其优良的性能，广泛用于建筑工程、交通工具及其他领域中。例如，建筑物的门窗、隔断、幕墙和橱窗等；汽车、火车和轮船等窗户和风挡。

2. 夹丝玻璃

夹丝玻璃又称钢丝玻璃、防碎玻璃。将玻璃加热到红热软化状态，再将预热处理的金属丝网或金属丝压入玻璃中间而成；或在压延生产线上，当玻璃通过两压延辊的间隙成型时，送入经过预热处理的金属丝网，使其平行压在玻璃中制成。由于金属丝网与玻璃牢固黏结在一起，使夹丝玻璃在受到冲击或遭受温度剧变时，由于金属丝网的固定作用，破而不散，裂而不碎，从而避免了带尖锐棱角的玻璃碎片飞出伤人，因而其安全性、防火性、防盗性高。因金属丝和玻璃的热膨胀系数和热导率相差较大，当两面温差较大、局部受冷热交替产生开裂、破损，故夹丝玻璃耐急冷急热性差。夹丝玻璃的切割边缘处外露的金属丝网，在遇水后产生锈蚀并向内部延伸，锈蚀物体积增大而将玻璃胀裂，故夹丝玻璃的切割口处应涂防锈涂料或贴异丁烯片，以阻止锈裂，同时应防止水进入玻璃框槽内。

我国生产的夹丝玻璃分为夹丝压花玻璃和夹丝磨光玻璃两类。

夹丝玻璃主要用于高层建筑、公共建筑的天窗、仓库的门窗、防火门窗、地下采光窗、天棚顶棚及易受震动的门窗上。

3. 夹层玻璃

夹层玻璃是在两片或多片玻璃原片之间，嵌夹透明、柔软而强韧的塑料薄片，经加热、加压黏合而成的平面或曲面的复合玻璃制品。玻璃原片可以是普通平板玻璃、浮法玻璃、彩色玻璃、吸热玻璃或热反射玻璃等，层数有 2、3、5、7 层，最多可达 9 层。夹层玻璃透明性好，抗冲击性能好（比普通平板玻璃高出几倍）。由于夹层材料的存在，当玻璃破碎时，只产生辐射状态的裂纹，不会散落碎片，不致伤人，是一种安全玻璃；此外，夹层玻璃耐光、耐热、耐湿、耐寒、隔声和保温，长期使用不易变色老化。

夹层玻璃不仅可作采光材料，而且具有良好的安全性、隔声、防弹、防紫外线、减震、控制光线和加热等作用，所以广泛用于有特殊要求的建筑物门窗、天窗、隔断和橱窗等；也可用于有防弹、防盗等要求的场所，交通工具的风挡玻璃等。

10.4.4 特种玻璃

特种玻璃不仅具有传统平板玻璃的采光性能，而且具有特殊的对光和热的吸收、透射和反射能力，有着令人赏心悦目的外观色彩，所以是一种集节能性和装饰性于一身的玻璃。建筑上常用的特种玻璃主要有吸热玻璃、热反射玻璃和中空玻璃等。

1. 吸热玻璃

吸热玻璃是一种能控制阳光中热能透过的玻璃，吸收了全部或部分红外线辐射能，能保持良好的可见光透过率。吸热玻璃通常带有一定的颜色，所以也称着色吸热玻璃。

吸热玻璃的生产方法分为本体着色法和表面喷涂法（镀膜法）两种。

本体着色法是在普通玻璃原料中加入具有吸热特性的着色氧化物，如氧化铁、氧化钴和氧化镍等，使玻璃着色并具有吸热特性。表面喷涂法是在普通玻璃表面喷涂有色氧化物，如氧化锡、氧化钴和氧化锑等，形成一层有色的氧化物薄膜。

吸热玻璃也可加工成中空玻璃、夹层玻璃等，其隔热效果更佳。吸热玻璃被加工成钢化玻璃使其具有隔热、装饰及安全等性能。

吸热玻璃广泛地用于建筑物的外门窗，车船等的挡风玻璃，起到采光、隔热和防眩目等作用；也适用于建筑物的玻璃幕墙。

2. 热反射玻璃

热反射玻璃是对太阳光具有较高的反射比和较低的总透射比，可较好地隔绝太阳辐射热，并对可见光有较高透射比的节能型装饰玻璃。

热反射玻璃与吸热玻璃的区别可用下式表示：

$$S = A/B$$

式中　A——玻璃对整个光通量的吸收系数；

　　　B——玻璃对整个光通量的反射系数。

当 $S > 1$ 时称为吸热玻璃；当 $S < 1$ 时称为热反射玻璃。

热反射玻璃采用热解法、真空法、化学镀膜法等，在表面涂以金、银、铜、铬、镍和铁等金属或金属氧化物薄膜；或采用电浮法、等离子交换法，向表面层渗入金属离子以置换表面层原有的离子而形成热反射膜，所以热反射玻璃又称镀膜玻璃。

普通平板玻璃的太阳辐射热反射率仅为 7%～8%，而热反射玻璃的太阳辐射热反射率可达 25%～40%，可见光的透过率在 20%以上。所以热反射玻璃在保证室内采光柔和的条件下，可以有效地屏蔽进入室内的太阳辐射热。

热反射玻璃的反射膜层具有单向透视和镜面效应。白天，人们在室外面对着热反射玻璃时，由于其镜面反射特性，只能看到映射在玻璃上的室外景物，而看不到室内的情景，但从室内可清楚地看到室外的景色。晚上正好相反，由于室内灯光的照明，看不到室外的景物，但从室外可清晰地看到室内的情况，可借助窗帘等加以屏蔽。热反射玻璃具有多种颜色，加之具有镜面效应和单向透视性，所以热反射玻璃是一种极富装饰性的材料。

热反射玻璃主要用于避免由于太阳辐射而增热及设置空调的建筑。使用于各种建筑物的门窗、车船的玻璃窗、玻璃幕墙以及各种艺术装饰。用热反射玻璃来制成中空玻璃或夹层玻璃窗，以提高其绝热性能。

3．中空玻璃

中空玻璃是由两层或两层以上平板玻璃原片构成，其四周用高强度、高气密性复合胶黏剂将玻璃原片与铝合金框胶结密封，框内填充干燥剂，使玻璃原片之间空腔内的空气保持高度干燥。玻璃原片可为普通、钢化、压花、夹丝、吸热和热反射等玻璃。一种产品可具有保温、防寒、隔音、防霜露、防盗报警等多种功能。仅就节能而言，采用双层中空玻璃，冬季采暖的能耗约可降低 25%～30%。中空玻璃主要用于采暖、空调、防止噪声的建筑上，如住宅、学校、医院等，也可用于火车、轮船。

4．光致变色玻璃

光致变色玻璃是根据照射光线的强度自动调节透过率的玻璃。在太阳或其他光线照射下，玻璃的颜色会随光线增强而渐渐变暗；停止照射，又恢复到原来的颜色。玻璃中加入卤化银，或在玻璃与有机夹层中加入钼和钨的感光化合物而获得光致变色性。可作车船、建筑物的挡风玻璃，图像显示装置，光学仪器透视材料，常作光致变色眼镜。

5．泡沫玻璃

泡沫玻璃是以玻璃碎屑为基料，加入少量发气剂（封闭孔用炭黑，开口孔用碳酸钙）按比例混合粉磨，入模后送入炉内发泡，然后脱模退火而制成的多孔轻质玻璃。其孔隙率可达 80%～90%，孔隙多为封闭孔，孔径一般为 0.1～5mm，也有几微米的孔。由于泡沫玻璃多孔的特性，其表观密度小、热导率小、吸声系数大、抗压强度低、使用温度高。此外，泡沫玻璃具有不透气、不透水、抗冻、防火及可锯、钉、钻等特点。

泡沫玻璃属于高级泡沫材料，主要用作建筑物的绝热材料、吸声装饰材料等。

10.5　建筑装饰涂料

涂敷于建筑物或建筑构件表面，并能与基体材料很好黏结，形成平整而坚韧保护膜的涂料称为建筑装饰涂料。建筑装饰涂料与其他装饰材料相比，具有质量轻、色彩鲜艳、质感丰富、附着力强、施工维修方便快捷，以及耐水、耐污染、耐老化的特点，是一种很有发展前途的装饰材料。

10.5.1　涂料的组成

各种涂料的组成不同，但基本上由主要成膜物质、次要成膜物质和辅助成膜物质三部分组成。

主要成膜物质又称基料、胶黏剂或固着剂，是涂料中的基础物质。它具有独立成膜能力，并能黏结次要成膜物质和辅助成膜物质，使涂料在干燥或固化后形成连续的涂层（又称涂膜）。主要成膜物质的性质决定着涂膜的坚韧性、耐磨性、耐水性、耐候性以及化学稳定性等，对涂膜的性能起决定性的作用，如酚醛树脂、有机硅、虫胶等。

次要成膜物质是指涂料中所用的颜料和填料，它们也是构成涂料膜的组成部分，并以微细粉状均匀分散于涂料溶剂介质中，赋予涂料色彩、质感，使涂膜具有一定的遮盖力，减少收缩，还能增强涂膜的机械强度，防止紫外线的穿透，提高涂膜的抗老化、耐候性等。颜料有有机、无机、防锈颜料等；填料有滑石粉、碳酸钙、硫酸钡等。次要成膜物质不能离开主要成膜物质而单独成膜。

辅助成膜物质是一般不能构成涂膜或不是构成涂膜的主体，但对涂料的成膜过程有很大的影响，或对涂膜的性能起一定的辅助作用。如增韧剂、固化剂、催干剂、乳化剂、分散剂、稳定剂等。

10.5.2　涂料的分类

1. 按主要成膜物质的化学成分分类

涂料按主要成膜物质的成分分为有机涂料、无机涂料和无机-有机复合涂料三类。

（1）有机涂料。有机涂料又分为溶剂型涂料、水溶性涂料和乳液型涂料。

1）溶剂型涂料。溶剂型涂料是以有机高分子合成树脂为主要成膜物质，有机溶剂为分散介质，加入适量的颜料、填料和助剂等经研磨、分散而制成的涂料。涂料涂刷后，随有机溶剂的挥发，成膜物质与其他不挥发组分共同形成均匀连续的涂膜。涂膜细腻光洁而坚韧，有较高的硬度、光泽、耐水、耐候性、耐酸碱性、耐擦洗性和气密性，对建筑物有较好的装饰作用和保护作用，施工温度最低可达 0℃。缺点是易燃，有的溶剂挥发后对人体有害，施工要求基层干燥，涂膜的透气性差，价格一般比乳胶漆贵，其用量低于乳液型涂料。

2）水溶性涂料。水溶性涂料是以水溶性合成树脂为主料，以水为分散介质，加入适量的颜料、填料和助剂等经研磨、分散而制成的涂料。其水溶性好，可直接溶于水，形成单相溶液，价格低，无毒无味。但它的耐水性、耐候性和耐擦洗性差，一般只用于内墙。

3）乳液型涂料。乳液型涂料又称乳胶漆、乳胶涂料。乳液是由合成树脂借助乳化剂的作用，以 $0.1\sim0.5\mu m$ 的极细粒子分散在水中形成的。乳胶漆是乳液中加入适量的颜料、填料和助剂等经研磨、分散而制成的涂料。乳液型涂料省去了价格较贵的有机溶剂，以水为分散介质，故价格较为便宜，且无毒、阻燃，涂刷时不需要基层很干燥，涂膜的透气性好，耐擦洗性、耐水性较好。施工时要求环境温度大于 10℃，用于潮湿部位易发霉，需加防霉剂。乳液型涂料是现在大力发展的涂料品种。

（2）无机涂料。无机涂料主要是以碱金属硅酸盐、混合物（A 类）和硅溶胶（B 类）为主要成膜物质，加入相应的固化剂或有机合成树脂、适量的颜料、填料和助剂配制而成的。

（3）无机-有机复合涂料。复合涂料可取长补短，充分发挥无机和有机涂料的优点，从而获得良好的技术和经济效果。如聚乙烯醇水玻璃内墙涂料就比单纯的聚乙烯醇有机涂料的耐水性好。

2. 按在建筑上的使用部位分类

按使用部位，可分为外墙涂料、内墙涂料、地面涂料和顶棚涂料等。

10.5.3　外墙涂料

外墙涂料的主要功能是装饰美化和保护建筑物的外墙面。外墙涂料应具有装饰性好、耐水性好、耐候性好、耐沾污性好、价格合理、施工维修方便等特点。

1. 合成树脂乳液外墙涂料

合成树脂乳液外墙涂料以合成树脂乳液为基料，与颜料、体质颜料及各种助剂配制而成，包括底漆（分Ⅰ型和Ⅱ型）、中涂漆、面漆（分合格品、一等品、优等品）。其性能指标应符合《合成树脂乳液外墙涂料》（GB/T 9755—2014）（表 10.4）。

表 10.4　　合成树脂乳液外墙涂料（面漆）的技术指标（GB/T 9755—2014）

项　　目	指　　标		
	合格品	一等品	优等品
在容器中的状态	无硬块，搅拌混合后呈均匀状态		
施工性	涂刷两道无障碍		
低温稳定性	不变质		
涂膜外观	正常		
干燥时间（表干）/h	≤2		
对比率（白色或浅色）	≥0.87	≥0.90	≥0.93
耐沾污性（白色或浅色）/%	≤20	≤16	≤15
耐洗刷性（2000 次）	漆膜无损坏		
耐碱性（48h），耐水性（96h）	无异常		
涂层耐温变性（3 次循环）	无异常		
透水性/mL	≤1.4	≤1.0	≤0.6
耐人工气候老化性 （不起泡、不剥落、无裂纹）	250h	400h	600h
粉化/级	≤1		
变色（白色和浅色）/级	≤2		

（1）乙-丙乳液外墙涂料。乙-丙乳液外墙涂料是醋酸乙烯-丙烯酸酯乳液外墙涂料的简称，也称乙-丙乳胶漆，主要成膜物质是乙-丙乳液。这种涂料的特点是以水为分散介质，安全无毒、施工快、干燥快，涂膜耐候性、保色性都较好，而且价格较低，是一种常用的乳液型外墙涂料。乙-丙乳胶漆分为厚质和薄质两种。

（2）苯-丙乳液外墙涂料。苯-丙乳液外墙涂料是苯乙烯-丙烯酸酯乳液外墙涂料的简称，也称苯-丙乳胶液，主要成膜物质是苯-丙乳液，是目前应用较为普遍、质量较好的外墙涂料。分为无光、半光和有光三类。它具有丙烯酸酯类的高耐光性、耐候性、不泛黄性、耐碱性、耐水性和耐湿擦洗性，涂膜外观细腻、色彩艳丽，质感好，并且与水泥基材料的附着力好。

（3）丙烯酸酯乳液涂料。丙烯酸酯乳液涂料是由甲基丙烯酸甲酯、丙烯酸丁酯、丙烯酸乙酯等丙烯酸酯系单体经乳液聚合而制得的纯丙烯酸酯乳液为主要成膜物质。这种乳液型涂料与其他乳液型外墙涂料相比，光泽柔和，耐候性、保色性和保光性极佳，在阳光下不易褪色、粉化，更适合于作外墙涂料。但价格较贵，是高档次的外墙装饰涂料。

（4）氯-醋-丙涂料。氯-醋-丙涂料是氯乙烯、醋酸乙烯和丙烯酸三丁酯在引发剂作用下，通过乳液聚合反应制得的乳液。特点是，耐水性和耐碱性较好，长期使用表面会轻微粉化，在雨水冲刷下连同表面沾污物一同除去，特别适合于污染较重地区建筑物的外墙装饰。

（5）合成树脂乳液彩色砂壁状涂料。合成树脂乳液彩色砂壁状涂料简称彩色砂壁状涂料、彩砂涂料或彩石漆，是以合成树脂乳液为主要成膜物质，以彩色砂粒和石粉为骨料，通过喷涂方法涂饰于建筑物外墙面，形成粗面状的厚质外墙涂料。彩砂涂料通常为苯-丙乳液。彩砂涂料按着色分为 A、B、C 三类。其技术性能应满足《合成树脂乳液砂壁状建筑涂料》（JG/T 24—2018）的规定。其质感类似于喷粘石、干粘石、水刷石和天然石材的装饰效果，涂膜保色性、耐水性良好，而且坚硬，骨料不易脱落，耐久性好，使用寿命长。

（6）水乳型环氧树脂外墙涂料。水乳型环氧树脂外墙涂料是以环氧树脂为主要成膜物质，配以适当的乳化剂、增稠剂和水制成的稳定的乳液（A组分）外墙涂料，使用时再配以固化剂（B组分），是双组分涂料。其优点是以水为分散介质，无毒无味，施工安全，对环境污染较少，且与基层的黏结性优良，涂膜不易脱落，而且耐老化、耐候性和耐久性好。但是这种涂料较贵，因为是双组分，故施工比较麻烦。

2. 合成树脂溶剂型外墙涂料

合成树脂溶剂型外墙涂料的性能指标应符合《溶剂型外墙涂料》（GB 9757—2001）（表 10.5）。

（1）氯化橡胶外墙涂料。氯化橡胶外墙涂料又称氯化橡胶水泥漆，以氯化橡胶为主要成膜物质。其施工时受温度影响小，可在 −20℃ 低温、50℃ 高温环境中成膜，但随着温度降低，干燥速度减慢。这种涂料对水泥、混凝土及钢材表面都有良好的附着力，耐碱性、耐酸性、耐候性及耐腐蚀性好，涂料的维修重涂性好。它适用于高层建筑的外墙、游泳池、地墙和污水池等。

表 10.5　　　　合成树脂溶剂型外墙涂料的技术指标（GB/T 9757—2001）

项　目	指　标		
	合格品	一等品	优等品
在容器中的状态	无硬块，搅拌混合后呈均匀状态		
施工性	涂刷两道无障碍		
涂膜外观	正常		
干燥时间（表干）/h	≤2		
对比率（白色或浅色）	≥0.87	≥0.90	≥0.93
耐沾污性（白色或浅色）/%	≤15	≤10	≤10
耐洗刷性/次	≥2000	≥3000	≥5000
耐碱性（48h），耐水性（168h）	无异常		
涂层耐温变性（3 次循环）	无异常		
透水性/mL	≤1.4	≤1.0	≤0.6
耐人工气候老化性（不起泡、不剥落、无裂纹）	300h	500h	1000h
粉化/级	≤1		
变色（白色和浅色）/级	≤2		

（2）丙烯酸酯外墙涂料。丙烯酸酯外墙涂料以丙烯酸酯合成树脂为主要成膜物质。该涂料施工方便，可采用刷涂、辊涂和喷涂等施工工艺，施工时不受环境温度限制，该涂料对基层墙面的渗透性强，膜层结合牢固，而且耐候性好。丙烯酸酯外墙涂料属于高档涂料，是目前国内外主要使用品种之一，在我国主要用于高层建筑外墙涂饰，也可作为复合涂料的罩面涂料。

（3）聚氨酯系外墙涂料。聚氨酯系外墙涂料是以聚氨酯树脂或聚氨酯与其他合成树脂的复合物为主要成膜物质，加入着色颜料、填料和助剂而制成的一种双组分外墙涂料。

聚氨酯系外墙涂料的含固量高，成膜时不是靠溶剂挥发，而是通过涂料中的两个组分发生固化反应形成涂膜的。涂膜表面光洁、有瓷质感，具有良好的耐水性、耐候性、耐碱性和耐沾污性，涂膜柔软、弹性变形能力大，具有类似弹性橡胶的性质，对于基层裂缝有很大的随动性，能够实现所谓的"动态防水"，是一种性能优异的高级外墙涂料。

（4）丙烯酸酯有机硅外墙涂料。丙烯酸酯有机硅外墙涂料是以耐候性、耐沾污性优良的有机硅改性丙烯酸酯树脂为主要成膜物质，添加颜料、填料和助剂组成的优质溶剂型外墙涂料。其渗透性好，渗入基层，增加基层的抗水性；流平性好，涂膜表面光洁、耐沾污性好、易清洁。

3．外墙无机建筑涂料

（1）JH80-1 型无机建筑涂料。JH80-1 型无机建筑涂料是以硅酸钾为主要成膜物质（A 组分），需要有固化剂参与的双组分涂料，常选用缩合磷酸铝或氟硅酸钠作为固化剂（B组分）。固化的机理是缩合磷酸铝或氟硅酸钠可促使硅酸钾的水解，析出的二氧化硅胶体随水分的蒸发，形成硅氧链网状涂膜，且能生产其他不溶于水的复盐。因此，涂膜坚硬、耐水性好。

（2）JH80－2型无机建筑涂料。JH80－2型无机建筑涂料是以二氧化硅胶体（又称硅溶胶）为主要成膜物质，掺入着色颜料、填料和助剂，经混合、研磨而制成的一种涂料。硅溶胶无机建筑涂料的成膜不需要加固化剂，涂膜耐酸、耐碱、耐沸水、耐冻融、耐沾污性好和不产生静电，主要用于外墙饰面，也可用于要求耐擦洗的内墙。

10.5.4 内墙涂料

内墙涂料主要功能是装饰和保护内墙面和顶棚面，使其美观整洁。内墙涂料应具备色彩丰富、平滑细腻、色调柔和、耐碱性、耐水性好、不易粉化、涂刷方便、重涂性好等特点。常用的内墙涂料有合成树脂乳液内墙涂料、水溶性内墙涂料和特殊内墙涂料等。

1. 合成树脂乳液内墙涂料（乳胶漆）

乳胶漆包括面漆与底漆，通常以合成树脂乳液来命名，主要品种有聚醋酸乙烯乳胶漆、丙烯酸乳胶漆、乙-丙乳胶漆、苯-丙乳胶漆和聚氨酯乳胶漆等。

合成树脂乳液内墙涂料的性能指标应符合《合成树脂乳液内墙涂料》（GB/T 9756—2018）（表10.6）。

表 10.6 合成树脂乳液内墙涂料的技术要求（GB/T 9756—2018）

底 漆		面 漆			
项 目	指 标	项 目	指 标		
			合格品	一等品	优等品
在容器中状态	无硬块，搅拌后呈均匀状态	在容器中状态	无硬块，搅拌后呈均匀状态		
施工性	涂刷无障碍	施工性	涂刷无障碍		
低温稳定性（3次循环）	不变质	低温稳定性（3次循环）	不变质		
低温成膜性	5℃成膜无异常	低温成膜性	5℃成膜无异常		
涂膜外观	正常	涂膜外观	正常		
干燥时间（表干）/h	≤2	干燥时间（表干）/h	≤2		
耐碱性（24h）	无异常	耐碱性（24h）	无异常		
抗泛碱性（48h）	无异常	对比率（白色和浅色）	≥0.90	≥0.93	≥0.95
—	—	耐洗刷性/次	350	1500	6000

（1）聚醋酸乙烯乳胶漆。聚醋酸乙烯乳胶漆的主要成膜物质是由醋酸乙烯单体通过乳液聚合得到的均聚乳液。在乳液中加入着色颜料、填料和助剂，经研磨分散处理而制得的一种乳液涂料。这种涂料无毒、无味、不燃、易施工、干燥快，涂膜细腻、平光、透气性好、附着力强、色彩鲜艳、装饰效果好，但其耐水性、耐碱性和耐候性较其他共聚乳液差。它是一种中档的内墙装饰涂料，仅适用于装饰要求较高的内墙，不宜作为外墙涂料使用。

（2）丙烯酸酯乳胶漆。丙烯酸酯乳胶漆的主要成膜物质是丙烯酸酯共聚乳液，它是由甲基丙烯酸甲酯、丙烯酸乙酯、丁酯及丙烯酸和甲基丙烯酸为单体，进行乳液共聚而得到的纯丙烯酸系共聚乳液。丙烯酸酯乳胶漆的涂膜光泽柔和，耐候性、保色性、保光性优异，耐久性好，是一种高档的内墙涂料。由于纯丙烯酸酯乳胶漆价格昂贵，常以丙烯酸系单体为主，与醋酸乙烯、苯乙烯等单体进行乳液共聚，制成性能较好而价格适中的中高档内墙涂料。其主要品种有乙-丙乳胶漆和苯-丙乳胶漆。

2. 水溶性内墙涂料

水溶性内墙涂料是以水溶性合成树脂聚乙烯醇及其衍生物为主要成膜物质，加入适量的着色颜料、填料、少量助剂和水经研磨而成的水溶性涂料。由于原材料丰富、生产工艺简单、涂膜具有一定的装饰效果、价格便宜、因而曾在国内内墙涂料中占有数量上的绝对优势。它属低档涂料，适用于一般民用建筑的内墙装饰。

按照涂膜的耐水性不同，水溶性涂料分为 2 类。Ⅰ类：用于涂刷浴室和厨房的内墙；Ⅱ类：用于涂刷建筑物内的一切墙面。

《水溶性内墙涂料》（JC/T 423—1991）对水溶性内墙涂料的质量要求见表 10.7。

表 10.7　　　　水溶性内墙涂料的技术质量要求（JC/T 423—1991）

项　目	质　量　要　求	
	Ⅰ类	Ⅱ类
在容器中的状态	无结块、沉淀和絮凝	
黏度（涂-4 黏度计）/s	30～75	
细度/μm	≤100	
遮盖力/（g/m²）	≤300	
白度（只适用于白色涂料）/%	≥80	
涂膜外观	平整、色泽均匀	
附着力（划格法）/%	100	
耐水性	无脱落、起泡和皱皮	
耐干燥性/级	—	≤1
耐擦洗性/次	≥300	—

（1）聚乙烯醇水玻璃内墙涂料。聚乙烯醇水玻璃内墙涂料（"106"内墙涂料）的主要成膜物质是聚乙烯醇树脂和水玻璃。聚乙烯醇水玻璃内墙涂料具有无毒、无味、不燃、能在稍潮湿的基层上涂刷及与各种基层材料都有一定的黏结力的特点；涂膜干燥快、表面光洁平滑，能形成一种类似石材光泽的涂膜，具有一定的装饰效果，而且价格便宜；但是其耐水性较差，涂膜表面不能用湿布擦洗，容易起粉、脱落。它是一种低档次的内墙涂料。

（2）聚乙烯醇缩甲醛内墙涂料。聚乙烯醇缩甲醛内墙涂料（"803"内墙涂料）是以聚乙烯醇与甲醛不完全缩合反应的聚乙烯醇缩甲醛水溶液为主要成膜物质。它具有干燥快、涂刷方便、较低温度下施工不易冻结、可在潮湿基层上施工和对基层附着力强等优点。其涂膜的遮盖力强、涂膜光洁，耐水性和耐洗刷性优于聚乙烯醇水玻璃内墙涂料，但仍不能用于耐水性、耐洗刷性要求较高的墙体。此外，因其含有少量游离甲醛，对人体有一定的刺激性。

（3）改性聚乙烯醇系内墙涂料。改性后的聚乙烯醇系内墙涂料称为改性聚乙烯醇系内墙涂料，又称耐湿耐擦洗聚乙烯醇内墙涂料。其耐擦洗性可提高到 500～1000 次。改性的方法是提高基料的耐水性及采用活性填料提高涂膜的耐擦洗性。这类涂料适用于一般建筑的内墙和顶棚，也适用于卫生间和厨房等内墙和顶棚的装饰。

3. 新型内墙涂料

（1）仿壁毯涂料。仿壁毯涂料的商品名为"好涂壁"。仿壁毯涂料成膜后外观类似毛毯或绒毯，装饰效果非常独特。

（2）幻彩涂料。幻彩涂料又称梦幻涂料、云彩涂料。赋予涂膜以梦幻般的感觉，使涂膜呈现珍珠、贝壳、飞鸟和游鱼等所具有的优美珍珠光泽。幻彩涂料的造型丰富多彩，图案变幻多姿，可按使用者的要求进行任意创作。艺术性和创造性的施工可使幻彩涂料的图案似行云流水、朝霞满天，或像抽象的画卷，具有梦幻般的效果。

（3）仿瓷涂料。仿瓷涂料又称瓷釉涂料，是一种质感和装饰效果酷似陶瓷釉层饰面的装饰涂料。仿瓷涂料的颜色丰富多彩、涂膜光亮、坚硬、丰满，具有优异的耐水性、耐碱性、耐磨性和耐老化性，且附着力强。

10.5.5　地面涂料

地面涂料的功能是装饰和保护地面，使之与室内墙面及其他装饰部位相适应，为人们创造一种温馨优雅的生活和工作环境。

地面涂料一般直接涂覆在水泥砂浆地面基层上，根据其装饰部位的特点，地面涂料应具备耐碱性强、与水泥砂浆基层有良好的黏结强度、良好的耐水性和耐擦洗性、良好的耐磨性和抗冲击性、施工方便、重涂性好等特点。

1. 过氯乙烯地面涂料

过氯乙烯地面涂料是以过氯乙烯树脂为主要成膜物质，并掺少量其他树脂（如松香改性酚醛树脂），掺加增塑剂、稳定剂，着色颜料和填料，经混炼、切片后溶解于二甲苯等有机溶剂中制成的涂料。过氯乙烯地面涂料的特点是涂膜干燥快，与水泥地面黏结力大，具有一定的硬度、耐磨性、耐水性和耐化学药品腐蚀性，抗冲击力较强。

过氯乙烯地面涂料施工时要在干燥的基层上先涂刷一道过氯乙烯地面底漆。室内施工干燥时有大量的有机溶剂挥发，易燃，所以要注意通风、防火和防毒。

2. 聚氨酯-丙烯酸酯地面涂料

聚氨酯-丙烯酸酯地面涂料是以聚氨酯-丙烯酸酯树脂溶液为主要成膜物质，添加一定量的着色颜料、填料、助剂和有机溶剂等配制而成的一种双组分固化型地面涂料。

涂膜外观光亮平滑，有瓷质感，又称为仿瓷涂料，具有良好的装饰性。其涂膜的耐磨性、耐水性、耐酸性、耐碱性及耐化学腐蚀性好。

3. 聚氨酯地面涂料

聚氨酯是聚氨基甲酸酯的简称。聚氨酯地面涂料分为聚氨酯厚质弹性地面涂料和薄质罩面地面涂料两种。

聚氨酯厚质弹性地面涂料是以聚氨酯为主要成膜物质的双组分常温固化型涂料。甲组分是聚氨酯预聚体，乙组分是由固化剂、颜料及助剂按一定比例混合、研磨均匀而成的。涂膜固化是靠甲、乙组分的聚合反应，交联后而成无缝的具有一定弹性的彩色耐磨涂层。该涂料与地面材料的黏结力强，能与地面形成一体，整体性好；涂料的色彩丰富，不变色，涂料固化后，具有较高的强度和弹性，脚感舒适，而且耐水性、耐酸性、耐碱性、耐油性及耐磨性好。不起尘、易清洁，有良好的自涤性，还无需打蜡，可代替地毯使用。涂料价格较贵，施工复杂；原料有毒性，施工时注意通风、防火和劳动保护。

聚氨酯薄质罩面地面涂料，其涂膜较薄，硬度较大、脚感硬，其他性质与聚氨酯厚质弹性地面涂料基本相同。主要用于水泥地面和木地板等的罩面上光，也称地板漆。

4. 环氧树脂厚质地面涂料

环氧树脂厚质地面涂料是反应固化型涂料，这种涂料是双组分的，甲组分由环氧树脂、增塑剂及稀释剂配制成清漆，再与着色颜料、填料混合，研磨配制成色漆。乙组分由固化剂和稀释剂组成。

环氧树脂厚质地面涂料与水泥混凝土等地面的黏结力强，色彩多样，装饰性好。涂膜坚硬耐磨，具有一定的韧性，而且涂膜的耐水性、耐化学腐蚀性、耐油性、耐火性及耐久性好。其缺点是价格较高，双组分固化体系使得施工较为复杂。

5. 聚醋酸乙烯酯水泥地面涂料

聚醋酸乙烯酯水泥地面涂料是以聚醋酸乙烯酯为主要成膜物质，加无机颜料、各种助剂、石英粉和通用水泥配制而成的水溶性聚合物水泥涂料。

聚醋酸乙烯酯水泥地面涂料无毒、不燃、干燥快，施工操作简单、方便。其涂膜黏结力强，有良好的耐磨性、抗冲击性和弹性，装饰效果好，而且价格便宜。这种涂料可以代替部分水磨石和塑料地板，特别适用于旧水泥地面的翻新。

【技能训练】

57 项目 10
建筑装饰
材料习题

1. 填空题

（1）选择装饰材料一般应该考虑 _____、_____、_____、_____ 和 _____ 五个方面的原则。

（2）通常大理石的结晶程度 _____，表面很少细小晶粒，而是呈云状、枝条状或脉状的花纹；而花岗石的结晶程度 _____，晶粒细小均匀，并分布着繁星般的云母亮点与闪闪发光的石英结晶。所以一般可以据此来区别大理石与花岗石两种石材。

（3）由于大多数天然大理石的主要成分为 _____ 或 _____ 等碱性物质，易与大气中的酸作用，降低装饰效果，所以除个别品种外，大理石不宜用于室外装修。

（4）人造石材一般有 _____、_____、_____ 和 _____ 四种。

（5）由于花岗石中的 _____ 在高温时会发生相变膨胀，因而花岗石耐火性

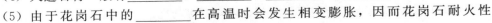

不高。

（6）钢化玻璃利用物理或化学方法在表面形成一个_____应力层。当玻璃受到外力作用时，这个_____应力层将部分_____应力抵消，避免玻璃破坏。

（7）热反射玻璃的反射膜具有_____和_____。白天，人们在室外面对热反射玻璃时，只能看到映射在玻璃上的蓝天、白云、高楼大厦和街上流动着的车辆和行人组成的街景，而看不到室内的景物，但从室内可以清晰地看到室外的景色。晚上正好相反。

（8）玻璃的抗急冷破坏能力比抗急热破坏能力_____。

（9）釉面砖是多孔性的精陶坯体，其表面的釉层吸湿膨胀性_____，而坯体吸湿膨胀性_____，使釉面层处于_____应力状态，当其超过釉面层的抗拉强度时，釉面层就会发生开裂。所以釉面砖不宜用于室外。其厚度较薄，强度较_____，也不用于地面。

（10）按主要成膜物质的化学成分分类，将涂料分为有机涂料、_____和_____三类；有机涂料又分为_____、_____和_____三类。

2. 选择题

（1）浴室用磨砂玻璃，主要利用磨砂玻璃的（　　）性能。

    A. 保温隔热　　　B. 隔声　　　　　C. 防潮　　　　　D. 透光不透视

（2）玻璃黑板可用磨砂玻璃（毛玻璃），主要利用磨砂玻璃的（　　）性能。

    A. 抗压强度高　　B. 透光不透视　　C. 对光的漫反射　D. 致密无孔隙

（3）天然大理石板用于装饰时应引起重视的问题是（　　）。

    A. 硬度大难以加工　　　　　　　　B. 抗风化性能差

    C. 吸水率大防潮性能差　　　　　　D. 耐磨性差

（4）对花岗岩的叙述错误的是（　　）。

    A. 耐火性好　　　B. 不易风化　　　C. 耐磨性好　　　D. 抗压强度高

（5）（　　）无透光不透视特性，不能用于浴室、卫生间等隔断或屏风。

    A. 磨砂玻璃　　　B. 磨光玻璃　　　C. 压花玻璃　　　D. 喷花玻璃

（6）当阳光直射等原因造成两面温差较大时，（　　）偶尔发生自爆现象。

    A. 钢化玻璃　　　B. 吸热玻璃　　　C. 热反射玻璃　　D. 光致变色玻璃

3. 判断题

（1）釉、玻璃、建筑陶瓷都没有固定的熔点。（　　　）

（2）玻璃的热膨胀系数越大，其热稳定性越高。（　　　）

（3）大理石是变质岩，为碱性石材。（　　　）

（4）聚乙烯醇水玻璃内墙涂料俗称"803"内墙涂料。（　　　）

（5）聚氨酯系外墙涂料的含固量高，成膜时不是靠溶剂挥发，而是通过涂料中的两个组分发生固化反应形成涂膜的。涂膜柔软、弹性变形能力大，具有类似弹性橡胶的性质，对于基层裂缝有很大的随动性，能够实现所谓的"动态防水"，所以是一种性能优异的高级外墙涂料。（　　　）

（6）中空玻璃有保温、防寒、隔声、防霜露等功能。（　　　）

4. 问答题

（1）选择装饰材料要注意哪些原则？

（2）陶瓷墙地砖的物理力学性能要求有哪些？为什么对这些物理力学性能有要求？

（3）天然大理石与花岗石主要性能有何区别？

（4）钢化玻璃有何特性？为何物理钢化玻璃可作安全玻璃使用？

（5）吸热玻璃与热反射玻璃在性质与应用上的主要区别是什么？

（6）请至少列举 3 种内墙涂料，并说明它们的特点及适用范围。

（7）溶剂型涂料、水溶性涂料、乳液型涂料各有什么特点？施工时对环境各有什么要求？

58　项目 10
建筑装饰
材料习题
答案

绝热材料和吸声材料

59 项目 11 课件

【教学目标】

理解材料的绝热原理、吸声原理；理解影响材料绝热、吸声性能的主要因素；了解常用绝热、吸声材料的品种。

【教学要求】

知 识 要 点	能 力 目 标	权重
材料的绝热原理、吸声原理	理解材料的绝热原理、吸声原理，具有选用绝热、吸声材料的能力	30%
影响材料绝热、吸声性能的主要因素	理解影响材料绝热、吸声性能的主要因素，具有维护材料保持绝热、吸声性能的基本常识	30%
绝热、吸声材料的品种	了解绝热、吸声材料的品种，能根据工程实际要求选用	40%

【基本知识学习】

11.1 绝热材料

工程中，用于保温、隔热的材料通称为绝热材料。绝热材料通常热导率（λ）值应不大于 $0.175W/(m \cdot K)$，热阻（R）值应不小于 $5.71(m \cdot K)/W$。此外，绝热材料尚应满足：表观密度不大于 $600kg/m^3$，抗压强度大于 $0.3MPa$，构造简单，施工容易，造价低等。

11.1.1 影响材料热导率的因素

影响材料保温性能的主要因素是热导率的大小，热导率越小，保温性能越好。材料的热导率受多种因素影响。

1. 材料的性质

不同的材料其热导率是不同的。一般说来，热导率值以金属最大，非金属次之，液体较小，而气体更小。对于同一种材料，内部结构不同，热导率也差别很大。一般结晶结构的热导率最大，微晶体结构的热导率次之，玻璃体结构的热导率最小。但对于多孔的绝热材料来说，由于孔隙率高，气体（空气）对热导率的影响起着主要作用，而固体部分的结构无论是晶体或玻璃态体对其影响都不大。

2. 表观密度与孔隙特征

由于材料中固体物质的导热能力比空气要大得多，故表观密度小的材料，因其孔隙率大，热导率就小。在孔隙率相同的条件下，孔隙尺寸越大，热导率就越大；互相连通孔隙比封闭孔隙导热性要高。对于表观密度很小的材料，特别是纤维状材料（如超细玻璃纤维），当其表观密度低于某一极限值时，热导率反而会增大。这是由于孔隙增大且互相连通的孔隙大大增多，而使对流作用加强的结果。因此这类材料存在最佳表观密度，即在这个表观密度时热导率最小。

60　建材
趣知识 7
有趣的孔隙

3. 湿度

材料吸湿受潮后，热导率会增大，这在多孔材料中最为明显。这是由于当材料的孔隙中有了水分（包括水蒸气）后，则孔隙中蒸汽的扩散和水分子的热传导将起主要传热作用，而水的 λ 为 $0.58W/(m \cdot K)$，比空气的 $\lambda = 0.023W/(m \cdot K)$ 大 20 倍左右。如果孔隙中的水结成了冰，冰的 $\lambda = 2.20W/(m \cdot K)$，其结果使材料的热导率更加增大。故绝热材料在应用时必须注意防水避潮。

4. 温度

材料的热导率随温度的升高而增大，因为温度升高时，材料固体分子的热运动增强，同时材料孔隙中空气的导热和孔壁间的辐射作用也有所增加。但这种影响在温度为 $0 \sim 50℃$ 时并不显著，只有对处于高温或负温下的材料，才要考虑温度的影响。

5. 热流方向

对于各向异性的材料，如木材等纤维质材料，当热流平行于纤维方向时，热流受到阻力小，热导率大；而热流垂直于纤维方向时，受到的阻力大，热导率小。

11.1.2　工程中常用的保温材料

1. 纤维状保温隔热材料

（1）石棉及其制品。石棉是一种天然矿物纤维，主要化学成分是含水硅酸镁，具有耐火、耐热、耐酸碱、绝热、防腐、隔声及绝缘等特性。常制成石棉粉、石棉纸板、石棉毡等制品，用于工程的高效能保温及防火覆盖等。

（2）矿棉及其制品。矿棉一般包括矿渣棉和岩石棉。矿渣棉所用原料有高炉硬矿渣、铜矿渣等，并加一些调节原料（钙质和硅质原料）；岩石棉的主要原料为天然岩石（白云石、花岗石、玄武岩等）。原料经熔融后，用喷吹法或离心法制成矿棉。矿棉具有轻质、不燃、绝热和电绝缘等性能，且原料来源广，成本较低，可制成矿棉板、矿棉毡及管壳等。可用作建筑物的墙壁、屋顶、天花板等处的保温和吸声材料，以及热力管道的保温材料。

（3）玻璃棉及其制品。玻璃棉是用玻璃原料或碎玻璃经熔融后制成的纤维状材料，包括短棉和超细棉两种。

（4）植物纤维复合板。植物纤维复合板系以植物纤维为主要材料，加入胶结料和填料而制成。如木丝板是以木材下脚料制成木丝，加入硅酸钠溶液及普通硅酸盐水泥混合，经成型、冷压、养护、干燥而制成。甘蔗板是以甘蔗渣为原料，经过蒸制、加压、干燥等工序制成的一种轻质、吸声、保温材料。

2. 散粒状保温隔热材料

(1) 膨胀蛭石及其制品。蛭石是一种天然矿物，经 $850 \sim 1000℃$ 燃烧，体积急剧膨胀（可膨胀 $5 \sim 20$ 倍）而成为松散颗粒，其堆积密度为 $80 \sim 200 kg/m^3$，热导率为 $0.046 \sim 0.07 W/(m \cdot K)$，用于填充墙壁、楼板及平屋顶，保温效果极佳，可在 $1000 \sim 1100℃$ 使用。膨胀蛭石也可与水泥、水玻璃等胶凝材料配合，制成砖、板、管壳等用于围护结构及管道保温。

(2) 膨胀珍珠岩及其制品。膨胀珍珠岩是由天然珍珠岩、黑耀岩或松脂岩为原料，经煅烧体积急剧膨胀（约 20 倍）而得蜂窝状白色或灰白色松散颗粒。堆积密度为 $40 \sim 300 kg/m^3$，热导率为 $0.025 \sim 0.048 W/(m \cdot K)$，耐热 $800℃$，为高效能保温保冷填充材料。

膨胀珍珠岩制品是以膨胀珍珠岩为骨料，配以适量胶凝材料，经拌和、成型、养护（或干燥、或焙烧）后制成的板、砖、管等产品。

3. 多孔性保温隔热材料

(1) 微孔硅酸钙制品。微孔硅酸钙制品是用粉状二氧化硅材料（硅藻土）、石灰、纤维增强材料及水等经搅拌、成型、蒸压处理和干燥等工序而制成的。用于围护结构及管道保温。

(2) 泡沫玻璃。它是采用碎玻璃加入 $1\% \sim 2\%$ 发泡剂（石灰石或碳化钙），经粉磨、混合、装模，在 $800℃$ 下烧成后形成含有大量封闭气泡（直径 $0.1 \sim 5 mm$）的制品。它具有热导率小、抗压强度和抗冻性高、耐久性好等特点，且易于进行锯切、钻孔等机械加工，为高级保温材料，也常用于冷藏库隔热。

(3) 保温混凝土。保温混凝土包括多孔混凝土（泡沫混凝土、加气混凝土等）和轻骨料混凝土等。

(4) 泡沫塑料。泡沫塑料是以合成树脂为基料，加入一定剂量的发泡剂、催化剂、稳定剂等辅助材料经加热发泡而制成的轻质保温、防震材料。目前我国生产的有聚苯乙烯、聚氯乙烯、聚氨酯及脲醛树脂等泡沫塑料。

4. 其他保温隔热材料

(1) 软木板。软木也叫栓木。软木板是用栓皮、栎树皮或黄菠萝树皮为原料，经破碎后与皮胶溶液拌和，再加压成型，在 $80℃$ 的干燥室中干燥一昼夜而制成的。软木板具有表观密度小，导热性低，抗渗和防腐性能高等特点。

(2) 蜂窝板。蜂窝板是由两块较薄的面板，牢固地黏结在一层较厚的蜂窝状芯材两面而制成的板材，亦称蜂窝夹层结构。蜂窝状芯材是用浸渍过合成树脂（酚醛树脂等）的牛皮纸、玻璃布和铝片等，经加工粘合成六角形空腹（蜂窝状）的整块芯材。常用的面板为浸渍过树脂的牛皮纸、玻璃布或不经树脂浸渍的胶合板、纤维板、石膏板等。面板必须采用合适的胶黏剂与芯材牢固地黏合在一起，才能显示出蜂窝板的优异特性，即具有比强度大、导热性低和抗震性好等多种功能。

11.1.3　常用绝热材料的技术性能

常用绝热材料的技术参数与用途见表 11.1。

表 11.1　　　　　　　　　　　常用绝热材料技术参数及用途

材料名称	表观密度 /(kg/m³)	强度 /MPa	热导率 /[W/(m·K)]	用途
膨胀珍珠岩	40～300	—	常温 0.02～0.044 高温 0.06～0.17 低温 0.02～0.038	高效能保温保冷填充材料
水泥膨胀珍珠岩制品	300～400	$f_c=0.50～1.00$	常温 0.05～0.081 低温 0.081～0.12	保温隔热用
水玻璃膨胀珍珠岩制品	200～300	$f_c=0.60～1.20$	常温 0.056～0.065	保温隔热用
沥青膨胀珍珠岩制品	400～500	$f_c=0.20～1.20$	0.093～0.12	常温及负温
水泥膨胀蛭石制品	300～500	$f_c=0.20～1.00$	0.076～0.105	保温隔热
微孔硅酸钙制品	250	$f_c>0.5$ $f_t>0.3$	0.041	围护结构及管道保温
泡沫混凝土	300～500	$f_c≥0.4$	0.081～0.19	围护结构
加气混凝土	400～700	$f_c≥0.4$	0.093～0.16	围护结构
木丝板	300～600	$f_c=0.40～0.50$	0.11～0.26	天花板、隔墙板、护墙板
软质纤维板	150～400	—	0.047～0.093	天花板、隔墙板、护墙板，表面较光洁
芦苇板	250～400	—	0.093～0.13	天花板、隔墙板
软木板	150～350	$f_v=0.15～2.50$	0.052～0.70	吸水率小、不霉腐、不燃烧，用于绝热结构
聚苯乙烯泡沫塑料	20～50	$f_v=0.15$	0.031～0.047	屋面、墙面保温隔热等
硬质聚氨酯泡沫塑料	30～40	$f_c≥0.20$	0.037～0.055	屋面、墙面保温，冷藏库隔热
玻璃纤维制品	120～150	—	0.035～0.041	围护结构及管道保温
轻质钙塑板	100～150	$f_c=0.10～0.30$ $f_t=0.70～0.11$	0.047	绝热兼有防水性能，并具有装饰性能
泡沫玻璃	150～200	$f_c=0.55～1.60$	0.042	砌筑墙体、冷藏库隔热

在建筑中，围护结构隔热设计时，除了采用隔热材料外，还可以采取其他措施，起到隔热的效果，如：

（1）外表面做浅色饰面，如浅色粉刷、浅色涂层和浅色面砖等；窗户采用绝热薄膜。

（2）设置通风层，如通风屋顶、通风墙等。

（3）采用多排孔的混凝土或轻骨料混凝土空心砌块墙体。

（4）采用蓄水屋顶、有土或无土植被屋顶，以及墙面垂直绿化等。

11.2　吸声材料

对空气中传播的声能有较大程度吸收作用的材料，称为吸声材料。有效地采用吸声材料，不仅可以减少环境噪声污染，而且能适当地改善音质。

11.2.1　材料吸声的原理及技术指标

声音起源于物体的振动，它迫使邻近的空气跟着振动而成为声波，并在空气介质中向四周传播。当声波遇到材料表面时，一部分被反射，另一部分穿透材料，其余部分则传递给材料。声波在材料的孔隙中引起空气分子与孔壁的摩擦和黏滞阻力，其间相当一部分声能转化为热能而被吸收掉。这些被吸收的能量（E）（包括部分穿透材料的声能在内）与传递给材料的全部声能（E_0）之比，是评定材料吸声性能好坏的主要指标，称为吸声系数（α），用公式表示为

$$\alpha = \frac{E}{E_0} \tag{11.1}$$

吸声系数与声音的频率及声音的入射方向有关。因此吸声系数用声音从各方向入射的吸收平均值表示，并应指出是对哪一频率的吸收。通常采用 6 个频率：125Hz、250Hz、500Hz、1000Hz、2000Hz、4000Hz。任何材料对声音都能吸收，只是吸收程度有很大的不同。通常是将对上述 6 个频率的平均吸声系数大于 0.2 的材料列为吸声材料。

吸声材料大多为疏松多孔的材料，如矿渣棉、毯子等，其吸声机理是声波深入材料的孔隙，且孔隙多为内部互相贯通的开口孔，受到空气分子摩擦和黏滞阻力，以及使细小纤维作机械振动，从而使声能转变为热能。这类多孔性吸声材料的吸声系数，一般从低频到高频逐渐增大，故对高频和中频的声音吸收效果较好。

11.2.2　影响多孔性材料吸声性能的因素

1. 材料的表观密度

对同一种多孔材料（例如超细玻璃纤维）而言，当其表观密度增大时（即孔隙率减小时），对低频的吸声效果有所提高，而对高频的吸声效果则有所降低。

2. 材料的厚度

增加多孔材料的厚度，可提高对低频的吸声效果，而对高频则没有多大的影响。

3. 材料的孔隙特征

孔隙越多越细小，吸声效果越好。如果孔隙太大，则效果就差。如果材料中的孔隙大部分为单独的封闭气泡（如聚氯乙烯泡沫塑料），则因声波不能进入，从吸声机理上来讲，就不属多孔性吸声材料。当多孔材料表面涂刷油漆或材料吸湿时，则因材料的孔隙被水分或涂料所堵塞，其吸声效果亦将大大降低。

11.2.3　常用吸声材料及安装方法

工程中常用吸声材料有：石膏砂浆（掺有水泥、石棉纤维）、水泥膨胀珍珠岩板、矿渣棉、沥青矿渣棉毡、玻璃棉、超细玻璃棉、泡沫玻璃、泡沫塑料、软木板、木丝板、穿孔纤维板、工业毛毡、地毯、帷幕等。

除了采用多孔吸声材料吸声外，还可将材料组成不同的吸声结构，达到更好的吸声效果。常用的吸声结构形式有薄板共振吸声结构和穿孔板吸声结构。

安装方法：薄板共振吸声结构系采用薄板钉牢在靠墙的木龙骨上，薄板与板后的空气层构成了薄板共振吸声结构。穿孔板吸声结构是用穿孔的胶合板、纤维板、金属板或石膏板等为结构主体，与板后的墙面之间的空气层（空气层中有时可填充多孔材

料）构成吸声结构。该结构吸声的频带较宽，对中频的吸声能力最强。

11.2.4 关于隔声材料的概念

必须指出：吸声性能好的材料，不能简单地就把它们作为隔声材料来使用。人们要隔绝的声音按传播途径可分为空气声（由于空气的振动）和固体声（由于固体的撞击或振动）两种。对隔空气声，根据声学中的"质量定律"，墙或板传声的大小，主要取决于其表观密度，其值越大，越不易振动，则隔声效果越好，故对此必须选用密实、沉重的材料（如黏土砖、钢板、钢筋混凝土）作为隔声材料。对隔固体声最有效的措施是采用不连续的结构处理，即在墙壁和承重梁之间、房屋的框架和隔墙及楼板之间加弹性衬垫，如毛毡、软木、橡皮等材料，或在楼板上加弹性地毯等。

【技能训练】

61　项目 11
绝热材料
和吸声
材料习题

1. 选择题

（1）对隔热保温材料通常要求其热导率不宜大于（　　）。

    A. $0.4W/(m \cdot K)$ B. $0.175W/(m \cdot K)$

    C. $0.32W/(m \cdot K)$ D. $0.10W/(m \cdot K)$

（2）通常，材料受潮后，其隔热保温性能（　　）。

    A. 变差   B. 变好   C. 不变   D. 时而变好时而变坏

（3）材料的热导率与（　　）有关。

    A. 材料的性质、表观密度   B. 材料的湿度、温度

    C. 热流方向   D. ABC

（4）通常孔隙率大且多为封闭孔隙的材料隔热保温性能好，是因为（　　）。

    A. 空气的热导率远小于固体物质的热导率

    B. 封闭孔隙中的空气不便对流传热

    C. 孔隙率大，固体物质所占的比重减少

    D. ABC

（5）关于材料的热学性质，以下说法不正确的是（　　）。

    A. 多孔材料隔热保温性能好   B. 具有层理的岩石热导率有方向性

    C. 隔热保温材料应防止受潮   D. 低温条件下应选用热膨胀系数大的材料

（6）同材质的甲乙材料，表观密度相同，而甲的吸水率为乙的 0.5 倍，则甲材料（　　）。

    A. 抗冻性差   B. 耐水性差   C. 绝热性好   D. 强度高

（7）孔隙率相等的同种材料，其热导率在（　　）时变小。

    A. 孔隙尺寸增大，且孔互相封闭   B. 孔隙尺寸减小，且孔互相封闭

    C. 孔隙尺寸增大，且孔互相连通   D. 孔隙尺寸减小，且孔互相连通

（8）日常生活中，（　　）与热现象无关。

    A. 看到一幅冰天雪地的山水画感觉凉飕飕的

    B. 彩色压型钢板房奇冷奇热，而墙体为加气混凝土砌块的教室怡然舒适

C. 住在大型水库旁，感觉气温变化较平缓；夏天宿舍放一盆水感觉凉爽

D. 急性子吃不得热豆腐；大学饭堂用铁锅炒菜而不用铝锅，因为铁锅炒的菜好吃

（9）日常生活中，（ ）与材料孔隙及其特征无关。

A. 大雪后，山村格外寂静

B. 冬天，晒过的棉被特别暖和

C. 精心设计的音乐厅，音乐非常悦耳

D. 低气温时，摸铁比摸塑料感觉更冷

2. 问答题

（1）什么是绝热材料？工程上对绝热材料有哪些要求？

（2）影响材料热导率的主要因素是什么？

（3）吸声材料和绝热材料在构造特征上有何异同？泡沫玻璃是一种强度较高的多孔结构材料，但不能用作吸声材料，为什么？

（4）试述隔绝空气传声和固体撞击传声的处理原则。

62 项目 11 绝热材料和吸声材料习题答案

试 验 数 据 整 理 分 析

【教学目标】

掌握试验数据的修约方法；掌握最小二乘法线性回归分析方法。

【教学要求】

知识要点	能 力 目 标	权重
试验数据的修约方法	能正确进行试验数据的修约	20%
最小二乘法线性回归分析方法	能用最小二乘法线性回归分析方法建立两个变量之间的线性关系	80%

63 项目 12
课件

【基本知识学习】

12.1 数值的修约原则与方法

12.1.1 数值的修约原则

（1）数值的修约原则是：通过舍弃原数值最后若干数字，调整所保留的末位数字，使修约值最接近原数值。

（2）按数值的修约原则，需保留的末位数字右边第一个数字等于 5 且 5 后边的数字全部为零的数值为特殊数值，此时，约定为"保留数的末位数字为奇数则进 1，保留数的末位数字为偶数（包括 0），则舍去"。

（3）按（1）、（2）归纳出数值的修约方法（12.1.2 数值的修约方法），以方便快捷地进行数值修约。

12.1.2 数值的修约方法

（1）在拟舍弃的数字中，保留数右边第一个数字小于 5，则舍去，保留数的末位数字不变。

（2）在拟舍弃的数字中，保留数右边第一个数字大于 5，则进 1，保留数的末位数字加 1。

（3）在拟舍弃的数字中，保留数右边第一个数字等于 5，5 后边的数字并非全部为零，则进 1，保留数的末位数字加 1。

（4）在拟舍弃的数字中，保留数右边第一个数字等于5，5后边的数字全部为零时，保留数的末位数字为奇数则进1，保留数的末位数字为偶数（包括0），则舍去。

（5）所有拟舍弃的数字，若为两位以上的数字，不得连续进行多次（包括两次）修约，应根据保留数右边第一个数字的大小，按上述规定一次修约出修约值。

（6）负数的修约，先将其绝对值按前述规则进行修约，然后在修约值前加上负号。

12.1.3　0.1 单位修约

0.1 单位修约，指修约间隔为 0.1，修约值应在 0.1 的整数倍中选取，即将数值修约到一位小数。以此类推，1 单位修约，即将数值修约到整数；10^{-n} 单位修约，即将数值修约到 n 位小数；10^n 单位修约，即将数值修约到 10^n 位数。

12.1.4　0.2 单位修约与 0.5 单位修约

0.2 单位修约指修约间隔为 0.2，是将拟修约的数值乘5，再按指定位数以进舍规则修约，所得修约值再除以5；0.5 单位修约是指修约间隔为 0.5，是将拟修约的数值乘2，再按指定位数以进舍规则修约，所得修约值再除以2。

【例 12.1】 请将数值按要求修约，见表 12.1。

表 12.1　数值按要求修约

修　约　要　求		修约前	修　约　值
将 25.6483 修约到保留小数一位		25.6483	25.6
将 25.6703 修约到保留小数一位		25.6703	25.7
将 25.2501 修约到保留小数一位		25.2501	25.3
将 25.1500、25.2500、25.0500 修约到保留一位小数		25.1500	25.2
		25.2500	25.2
		25.0500	25.0
将 25.4548 修约成整数	正确方法	25.4548	25
	错误方法（连续修约）	25.4548	第一次修约 25.455
			第二次修约 25.46
			第三次修约 25.5
			第四次修约 26

【例 12.2】 请将数值按 0.5 单位修约（亦即保留到 0.5），见表 12.2。

表 12.2　数值按 0.5 单位修约

拟修约数值 H	乘 2（$2H$）	$2H$ 修约值	修约值 H
45.26	90.52	91	45.5
45.25	90.50	90	45.0
45.75	91.50	92	46.0
−44.55	−89.10	−89	−44.5

【例 12.3】　请将以下钢筋的屈服强度按 5MPa 修约（亦即保留到 5MPa），见表 12.3。

表 12.3　　　　　　　　　　**钢筋的屈服强度按 5MPa 修约**

钢筋屈服强度实测值 H/MPa	乘 2（$2H$）	$2H$ 修约值	修约值 H/MPa
362.5	725.0	720	360
357.5	715.0	720	360
357.6	715.2	720	360
352.6	705.2	710	355

【例 12.4】　请将以下数值修约到百数位的 0.2 单位，见表 12.4。

表 12.4　　　　　　　　　　**数值修约到百分位的 0.2 单位**

拟修约数值 H	乘 5（$5H$）	$5H$ 修约值	修约值 H
730	3650	3600	720
750	3750	3800	760
832	4160	4200	840
−990	−4950	−5000	−1000

12.2　线性回归分析介绍

回归分析就是为两个（或多个）变量建立一个关系式。为建立关系式，首先应绘制图形，确定关系式的形式。若两个变量之间大致呈直线关系，则可用 $y=ax+b$ 表示。线性回归就是为变量寻找一个线性关系式。若两个变量不属直线关系，有时可先把它们的关系化为直线式，再求其关系式。求得的关系式，可以反映变量之间的内在规律，同时可在实践活动中运用该关系式。

12.2.1　线性关系式

最简单的线性关系式的形式为

$$y=ax+b$$

式中　x、y——变量，分别代表某一因素；

　　　a、b——常数。

12.2.2　建立线性关系式的方法

1. 一般方法

一般方法有图解法、平均法等，比较粗略，不介绍。

2. 最小二乘法

最小二乘法是常用的线性回归分析方法。

n 对（组）观测值（x_1，y_1）、（x_2，y_2）、…、（x_n，y_n）。它们大致在 $y=ax+$

b 上（图 12.1）。按最小二乘法原理，可得线性关系式的系数 a、b（推导过程略）为

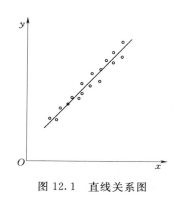

$$a = \frac{n\sum x_i y_i - \sum x_i \sum y_i}{n\sum x_i^2 - (\sum x_i)^2}$$

$$b = \frac{\sum y_i \sum x_i^2 - \sum x_i \sum x_i y_i}{n\sum x_i^2 - (\sum x_i)^2}$$

为评定线性关系的密切程度（即 $y = ax + b$ 的可靠程度），需求出相关系数 r。根据数理统计，r 按下式求出，即

图 12.1　直线关系图

$$r = a\sqrt{\frac{n\sum x_i^2 - (\sum x_i)^2}{n\sum y_i^2 - (\sum y_i)^2}}$$

r 值的波动在 $0 \sim \pm 1$ 之间。当 $r = 0$ 时，表示变量 x、y 之间完全无关。当 $r = +1$ 或 $r = -1$ 时，表示 x、y 完全线性相关，即观测值全部落在直线上，这对于建材试验几乎是不可能的。绝对值越接近 1，则 x、y 之间线性关系越密切，关系式越可靠。表 12.5 给出了相关系数检验表，表中数值为相关系数的临界值。求出的 r 大于表中相应的数值，则表示关系式可用来描述两变量间的相关关系，并有一定的可信度。

表 **12.5**　　　　　　　　　　　　　　相关系数 r 检验表

置信度 自由度 $n-2$	5%	1%	置信度 自由度 $n-2$	5%	1%	置信度 自由度 $n-2$	5%	1%
1	0.997	1.000	13	0.514	0.641	25	0.381	0.487
2	0.950	0.990	14	0.494	0.623	30	0.349	0.449
3	0.878	0.959	15	0.482	0.606	35	0.325	0.418
4	0.811	0.917	16	0.468	0.590	40	0.304	0.393
5	0.754	0.874	17	0.456	0.575	50	0.273	0.354
6	0.707	0.834	18	0.444	0.561	80	0.217	0.283
7	0.666	0.798	19	0.433	0.549	100	0.195	0.254
8	0.632	0.765	20	0.423	0.537	125	0.174	0.228
9	0.602	0.735	21	0.413	0.526	150	0.159	0.208
10	0.576	0.708	22	0.404	0.515	200	0.138	0.181
11	0.553	0.684	23	0.396	0.505	300	0.113	0.148
12	0.532	0.661	24	0.388	0.496	500	0.062	0.081

【例 12.5】　直接线性关系式的求法。某实验室的原材料性能相对稳定，一定时期混凝土的水灰比 W/C（灰水比 C/W）和相应的 28d 抗压强度 f_{28} 试验数据见表 12.6。试确定 f_{28} 与 C/W 的关系式。

表 12.6
［例 12.5］混凝土灰水比 C/W 和 28d 抗压强度实测数据表

序号	水灰比 W/C	灰水比 C/W	28d 抗压强度 f_{28}/MPa	序号	水灰比 W/C	灰水比 C/W	28d 抗压强度 f_{28}/MPa
1	0.40	2.50	56.2	6	0.60	1.67	37.9
2	0.45	2.22	47.6	7	0.62	1.61	35.9
3	0.50	2.00	43.0	8	0.65	1.54	34.0
4	0.52	1.92	42.3	9	0.70	1.43	29.9
5	0.55	1.82	38.5	10	0.75	1.33	28.0

解　以 C/W 为横坐标、f_{28} 为纵坐标建立直角坐标系，将 10 组试验数据点绘在坐标系上，发现 C/W 与 f_{28} 大致成直线关系（图 12.2），即 $f_{28}=a\times\dfrac{C}{W}+b$。令 $x=\dfrac{C}{W}$、$y=f_{28}$，写成 $y=ax+b$。最小二乘法计算见表 12.7。

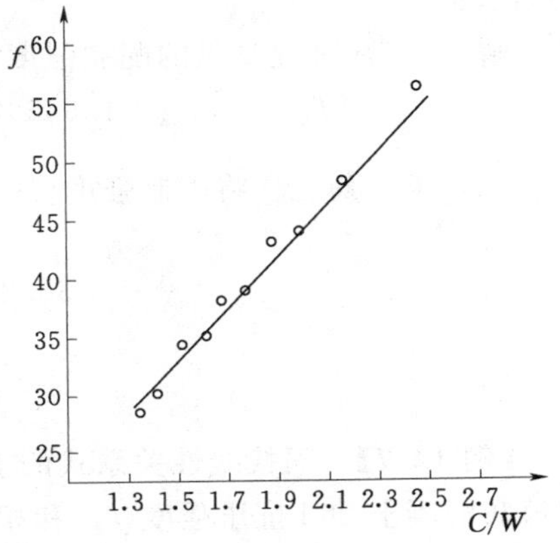

$$a=\frac{n\sum x_iy_i-\sum x_i\sum y_i}{n\sum x_i^2-(\sum x_i)^2}$$

$$=\frac{10\times737.032-18.043\times393.3}{10\times33.755-18.043^2}$$

$$=22.83$$

$$b=\frac{\sum y_i\sum x_i^2-\sum x_i\sum x_iy_i}{n\sum x_i^2-(\sum x_i)^2}$$

$$=\frac{393.3\times33.755-18.043\times737.032}{10\times33.755-18.043^2}$$

$$=-1.87$$

图 12.2　［例 12.5］灰水比与强度关系

表 12.7
［例 12.5］最小二乘法计算表

序号	x_i	y_i	x_i^2	y_i^2	x_iy_i
1	2.500	56.2	6.250	3158.44	140.500
2	2.222	47.6	4.937	2265.76	105.767
3	2.000	43.0	4.000	1849.00	86.000
4	1.923	42.3	3.698	1789.29	81.343
5	1.818	38.5	3.305	1482.25	69.993
6	1.667	37.9	2.779	1436.41	63.179
7	1.613	35.9	2.602	1288.81	57.907
8	1.538	34.0	2.365	1156.00	52.292
9	1.429	29.9	2.042	894.01	42.727
10	1.333	28.0	1.777	784.00	37.324
Σ	18.043	393.3	33.755	16103.97	737.032

即
$$f_{28} = a \times \frac{C}{W} + b = 22.83 \frac{C}{W} - 1.87$$

$$r = a \sqrt{\frac{n \sum x_i^2 - (\sum x_i)^2}{n \sum y_i^2 - (\sum y_i)^2}} = 22.83 \sqrt{\frac{10 \times 33.755 - 18.043^2}{10 \times 16103.97 - 393.3^2}} = 0.992$$

查表 12.5，$n-2=8$ 对于置信度 5% 和 1% 的相关系数临界值分别为 0.632 和 0.765，本例算得 $r=0.992$，大于此临界值，说明 $f_{28} = 22.83 \frac{C}{W} - 1.87$ 是可信的。

【例 12.6】 ［例 12.5］中的实验室需设计 C30 混凝土配合比，试确定 C30 混凝土的水灰比？

解 （1）求混凝土的配制强度 $f_{cu,0}$。
$$f_{cu,0} = f_{cu,k} + 1.645 \times \sigma = 30 + 1.645 \times 5.0 = 38.2 (\text{MPa})$$

（2）求水灰比。将配制强度代入公式 $f_{28} = 22.83 \frac{C}{W} - 1.87$

得
$$38.2 = 22.83 \frac{C}{W} - 1.87$$

即
$$\frac{W}{C} = 0.57$$

【例 12.7】 间接线性关系式的求法。某实验室，一定粉煤灰掺量范围的 12 组掺粉煤灰混凝土 28d 抗压强度 f_{28} 和相应 60d 抗压强度 f_{60} 试验数据见表 12.8。试确定 f_{28} 与 f_{60} 的关系式。

表 12.8 ［例 12.7］粉煤灰混凝土 28d 抗压强度 f_{28} 和相应 60d 抗压强度 f_{60} 试验数据表

组号	1	2	3	4	5	6	7	8	9	10	11	12
f_{28}	24.6	25.8	27.3	28.8	30.2	31.6	33.9	34.8	36.5	38.1	40.0	41.5
f_{60}	32.6	31.4	34.0	36.7	34.8	36.8	39.7	42.6	42.8	46.2	47.4	48.4

解 以 f_{28} 为横坐标、f_{60} 为纵坐标建立直角坐标系，将以上 12 组试验数据点绘在该坐标系上，发现 f_{28} 与 f_{60} 大致成幂函数关系（图 12.3）。令 $f_{60} = B \times f_{28}^A$，取 $f_{60} = B \times f_{28}^A$ 两边的自然对数，有 $\ln f_{60} = \ln(B \times f_{28}^A)$，即 $\ln f_{60} = \ln B + A \ln f_{28}$。为便于表述，令 $Y = \ln f_{60}$，$X = \ln f_{28}$，$b = \ln B$，有 $Y = AX + b$。

$\ln f_{28}$、$\ln f_{60}$，列入表 12.9；式 $Y = AX + b$ 最小二乘法计算见表 12.10。

$$A = \frac{n \sum X_i Y_i - \sum X_i \sum Y_i}{n \sum X_i^2 - (\sum X_i)^2}$$
$$= \frac{12 \times 153.1479 - 41.71 \times 43.98}{12 \times 145.3103 - 41.71^2}$$
$$= 0.842$$

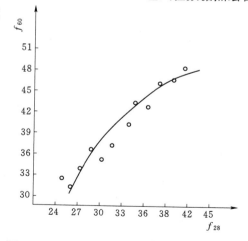

图 12.3 ［例 12.7］混凝土 f_{28} 与 f_{60} 关系

$$b = \frac{\sum Y_i \sum X_i^2 - \sum X_i \sum X_i Y_i}{n \sum X_i^2 - (\sum X_i)^2}$$

$$= \frac{43.98 \times 145.3103 - 41.71 \times 153.1479}{12 \times 145.3103 - 41.71^2}$$

$$= 0.737$$

$$Y = AX + b = 0.842X + 0.737$$

$$r = A\sqrt{\frac{n \sum X_i^2 - (\sum X_i)^2}{n \sum Y_i^2 - (\sum Y_i)^2}} = 0.842\sqrt{\frac{12 \times 145.3103 - 41.71^2}{12 \times 161.4338 - 43.98^2}} = 0.978$$

表 12.9　　　　[例 12.7] f_{28}、f_{60} 的自然对数 $\ln f_{28}$、$\ln f_{60}$ 计算表

组号	1	2	3	4	5	6	7	8	9	10	11	12
f_{28}	24.6	25.8	27.3	28.8	30.2	31.6	33.9	34.8	36.5	38.1	40.0	41.5
f_{60}	32.6	31.4	34.0	36.7	34.8	36.8	39.7	42.6	42.8	46.2	47.4	48.4
$\ln f_{28}$	3.20	3.25	3.31	3.36	3.41	3.45	3.52	3.55	3.60	3.64	3.69	3.73
$\ln f_{60}$	3.48	3.45	3.53	3.60	3.55	3.61	3.68	3.75	3.76	3.83	3.86	3.88

表 12.10　　　　[例 12.7] $Y = AX + b$ 最小二乘法计算表

序号	X_i	Y_i	X_i^2	Y_i^2	$X_i Y_i$
1	3.20	3.48	10.2400	12.1104	11.1360
2	3.25	3.45	10.5625	11.9025	11.2125
3	3.31	3.53	10.9561	12.4609	11.6843
4	3.36	3.60	11.2896	12.9600	12.0960
5	3.41	3.55	11.6281	12.6025	12.1055
6	3.45	3.61	11.9025	13.0321	12.4545
7	3.52	3.68	12.3904	13.5424	12.9536
8	3.55	3.75	12.6025	14.0625	13.3125
9	3.60	3.76	12.9600	14.1376	13.5360
10	3.64	3.83	13.2496	14.6689	13.9412
11	3.69	3.86	13.6161	14.8996	14.2434
12	3.73	3.88	13.9129	15.0544	14.4724
Σ	41.71	43.98	145.3103	161.4338	153.1479

　　评定关系式是否密切。查表 12.5，$n - 2 = 10$ 对于置信度 5% 和 1% 的相关系数临界值分别为 0.576 和 0.708，本例算得 $r = 0.978$，大于此临界值，说明 $Y = 0.842X + 0.737$ 直线关系是密切的，求得的关系式是可信的。

　　因 $b = \ln B$，故 $B = e^b = e^{0.737} = 2.09$，得

$$f_{60} = 2.09 \times f_{28}^{0.842}$$

【例 12.8】　　[例 12.7] 所得表达式的应用。该实验室现测得某配合比掺粉煤灰混凝土 28d 抗压强度为 32.6MPa，试推算该混凝土 60d 抗压强度。

解　$f_{60}=2.09\times f_{28}^{0.842}=2.09\times32.6^{0.842}=39.3$（MPa）

【技能训练】

64　项目 12
试验数据
整理分析
习题

1. 填空题

（1）数值修约原则是：通过舍弃原数值最后若干数字，调整所保留的末位数字，使修约值_____原数值。

（2）将 9.1500、9.2500、9.0500、9.05001 保留 1 位小数，分别为_____、_____、_____、_____。

（3）两次测得砂的表观密度为 2.62g/cm³、2.63g/cm³，则其平均值为_____。

（4）建立线性关系式的方法有_____、_____、_____等，_____是常用的线性回归分析方法。

2. 计算题

（1）用直径为 12mm 热轧光圆钢筋做拉伸试验，测得屈服荷载为 38.7kN、极限荷载为 55.1kN，求此钢筋屈服强度 R_{eL}、抗拉强度 R_m（π=3.14159。当 $R_{eL}=200\sim1000$MPa 时，精确到 5MPa；当 $R_m=200\sim1000$MPa 时，精确到 5MPa）。

（2）混凝土坍落度实测值为 37mm，修约至 5mm 为多大？坍落度实测值为 33mm，修约至 5mm 为多大？混凝土表观密度实测值为 2405.0kg/m³，修约至 10kg/m³ 为多大？表观密度实测值为 2384.8kg/m³，修约至 10kg/m³ 为多大？

（3）某实验室一定时期卵石混凝土的水灰比 W/C（灰水比 C/W）和 28d 抗压强度 f_{28} 试验结果见表 12.11。试确定 f_{28} 与 C/W 的直线关系式。

表 12.11　　　　试　验　结　果

组号	1	2	3	4	5	6	7	8	9	10	11	12
W/C	0.40	0.42	0.45	0.50	0.52	0.55	0.60	0.62	0.65	0.68	0.70	0.75
C/W	2.50	2.38	2.22	2.00	1.92	1.82	1.67	1.61	1.54	1.47	1.43	1.33
f_{28}/MPa	47.9	43.3	42.9	33.8	31.6	30.1	26.2	25.0	24.2	22.1	21.6	18.3

（4）某实验室 10 组标准养护 28d 混凝土抗压强度 f_{cu} 与结构同条件养护至等效龄期混凝土轴心抗拉强度 f_t 试验数据见表 12.12。试确定 f_t 与 f_{cu} 幂函数关系式。

表 12.12　　　　试　验　数　据

组号	1	2	3	4	5	6	7	8	9	10
f_{cu}/MPa	60.8	55.6	50.3	46.2	41.5	36.7	30.0	26.9	21.4	17.5
f_t/MPa	3.4	3.2	3.0	2.9	2.7	2.5	2.3	2.1	1.9	1.7

65　项目 12
试验数据
整理分析
习题答案

（5）混凝土弹性模量 E_c 与抗压强度标准值 $f_{cu,k}$ 的关系见表 5.36，试求 E_c 与 $f_{cu,k}$ 的关系式。［提示：点绘坐标显示，E_c（单位 10^4MPa）的倒数与 $f_{cu,k}$（单位 MPa）的倒数大致成直线关系；关系式的推求，可利用计算器的"统计"功能］

技能训练参考答案

项目 1　绪论

项目 2　建筑材料的基本性质

1. 填空题

(1) N，MPa。　(2) 抵抗变形，不易。　(3) 大于。　(4) 越小，越低，越好。
(5) 好。　(6) 大，小，小。　(7) 轻质高强，高。　(8) $2.50g/cm^3$。　(9) $2.63g/cm^3$。　(10) 7.2%。　(11) 42.2%。　(12) $0.91mm$。　(13) $34.1MPa$。　(14) 大，小。　(15) 47.6%，无关。

2. 选择题

(1) A。(2) C。(3) B。(4) A。(5) D。(6) B。(7) A。(8) D。(9) D。

3. 问答题

略。

4. 计算题

(1) $\rho = 2.69g/cm^3$、$\rho_0 = 2.28g/cm^3$、$D = 84.8\%$、$P = 15.2\%$。

(2) 水泥 $=380kg$、湿砂 $=671kg$、湿石子 $=1208kg$、水 $=141kg$。

(3) 37.0%。　(4) 1.6%。　(5) $575MPa$。

项目 3　气硬性胶凝材料

1. 填空题

(1) 大，膨胀，好，慢，收缩，差。(2) 快，膨胀，大，低，差，好。(3) 消除过火石灰的危害。(4) $Na_2O \cdot nSiO_2$。(5) 越难，黏度，黏结能力，无定形硅胶。

2. 选择题

(1) B。(2) D。(3) A。(4) D。(5) B。(6) B。(7) D。(8) D。(9) C。
(10) D。(11) C。

3. 问答题

略。

4. 计算题

精确计算需模数为 3.2 的水玻璃 $2.68kg$。粗略计算需模数为 3.2 的水玻璃 $2.24kg$。

项目 4　水泥

1. 填空题

(1) 石灰质原料，黏土质原料，铁矿石，石膏。　(2) C_3S，C_2S，C_4AF，C_3A。(3) C_3S，C_3A，C_3S，C_3A，C_3S，C_3A，C_2S。(4) $f\text{-}CaO$，$f\text{-}MgO$，石膏，$f\text{-}CaO$，不合格品。　(5) 快，大，高，大。　(6) 减小，变慢，降低。　(7) $C\bar{S}H_2$，

CH，AH_3。（8）碱性激发剂，硫酸盐激发剂。（9）水，放出。（10）水，CO_2，凝结结块，胶凝性，防潮。

2. 选择题

(1) C。(2) B。(3) A。(4) D。(5) D。(6) B。(7) C。(8) D。(9) B。(10) A。(11) C。(12) B。(13) B。(14) A。(15) D。(16) C。

3. 问答题

略。

4. 应用题

（1）选普通水泥。理由：它水化热大、凝结硬化快、早期强度高。（2）选硅酸盐水泥。理由：它抗碳化力强。（3）选普通水泥。理由：它干缩较小。（4）选 42.5 级的普通水泥。理由：它的强度与 M20 以上强度等级的砌筑砂浆相适应，且砂浆的和易性好。（5）选抗硫酸盐水泥。理由：它抗硫酸盐腐蚀的能力强。（6）选高铝水泥。理由：它的耐高温性好。（7）选硅酸盐水泥。理由：它抗渗性好。（8）选道路水泥。理由：它抗折强度高、强度高、耐磨性好、干缩小。（9）低热水泥。理由：它水化热低。（10）硅酸盐水泥。理由：它抗冻性好、强度高。（11）硅酸盐水泥。理由：它强度高。（12）中热水泥。理由：它水化热中等、耐磨性好、抗渗性好、抗溶出性侵蚀较好。（13）选 32.5 或 32.5R 级及以下的矿渣水泥、火山灰水泥、粉煤灰水泥、砌筑水泥中的一种即可。理由：垫层混凝土通常为 C20 或以下，选具有较低强度等级且常用的水泥以满足其技术经济性。

5. 计算题

（1）$f_{ce,m,28} = 7.6\text{MPa}$；$f_{ce} = f_{ce,c,28} = 56.5\text{MPa}$。水泥强度合格。（2）$\gamma_c = 1.08$。

项目 5　混凝土

1. 填空题

（1）水泥石，骨料，过渡区，过渡区，过渡区。（2）粗糙，强，光滑，弱，和易性，高。（3）连续粒级，单粒级。（4）流动性，黏聚性，保水性，流动性，黏聚性，保水性。（5）水胶比，胶凝材料强度。（6）设计的和易性（工作性），设计的强度，设计的耐久性，符合经济原则。（7）最大，最小。（8）水胶比，砂率，单位用水量。（9）设计强度，设计耐久性，设计的和易性（工作性），砂填充石子空隙略有富余原则。（10）提高，用水量，水泥，用水量，强度。（11）防止应力集中，预应力损失。（12）用水量，胶凝材料用量，恒定用水量。（13）较大，较小，较小，较大，较小。（14）掺引气剂，限制水胶比，保证胶凝材料用量。（15）不均匀（不稳定），50%。（16）适宜，充分。

2. 选择题

(1) D。(2) B。(3) D。(4) C。(5) D。(6) C。(7) C。(8) D。(9) B。(10) C。(11) B。(12) A。(13) D。(14) C。(15) A。(16) C。(17) A。

3. 问答题

略。

4. 应用题

（1）高性能减水剂。（2）高效减水剂。（3）引气剂。（4）泵送剂。（5）缓凝型减水剂。（6）防冻剂。（7）缓凝剂。（8）引气剂。（9）早强剂。（10）速凝剂。（11）缓凝型高效减水剂。（12）膨胀剂。

5. 计算题

（1）$M_x = 2.79$，中砂，级配合格。

（2）1）$M_{x甲} = 2.28$、$M_{x乙} = 3.86$；甲、乙两种砂级配都不合格。

2）甲砂 72.7%、乙砂 27.3%。

3）满足细度模数 2.5～2.9 要求的甲砂占 60.0%～85.5%、满足级配合格要求的甲砂占 51.4%～90.6%，既满足细度模数要求且满足级配要求的甲砂占 60.0%～85.5%；则乙砂占 40.0%～14.5%。甲砂 70%、乙砂 30% 就是满足要求的其中一个比例。

（3）石子最大公称粒径 33.7mm，选 5～31.5mm 连续粒级石子。

（4）6d 可拆模；能达到设计强度要求。

（5）实验室配合比 $m_{c0} = 217kg$、$m_{f0} = 141kg$、$m_{S0} = 637kg$、$m_{g0} = 1239kg$、$m_{w0} = 176kg$。

施工配合比 $m_c = 217kg$、$m_f = 141kg$、$m_S = 654kg$、$m_g = 1249kg$、$m_w = 149kg$。

（6）取拨开系数 $k = 1.2$，计算法砂率为 32%；查表法砂率约为 33%。砂率 32% 时，初步配合比（体积法）$m_{c0} = 227kg$、$m_{f0} = 151kg$、$m_{S0} = 584kg$、$m_{g0} = 1240kg$、$m_{w0} = 185kg$。

（7）1）按强度计算得 $W/B = 0.65$，满足耐久性要求的 $W/B \leqslant 0.60$，取 $W/B = 0.60$；取拨开系数 $k = 1.3$，计算法砂率为 35%；查表法砂率约为 35%。取砂率 35% 计算。初步配合比（体积法）$m_{c0} = 292kg$、$m_{S0} = 673kg$、$m_{g0} = 1250kg$、$m_{w0} = 175kg$。

2）砂的细度模数越小，砂越细，一定质量的砂其总表面积增大，包裹其所耗的胶凝材料浆增多，起润滑作用的浆减少，导致坍落度减小。

（8）水胶比、砂率、单位用水量选取不同，则混凝土配合比不同，可参考〔例 5.14〕进行计算。计算时应注重耐久性的检核。

（9）10 组试件均同条件养护至等效龄期，各试件强度除以 0.88 换算成标准养护 28d 强度后的平均值为 28.4MPa，标准差为 2.72MPa。按标准差未知的统计方法验收（表 5.68），经检验，该批结构混凝土强度合格。

项目 6　建筑砂浆

1. 判断题

（1）×。（2）×。（3）×。（4）√。（5）√。（6）√。（7）×。（8）√。

2. 选择题

（1）A。（2）B。（3）B。（4）C。（5）D。（6）B。（7）C。（8）D。

3. 问答题

略。

4. 计算题

水泥选 32.5 级矿渣水泥，计算时水泥强度取 32.5MPa。

（1）砂浆试配配合比（以干砂为基准）$Q_c = 275kg$、$Q_D = 75 \times 0.95 = 71kg$、$Q_s = 1450kg$、$Q_w = 260kg$。

砂浆试配配合比（以湿砂为基准）$Q_c = 275kg$、$Q_D = 71kg$、$Q_s = 1450 \times (1 + 2.5\%) = 1486kg$、$Q_w = 260 - 1450 \times 2.5\% = 224kg$。

（2）$9.2 \times 1.35 = 12.4MPa > f_{m,0} = 12MPa$，该配合比满足要求。

项目 7 建筑钢材

1. 填空题

（1）非合金钢，低合金钢，合金钢。（2）塑性，塑性，弯曲角度，弯芯直径与钢的直径（或厚度）之比。（3）弹性，屈服，强化，破坏（颈缩），屈服强度，抗拉强度，伸长率，屈服强度。（4）屈服强度与抗拉强度之比，高，低。（5）屈服强度特征值，HRB400 或 HRBF400。（6）差。（7）硫，磷。（8）大于。（9）A，F。（10）小，低。（11）钢绞线。（12）保证率，大于。（13）提高，降低，降低。（14）疲劳极限。

2. 选择题

（1）D。（2）A。（3）B。（4）B。（5）A。（6）C。（7）B。（8）D。（9）B。（10）C。（11）D。（12）D。（13）A。（14）C。

3. 问答题

略。

4. 计算题

$R_{eL}^\circ = 475MPa > 400MPa$、$R_m^\circ = 610MPa > 540MPa$、$A = 18\%$、$A_{gt} = 10.9\% > 9.0\%$、$R_m^\circ / R_{eL}^\circ = 1.28 > 1.25$、$R_{eL}^\circ / R_{eL} = 1.19 < 1.30$。由表 7.13 知，HRB400E 的指标全部合格、试样合格。

项目 8 防水材料

1. 填空题

（1）油分，树脂，地沥青质。（2）溶胶结构，凝胶结构，溶-凝胶结构，溶-凝胶。（3）越小，越大，越低。（4）老化。（5）黏滞性，耐热性，温度敏感性。（6）塑性，耐热性，黏结性。（7）0.86。

2. 选择题

（1）A。（2）B。（3）C。（4）A。（5）A。（6）C。（7）D。（8）D。（9）B。

3. 问答题

略。

4. 计算题

（1）60 号和 10 号沥青掺配比 11：6；60 号沥青需 7.8kg、10 号沥青需 4.2kg。

（2）P.I. = +5.3，属凝胶型。

项目 9 墙体材料

1. 填空题

（1）砖，砌块，板材。（2）240mm×115mm×53mm。（3）MU10，MU15，MU20，MU25，MU30。（4）质量轻，绝热，吸声，抗震，加工方便，施工效率高。（5）可塑性，烧结性。

2. 选择题

（1）B。（2）D。（3）A。（4）C。（5）C。（6）D。

3. 问答题

略。

4. 计算题

（1）砖＝8×16×360＝46080（块）或（0.24＋0.01）×360×512＝46080（块）；砂浆＝360×0.24－46080×（0.24×0.115×0.0525）＝86.40－66.77＝19.63（m³）；干砂＝1480×19.63＝29052（kg）＝29（t）、含水率 3.2％的砂＝29052×（1＋0.032）＝29982（kg）＝30（t）。

（2）$\bar{f}$＝17.2MPa、S＝1.61MPa、f_k＝17.2－1.83×1.61＝14.3MPa，满足MU15烧结普通砖强度要求，该批砖强度合格。

项目 10　建筑装饰材料

1. 填空题

（1）装饰性，功能性，经济性，耐久性，绿色性。（2）差，高。（3）$CaCO_3$，$MgCO_3$。（4）水泥型，树脂型，复合型，烧结型。（5）石英。（6）压，压，拉。（7）单向透视，镜面效应。（8）差。（9）小，大，拉，低。（10）无机涂料，无机-有机复合涂料，溶剂型，水溶型，乳液型。

2. 选择题

（1）D。（2）C。（3）B。（4）A。（5）B。（6）A。

3. 判断题

（1）√。（2）×。（3）√。（4）×。（5）√。（6）√。

4. 问答题

略。

项目 11　绝热材料和吸声材料

1. 选择题

（1）B。（2）A。（3）D。（4）D。（5）D。（6）C。（7）B。（8）A。（9）D。

2. 问答题

略。

项目 12　试验数据整理分析

1. 填空题

（1）最接近。（2）9.2，9.2，9.0，9.1。（3）2.62g/cm³。（4）图解法，平均法，最小二乘法，最小二乘法。

2. 计算题

（1）R_{eL}＝342.2MPa＝340MPa；R_m＝487.2MPa＝485MPa。

（2）37→35、33→35；2405.0→2400、2384.8→2380。

（3）f_{28}＝24.8C/W－14.6，r＝0.994。

（4）f_t＝0.35$f_{cu}^{0.55}$。

（5）$E_c = \dfrac{10^5}{2.2 + \dfrac{34.7}{f_{cu,k}}}$（MPa）

参　考　文　献

［1］　郭玉起，刘玉梅，危加阳，等. 建筑材料［M］. 北京：中国水利水电出版社，2018.

［2］　李亚杰，方坤河，曾力，等. 建筑材料［M］. 北京：中国水利水电出版社，2015.

［3］　张君. 建筑材料［M］. 北京：清华大学出版社，2018.

［4］　王福川. 建筑材料［M］. 北京：中国建材工业出版社，2003.

［5］　姚燕. 高性能混凝土［M］. 北京：化学工业出版社，2006.